目 录

350道经典西餐食谱

〔美〕朱莉·罗索　希拉·卢金斯 著
陈冰　尹楠 译

南海出版公司

First published in the United States by Workman Publishing Co., Inc. under the title:
THE SILVER PALATE COOKBOOK

新经典文化股份有限公司
www.readinglife.com
出　品

我们的故事

似来还去，似去还来的生物有三：外交官、女人和螃蟹。

——约翰·M. 海，
美国国务卿（1898 ~ 1905）

螃蟹横着走，它们特立独行。毫无疑问，1982 年这本食谱首次出版时，我们看起来就是这副样子。当时我们正在纽约哥伦布大道经营着小小的美食外卖生意，提倡一分钟即食烹饪。朋友们都认为出版食谱是一件疯狂的事：如果我们公开独家秘方，就将面临经营绝境。没有人能预见这么做将给生活带来怎样的乐趣。现在许多年过去了，这本书的全新精美彩图纪念版也要出版了。一直以来，它深受大家喜爱，也将带给你不同凡响的全新体验。

回首过去，开店似乎是不久前的事情。那是 1977 年的夏天，吉米·卡特入主白宫，为《星球大战》排起的长队望不到头，猫王已经离世，我们在随着比吉斯乐队的《周末狂热夜》翩翩起舞。当时，我（朱莉）正在时尚圈从事梦想的工作，忙于市场营销、公关和广告宣传。与此同时，还参考朱莉亚·查尔德的《法国大厨》从零开始自学烹饪。希拉已经结婚，是两个女孩——安娜贝尔和莫莉的妈妈，她一直享受着烹饪美食和款待客人的乐趣。希拉毕业于法国蓝带厨艺学院伦敦分校，在她们全家生活在巴黎的时候，她开始对美食着迷。回到纽约后，她成立了餐饮公司，将“用心创造美食”作为经营理念。希拉的公司以单身贵族为目标客户，这些人都因厨房里没有“煮妇”招待客人而烦恼。某次，一位设计师客户需要一个厨师准备一场宴会，当时我还是这位客户的女朋友。借此机会，我与希拉终于见面了！希拉协助我准备了这场媒体早餐会。当各路媒体人士抵达设计师的豪华公寓，随着我们奉上意大利熏火腿片配新鲜无花果、烤火腿配焦糖杏子、刚出炉的羊角面包、卡布奇诺和用精美餐具盛放的柠檬、黑莓以及树莓慕斯，现场气氛达到了高潮。设计师自然受到称赞，但美食才是真正的主角。就在那个早晨，我与希拉这对梦幻美食组合诞生了。

我们互吐心声，都感慨工作、家庭和各种各样的兴趣、爱好以及责任占据了太多时间。我们沮丧地坦言，若是继续背负这些重担，对烹饪和款待客人的激情将会消耗殆尽。一个念头突然闪过，如果我们这样的“优秀厨师”互相帮助，就绝对不会再出现这样的状况。

我们当时就有了开美食店的想法，这样人们可以随时买到我们做的美食，带回去独自或是与朋友慢慢品尝。这个想法很简单：一家小巧精致的美食店，没有浮夸矫饰，只提供最好的家常菜——一些我们都喜爱的风味独特的简单美食。我们要让上班族能够暂时远离餐厅，轻松地在公园里享受野餐，或者偶尔邀请朋友到家中小聚。

我俩为这个想法激动不已，立即开始行动，但困难也如影随形。直到在店铺开业前1个月时，弗洛伦斯·法布里肯特为《纽约》杂志撰写了一篇关于哥伦布大道复兴的文章，事情才顺利起来。她品尝了我们的食物，随即说道：“店名就叫‘Silver Palate’吧。”太棒了！当我们脱口说出“把它作为店名，我们将名扬全美国”时，其实还不知道将何去何从。

1977年7月15日下午4点，我们终于开门营业，此刻整个街区早已人声鼎沸。当时可怕的纽约城大停电刚过去两天，气温高达40℃，但4点15分时，我们已被人潮攻陷。货品早已备齐，食物看上去诱人极了。然而，我们全然不知纽约爱乐乐团当晚要在中央公园演出，客人们如洪水般涌入小店，疯狂采购野餐食物。我们的空调很快宣告罢工，并且当一位客人想要中份龙蒿鸡肉沙拉，却发现价签上是以重量标价时，我们才意识到，采用精巧、传统的法式磅秤称量和普通手写计算根本无法应付汹涌的客流。天啊！远不到打烊时间，店内所有的食物已被抢购一空。我们也筋疲力尽，第一天的实践给我们上了宝贵的一课，让我们在此后的日子中受益匪浅。

我们就像在家中烹调一样准备着小店的食物，使用新鲜应季的食材，从不以次充好。每天，菜单上都会有美味的面包和乳酪，以及在希拉的厨房中烹调妥当，再穿街过巷带到小店的各种美食——三文鱼慕斯、乳酪酥条、脆皮红肠、法式肉酱派、马贝拉烤鸡、普罗旺斯蔬菜浓汤、乡村咸蛋糕、穆沙卡、坚果野米、白汁烩牛肉、柠檬挞、巧克力曲奇和黑莓慕斯等。希拉的妈妈在康涅狄格州做好了胡萝卜蛋糕，然后驾车送到店里。我会一大早花几个小时做好腌三文鱼，再带上新鲜出炉的羊角面包和乳酪，搭出租车穿过中央公园。我们的创作灵感源源不绝，当客人们带着溢美之词再次来到小店时，我们心花怒放。当我们用一些不常见的酸橘汁腌鱼、馅饼和蔬菜泥等为他们制造惊喜时，他们也开始信任我们，试吃这些新品，并且喜欢上它们。人们开始打包我们的食物带回家给妈妈品尝，告诉她们自己在纽约吃得很好。于是，我们开始考虑是否可以将一些食物做成罐装的出售，以便携带。

1978年的夏天，我们开始用漂亮的瓶瓶罐罐盛放这些美味，在“罐头厨房”中忙得不可开交。我们将蔬菜什锦、白兰地腌西梅、蓝莓果醋、冬果蜜饯、巧克力酱、酒渍苹果和

醇甜芥末装进罐子，系上蝴蝶结，再在封口处配上小花布，处处用心。出人意料的事情发生了，短短数日，萨克斯第五大道百货精品店的总裁和美国著名家居品牌Crate & Barrel的创始人相继来到店中，邀请我们圣诞季在其商场销售产品。我们欣喜若狂，在“罐头厨房”中更加卖力。我们期盼着圣诞季的热卖，并且说服他们允许其间举办试吃活动——再没有比试吃更奏效的促销方法了。果然不出所料！那些试吃了焦糖山核桃酱（用黄油、糖、鲜奶油和烤山核桃熬制而成）的客人都为之倾倒。那是一个无与伦比的圣诞季！我们的小店步入正轨！不久，美国家居装饰品零售商威廉姆

斯·索诺玛找到了我们，《纽约时报》的帕特·威尔斯写下了我们的故事，《纽约》杂志的盖尔·格里尼盛赞我们的蓝莓果醋：“果醋中的蓝莓宛如夜空中的点点繁星，比陈年佳酿更加难得。”想象一下在国内外商场货架上都能看到自己产品时的兴奋劲儿吧！真是太开心了！

各种回报也随之而来。我们获邀在一些商学院校和美食与美酒的研讨会上分享创业经验，我们上了脱口秀节目“今天”和晨间新闻“早安美国”，还在蒙达维名厨烹饪学校进行了现场表演，迈克·华莱士（王牌电视新闻“60 分钟”主持人）甚至还为我们制作了一期专访。一切都超乎想象，我们无比兴奋。

1981 年春天，沃克曼出版公司的一位编辑建议我们写一本食谱。她说：“请给我一份写作大纲。”书？！写作大纲？！谁知道发生了什么？我们认为她会很快忘记这件事，但 3 周后，她带着一瓶苏格兰威士忌和一个笔记本来到希拉家。我们拟定了写作大纲——希拉负责绘图，我来主笔。我们将出版自己的食谱，这承载着我们的梦想。

1982 年的母亲节，食谱终于出版了，我们在萨克斯第五大道精品百货店举办了庆祝派对。这个夏日的一天，一位同事的妈妈从加利福尼亚州太浩湖打来电话，说她参加的所有晚餐派对都出现了书中的食物。很快这本书相继在法国、日本和荷兰出版，我们也与世界各地的人们成了朋友。我们的名字还出现在詹姆斯·比尔德的美国美食名人录上，而这本书入选了食谱名人堂。谁能料想当初的一腔热情会创造出今天的一片天地？我们高兴得差点儿在哥伦布大道上跳舞。

虽然我们在 1988 年结束营业，但直到今天，我们这两个“姑娘”仍保持着对美食的激情。在过去的几个月里，我们回顾了开店和出书时一起度过的美好时光。第一次写书时，很多地方还难以找到新鲜的香草及优质农产品、肉类和海鲜。如今，随着农贸市场和超市中应季食品、本土食品、手工食品和有机食品的日益丰富，人们对烹调的热情堪比我们创业之初。

我们几乎每天都能遇到某位读者或收到来信，诉说他们按照这本食谱制作美食的故事，他们有多么喜欢这本书。这真是太令人惊讶了！每当我们看到那些戴着橡胶手套，手捧着粘有食物碎屑的食谱的人们，就像看到了志同道合、相伴多年的老朋友。

出版这本配有大量彩图的新版食谱，让我们有机会结识更多热爱烹饪的朋友。谢谢大家喜欢我们的书，也谢谢大家让我们的人生旅程如此充实。希望在漫漫人生路中，我们能再次相见，或有幸初识。

——朱莉·罗索，
希拉·卢金斯

致谢

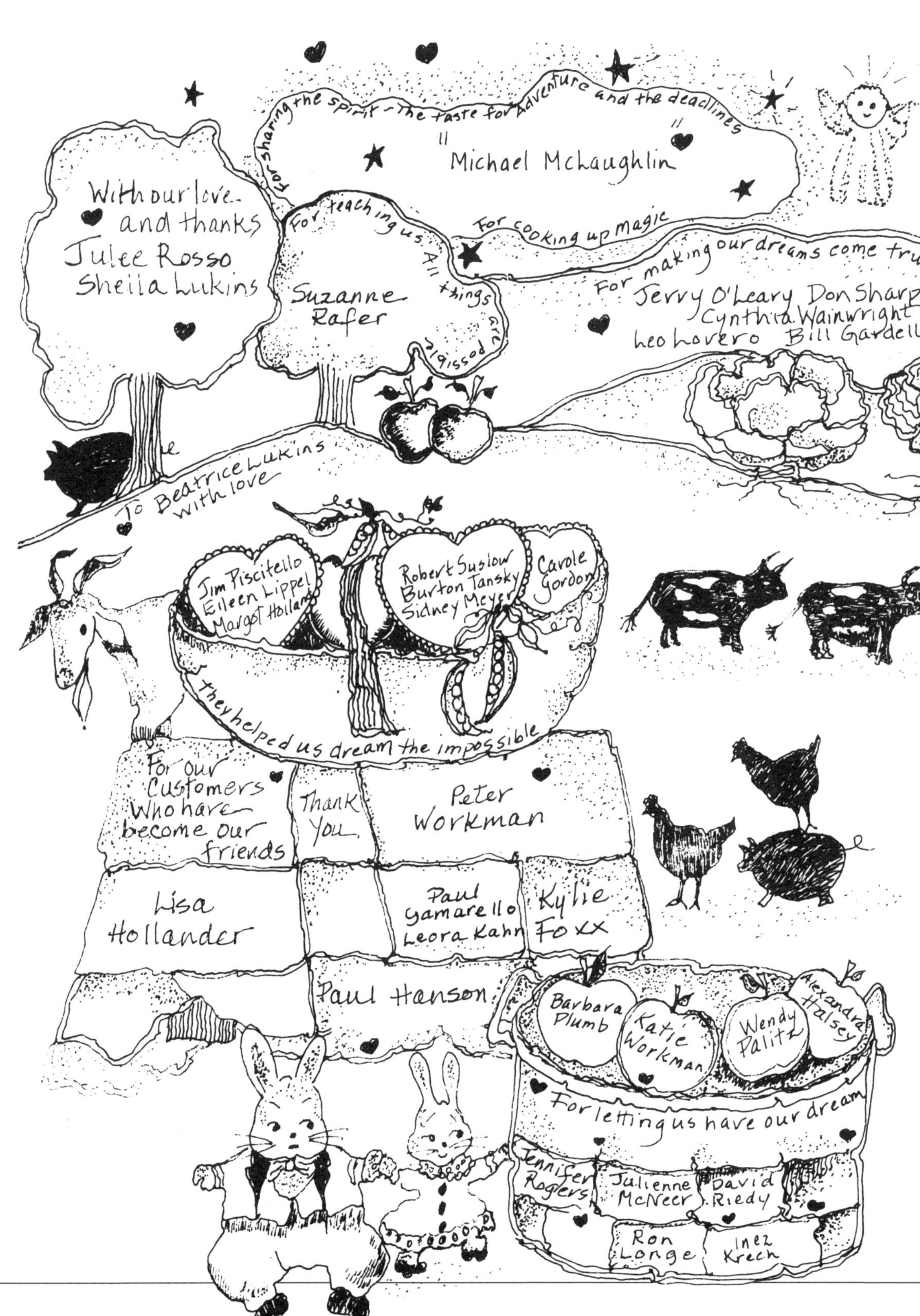

For sharing the spirit - the taste for adventure and the deadlines
Michael McLaughlin
With our love and thanks
Julee Rosso
Sheila Lukins
For teaching us. All things are possible
Suzanne Rafer
For cooking up magic
For making our dreams come tru
Jerry O'Leary Don Sharp
Cynthia Wainwright
Leo Lovero Bill Gardell
To Beatrice Lukins with love
Jim Piscitello
Eileen Lippel
Margot Holland
Robert Suslow
Burton Tansky
Sidney Meyer
Carole Gordon
they helped us dream the impossible
For our Customers Who have become our friends
Thank You
Peter Workman
Lisa Hollander
Paul Gamarello
Leora Kahn
Kylie Foxx
Paul Hanson
Barbara Plumb
Katie Workman
Wendy Palitz
Alexandra Halsey
For letting us have our dream
Jennifer Rogers
Julienne McNeer
David Riedy
Ron Longe
Inez Krech

For her touch – She created sweet dreams to devour
Ellen Bartlett
For helping us soar
Arthur and Joy
For Constant Love
Berta & Mike Olderman
Saul
Stanley
Mort
Gene
For having faith in us
For Always Understanding – George, John, Louie
For Knowing what we wanted before we did – Lance Brown
Thad
Susan
George
Judy
Amy
PS
Bill
Greg
Diana
Ellen
Liz
Joe
Francine
David
For Always being there – Supporting Us!
No matter how difficult!
Wrighty
Greeny
Tom
Tim
Laurie
Pam
Beth
Elaine
Don
Harvey
Sharon
John
Megan
Claire
Judith
Deirdre
no matter the hours For not forgetting we learned together
Molly and
Johnny

开启美好的夜晚

和志趣相投的好友相聚，度过完美的夜晚时光。当天色开始暗下来时，非常适合把网球球友、公司同事、亲爱的姨妈、大学同窗聚在一起，畅聊百老汇、皇室公主、商业巨子、某贝斯手抑或邻居的八卦。当然，为了这一切，你必须准备一份特别的菜单。

在此奉上一份我们最爱的前菜菜单。其中许多都是餐前小点[①]，最适合在鸡尾酒会上一边聊天一边品尝。此外还有许多需要盛在碟子中品尝的更精致的食物，也很适合作为鸡尾酒会上的小食。最后，我们还会介绍许多讲究的开胃菜，让客人们坐下来慢慢享用。

① Finger food，指可以用手拿取而不用餐具，且不算失礼的食物。

食谱笔记

♥华美的鲜花、柔和的灯光和音乐，这一切都将给你留下一段闪亮的记忆。如果气氛宜人，就不会有人在意那些无伤大雅的小瑕疵，比如走廊镜子上的裂缝。

♥最成功的主人能够让每一位来宾都感到自己是独一无二的，并确保以得体的方式把每一位客人介绍给大家。

♥没有侍者在场时，客人们能更快找到酒友。自助吧台不但令客人们觉得惬意自在，还能促进彼此之间的友好互动。

♥开胃菜要分别放在不同的碟子或托盘上，这样方便客人盛取，不会因分辨不清食物而中断有趣的谈话。

♥托盘要用水果、蔬菜、花瓣和新鲜香草点缀，这样看起来精美又不失自然气息。

♥餐前小点就是餐前小点，不便食用的、湿黏的，或是流质食物都不该出现在需要站着聊天的场合。

♥漂亮的玻璃杯就像烛光一样，能让杯中的酒水和握杯的客人看起来更加迷人。买上十几个，小小的投入就能换来意想不到的效果。

♥宴会开始前，给自己留些时间静静喝上一杯，放松一下。然后带上自信的微笑迎接第一位客人，尽情地享受宴会吧！

关于本书：

*1小勺=5毫升，1大勺=15毫升，1杯=240毫升。

*原料和做法都是最基本的，烹饪过程中可根据自己的口味调整。

让你爱不释口的餐前小点

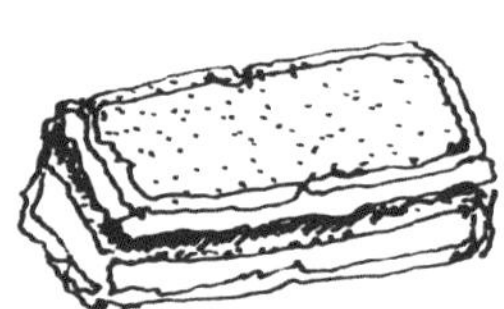

餐前小点是鸡尾酒会的最佳搭配。这种有趣、诱人的小食看似很难制作，其实并不麻烦。用油酥皮裹上配料或夹上馅就是一份餐前小点。除此之外，你还可以选择其他可食用的“容器”代替油酥皮，如蘑菇、无花果或者葡萄叶等。

芝麻火腿乳酪小三明治

配上你最喜欢的芥末，尽情享用这些小三明治吧！

熟火腿（18 厘米 ×13 厘米，厚约 3 毫米） 16 片
意大利熏火腿（对半切开） 4 片
格鲁耶尔乳酪（Gruyere cheese，大小与熟火腿片相当，厚约 3 毫米） 8 片
玉米油 5 小勺
鸡蛋 5 个
现磨黑胡椒 适量
辣椒粉 少许
芝麻 1/2 杯
原味面包糠 2 杯
新鲜欧芹末 1/2 杯
中筋面粉 1 杯
融化的无盐黄油 3/4 杯

1. 取熟火腿 8 片，在每片火腿上依次铺上意式熏火腿和格鲁耶尔乳酪各 1 片，最后再加 1 片熟火腿，将其切成等大的 6 小块。

熏火腿

欧洲进口火腿丰富了我们的餐桌，尤其适合作为鸡尾酒会或正餐的头盘。其中意大利熏火腿是一种风干生火腿，它经过调味、海盐腌制，以及 8 ～ 19 个月的风干，呈现出略带光泽的玫瑰红色。它的口感偏硬，很有嚼劲，一点也不油腻，咸中带甜，余味中还有一丝胡椒味和淡淡的坚果香。

最负盛名的两种意大利熏火腿是帕尔玛火腿（Prosciutto di Parma）和圣丹尼尔火腿（Prosciutto di San Daniels）。前者产自意大利北部的罗马涅区，后者产自威尼斯朱利亚特别自治区。为制作帕尔玛火腿而饲养的猪所吃的饲料中富含制作帕马森乳酪产生的副

产品——乳清，所以火腿的口感多了一层淡淡的坚果香味。圣丹尼尔火腿在腌制过程中经过了长时间的揉捏，因此质地丝滑、美味可口。最上乘的火腿要经过16 ~ 18 个月的成熟期，虽然漫长，但绝对值得耐心等待。

从意大利出发一路向西，会邂逅美味的西班牙熏火腿。原汁原味的西班牙熏火腿口感醇厚，一小块就让人回味无穷。意式熏火腿由整只带皮猪后腿熏干制成，而西班牙熏火腿是由去皮猪后腿熏制而成的。这使得火腿中的大部分水分在 12 ~ 15 个月的熏制过程中渐渐蒸发，最终形成浓郁的口感。

西班牙带有传奇色彩的火腿是肥美的伊比利亚熏火腿（Jamón Iberico）。这种火腿由伊比利亚特有的黑猪制成，以整只火腿或肉条（以腰部的肉为原料）的形式出口至其他国家。其中，带有德贝洛塔标记的火腿是由伊比利亚地区的山猪制成的，它们生长在该地区特有的橡树林中，自由自在，几乎独享了所有橡果。山猪的饮食来源和生活方式直接决定了火腿的高品质：质地柔软可口，具有坚果香气，且肥瘦均匀。

品尝熏火腿的最佳方式是切片，其薄如纸，瘦中带肥。这样吃起来味美香甜、细腻柔滑。另外也可搭配优质的应季甜瓜、无花果、桃子或梅子，再撒上些芝麻菜、帕马森乳酪碎和现磨黑胡椒；再或是轻轻卷上一片烤面包或奶油乳酪，配上一杯清新爽口的白葡萄酒或果香浓郁的红葡萄酒就更完美了！

2. 将玉米油、鸡蛋和辣椒粉倒入搅拌碗中搅拌均匀，再将芝麻、面包糠和欧芹末倒入另一个搅拌碗中拌匀。

3. 烤箱预热至 200℃。

4. 将切好的火腿块均匀地沾裹一层面粉，然后依次裹上混合蛋液和芝麻面包糠。

5. 烤盘上涂抹适量黄油防粘，摆入小三明治，表面刷一层黄油，放入烤箱烘烤 10 ~ 13 分钟，直至小三明治呈金黄色，乳酪融化。

6. 做好的小三明治放在厨房纸上，静置 1 分钟，吸去多余油脂，可根据个人口味撒些黑胡椒。

可以做 48 个小三明治。

迷你乳酪挞

法式油酥皮面团（见第 408 页） 2 份
蒙哈榭乳酪（Montrachet cheese）或温和的山羊乳酪 680 克
软化的无盐黄油 4 大勺
鲜奶油 1/3 杯
鸡蛋 4 个
盐和现磨白胡椒 适量
辣椒粉 少许
青葱末 1/3 杯

1. 烤箱预热至 190℃。

2. 每次取 1/4 的法式油酥皮面团，擀成 3 毫米厚的面片，大小够做 6 个直径 5 厘米的乳酪挞。将擀好的挞皮放入小挞盘中，盖上锡纸。倒入生米或豆子增加压力，防止挞皮在烘烤过程中过度膨胀。放入烤箱烘烤 15 分钟左右，直至呈浅黄色。稍稍放凉后，去掉锡纸，取出挞皮，放至完全冷却。其间重新预热烤箱。

3. 将蒙哈榭乳酪、黄油、鲜奶油和鸡蛋放入食品料理机中充分打匀，倒入搅拌碗中。加少许盐、胡椒粉和辣椒粉调味，使乳酪糊尝起来有咸味和胡椒味。最后加入青葱末，拌匀，做成馅料。

4. 将挞皮放在烤盘上，填入适量馅料。把烤盘放在烤箱中层，烘烤 15 ~ 20 分钟，馅料膨胀且呈金黄色，即可出炉享用。

可以做 24 个直径 5 厘米的蛋挞。

新鲜无花果

新鲜的紫色无花果果芯呈诱人的玫瑰色，而青色无花果则格外甘美多汁，它们都是鸡尾酒会上的绝佳选择。我们可以为每位客人准备一个无花果、两小片意大利熏火腿。将无花果平均切成 4 份，火腿片对半切开，裹上 1/4 个无花果，看起来就像是一朵玫瑰花。食用前，还可配以少许柠檬汁与黑胡椒粉，点缀几片新鲜薄荷叶。

另一种常见做法是：为每位客人准备一个无花果，将其纵向切成两半，在果肉表面抹上一小勺山核桃奶油乳酪（见第 421 页），再均匀地撒些核桃仁。

好厨师只有点燃想象力的火把，才能使厨艺炉火纯青。

——罗伯特·P. 特里斯特拉姆·柯芬

三款餐前小点

迷你法式咸派配烟熏三文鱼和新鲜莳萝、乳酪酥条、脆饼佐普罗旺斯辣椒酱。

迷你法式咸派

迷你法式咸派通常是鸡尾酒会上最受欢迎的点心。它散发着黄油的香味，包裹着蛋奶液，总是带给你惊喜。只需参考我们提供的法式油酥皮面团配方（见第 408 页）制作派皮，然后放入直径 5 厘米或 7.5 厘米的派盘中烘烤即可。

1 份法式油酥皮面团大约可以做 16 个直径 5 厘米的派皮。按下面的配方制作的基础蛋奶液大约可以填满等量派皮，最终的成品数量取决于派盘的实际大小。

1. 烤箱预热至 190℃。
2. 先将派皮烘烤 10 分钟，晾至不烫手后脱模，置于烤盘上。填入 1 大勺馅料，然后倒入基础蛋奶液（做法见页面下方），盖住馅料，蛋奶液略低于派皮边缘即可。
3. 烘烤 10 ～ 15 分钟，馅料表面略膨胀且呈金黄色即可。

基础蛋奶液

高脂鲜奶油　$1\frac{1}{2}$ 杯
鸡蛋　3 个
盐和现磨黑胡椒　适量
肉豆蔻粉　少许

将鲜奶油和鸡蛋充分搅匀，加入适量盐、黑胡椒和肉豆蔻粉调味。烘烤前，密封冷藏。

$1\frac{1}{2}$ 杯蛋奶液足够制作一个直径 25 厘米的法式咸派或 16 个直径 5 厘米的迷你法式咸派。

最受欢迎的法式咸派馅料

（1 大勺馅料可搭配 1 个直径 5 厘米的法式咸派）

♥洛克福乳酪（Roquefort cheese）碎配带皮苹果丁。
♥烟熏三文鱼肉末配新鲜莳萝。
♥基础蛋奶液中加适量第戎芥末、火腿丁和格鲁耶尔乳酪，拌匀。
♥蟹肉末配黄油煸炒过的青葱。
♥无盐黄油煸炒过的蘑菇。
♥用无盐黄油炒软的红柿子椒和青柿子椒。

普罗旺斯辣椒酱

小片吐司配普罗旺斯辣椒酱，就成了一道锦上添花的开胃菜。除此之外，普罗旺斯辣椒酱也可当作法式咸派馅料或蛋挞馅料。我们还可将它作为配菜，稍稍加热或常温食用风味更佳。

特级初榨橄榄油 1/4 杯
软化的无盐黄油 2 大勺
黄洋葱（切片） 2 杯
红柿子椒（去蒂去籽，切成细丝） 2 个
普罗旺斯香草 1/2 小勺
盐和现磨黑胡椒 适量
大蒜（切末） 2 瓣
新鲜罗勒叶末 1/2 杯

1. 将橄榄油和无盐黄油倒入平底锅，中火加热。黄油融化后放入黄洋葱和柿子椒煸炒，加入普罗旺斯香草、盐和黑胡椒调味。翻炒约 45 分钟，直至蔬菜变软且颜色加深，呈酱状。

2. 加入蒜末和罗勒叶末继续翻炒 5 分钟，关火。盛出辣椒酱，撇去多余油脂，冷却至常温，即可享用。

可以做 2 杯普罗旺斯辣椒酱。

乳酪酥条

松脆微辣的“扭扭条”一直是备受人们喜爱的小点心。在吧台备上一小篮，你就会知道它有多受欢迎了。

千层酥皮面团（见第 409 页） 455 克
擦碎的帕马森乳酪（Parmigiano-Reggiano） 3/4 杯

1. 烤箱预热至 177℃。

2. 将千层酥皮面团擀成 50 厘米 ×60 厘米的长方形面片。均匀地撒上乳酪碎，用擀面杖轻轻压入面片中。

3. 将长方形面片十字折叠，再次擀成 50 厘米 ×60 厘米的长方形面片，撒上乳酪碎，再用擀面杖轻轻压入面片中。

4. 用锋利的小刀将面片切成 8 毫米宽的长条，捏住两端将其轻轻提起，均匀地拧成麻花状，然后整齐地摆放到烤盘中。注意，乳酪酥条要一个挨着一个，这样才能防止烘烤时松散变形。

5. 将烤盘放进烤箱中层，烘烤 15 ~ 20 分钟，直至乳酪酥条蓬松酥脆、呈金黄色，即可出炉。

橄榄

橄榄是颇受欢迎的开胃菜，味道微咸，最宜佐酒，颜色质朴，适合搭配各种食物。地中海地区居民食用橄榄已有 4000 多年历史，至今仍沿用古法加工橄榄。

> 橄榄树是上天最珍贵的馈赠。
>
> ——托马斯·杰斐逊

橄榄采摘时的成熟度和加工流程决定了成品的口感。下面就介绍一些最受欢迎的橄榄。

- ♥阿方索（Alfonso）：产自南美洲，呈暗紫色，个大肉多，果香浓郁。
- ♥阿姆菲萨（Amfissa）：产自希腊德尔斐，呈紫黑色，肉质较软，入口即化，它们和市面上常见的希腊橄榄差不多。
- ♥阿尔贝基纳（Arbequina）：产于西班牙加泰罗尼亚地区，有独特的坚果香味。果实较小，呈圆形，果皮为棕色。
- ♥卡拉布里亚（Calabrese）与切里尼奥拉（Cerignola）：生长于意大利东南部，果实呈暗棕绿色，口感醇香浓郁。
- ♥依立特斯（Elites）：色深味甜，肉质相当柔软，是克里特岛体积最小的橄榄。这种橄榄不常见，但绝对值得一尝。
- ♥加埃塔（Gaeta）：产于意大利，个头偏小。晾干并浸在香草油中的橄榄呈黑色，果皮有褶皱；用盐水腌渍的橄榄呈深紫色，果皮光滑。
- ♥洪德伊利亚（Hondroelia）：它在希腊被誉为橄榄之王。这些人工采摘的棕色橄榄足有 5 厘米长，食用时通常需要使用刀叉。它生长于伯罗奔尼萨半岛中部的阿卡迪亚地区，通常要用盐水腌渍一整年。

♥卡拉玛塔（Kalamate）：这是一种体积较大、形状类似杏仁的希腊橄榄，是橄榄中的上品。这种橄榄呈紫黑色，表皮有裂纹，通常以红葡萄酒醋腌制，味道很咸。它生长于伯罗奔尼撒半岛的麦西尼亚山谷。最上乘的卡拉玛塔都是手工采摘的，只要品尝一次，就知道它的与众不同。

♥曼萨尼亚（Manzanilla）：这种圆圆的橄榄呈褐绿色，表面有裂纹，吃起来很脆，有坚果味，是西班牙最好的橄榄。

♥摩洛哥（Morolcan）：这种干腌黑橄榄肉厚，口感丰富，而且最好是用小茴香和辣椒来腌制。

♥纳夫普利翁（Nafplion）：产于伯罗奔尼撒，呈绿色，表面有裂纹，吃起来有坚果和烟熏的味道。

♥尼斯（Nicoise）：产于法国的黑色小橄榄，味道温和。用盐水腌制后通常浸泡在普罗旺斯香草油中。这种橄榄常被用来制作橄榄油。

♥尼昂（Nyons）：尼昂地区的橄榄，苦中带甜，个小体圆，呈红棕色。

♥皮肖利（Picholine）：产自法国的绿橄榄，吃起来很脆，清爽可口。

♥女王橄榄（Queen Olives）：又称“戈尔达”，意为肥美。这是西班牙最大的绿色橄榄，果肉多且紧实。通常以小茴香、大蒜、百里香和雪利酒醋调味。

♥皇家(Royal)或维多利亚(Victoria)：产自希腊的黑橄榄，个头很大，通常用橄榄油腌制。

♥西西里橄榄（Sicilian）：通常用辣椒粉和牛至调味。这种产于意大利的绿橄榄个头较小，呈椭圆形，表面有裂纹，通常用盐水腌制。

♥塔基斯卡（Taggiasca）：产于意大利里维埃拉地区的利古里亚，个头很小但肉质厚，采摘时间通常晚于其他橄榄。

将各种餐前小点摆在一起，让客人们随意选择。

6. 出炉冷却 5 分钟后，用锋利的小刀将它们分开。完全冷却后，放入密封盒或保鲜袋中，可保存 1 周左右。

可以做 20 根乳酪酥条。

三角千层派

千层面皮（见第 10 页） 24 张（450 克）
馅料（见第 10 页）

1. 取出一张千层面皮，表面均匀地刷上融化的黄油（制作 60 个三角千层派大约需要 230 克黄油）。再取一张千层面皮铺在上面，表面均匀地刷上黄油。注意，要在未使用的千层面皮上盖一条湿毛巾，以免水分流失。

2. 用锋利的小刀将刷过黄油的千层面皮平均切成 5 份。

3. 在第一份切好的千层面皮中央加 1 小勺馅料，馅料高度大约为 2.5 厘米。捏起千层面皮的一角，对折成三角形，再将三角形两边捏紧，把馅料包裹在其中。用同样的方法处理好剩余的千层面皮。在烘烤的过程中馅料可能会膨胀，因此不要将三角形的两边捏得过紧。

4. 将三角千层派整齐地摆放在刷过黄油的烤盘上，表面刷一层黄油。已经填好馅料但暂不烘烤的千层派应密封冷藏，可以保鲜 24 小时。

5. 烤箱预热至 180℃。

6. 将烤盘放进烤箱中上层，烘烤约 25 分钟，直至三角千层派呈金黄色，馅料鼓起，即可出炉。

7. 做好的千层派可以冷冻保存，当你想来点开胃小食的时候，它们很快就能上桌。烤好的千层派放在烤盘上冷冻一晚，然后装进保鲜袋中即可。吃之前无须预先解冻，否则千层派的派皮会变潮。只需将冷冻好的千层派取出，放在刷好黄油的烤盘上，表面再刷一层黄油，放入预热至 180℃的烤箱中加热一下即可。

可以做 60 个三角千层派。

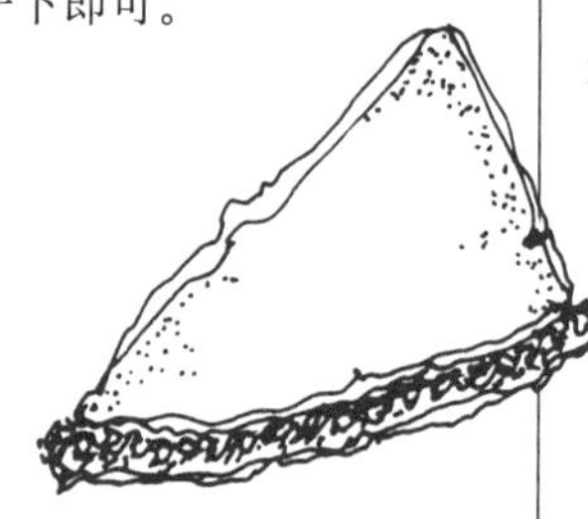

3 种三角千层派馅料

洛克福乳酪配开心果

洛克福乳酪　110 克
奶油乳酪　110 克
鸡蛋　1 个
开心果碎（也可用核桃仁代替）　1/2 杯
肉豆蔻粉　少许
现磨黑胡椒　适量

1. 将洛克福乳酪和奶油乳酪放入小碗中，软化后充分搅拌。

2. 打入鸡蛋搅拌均匀，再加入开心果碎。

3. 撒入适量肉豆蔻粉和黑胡椒调味。注意，洛克福乳酪通常偏咸，因此无须再加盐。

以上馅料可以做 60 个三角千层派。

菠菜配菲达乳酪

冷冻菠菜碎　280 克
黄洋葱末　1/2 杯
橄榄油　3 大勺
肉豆蔻粉　少许
盐和现磨黑胡椒　适量
新鲜莳萝或薄荷末　1/2 杯
里科塔乳酪（Ricotta cheese）　1/3 杯
菲达乳酪（Feta cheese）　1/4 杯

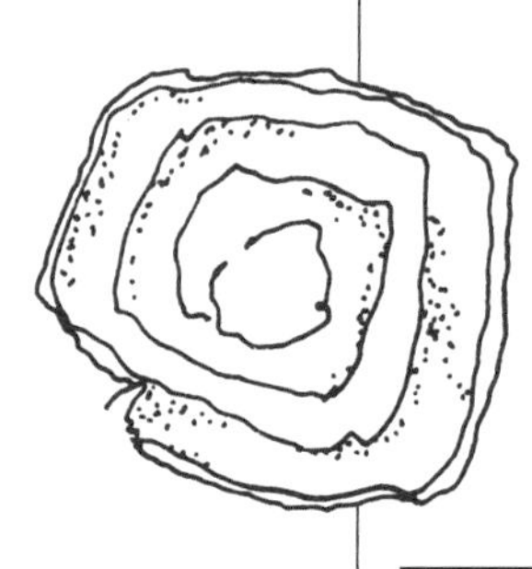

千层面皮

千层面皮，其薄如纸，味道可口，做法多样，是聚会餐点的得力助手。它常见于希腊和中东国家，冷冻千层面皮可以在大型超市和食品专卖店买到。最棒的是，冷冻千层面皮和新鲜千层面皮用起来效果差不多。冷冻千层面皮通常为 455 克一袋，每袋 24 张。

不用拆开原包装，将整袋冷冻的千层面皮放入冷藏室 2 天，彻底解冻。（千层面皮解冻后可冷藏保存最多 1 个月。当然，最好还是将它冷冻起来，这样可以使面皮变得更脆）。

使用之前，请确保千层面皮已经完全解冻。准备一块湿毛巾（不要太湿），将千层面皮从包装袋中取出，不要揉捏，立刻用毛巾盖住，静置 15 分钟。湿毛巾中的水分会让千层面皮变得更好取用。

食谱笔记

聚会前做再多的准备都不为过。因为参加聚会的人数越多就意味着你需要做的工作也越多。提前计划可以留给自己更多的时间去享受准备的过程和招待宾客的乐趣。

准备一个备忘录很有必要，索引卡或其他形式也可以。切记，好记性不如烂笔头！

鸡尾酒会上的泡芙

任何质地柔软且美味的东西都可以作为泡芙的馅料。在本书中你还可以找到制作橄榄酱、法式肉酱派、希腊红鱼子沙拉、三文鱼慕斯和茄泥鱼子酱的秘方。我们曾用这些馅料制作过泡芙，都很成功！

1. 将菠菜碎解冻，沥除多余水分后，用手将存留的水分尽力挤出。

2. 在锅中倒入橄榄油，放入黄洋葱末小火翻炒至洋葱末变软且呈金黄色。加入菠菜碎，翻炒 10 ~ 15 分钟，直至锅中水分收干。撒入适量肉豆蔻粉、盐和黑胡椒调味，盛入碗中，冷却至室温。

3. 依次加入莳萝或薄荷末、里科塔乳酪和切成小片的菲达乳酪拌匀。试尝后适当添加调味料。

以上馅料可以做 60 个三角千层派。

迷迭香配意大利熏火腿

蛋黄　2 个
里科塔乳酪　1 杯
意大利熏火腿丁　110 克
帕马森乳酪碎　1/4 杯
干迷迭香　$1\frac{1}{2}$ 小勺
盐和现磨黑胡椒 适量

将蛋黄打入里科塔乳酪中，再拌入熏火腿丁、帕马森乳酪碎和干迷迭香，最后用盐和胡椒粉调味。

以上馅料可以做 60 个三角千层派。

乳酪咸泡芙

乳酪咸泡芙是法国勃艮第地区一种极具特色的热乳酪小点心，也是鸡尾酒会上最引人注目的点心。享用时佐以红酒更加美味，不过，我们更喜欢搭配年份上好的波特酒（Port）。烤好的乳酪咸泡芙通常呈大大的花冠状，把它做小一点，就更适合鸡尾酒会了。

牛奶　1 杯
融化的无盐黄油　8 大勺
盐　1 小勺
中筋面粉（过筛备用）　1 杯
鸡蛋　5 个
帕马森乳酪碎（或一半帕马森乳酪配一半格鲁耶尔乳酪）　$1\frac{1}{2}$ 杯
帕马森乳酪粉（撒在做好的泡芙上，可选）　1/2 杯

1. 烤箱预热至 190℃，在烤盘上轻轻刷一层黄油。

2. 将牛奶、黄油和盐倒入小长柄锅中，中火煮沸。关火后放入全部面粉，充分搅拌。开中火再煮 5 分钟左右，其间不断搅拌，直至面糊变得浓稠，并且不粘锅。

3. 再次关火，将锅移至一旁，逐个打入 4 个鸡蛋。注意，每加入一个鸡蛋后都要与面糊充分混合，然后再加入下一个鸡蛋。加入帕马森乳酪碎，搅拌均匀。

4. 将面糊盛到准备好的烤盘上，每次一勺。注意，面糊之间至少应间隔 2.5 厘米。

5. 将最后一个鸡蛋打入碗中，搅散后将蛋液均匀刷在泡芙表面。按照个人口味，还可撒些帕马森乳酪粉。

6. 将烤盘放在烤箱中层，温度调低至 180 ℃，烘烤 15 ~ 20 分钟，泡芙完全膨胀、呈金黄色，即可出炉。

可以做 20 个泡芙。

葡萄叶羊肉卷，又名多尔马德斯（dolmades），起源于古代美索不达米亚地区，在土耳其帝国是一道颇受欢迎的菜肴。虽然很多国家因其而闻名，但它的发祥地至今不明。在希腊、土耳其、亚美尼亚、中东、巴尔干半岛和亚洲中部，你可以看到不同形式的多尔马德斯，而它们的制作原料也因地域而异。馅料中有肉类时，更适合趁热品尝。这是中东地区的一道历史悠久的开胃菜，也是晚宴和鸡尾酒会前菜的不二选择。

葡萄叶羊肉卷

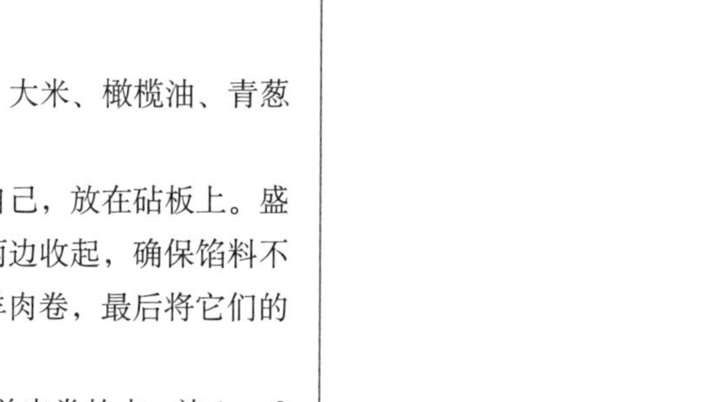

葡萄叶　50 片（约 680 克）
精瘦羔羊肉馅　450 克
樱桃番茄（切碎）　450 克
大米　1 杯
特级初榨橄榄油　1 杯
青葱（洗净切末）　2 根
薄荷叶（切碎）　3 杯
柠檬（取汁）　2 个
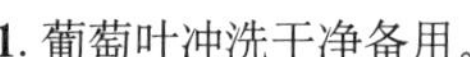
原味酸奶加适量柠檬汁和粗盐调味（备用）

1. 葡萄叶冲洗干净备用。

2. 将羊羔肉馅、切碎的樱桃番茄及汁水、大米、橄榄油、青葱末和薄荷叶末倒入碗中，充分拌匀。

3. 取一片葡萄叶，叶脉朝上，叶柄指向自己，放在砧板上。盛一大勺馅料放在葡萄叶上，将叶片向上卷，两边收起，确保馅料不溢出，做成蛋卷状。按照这种方法做好所有羊肉卷，最后将它们的接口朝下，放在平底锅中。

4. 将柠檬汁挤在羊肉卷上，加入快要没过羊肉卷的水。放 1 ~ 2 个碟子压住羊肉卷，盖上锅盖，煮沸后将火调小，焖 1 小时左右，直至羊肉卷中的米饭熟透。

5. 熟透的羊肉卷可立即享用，也可待其冷却后与锅中的汤汁一起放入密封盒中，冷藏后享用。蘸一些用柠檬汁和粗盐调味的酸奶食用，口感更好。

可以做 50 个葡萄叶羊肉卷。

葡萄叶羊肉卷可以促进食欲，是一道令人满意的开胃菜，用来搭配清新的蔬菜沙拉也很棒。

你问任何一个希腊人多尔马德斯的起源，十有八九得到的答案会是——奥林匹斯山。

——弗瑞德·法拉第

核桃乳酪酿蘑菇

蘑菇　12 个
橄榄油　1 大勺
软化的无盐黄油　1 大勺
黄洋葱末　1/2 杯
核桃仁（切成粗粒）　2 大勺
大蒜（去皮切末）　1 瓣
冷冻菠菜碎（彻底解冻并挤干水分）　140 克
菲达乳酪碎　30 克
格鲁耶尔乳酪碎　30 克
新鲜莳萝末　2 大勺
盐和现磨黑胡椒　适量

1. 蘑菇去柄，蘑菇帽擦拭干净备用。

2. 将橄榄油和黄油加入小平底锅中，中火加热。放入黄洋葱末，盖上锅盖，焖至洋葱变软、上色。

3. 烤箱预热至 200℃。

4. 将核桃仁和蒜末放入锅中翻炒 1 分钟，然后加入菠菜碎，翻炒 5 分钟。关火，稍微冷却后，加入乳酪碎、莳萝末、盐和胡椒粉拌匀。

5. 把蘑菇帽整齐摆放在烤盘上，底面朝上。将炒好的馅料均匀地盛入每个蘑菇帽中。

6. 将烤盘放在烤箱顶层，烘烤 8 ~ 10 分钟，直至馅料呈褐色且蘑菇彻底烤熟，即可享用。

可供 3 ~ 4 人享用。

酿蘑菇

东方人喜欢颜色较白的蘑菇，而西方人偏爱米色的蘑菇。不管是哪种蘑菇，出现在鸡尾酒会上时，必须是最新鲜的。它们可以是全生的，也可以是经过腌制或烹调的。用它们做成的酿蘑菇一定是鸡尾酒会上最完美的餐前小点，它们一朵朵安静地躺在盘中，看上去是那么诱人。

香肠酿蘑菇

意大利甜香肠　2 根（约 140 克）
小茴香　1/4 小勺
辣椒粉（可选）　少许
黄洋葱末　1/4 杯
大蒜（去皮切末）　1 瓣
橄榄油　适量
新鲜欧芹末　1/4 杯
黑橄榄（切碎）　1/4 杯
法式基础白酱（见第 415 页）　1/3 杯
盐和现磨黑胡椒　适量

烤肉串

简易的竹扦长约15厘米，是鸡尾酒会上的方便工具。将各种不同的食物穿在一根竹扦上，或者在每盘食物旁边摆上一把竹扦，客人们就可以用它来品尝烤虾、莳萝肉丸等食物。短一点的竹扦可以用来品尝小吃，也很方便。

最受欢迎的烧烤组合

♥虾肉和青提
♥甜瓜、熏火腿和烟熏火鸡
♥苹果和火腿
♥青柠檬汁腌渍的扇贝和牛油果
♥樱桃番茄和香醋腌制的烤牛肉
♥瑞士乳酪（Swiss cheese）、火腿和西瓜皮泡菜

大个儿白蘑菇　12个
帕马森乳酪粉　适量

1. 烤箱预热至230℃。

2. 香肠去除肠衣并切碎，倒入小平底锅中，小火煸炒，直至香肠熟透。加入小茴香调味，根据个人口味，还可加入辣椒粉。用漏勺盛出香肠，油留在锅中。

3. 将黄洋葱末和蒜末倒入锅中，小火翻炒25分钟，直至洋葱变软、呈金黄色。如果油量不够，还可加入少量橄榄油。倒入欧芹末翻炒，最后加入香肠碎。

4. 将黑橄榄和法式基础白酱倒入锅中，与混合香肠碎充分搅拌。试尝一下味道，再补充盐和黑胡椒。

5. 白蘑菇去柄，蘑菇帽用湿布擦拭干净，撒上少许盐和黑胡椒调味。

6. 在烤盘上刷少许油，摆上蘑菇帽，底面朝上，盛入刚炒好的混合香肠碎，最后撒少许乳酪粉。

7. 把烤盘放入烤箱中层，烘烤15分钟左右，直至烤箱中发出“噗噗”声、蘑菇表面呈褐色。烤好的蘑菇静置5分钟，即可享用。

可供3～4人享用。

迷你羊肉串

无论是休闲小聚，还是正式宴请，迷你羊肉串都能为其增光添彩。提前腌渍令羊肉香味扑鼻，口感嫩滑。

羔羊肉（切块）　113克/人
羊肉腌渍料（见第17页）
樱桃番茄
青柿子椒（去蒂去籽，切成2厘米见方的小块）
白洋葱（去皮切块）

1. 将羊肉切成1厘米见方的小块，密封冷藏，腌渍整晚。

2. 烤架预热。

3. 取出羊肉块，放在厨房纸上吸干多余水分后，与2个樱桃番茄、1块柿子椒和1块白洋葱交替穿在烤扦上（注意，无论是铁质烤扦，还是木质烤扦，都要预先在水中浸泡一下）。

4. 烘烤约10分钟即可享用。

食谱笔记

鸡尾酒会应控制在晚餐前一小时内。过于漫长的酒会会让客人觉得无聊，或者因贪杯而错过美食，甚至还会带来其他麻烦。

客人抵达之前你可以先喝上一杯，让自己放松放松，但鸡尾酒会正式开始以后，就只能小口啜饮，不可贪杯。

注意，一定记得为不饮酒的客人准备带气矿泉水、果汁或不含酒精与糖的饮料。

羊肉腌渍料

红葡萄酒醋　1/4 杯
混合香草（例如一半迷迭香一半百里香）　1 小勺
大蒜（去皮切末）　2 瓣
橄榄油　1/4 杯
酱油　1 大勺
干雪利酒（Dry Sherry）　1 大勺

将所有食材倒入搅拌碗中，迅速搅拌均匀即可。

3/4 杯酱汁可腌渍约 680 克羊肉，供 6 人享用。

烧烤小食

我们喜欢为鸡尾酒会准备些小排和鸡翅，虽然这些食物令人吃相不雅，但没人会在乎这些。如果是较为正式的场合，这些食物就不太合适了，但在大多数时候，它们总是最快被吃光的。

鸡尾酒小排

厨师们会专门为鸡尾酒会准备一种肋排。通常是将肋排用刀切开，然后再剁成约 5 厘米长的小块，这样食用起来很方便。当然，你也可以准备一把专门刀具，自己动手完成；或者只把肋排分开，然后整根烹调。根据情况，为每位客人准备 110 ~ 230 克肋排比较合适。在准备好的肋排上划开一道小口，然后放在浅烤盘上，撒上些盐和胡椒粉，放入已预热至 200℃的烤箱中，烘烤 40 分钟。在烤至 20 分钟时，将肋排翻面，以免烤焦。

用厨房纸吸除肋排表面多余的油脂，刷上一层芥末酱（见第 18 页），再烘烤 10 分钟。重复一次刷酱和烘烤过程后即可享用，当然也可冷却后再吃。制作 900 克肋排需要 1 杯芥末酱。

鸡尾酒烤翅

根据情况，为每位客人准备 2 ~ 4 根鸡翅比较合适。准备一个足够大的盘子，放上鸡翅，倒入烧烤酱（见第 18 页），密封冷藏，腌渍 2 小时。将烤箱预热至 200℃，腌好的鸡翅平铺在烤盘上，撒适量盐和黑胡椒，放入烤箱烘烤 20 分钟。烘烤过程中，还可给鸡翅再刷一些烧烤酱。

当鸡翅快烤熟时，将烤盘移至烤箱最上层烘烤 5 ~ 7 分钟，直至鸡翅呈金黄色，表皮起泡，即可出炉享用，当然也可冷却后享用。1 杯烧烤酱可以做 6 根鸡翅。

芥末酱

第戎芥末　1/2 杯
橘皮果酱　1/2 杯
蜂蜜　1/3 杯
新鲜柠檬汁　3 大勺
苹果醋　2 大勺
姜末　1 小勺
肉豆蔻粉　1/2 小勺
盐和现磨黑胡椒　适量

1. 将所有食材倒入小平底锅中，小火加热至橘皮果酱完全融化。
2. 调至中火煮 5 分钟，适时搅拌一下，直至酱汁变得黏稠。
3. 冷却后密封冷藏，可保存 3 周。

可以做 1½ 杯芥末酱。

烧烤酱

番茄酱　2 杯
苹果醋　1/2 杯
水　1/2 杯
柠檬（取汁）　1 个
英国辣酱油[①]　2 大勺
塔巴斯科辣椒酱（Tabasco sause）　2 大勺
糖蜜[②]　2 大勺
第戎芥末　2 大勺
棕砂糖　1/4 杯
辣椒粉　2 大勺
蒜末　2 小勺
烟熏辣椒粉　2 小勺
盐和现磨黑胡椒　适量

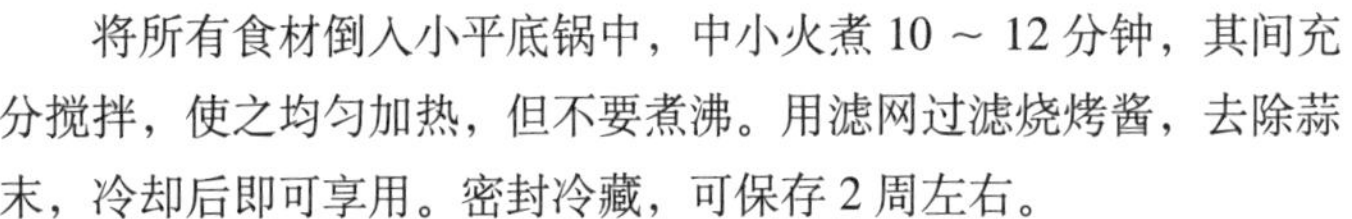

将所有食材倒入小平底锅中，中小火煮 10 ~ 12 分钟，其间充分搅拌，使之均匀加热，但不要煮沸。用滤网过滤烧烤酱，去除蒜末，冷却后即可享用。密封冷藏，可保存 2 周左右。

可以做 3 杯烧烤酱。

食谱笔记

我们为客人提供各种各样的食物，这样他们就可以品尝到更多的美味。

要想食物看起来诱人，摆盘是关键。你可以在每个小托盘上盛满一种前菜，然后用花花草草精心点缀；也可以把各种各样的沙拉盛放在一个大托盘中，这样看起来更加丰盛；或者用一个大贝壳盛放各种海鲜，定能令人胃口大开。盛满调料的小碟子肯定比盛了一半的大碗看上去更诱人。

自助餐时刻，把各色食物摆放在一起，可以营造出丰盛的场面。想象一下这样的情景，每盘食物都争先恐后地喊着：“先吃我吧，我最美味！”

请不要给自己太多的选择。

——简 · 奥斯汀

① worcester sauce，也称英国辣酱油，一种英国调味料，味道酸甜微辣，主要用于肉类和鱼类的调味。
②糖蜜是制糖工业的副产品，是一种黑褐色的黏稠液体，富含可发酵糖，风味浓郁。

来自大海的新鲜美味

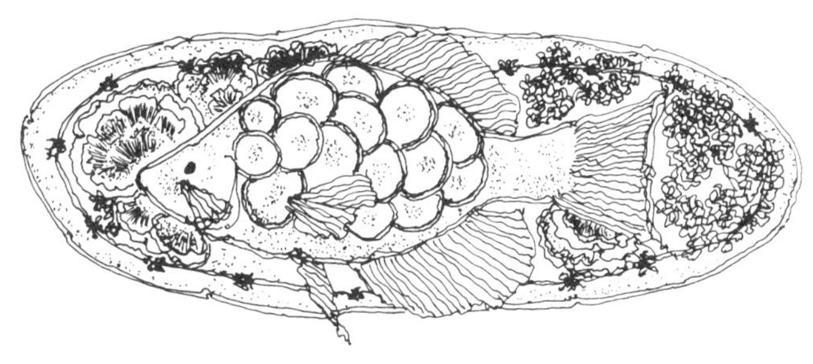

如今，无论是野生的，还是人工养殖的，海鲜的种类都比过去更加丰富。大家越来越喜欢食用海鲜，它们也受到了低卡路里爱好者的欢迎。记住，海鲜绝对是鸡尾酒会上的亮点，一定要保证足量供应。

辣味虾

可以把辣味虾作为头盘，也可以把它们穿在竹扦上做成开胃菜。

软化的无盐黄油　2 大勺
橄榄油　1 大勺
蒜末　1 大勺
珍珠洋葱末　2 大勺
大只鲜虾（去壳去虾线）　800 克
盐和黑胡椒　适量
新鲜柠檬汁（可适当多加）　2 大勺
新鲜莳萝末　2 大勺

1. 在大平底锅中加入黄油和橄榄油，小火加热。放入蒜蓉和珍珠洋葱末，小火翻炒 2 分钟。

2. 加入鲜虾，将火慢慢调大，翻炒至虾肉刚刚熟透。撒入盐和黑胡椒，拌匀。将锅中的虾和汤汁全部盛入碗中。

3. 倒入柠檬汁和莳萝末拌匀，密封冷藏 3 ~ 4 小时。试尝一下味道再加些调味料，即可食用。

作为前菜可供 10 人享用，作为开胃菜可供 4 ~ 6 人享用。

豆荚虾仁

花生油　2 大勺
大只鲜虾（去壳去虾线）　18 只（约 450 克）
雪利油醋汁（见第 283 页）　1 杯
荷兰豆　18 根（约 230 克）
盐　适量

1. 在小平底锅中淋入 1 大勺花生油，中火加热。放入一半的鲜虾，小火翻炒至虾肉熟透，呈粉红色。注意不要烹调过长时间，以免虾肉变老。

2. 炒好的虾肉盛入碗中，用同样的做法炒制另一半虾。

3. 将 1/4 杯雪利油醋汁倒在热虾上，静置 1 小时。

4. 将荷兰豆倒入煮沸的盐水中，焯 2 分钟后捞出，放入装有冰水的碗中，这样可以很好地保持荷兰豆鲜亮的色泽。

5. 荷兰豆完全冷却后，捞出沥干。从豆荚一端打开一个小口。

6. 将虾肉从雪利油醋汁中依次取出，塞入豆荚中，用牙签穿好，装盘。盖上保鲜膜，冷藏备用。

7. 上桌前，还可以再淋些雪利油醋汁。

可供 6 人享用。

希腊红鱼子泥沙拉

近几年，红鱼子泥沙拉变得越来越受欢迎。这道希腊美食，无须购买昂贵的鱼子酱，也可以品尝到同样的美味。搭配三角形口袋面包、小块吐司，或是作为新鲜蔬菜的蘸料，都很美味。

烟熏鳕鱼子（去外层薄膜）　450 克
常温奶油乳酪　450 克
大蒜（切末）　1 瓣
柠檬（取汁）　1/2 个
现磨黑胡椒　1/4 杯
橄榄油　1/4 杯
高脂鲜奶油　1/4 杯

1. 将鳕鱼子、奶油乳酪、大蒜、柠檬汁和黑胡椒一起倒食品料理机中搅打。

2. 其间，倒入橄榄油和高脂鲜奶油搅打均匀。做好后盛入碗中，密封冷藏。

可以做 4 杯希腊红鱼子泥沙拉。

春之自助餐

乳酪酥条

烤面包抹黄金鱼子酱配酸奶油和红洋葱末

芦笋配意大利熏火腿

香草乳酪

新鲜甜豆

芝麻蛋黄酱

要让你的客人感到宾至如归。

——让·安泰尔姆·布里亚－塞瓦兰，法国美食家

腌三文鱼

腌三文鱼是一道斯堪的纳维亚美食，以新鲜三文鱼为原料，用盐、糖和辣椒粉腌制而成。腌渍后的鱼肉入味、细嫩，将其切成薄片，是绝佳的开胃菜，可以搭配一杯加冰伏特加、白兰地或干白葡萄酒享用。

新鲜三文鱼（对半切开，去骨） 1片（1400克）
新鲜莳萝 2束
粗盐 1/4杯
糖 1/4杯
白胡椒粉 2大勺
粗裸麦面包（切片备用） 适量
柠檬片 10片
现磨黑胡椒 少许
莳萝芥末酱（做法见页面下方） 适量

1. 取半片三文鱼，鱼皮朝下，放入玻璃盘中。将莳萝铺在鱼肉上，撒上盐、糖和白胡椒粉。再将另一半三文鱼盖在上面，鱼皮朝上。

2. 裹上锡纸，用薄板和重约2千克的重物压住。冷藏48～72小时，每隔12小时将鱼翻一次面，并淋上盘底的调味汁。

3. 上桌前，取出鱼肉，拣去莳萝，沥干水分。用刀斜着切成薄片，放在盘中或粗裸麦面包片上，配以柠檬、黑胡椒和莳萝芥末酱调味。

可供8～10人享用。

莳萝芥末酱

味道酸甜的莳萝芥末酱很适合搭配腌三文鱼，也可以作为鲜虾和贝类的蘸料。

蒜蓉芥末调味汁（见第283页） 1杯
酸奶油 1杯
新鲜莳萝末 1/2杯

将所有食材倒入碗中拌匀，密封冷藏，可保鲜3天。

可以做2杯莳萝芥末酱。

烟熏三文鱼

把烟熏三文鱼斜切成薄片，即刻享用，保持它最本真的味道。

♥食用前30分钟将三文鱼从冰箱中取出。
♥淋上新鲜柠檬汁后会更加美味可口，所以请配上足量柠檬块。
♥新鲜黑胡椒是必需品，别忘了胡椒研磨器。
♥粗裸麦面包是最佳搭档。
♥配料还包括少量鱼子酱、1勺酸奶油或少许新鲜莳萝碎。
♥香槟、加冰伏特加或烈酒都是最佳搭配。

三文鱼慕斯

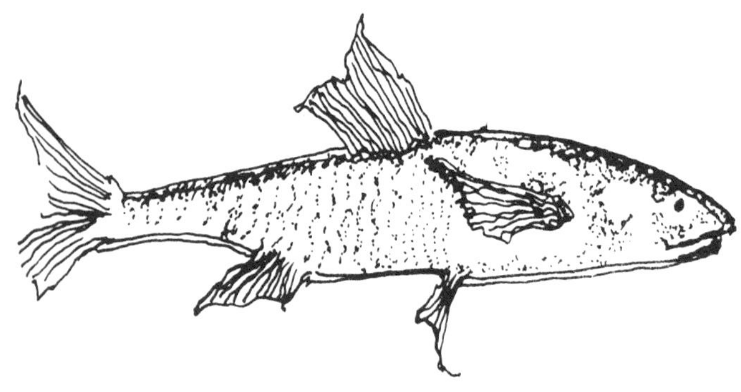

这是我们的一道经典菜。生食三文鱼慕斯，每次品尝都会带给你新的感觉。三文鱼是我们餐桌上最常见的食物，从美食店开业的第一天，人们就可以轻松买到它，除非售罄。它色泽鲜亮诱人，令你百吃不厌。

食用明胶　1 袋
冰水　1/4 杯
开水　1/2 杯
蛋黄酱　1/2 杯
新鲜柠檬汁　1 大勺
洋葱末　1 大勺
塔巴斯科辣椒酱　少许
甜椒粉　1/4 小勺
盐　1 小勺
新鲜莳萝末　2 大勺
清蒸新鲜三文鱼（或罐装三文鱼，去皮去骨，切片）　2 杯
高脂鲜奶油　1 杯
西洋菜（用于点缀）　少许
烤吐司、粗裸麦面包或薄脆饼干　适量

1. 将明胶放入冷水中软化，加入开水，充分搅拌至完全溶解，冷却至室温。

2. 将蛋黄酱、柠檬汁、洋葱末、塔巴斯科辣椒酱、甜椒粉、盐和莳萝末放入明胶中拌匀。放入冰箱冷藏 20 分钟左右，直至酱汁开始变稠。

3. 加入清蒸三文鱼，做成三文鱼慕斯糊。另取一只碗，倒入鲜奶油，打至八分发，轻轻倒在三文鱼慕斯糊中拌匀。

4. 将慕斯糊分别盛在 6 ~ 8 个小碗或模具中，密封冷藏至少 4 小时。

5. 用西洋菜做点缀，搭配烤吐司、粗裸麦面包或薄脆饼干食用。

至少可供 12 人享用。

公园野餐

三文鱼慕斯搭配
粗裸麦面包

小牛肉卷

芦笋配蓝莓果醋

辣味芝麻面

各式乳酪和新鲜水果

巧克力慕斯和曲奇

没有餐厅，只有食谱，那就只能望梅止渴了。

——波德莱尔

干白葡萄酒

令人炫目的鸡尾酒让派对更加活泼有趣，而冰镇干白葡萄酒可当作各种鸡尾酒的基酒。

♥在1杯冰镇干白葡萄酒中加入1大勺树莓白兰地（Framboise）、米拉别里李白兰地（Mirabelle）或多利菲梨子酒（Poire Williams），以水果作为点缀。

♥新鲜水果令干白葡萄酒看起来流光溢彩，而酒水也令果香更加美妙醉人。

♥在干白葡萄酒中加入一点蜜桃果泥或浆果果泥、一些葡萄、一片芒果或是几个新鲜的甜瓜球，会给美味平添些许乐趣。

♥薄荷叶秀色可餐，可将它捣碎，再倒入冰镇干白葡萄酒中。

♥在冰镇干白葡萄酒中加入1～2片冷冻猕猴桃（将猕猴桃去皮，切片冷冻），或是加几颗冷冻的草莓、黑樱桃，味道都很棒。

♥在白葡萄酒中加入1大勺新鲜橙汁和一点苏打水，放几块冰块口感更佳。

♥不要忘记柠檬。白葡萄酒中加点新鲜柠檬片或柠檬皮，根据个人口味也可再加些冰块，都是非常不错的搭配。

辣味蟹腿

蟹腿可在海鲜市场购买。如果是冷冻蟹腿，烹调前需解冻、清洗并沥干。

煮熟的蟹腿肉　1350克
青葱末　1杯
新鲜欧芹末　1/2杯
芹菜（切碎）　2根
大蒜（切末）　3瓣
橄榄油　1杯
龙蒿醋　1/2杯
新鲜柠檬汁　3大勺
英国辣酱油　1大勺
塔巴斯科辣椒酱　少许
盐和现磨黑胡椒　适量
涂有黄油的粗裸麦面包片　适量

1. 将除蟹腿肉、盐和黑胡椒外的其他食材倒入长柄锅中，小火加热，再用盐和黑胡椒调味，淋在蟹腿肉上，密封冷藏一整晚。

2. 食用前1小时从冰箱中取出，搭配涂有黄油的粗裸麦面包享用。绝对是鸡尾酒会上的绝佳美食！

作为头盘可供6人享用，用于鸡尾酒会可供24人享用。

柠香扇贝

这款拉丁美食同样也是大受欢迎的生食海鲜料理。新鲜的海鲜大可不必过分烹调，保持食物的原汁原味更加美味。

海湾扇贝　900克
新鲜红辣椒（去蒂去籽，切丝）　1个
红柿子椒（去蒂去籽，切丝）　1个
小个儿红洋葱（切丝）　1/2个
成熟番茄（去籽，切成小块）　2个
大蒜（切末）　1瓣
棕砂糖　2小勺
新鲜香菜末　2大勺
新鲜欧芹末　2大勺
盐和现磨黑胡椒　适量
新鲜青柠檬汁和柠檬汁　各2杯

牛油果（去皮后切成 16 片，洒上柠檬汁，用于点缀） 2 个
欧芹 用于点缀

1. 除牛油果和欧芹外，将其他食材全部倒入大玻璃碗中，轻轻拌匀。

2. 密封冷藏至少 5 小时，直至扇贝的颜色变得不透明。在腌渍的过程中，适当翻拌一下。

3. 腌渍好的扇贝盛入碗中，用牛油果和欧芹做点缀。

作为头盘可供 8 人享用。

蔬菜冷盘

各式各样的新鲜蔬菜永远是餐桌上的宠儿，让人停不下口。聚会菜单中永不过时的就是蔬菜冷盘！

蔬菜冷盘色泽鲜亮、营养丰富，蔬菜质地脆嫩、清爽可口，看上去就像刚刚从菜园采摘回来的一样。各种颜色、口感、形状和大小的蔬菜相映成趣，就像个五颜六色的小菜园。我们还可以将不同种类的蔬菜分别装入小篮子里，再设计出别出心裁的造型，最后将蔬菜蘸料放在篮子中间。

蘸料容器

我们喜欢将蘸料放在挖空的果蔬中，例如紫甘蓝叶片、各色柿子椒，或者怪模怪样的番茄、半个西葫芦或黄瓜，甚至一个波多贝罗大蘑菇中。容器和蘸料讲究配色鲜明，还可以用可食用的花朵、新鲜香草或青葱做点缀，为你的餐桌锦上添花。

洛克福乳酪蘸料

高脂鲜奶油　3/4 杯
法式酸奶油（见第 414 页）　1/4 杯
英国辣酱油　1 小勺
盐　1/4 小勺
现磨白胡椒　1/2 小勺
洛克福乳酪　1 杯

1. 将高脂鲜奶油、法式酸奶油、英国辣酱油、盐和白胡椒倒入食品料理机中简单搅拌一下。

2. 加入洛克福乳酪，搅拌均匀。注意不要过度搅拌，应保持蘸料的质地浓稠。

3. 将蘸料盛入容器中，密封冷藏。

可以做 2 杯蘸料。

牛油果蘸料

大蒜（切末） 1 瓣
新鲜欧芹末 2 大勺
龙蒿醋 1 大勺
干龙蒿 1/2 小勺
凤尾鱼 6 条
龙蒿珍珠洋葱芥末 1/4 杯
自制蛋黄酱（见第 413 页） 1 杯
熟透的牛油果（去皮去核，捣成泥） 1 个
半脂奶油[①] 3 大勺
盐和现磨黑胡椒 适量

1. 将所有食材倒入食品料理机中搅打均匀。用橡胶刮刀将料理机内壁刮干净，然后加入适量盐和黑胡椒再次搅打均匀。

2. 将蘸料盛入容器中，密封冷藏。

可以做 2 杯蘸料。

绿胡椒芥末蘸料

自制蛋黄酱（见第 413 页） 1 杯
第戎芥末（根据个人口味可再多加一些） 1/4 杯
大蒜（切末，根据个人口味可再多加一些） 1 瓣
水浸绿胡椒（沥水，根据个人口味添加） 1 小勺

1. 将所有食材倒入食品料理机中，搅拌均匀。

2. 试尝一下味道，再酌情添加些第戎芥末或蒜末，最后拌入水浸绿胡椒。

3. 将蘸料盛入容器中，密封冷藏。

可以做 1 杯蘸料。

最受欢迎的蔬菜冷盘

全绿色：
♥洋蓟
♥芦笋
♥茴香
♥西蓝花
♥豇豆
♥黄瓜
♥绿豆
♥青柿子椒
♥甘蓝
♥青葱
♥荷兰豆
♥甜豆
♥西葫芦
绿色 / 紫色：
♥嫩甜菜
♥小茄子
♥紫甘蓝
♥紫菜豆
♥紫皮小土豆
白色 / 绿色
♥菜花
♥蘑菇
♥白洋葱
♥白萝卜
橘色 / 黄色 / 红色
♥小胡萝卜
♥小玉米
♥小南瓜
♥红萝卜
♥红、黄、橘色柿子椒
♥红色或黄色樱桃番茄

将不同颜色、口感的蔬菜和蘸料摆得像艺术家的调色板一样。

① half-and-half，是由一半鲜奶油和一半全脂牛奶混合制成，乳脂含量约为 12%，比普通牛奶更加浓稠黏腻。

最简单的，就是最好的。

——奥古斯特·埃斯科菲耶①

① 1846 ~ 1935，法国名厨、餐馆老板和美食作家，被法国媒体称作“厨师中的国王”。

黑橄榄酱

这种颜色深沉但充满活力的蘸料好像在对我们讲话，还带着普罗旺斯口音。它似乎从未被驯服，充满着神秘感——是不是我言过其实了？请你试着品尝一下，将它抹在自然成熟的番茄、煮熟的鸡蛋上，或是夹在烤熟的嫩茄子里。你也可以将它稀释后作为蔬菜沙拉的调味料，还可以和冷意大利面拌在一起。在炎热的夏日，它的味道似乎没什么特别，但在寒冷的冬天，却足以勾起你对夏日温暖的回忆。

去核黑橄榄（例如阿方索或卡拉玛塔橄榄） 1/2 杯
去核绿橄榄（例如西西里橄榄） 1/4 杯
凤尾鱼 4 条
大蒜 1 瓣
续随子[①]（沥干腌渍汁） 2 大勺
油浸金枪鱼（沥干油） 2 大勺
新鲜柠檬汁 1 大勺
新鲜罗勒叶 *（洗净沥干，可酌情添加） 1 杯
特级初榨橄榄油 1/4 杯
自制蛋黄酱（见第 413 页） 1/4 杯

1. 将黑橄榄、绿橄榄、凤尾鱼、大蒜、续随子、金枪鱼、柠檬汁和罗勒叶放入食品料理机中，充分搅打均匀。

2. 在搅打过程中，加入少许橄榄油，使它变得更加浓稠润滑。如果希望它的味道淡一些、更适合搭配新鲜蔬菜，可以加些蛋黄酱。

3. 试尝一下味道，酌情添加调味料。做好的黑橄榄酱倒入容器中密封冷藏，可保存 1 周。

可以做 $1\frac{1}{2}$ 杯黑橄榄酱。

* 如果买不到新鲜罗勒叶，可以用新鲜欧芹叶 1 杯加 2 小勺干罗勒叶代替。

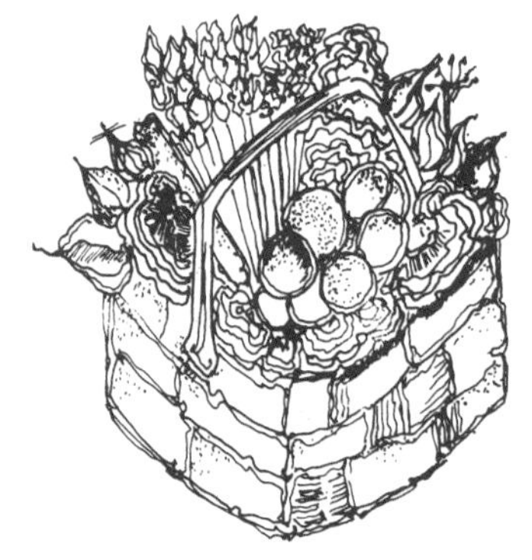

用蔬菜盛放酱料

比利时菊苣的叶子就像小勺一样，能够用来盛放浓稠的蘸料。比如，三文鱼慕斯、绿香草沙司和希腊红鱼子泥沙拉。建议选择较嫩的浅绿色菜叶，盛上你喜欢的蘸料，做成餐前小点。

① caper，也叫刺山柑、酸豆，花蕾部分常以盐渍或醋浸保存，多用作调味料或制作酱料，常见于地中海美食中。

熟食

在法国，“Charcuterie（熟食）”一词最初专指获得许可、能够经营猪肉制品的商店。虽然现在已经放开这种限制，但是熟食店须经授权许可才可经营仍是法国的一项重要传统。这些熟食店以贩卖肉酱和香肠为主，同时还有法式咸派、面包、乳酪、葡萄酒等各种野餐食品和饮料。

如今，熟食越来越受到美国人的欢迎，在口感上，熟食和葡萄酒的确是不错的组合。当你享用完盘中的食物，请先喝上一口葡萄酒，再品尝其他风味的食物。

传统的熟食伴侣是芥末、酸黄瓜、腌渍樱桃和橄榄、乡村面包、乳酪、酸辣酱，以及各式沙拉和烤蔬菜。铺上方格布，摆上葡萄酒，面包放入篮中，厚实的砧板上摆满肉酱、香肠和乳酪，再把调味料盛在各色碗罐中，就像是乡村野餐一样，充满了田园气息。

鞑靼牛肉

鞑靼牛肉最适合作为鸡尾酒会或常规晚餐的头盘。鞑靼牛肉需生食，所以食材最好在当天购买，现吃现做。现在你需要准备一块上好的有机牛肉，还有最新鲜的有机鸡蛋（因为鸡蛋也要生食）。

牛肉

特级有机牛里脊或牛腱（绞碎） 900 克
中等大小的黄洋葱（切碎） 1 个
新鲜欧芹末 1/4 杯
第戎芥末 3 大勺
蛋黄 2 个
盐 2 小勺
现磨黑胡椒 适量
葛缕子① 1 小勺

将所有食材放入碗中，搅拌均匀。蛋黄是牛肉与调味料之间最好的黏合剂。上桌前密封冷藏。

配菜

红叶生菜或比布生菜 1 棵
新鲜香葱末（预留几根完整的香葱） 3/4 杯
尼斯黑橄榄（去核） 2 杯
煮鸡蛋（切碎） 2 个
红洋葱（切成小丁） 1 个
续随子（沥干腌渍汁） 1 杯
樱桃番茄（切成 3 毫米厚的片） $2^1/_2$ 杯
黑麦面包和粗裸麦面包 80 片
无盐黄油 2 ~ 3 罐

装盘

1. 准备一个精美的大圆盘或托盘，将生菜叶摆在中间。

2. 将牛肉摆成圆环状，撒上新鲜的香葱末，再将尼斯黑橄榄放在圆环中间。

3. 将切碎的煮鸡蛋、红洋葱丁、续随子和樱桃番茄片点缀在盘边，方便客人们随意选取。

4. 如果盘子足够大，还可以摆上一圈面包片和黄油，再将预留的整根香葱随意点缀在盘中。

5. 食用方法：在面包上抹一点黄油，舀一勺牛肉，搭配上你喜欢的配菜，即可尽情享用。

准备 75 ~ 80 片面包，每人 2 片，可供 38 人享用。

上等的意大利萨拉米香肠绝对让你唇齿留香。

——意大利谚语

①尝起来的味道像小茴香，常用来给肉类、腌菜调味。有时也会加入面包和甜点中。

香肠

一直以来，香肠就是一种重要的传统食物，每个国家或地区都有腌制香肠的独特方法。我们可以把香肠放在砧板上，让客人们自行取食。因此需要准备一块漂亮的砧板和一把锋利的餐刀，以及各种面包、芥末、山葵酱和腌菜。

手工香肠在欧洲有着悠久的历史，在美国也正经历着一场复兴。在西雅图 Salumi 餐厅，名厨阿曼迪诺·巴塔利能够提供味道超辣的烟熏香肠、带有茴香和绿胡椒味的蒜味香肠、西班牙辣香肠、熏肉、意大利熏火腿、猪臀火腿、猪肉香肠、杯形香肠和羔羊熏火腿；位于加州伯克利、由名厨保罗·博托利经营的 Fra' Mani 餐厅，有各种各样的意大利蒜味腊肠，并且他们的生产线在不断扩大。提契诺（Ticino）香肠由尼曼牧场的猪肉制作而成，是名副其实的手工香肠，值得细细品味。手工制作香肠是一门艺术，它们能带给你非比寻常的味蕾享受。

阿布鲁齐香肠（Abruzzi）：一种风干意大利香肠，以新鲜猪肉和香料为原料，经熏制和风干制作而成。味道偏辣，适合做头盘、前菜，或者小零食。

阿尔桑德瑞（Allesandri）：意大利风味，干硬、味辣。

阿尔皮诺（Alpino）：按照阿尔卑斯山地区的古法制作，质硬、味辣。

阿尔勒（Arles）：法式风味，加入了大量大蒜和辣椒粉。

牛肉棒（Beef Log）：经风干、烟熏制成的蒜味牛肉腊肠。

血肠（Blutwurst or Blood Sausage）：德国美食，经过全面腌制后制成。味道很咸，全熟。

布鲁克伍斯特（Brockwust）：轻度腌制，通常由小牛肉、猪肉、牛奶、香葱、鸡蛋和欧芹制成。

德式小香肠（Bratwurst）：德式经典美食。用猪肉和小牛肉加鼠尾草和柠檬汁腌渍而成。

法式熟香肠（Fresh Braunschweiger）：将猪肝和牛肝混合，煮熟但不用烟熏。

布罗斯威戈（Brauschweiger）：制作方法同上，但需经过烟熏。

熏肉薄片（Bündnerfleisch）：瑞士风味，用牛肉风干制成，味道咸辣。

卡斯亚托雷（Cacciatore）：意大利风味香肠，体积较小。

卡拉布里斯（Calabrese）：一种蒜味腊肠，内有辣椒。

卡波卡罗（Capocollo）：将用辣椒粉腌渍的猪臀尖熏制、风干制成，偏辣。

斯尔维拉特香肠（Cervelat）：一种德式风干香肠，味道浓厚、辛辣，带有烟熏味。

柯利左香肠（Chorizo）：一种辣味风干香肠，以大蒜、烟熏西班牙辣椒粉和西班牙甜椒调味。大多数产于美国和墨西哥，最上乘的来自西班牙。

威尼斯式杯形香肠（Coppa Veneziana）：一种意大利腊肠，中间是意大利火腿。

丹麦萨拉米香肠（Danish Salami）：烟熏香肠，体积较小，类似斯尔维拉特香肠。

菲利诺香肠（Felino）：一种风干意式香肠。

菲利斯特（Filsette）：口味温和的意大利热亚那蒜味香肠。

菲诺欧娜（Finocchiona）：来自佛罗伦萨的蒜味香肠，以大片用小茴香调味的猪肉制成。

格尔伍斯特（Gelbwust）：外形类似肝泥香肠，由猪肉和小牛肉制成，味道温和，口感松软。

热那亚小香肠（Genoa Piccolo）：由猪肉、牛肉、牛心、大蒜和胡椒制成。经过 5 个月风干，因此非常硬。

意大利萨拉米香肠（Italian Salami）：猪肉和牛肉混合红葡萄酒或葡萄汁，再用大蒜和香料调味制成。

拉斯奇科（Lachsschinken）：用未经调味的猪里脊肉制成。享用时最好拌上一点柠檬汁和胡椒粉。

肝泥香肠（Liverwurst）：猪肝配洋葱末和香料煮熟或熏制而成。口感细腻，味道温和，带有一点肝脏的味道。

米兰香肠（Milano）：混合肉酱制成。

摩泰台拉香肠（Mortadella）：正宗的博洛尼亚大红肠。由猪肉和牛肉制成，未经烟熏和风干，表面涂有油脂，口感嫩滑、细腻。

意大利辣香肠（Peperoni）：由牛肉和猪肉混合大量辣椒粉、黑胡椒和大蒜制成。

里昂玫瑰香肠（Rosette De Lyon）：法国最有名的蒜味香肠，由手切猪肉制成，有浓郁的红酒味。购买时注意识别法语标签。

萨拉米香肠（Salami）：混合肉馅配以大蒜和各种香料，经过腌渍和烟熏或风干制成。

西班牙黑猪肉香肠（Salchichon）：西班牙蒜味香肠，用盐和黑胡椒调味，经过 6 ~ 8 个月的成熟期制作而成。口感香醇、浓郁，更令人惊喜的是，还有一丝甜味。

热那亚香肠（Settecento Genoa）：一种热那亚蒜味香肠。

西西里香肠（Sicilian）：猪肉碎配黑白胡椒，经烟熏、风干制成，味美微辣。

腊肠（Soppressata）：一种重口味的意大利萨拉米香肠，配料包括整颗胡椒和大蒜，并以红葡萄酒腌制。

蒂罗尔香肠（Tiroler）：煮熟的香肠，味似蒜味香肠。

托斯卡诺香肠（Toscano）：一种意大利蒜味香肠，由瘦猪肉搭配肥肉制成，很常见。

鸡肝肉酱派质地醇厚、味道浓郁。

鸡肝肉酱派

一直以来，我们的鸡肝肉酱派都有独特的秘方。配料中除了有各种香料，还添加了卡尔瓦多斯苹果白兰地和葡萄干。加入这些食材做出来的鸡肝肉酱派令人回味无穷，成为鸡尾酒会上最受客人们欢迎的美食。最经典的吃法是，把它抹在薄薄的法棍面包片、饼干或黄油吐司上享用。

带叶嫩芹菜　2 根
黑胡椒　4 颗
盐　1 小勺
鸡肝　450 克
辣椒粉　少许
软化的无盐黄油　1 杯
芥末粉　2 小勺
肉豆蔻粉　1/2 杯
蒜末　1/4 杯
黄洋葱末　1/4 杯
大蒜　1 小瓣
卡尔瓦多斯苹果白兰地（Calvados）　1/4 杯
葡萄干　1/2 杯

美味肉酱派

正如烤肉卷一样，法式肉酱派（French pâtés）也日益为人们所熟知。只要掌握了诀窍，做起来一点也不复杂。

肉酱派质地醇厚，味道浓郁，口感会因厨师不同而大相径庭。当然，作为家庭鸡尾酒会的头盘、野餐中的主菜或复杂菜式中的配菜，其味道也有变化。

选择的肝脏种类不同，制作方法也有所差别。不妨尝试一下各种做法，再找到最适合自己的那个。

熟食店菜单

各式乡村面包

无盐黄油

酸黄瓜

腌珍珠洋葱

腌野生樱桃

第戎芥末、香草和粗粒芥末籽酱

乡村辣味肉酱派

红萝卜和白萝卜

糖醋胡萝卜丝

烟熏腊肠

布里乳酪（Brie）、山羊乳酪（Chèvre）、三重奶油乳酪（Triple creme cheese）

新鲜水果

黄油曲奇

1. 在长柄锅中倒入 6 杯水，放入芹菜、黑胡椒和盐。大火煮开后将火调小，再煮 10 分钟。

2. 加入鸡肝，小火炖 10 分钟。注意不要将鸡肝煮至全熟，内部应保留淡淡的粉红色。

3. 倒掉锅中的水，滤除芹菜和黑胡椒。将鸡肝放入食品料理机中，再加入除葡萄干外的所有配料，搅打至浓稠细滑。

4. 将鸡肝酱盛入碗中，加入葡萄干拌匀。把做好的鸡肝肉酱派分装入 3 ~ 4 个陶罐中，抹平表面，密封冷藏至少 4 小时。食用前在室温下静置 30 分钟再上桌。

可以做 3 杯鸡肝肉酱派，供 8 人享用。

鸡肝肉酱派配绿胡椒

软化的无盐黄油　6 大勺
黄洋葱末　1/2 杯
大蒜（切末）　2 瓣
干百里香　1 小勺
切碎的芹菜（带叶）　1/2 杯
黑胡椒　10 颗
月桂叶　2 片
水　6 杯
鸡肝　450 克
法国白兰地　2 大勺
盐　1/2 小勺
现磨黑胡椒　适量
多香果粉　1/2 杯
水浸绿胡椒（沥干水）　5 小勺
高脂鲜奶油　1/4 杯

1. 在平底锅中放入黄油，中火加热至融化，倒入黄洋葱末、大蒜、干百里香翻炒，加盖焖 25 分钟，直至洋葱上色、变软。

2. 在锅中加入芹菜、黑胡椒、月桂叶和 6 杯水。大火煮沸后，小火炖煮 10 分钟。

3. 将鸡肝倒入锅中，小火炖煮 10 分钟。注意不要将鸡肝煮至全熟，内部应保留淡淡的粉红色。

4. 沥干锅中的水，芹菜、月桂叶和黑胡椒挑出不用。将鸡肝和锅中其他食材倒入食品料理机中，再加入白兰地、盐、现磨黑胡椒、多香果粉和 4 小勺绿胡椒，搅打至浓稠细滑。

5. 倒入鲜奶油继续搅打，然后将鸡肝肉酱派盛入碗中，加入剩余的绿胡椒，拌匀。

6. 将鸡肝肉酱派盛入容积约 500 毫升的陶罐中，密封冷藏至少 4 小时。食用前在室温下静置 30 分钟再上桌。

可以做 2 杯鸡肝肉酱派，可供 8 人享用。

乡村牛肝肉酱派配核桃

核桃赋予牛肝肉酱派一种独特的风味，我们喜欢将这道菜作为家庭聚会或野餐的头盘。

新鲜肥猪肉（绞碎） 900 克
黄洋葱末 3/4 杯
瘦牛肉（绞碎） 450 克
猪肘部瘦肉（绞碎） 450 克
粗盐 $1^3/_4$ 大勺
现磨黑胡椒 1 小勺
干百里香 1 小勺
多香果粉 3/4 ~ 1 小勺
干龙蒿 1/2 ~ 1 小勺
干牛至 1/2 ~ 1 小勺
大蒜（去皮切末） 4 瓣
杜松子（压碎） 3 颗
法国白兰地 1/2 杯
马德拉白葡萄酒（Madeira wine） 1/4 杯
鸡蛋（打匀） 4 个
牛肝（切成 1 厘米见方的小块） 230 克
核桃仁 1 杯
新鲜肥猪肉（切成薄片，放到模具上备用） 450 克
月桂叶 2 片
杜松子 3 颗

1. 在平底锅中加入 2 ~ 3 大勺肥猪肉，中火加热至融化。倒入黄洋葱末，翻炒 10 分钟左右，直至变软。捞出炒好的洋葱，控干油脂。

2. 将瘦牛肉、瘦猪肉、剩余的肥猪肉、粗盐、黑胡椒、干百里香、多香果粉、干龙蒿、干牛至、大蒜、压碎的杜松子、法国白兰地、马德拉白葡萄酒、鸡蛋和洋葱倒入一个大碗中拌匀（不要加入牛肝）。适当调味，中火煸炒一下。冷却后，试尝味道，再酌情添加调味料。

3. 在炒好的肉酱中拌入牛肝块和核桃仁。

4. 烤箱预热至 180℃，同时煮一壶开水。

5. 在 24 厘米 ×13 厘米 ×8 厘米的模具底部和四周分别贴上切好的肥猪肉片，四壁上的肥猪肉片应略高于模具。将牛肝肉酱派倒入模具中，压紧，排净空气，中间部分应略微高一些。在顶部放上 2 片月桂叶和 3 颗杜松子，将四周高出模具的肥猪肉片翻过来，包裹住牛肝肉酱派，适当补充肥猪肉片将肉酱派表面完全盖住，再用锡纸盖住表面。最后用锡纸紧紧包裹住模具四壁，确保牛肝肉酱派

隔水蒸烤

隔水蒸烤是一种古老的烹饪方法，据说起源于意大利。需要用这种方法烹制的通常是肉酱、慕斯、蛋羹等易碎的食物。将盛放它们的模具放在盛有热水的大烤盘中，再放入烤箱或烤炉里。烤盘中的水温会根据烤箱的温度变化，更有效地传导热量。我们最常用的厨具就是双层炖锅。

被完全密封。

6. 将模具放在烤盘上，再在烤盘中倒入足量的开水，水深至模具中部，然后放入烤箱底层烘烤 2.5 小时，直至牛肝肉酱派开始收缩，流出的汁水呈金黄色。掀开锡纸，用勺子按压顶部，看一看牛肝肉酱派是否熟透。如果没有熟透，重新盖上锡纸，再烘烤 30 分钟。

7. 牛肝肉酱派烤熟后，取出模具，用重物压上几个小时，这样做是为了将牛肝肉酱派中多余的油脂挤出，同时压实牛肝肉酱派，这样脱模后更易切片。可以将一个砧板放在模具上，再在上面放上大约 2 千克的重物。模具冷却后，取下重物，将牛肝肉酱派放入冰箱冷藏。

8. 牛肝肉酱派完全冷却后脱模，去掉四周的肥肉片。将牛肝肉酱派装进保鲜袋后放入冷藏室，或者让它恢复至室温，备用。经过 1 ~ 2 天的冷藏，牛肝肉酱派的口感会增色不少。食用前将牛肝肉酱派恢复至室温再上桌。

作为头盘可供 10 人享用，作为鸡尾酒会上的配菜可供 20 人享用。

海鲜肉酱派

这是一道精美的头盘，可以搭配番茄浓酱（见第 232 页）、风味蛋黄酱或油醋汁，例如奶油龙蒿芥末酱（见第 274 页）或绿香草酱（见第 178 页）。

扇贝（冷冻） 700 克
韭葱（洗净切末） 1 杯
盐 1 小勺
肉豆蔻粉 少许
塔巴斯科辣椒酱 少量
高脂鲜奶油（冷藏备用） 3 杯
冷冻豌豆（解冻） 1/2 杯
柠檬皮碎 1 大勺
新鲜欧芹末 3 大勺
新鲜三文鱼（冷冻） 450 克
冷冻蛋清 2 个
番茄酱 1 大勺
橙皮碎 1 大勺
黄油（用于涂抹烤盘） 适量
搭配酱汁：奶油龙蒿芥末酱、绿香草酱或番茄浓酱（选择一种即可）

食谱笔记

为确保派对万无一失，可以酌情增加人手，比如打电话给服务机构雇用小时工。确保他们在流程安排、时间控制、会场布置和餐品准备等工作上干脆利索、井井有条。同时，要让对方了解你的做事风格，以便在也与突发事件时，他们能更好地配合你。

无论你有没有帮手，都要做好派对后的清洁工作。

1. 将扇贝肉挖出，洗净控干。挑出 6 只最大、最好的扇贝备用，其余的扇贝肉和 1/2 杯韭葱末倒入食品料理机中搅打均匀。

2. 加入 1/2 小勺盐、少许肉豆蔻粉和 2 ～ 3 滴塔巴斯科辣椒酱，继续搅打。

3. 搅打过程中，缓慢匀速地倒入 1 杯高脂鲜奶油，然后关闭食品料理机。盛出一半，作为①，密封冷藏。余下的部分加入豌豆，搅打至浓稠润滑，盛入碗中，加入柠檬皮细末和欧芹末，充分搅打后作为②，密封冷藏。

4. 将食品料理机清洗干净。三文鱼去皮、去骨，切成小块。将三文鱼块和剩余的韭葱末倒入食品料理机中，搅打均匀。

5. 当食品料理机中的混合物变得浓稠时，加入蛋清和番茄酱，用剩余的 1/2 小勺盐、少许肉豆蔻粉、塔巴斯科辣椒酱和柠檬皮碎调味，搅打均匀。

6. 其间，慢慢倒入剩余的 2 杯高脂鲜奶油，作为③，密封冷藏。

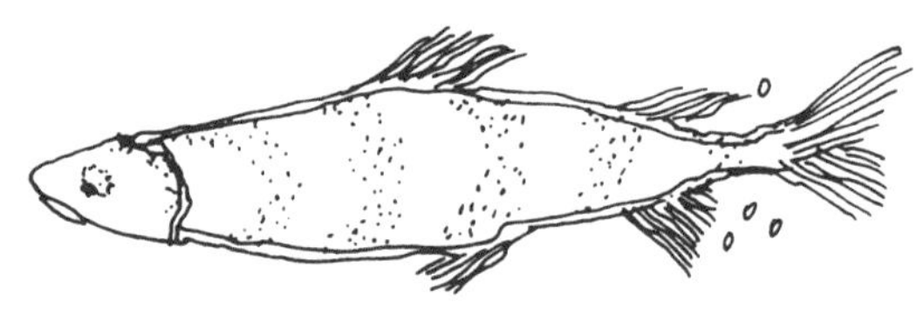

7. 烤箱预热至 177℃。准备一个 23 厘米 ×13 厘米 ×8 厘米的模具，在内壁上均匀地抹上黄油。同时准备一壶开水。

8. 将①倒入模具中，把预留的 6 只扇贝纵向轻轻压入①中。然后倒入③，用抹刀将表面抹平，再撒些豌豆。最后倒入②，轻轻敲几下模具，震碎其中的气泡。

9. 用锡纸包住模具，然后放在烤盘上。在烤盘中倒入沸水，水深至模具中部。将烤盘放在烤箱中层，烘烤 45 分钟左右，冷却至烤箱内温度计显示为 55℃。

10. 将模具从沸水中取出，冷却至室温，然后放入冰箱冷藏一整晚。

11. 脱模，拆除锡纸，将模具在热水中放 30 秒左右。用小刀贴着模具内壁划一圈，将盘子扣在模具上，然后翻转过来，海鲜肉酱派即可从模具中取出。

12. 海鲜肉酱派冷却后切片，整齐地摆入盘中，然后搭配一种蘸料。如果想加热后食用，则需在其冷却时切片，享用前放在刷了黄油的烤盘上，盖上锡纸，放入 150℃的烤箱中加热 15 分钟左右。在餐盘中盛入温热的酱汁，摆上加热后的海鲜肉酱派，即可享用。

作为头盘可供 10 ～ 12 人享用。

肉酱派最初是指放入酥皮中烘烤的肉食，法国派（terrine）则是指装入陶制餐具或金属盘烹制的肉食，而现在这两个词基本上可以通用。

有多大碗，吃多少饭。

——佩吉小姐

蔬菜千层派

番茄、韭葱和白豆，拥有三层美味的蔬菜千层派，能为你带来馥郁芳香、辛辣可口的满足感。这道菜可以直接品尝，也可搭配蒜泥蛋黄酱(见第50页)、番茄罗勒蛋黄酱(见第413页)，或者番茄浓酱（见第232页）一起吃。

白豆泥

软化的无盐黄油　4大勺
黄洋葱末　1杯
大蒜（去皮切末）　4瓣
盐　1/2小勺
现磨黑胡椒　1/2小勺
罐装意大利白豆　1杯
罗勒酱　1/4杯
鸡蛋　1个
蛋黄　1个

1. 在平底锅中加入黄油，小火融化。倒入黄洋葱末，盖上锅盖，焖至洋葱变软、上色。

2. 加入大蒜、盐和黑胡椒，翻炒5分钟后关火。

3. 白豆洗净后沥干，然后与洋葱、罗勒酱一起倒入食品料理机中搅打均匀。

4. 将鸡蛋和蛋黄打入食品料理机中，充分搅拌后倒入碗里，密封冷藏直至定形。

即时温度计

即时温度计不同于传统的烹饪用温度计，它即插即用，可即时读取温度，不需要在烹饪时就放入食物中。虽然即时温度计比传统的烹饪用温度计贵一些，但它们的使用寿命更长久，计量也更精准。

蔬菜千层派和番茄莳萝蛋黄酱都是来自菜园的美味。

番茄泥

软化的无盐黄油　4 大勺
黄洋葱末　1 杯
中等大小的番茄　4 个（约 230 克）
大蒜（去皮切末）　2 瓣
罗勒酱＊　3 大勺
番茄酱　3 大勺
辣椒粉　1 小勺
盐和现磨黑胡椒　适量
鸡蛋　1 个
蛋黄　1 个

1. 在平底锅中加入黄油，小火融化。倒入黄洋葱末，盖上锅盖，焖至洋葱变软、上色。

2. 用刀在每个番茄底部划一个小十字，放入沸水中煮 10 秒钟。捞出番茄，放入冷水中冷却，即可轻松去除番茄表皮。将番茄从中间切成两半，去籽，挤出番茄汁，再切成块，放入洋葱中，中火翻炒。

3. 加入大蒜、罗勒酱、番茄酱、辣椒粉，盐和黑胡椒。翻炒 15 分钟以上，收汁。试尝一下味道，再酌情添加调味料。将番茄泥盛入碗中，冷却至室温。

4. 将鸡蛋和蛋黄放入碗中打散，再倒入番茄泥中混合均匀，密封冷藏。

＊洗净沥干的 7 杯新鲜罗勒叶或者 7 杯新鲜欧芹加 1 大勺干罗勒叶，搭配橄榄油 3 ～ 4 大勺，放入食品料理机中搅打均匀，密封冷藏。

韭葱泥

软化的无盐黄油　6 大勺
韭葱（留取葱白，洗净后切薄片）　8 根
咖喱粉　2 小勺
大蒜（去皮切末）　2 瓣
新鲜欧芹末　1/2 杯
现磨黑胡椒　3/4 小勺
盐　适量
鸡蛋　1 个
蛋黄　1 个

1. 在平底锅中加入黄油，小火融化。倒入韭葱，盖上锅盖，焖至韭葱变软。

2. 加入咖喱粉、大蒜、欧芹、黑胡椒和盐，稍微翻炒一下，10 分钟后关火，冷却至室温。

3. 将鸡蛋和蛋黄放入碗中打散，再倒入韭葱泥中充分拌匀，密封冷藏。

她是个好厨子，像其他厨子一样。

——萨基

开胃酒

开胃酒与进餐时喝的淡酒相比，后劲儿要足很多，但比起蒸馏后的烈酒，酒精含量又低很多。各大酒庄在它们的秘密配方中，通常都会加入香草和其他调味品。苦艾酒（Vermouths，我们喜欢利莱酒）适合用橙皮或柠檬皮调味，干雪利冷藏之后，味道更佳。在这两种酒中试着加几滴汤力水或苏打水，再加一点新鲜柠檬，会有意想不到的好味道（一点苏打水会令你的苦艾酒或雪利酒变清淡）。400 年前，产于法国的彼诺甜酒（Pineau des Charentes），由白葡萄酒和我们都爱的法国白兰地混合调制而成，因此带有一丝甜味。法国茴香酒（Pastis）是法国工人最喜爱的开胃酒，这种酒最适合与水或苏打水按照 1 ∶ 5 的比例混合饮用，或者加入蛋清、1/4 杯茴香酒、1 小勺细白糖和冰块摇至起泡，注入冰镇过的高脚杯。加入一点苏打水和一片薄荷叶增香添色，风味更佳。

三层合并

胡萝卜　2 根

细芦笋　6 根

大片卷心菜叶（选择中间的嫩叶）　12 片

软化的无盐黄油（用于涂抹烤盘）　适量

1. 煮沸一大锅盐水，同时准备一大碗冰水。

2. 胡萝卜去皮，纵向切成 4 条，放入沸水中煮软，切记不要煮成泥。用漏勺捞出，放入冰水中。

3. 切掉芦笋根部，放入沸水中烫一下。捞出后放入冰水中。

4. 将卷心菜叶放入沸水中，用勺子压住使其完全被浸没，快速煮软，捞出后放入冰水中。

5. 所有蔬菜冷却后沥干水，用厨房纸擦干。在 23 厘米 ×13 厘米 ×8 厘米的模具四壁和底部薄薄地刷一层黄油。去除卷心菜叶上的粗茎，将其铺于模具底部和四壁，注意四壁需多铺一些，留下 2 ~ 3 片叶子铺在千层派顶部。

6. 烤箱预热至 180℃，同时准备一大壶开水。

7. 从冰箱中取出韭葱泥、番茄泥和白豆泥。再次搅拌一下韭葱泥，保证所有原料已经充分混合。将其铺在模具底部，用抹刀刮平，摆上胡萝卜条。

8. 搅拌一下番茄泥，用勺子把它抹在韭葱泥上。注意不要移动胡萝卜条。用抹刀将番茄泥抹平，放上芦笋。

9. 最后铺上白豆泥，抹平。将模具在操作台上轻轻震几下，震出大气泡。把剩下的卷心菜叶盖在千层派表面，再将四壁多余的叶片翻下来包住千层派。

10. 用锡纸将模具完全包住，放在烤盘上。倒入热水，水深至模具中部。将烤盘放在烤箱中层，烘烤 2 小时，直至千层派中层变得紧实。

11. 将模具从热水中取出，去掉锡纸，冷却 15 分钟。另取一个模具，里面放上重物压在千层派上，直至千层派完全冷却。移开重物，将千层派密封冷藏。

12. 脱模。将模具放入热水中，用小刀沿着模具内壁划一圈，将其与模具分离。将盘子扣在模具上，然后翻转过来。

13. 千层派冷却后切片，搭配酱汁享用。

作为头盘可供 8 ~ 10 人享用。

让人惊艳的食物

在名流云集的聚会或是颁奖典礼、公布喜讯、周年庆典等特别场合，需要营造出与众不同的气氛。此刻，普通随意的食物就显得不太合时宜了，只有精心准备的惊艳美食才能衬托这激动人心的时刻，让我们全力以赴，把精致优雅、极尽奢华的美味呈现给大家吧！

鱼子酱、牡蛎、鹅肝酱、蒜泥蛋黄酱……只是听到这些名字就让人兴奋不已。年复一年，我们享用着这些令人难以置信的美食。对于我们而言，神话也许不再，但食物的魔力依旧。有人说，“好东西不要太多”。记住！绝对没有这回事！这些精致讲究的食物能为宴会锦上添花，相信您的贵客都会赞不绝口。

鱼子酱

联合国曾一度禁止从里海和黑海捕捞濒临灭绝的野生大白鲟来制作鱼子酱。

今天，来自伊朗、中国东北、罗马尼亚和西伯利亚的人工饲养、生产的鱼子酱受到了主厨和主妇们的欢迎。另外，还有一些鱼子味道很不错的鱼类，如芬兰的淡水鲟和白鳟鱼，挪威的鳕鱼，地中海的金枪鱼，美国阿拉斯加和西北太平洋的红大麻哈鱼，田纳西州和肯塔基州的铲鲨，以及五大湖和加拿大的白鲟、三文鱼、比目鱼、美洲西鲱、鲱鱼、北极红点鲑、溪红点鲑、白化鲟鱼和黄金白鱼等。这些鱼类的鱼子颜色各异，有粉红色、橙红色、金黄色、白色和灰色，给鱼子酱带来了戏剧般的色彩。但严格来说，只有鲟鱼卵做成的鱼子酱才能贴上“鱼子酱”的标签，其他鱼子做成的鱼子酱必须附上该鱼类的名称。鱼子酱，这种优雅可口的美味会为我们的餐桌带来更多惊喜。

购买小窍门

购买鱼子酱，请选择信誉良好的商家，因为他们更加专业，且库存周期短，食物更新鲜。买之前，最好能闻一闻，尝一尝。通常，鱼子酱不会带有鱼腥味或咸味（马洛索鱼子酱有一点咸味）。鱼子应透明有光泽，每一颗都应完整饱满，放在舌尖上有颗粒感。鱼子酱应冷藏（不可冷冻）密封保存，食用前，将罐头开封，在冰块上静置 15 分钟左右即可。

如何盛放鱼子酱

纯享主义者会用珍珠母贝壳勺舀取鱼子酱食用（不用金银制的餐勺是因为它们会带来一丝金属的味道）。当然还有其他选择：搭配新鲜的烤面包或粗裸麦面包片、一点酸奶油、煮鸡蛋、红洋葱末、柠檬片和欧芹末。如果你不想让鱼子酱仅作为点缀，那么最好的食用方法，就是尽可能多地将它们盛放在盘中，供客人们尽情享用。

牡蛎

北美水域曾经盛产牡蛎，印第安人因此大获丰收，牡蛎的价格也十分低廉。水源污染曾导致某段时间牡蛎减产，但供应量还是逐年持续增长。由于人工养殖的牡蛎供应充足，只要你愿意，就算一口气吃下100只也没问题。

牡蛎爱好者们的喜好不尽相同。他们对各种牡蛎如数家珍：昂贵的淡银色贝隆生蚝（Belon）、绿色的法国马汉纳（French Marenne）、风味浓烈的象牙色的利姆富德（Limfjord），以及比较常见的蓝点（Blue Point）、查塔姆（Chatham）、帕皮利恩（Papillion）、柯土伊（Cotuit）、盒子（Box）、肯特岛（Kent Island）、克莱尔（Claire）、辛科提格（Chincoteague）、莫尔佩克（Malpeque）、阿巴拉契科拉河牡蛎（Apalachicola）和加拿大黄金牡蛎（Canadian Golden Mantle）……它们的外形、口味、肉质和咸度都有差别。如果你有机会同时品尝不同种类的牡蛎，就会知道哪一种是你的最爱。

牡蛎打开后必须立即上桌，并且应当放到冰块上。我们喜欢搭配柠檬汁或现磨黑胡椒享用。鸡尾酒沙司（用番茄汁和辣根制成的调味料）是牡蛎的搭配禁忌，但与木樨草沙司（见第47页）搭配有时也很受食客欢迎。

鹅肝酱

用各种形容奢华食物的词来描述鹅肝酱都毫不夸张，它那迷人的滋味简直无法用语言形容。做鹅肝酱选用的鹅或鸭都是专门饲养的。法国西南角的加斯科尼和佩里戈尔、匈牙利和以色列都曾饲养过这种鹅或鸭。上好的鹅肝酱具有一种紧致感，且口感细腻、入口即化，如黄油般浓腴甜美。

进口的听装或罐装鹅肝酱在很多地方都能买到。还有些地方开始自主生产鹅肝酱，你可以在它最鲜美的时候品尝到。新鲜的生鹅肝可以煮熟后放入陶罐中冷藏保存，食用时切成薄片，搭配烤得香脆的吐司。或者是用平底锅将生鹅肝稍微煎一下，切成片搭配拔丝苹果、拔丝梨子、新鲜无花果或葡萄食用。

经典的鹅肝酱配酒是苏特恩白葡萄酒和波尔多甜白葡萄酒。此外，冰镇香槟、夏布利白葡萄酒，或波尔多、西拉红葡萄酒也是鹅肝的好拍档，能轻松地把鹅肝的肥美衬托得淋漓尽致。

到加斯科尼和佩里戈尔的鹅肝酱市场逛一逛是一种不错的体验。置身其中，你会感觉仿佛回到了几个世纪前。整个市场为木质结构，到处是熙熙攘攘的人群，当地农民与买家穿梭其中。这里的鸭子和鹅用玉米填喂，肝脏被养得又肥又大，它们已清理干净，用白布盖着，整齐地摆放在长桌上。鸭身、鹅身以及肝脏都在出售，并且竞争激烈。鸭子和鹅是否健康？是用最好的饲料填喂的吗？喂食周期是否合理？肝脏是否呈健康的粉色或赭色？掂在手中是否有分量？几个问题过后，几篮子肝脏就被订走了。

鹅肝酱作为餐桌上的极品美味，其生产过程的确有些残忍。但对于法国人而言，鹅肝酱这道传统美食更像是艺术品，早已成为法国悠久历史文化的一部分。

你是否足够幸运，曾经受邀到这一带的人家做客？或者在当地一家地道的法式餐厅用餐？如果答案是肯定的，你将品味到一种人生态度——因为最新鲜的鹅肝酱只能出自于那些将其视为自己生活方式的人之手。

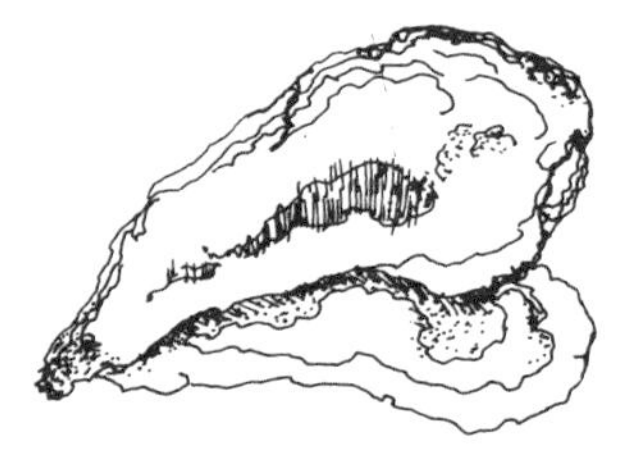

加冰的伏特加（饮用前在冰箱中冷藏一晚）、香槟、白兰地或是干白葡萄酒都是鱼子酱的最佳搭档。

香草鱼子酱卷

薄饼

玉米油　2 小勺
鸡蛋　2 个
牛奶　1 杯
中筋面粉　1/2 杯
盐　少许
新鲜香葱末　2 小勺
新鲜欧芹末　1 大勺
新鲜莳萝末　2 小勺

薄饼馅料

酸奶油 1 杯
红洋葱末　1/2 杯
鸡蛋（煮熟切碎）　3 个
现磨黑胡椒　1/4 小勺
黑鱼子酱　55 克
黄金鱼子酱　55 克
新鲜莳萝（用于点缀）　10 枝
切块的柠檬（用于点缀）　10 块

1. 准备薄饼。烤箱预热至 220℃，在 28 厘米 ×43 厘米的烤盘内刷上一层玉米油。

2. 将鸡蛋放入食品料理机中，搅打 15 秒左右，直至呈浅黄色。

3. 打开料理机，缓缓地匀速倒入牛奶，再加入面粉，搅打均匀。将料理机内壁上的面糊刮干净。

4. 加入盐、香葱、欧芹和莳萝，搅拌一下，静置 30 秒。

5. 把面糊倒入烤盘，用橡胶刮刀抹平表面。烘烤 12 分钟，从烤箱中取出。冷却后，用金属抹刀将烤好的薄饼底部轻轻翘起。

6. 准备馅料。取一只中等大小的碗，倒入酸奶油、红洋葱末、切碎的鸡蛋和现磨黑胡椒。

7. 用小号橡胶刮刀将鱼子酱轻轻地拌入酸奶油中。

8. 将鱼子酱酸奶油平整地抹在薄饼上，四周各留出 3 厘米。从较窄的一端轻轻将薄饼卷起。

9. 将香草鱼子酱卷切成长约 4 厘米的小段，摆在盘子中，再用新鲜莳萝和切块的柠檬做点缀。

作为前菜可供 8 ～ 10 人享用。

比起那些吃葡萄干还要循规蹈矩的人，一时心血来潮想吃鱼子酱的人要简单得多。

——G.K.切斯特顿

烤薯皮配黑鱼子酱

小个儿新土豆　12 个（约 450 克）
岩盐　4 ～ 5 杯
食用油　适量
酸奶油　1/2 杯
黑鱼子酱或黄金鱼子酱　110 克

1. 烤箱预热至 230℃。

2. 将土豆洗净擦干。在烤盘上撒上岩盐，摆上土豆，放入烤箱烘烤 30 ～ 35 分钟，直至熟透。

3. 取出土豆，切成两半（保留岩盐）。用小刀或勺子挖出中间的土豆瓤，注意不要将皮弄破。将挖出的土豆瓤放到小碗中捣碎，注意保温。

4. 在深锅中倒入约 7 厘米深的食用油，加热至 190℃（可使用温度计测量）。将挖空的土豆外壳放入油锅中炸 1 ～ 2 分钟，直至颜色变得金黄，捞出后放在厨房纸上吸去多余油脂。

5. 将土豆泥盛入炸好的土豆外壳中，盛上一勺酸奶油，再加上 1/4 小勺鱼子酱。放在撒有热岩盐的厚沙拉盘中，作为头盘。

作为头盘可供 6 人享用。

鱼子酱手指泡芙

泡芙面糊（见第 408 页）　适量
融化的黄油（用于涂抹烤盘）　适量
鸡蛋（打匀）　1 个
烟熏三文鱼　5 片
打发的奶油乳酪　230 克
酸奶油　1/2 杯
黑鱼子酱　110 克
新鲜莳萝末　适量
现磨黑胡椒　适量

1. 用融化的黄油涂抹烤盘。裱花袋中装入泡芙面糊，配上圆口裱花嘴。每次挤出长约 5 厘米的面糊，就像挤出一条条黄色的牙膏。在每条泡芙面糊上，再挤一条面糊，按照这种做法一共制作 20 条。在泡芙表面刷上蛋液。将泡芙烤熟，具体所需时间根据面糊状况而定。烤好后，放至完全冷却。

烤薯皮配黑鱼子酱放在岩盐上，看上去是那么优雅。

2. 将每片三文鱼平均切成 4 块，备用。

3. 将手指泡芙横剖成两半。在下层泡芙上抹一层薄薄的奶油乳酪，放上一片三文鱼，抹上酸奶油，再铺一层鱼子酱，最后撒上新鲜莳萝末和黑胡椒。盖上另一半泡芙，即可享用。

可以做 20 个手指泡芙。

风味鱼子酱

打发的奶油乳酪　170 克
酸奶油　85 克
新鲜柠檬汁　1 大勺
洋葱末　1 小勺
新鲜莳萝末　$1\frac{1}{2}$ 大勺
现磨黑胡椒　少许
黑鱼子酱或野生红三文鱼鱼子酱　60 克

取一只小碗，倒入奶油乳酪和酸奶油，加入柠檬汁、洋葱末、莳萝末和黑胡椒，拌匀。最后加入鱼子酱，冷藏备用。

可以做 1 杯风味鱼子酱。

牡蛎配鱼子酱

新鲜海藻　适量
新鲜牡蛎（去掉一半壳）　18 个
青葱（洗净切圈）　2 根
黑鱼子酱　60 克
柠檬（切薄片）　2 个

1. 将海藻铺在平底篮上，再摆放上牡蛎。

2. 每个牡蛎上撒 2 ~ 3 个青葱圈，点缀少许鱼子酱，搭配新鲜的柠檬片，即可享用。

可供 4 ~ 6 人享用。

烹饪鱼子酱

鱼子非常容易破，任何不当的操作和加热都会让它们变得一塌糊涂，所以烹饪鱼子酱或将它和其他食材搭配处理都是非常棘手的事情。但还是有一些办法可以借鉴：我们可以将鱼子酱拌入酸奶油中作为蘸料，卷入热腾腾的煎蛋饼或薄饼中，包入直径约 5 厘米的法式油酥皮中，轻轻拌入意大利天使面及鲜奶油中，填入挖空的樱桃番茄、煮鸡蛋或小泡芙中。

食谱笔记

举办派对时，请乐队来热场是非常不错的主意，而且也不会花费太多。贝斯手和钢琴师可以请你经常光顾的酒吧乐队来担当。当然，你还可以在附近的音乐学校以更优惠的价格找到钢琴、大提琴和竖琴演奏者。

这个世界如同牡蛎一样，我可以用刀子把它撬开。

——威廉·莎士比亚

菠菜牡蛎卷配鱼子酱

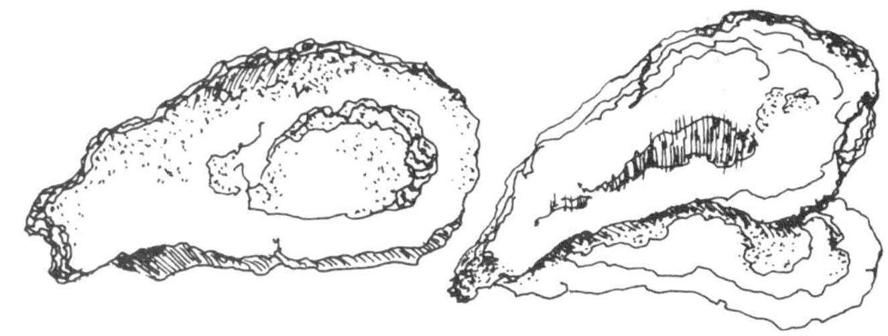

这道菜得益于法国波尔多市圣·詹姆斯餐厅的让-马里·阿马塔主厨的启发。

珍珠洋葱（切碎） 2 个
雪利酒醋 1/2 杯
去壳牡蛎（保留汁水） 32 个
嫩菠菜叶 32 片
美国黑鱼子酱 170 克
柠檬（切成 8 块） 1 个

1. 珍珠洋葱碎用雪利酒醋浸泡一整晚。

2. 将牡蛎及汁水倒入小平底锅中，中火加热 30 秒，直至牡蛎肉边缘卷起。关火，冷却后捞出，沥干水分。

3. 菠菜叶在沸水中焯一下，迅速捞出放入冰水中冷却。捞出沥干后用厨房纸拭干。

4. 用菠菜叶包住牡蛎肉。取 8 个盘子，每盘放 4 个包好的牡蛎。

5. 捞出珍珠洋葱碎，沥干，均匀地洒在牡蛎卷上，再在每个牡蛎卷上盛 1/2 小勺鱼子酱，每盘再配以一块柠檬点缀，即可享用。

木樨草沙司

牡蛎的绝佳伴侣。

干白葡萄酒 1/2 杯
白葡萄酒醋 1/2 杯
珍珠洋葱末 3 大勺
现磨黑胡椒 1 小勺

将所有食材倒入碗中搅拌均匀，室温下静置 15 ～ 30 分钟即可。

可以做 1 杯木樨草沙司。

蔬菜拼盘配蒜泥蛋黄酱

在普罗旺斯，人们经常举办盛大的社区宴会来庆祝节日。清蒸鱼、煮蔬菜和蒜泥蛋黄酱是最主要的食物。同样的菜肴，分量减少一些，就很适合作为客人小酌之后的夜宵。蔬菜拼盘配蒜泥蛋黄酱，色彩艳丽、口感浓郁，会为你的餐桌带来普罗旺斯金色阳光的味道。

普罗旺斯的空气中弥漫着大蒜的芳香，呼吸这样的空气有益健康。

——小仲马

生命本身就是一场恰到好处的狂欢。
——茱莉亚·柴尔德

蔬菜拼盘配蒜泥蛋黄酱

蒜泥蛋黄酱（每次做 1 份，配方见页面下方） 2 份
小个儿洋蓟（去根煮熟，去除内芯） 6 个
鳕鱼（蒸熟） 3200 克
生牛肉片（选取上等里脊肉，切成薄片） 450 克
荷兰豆（择洗干净，焯过后放入冷水中） 230 克
四季豆（择洗干净，焯过后放入冷水中） 230 克
胡萝卜（去皮后切成约 5 厘米长的段，焯过后放入冷水中） 450 克
菜花（掰成小朵，焯过后放入冷水中） 1400 克
鹰嘴豆（煮熟） 450 克
红柿子椒或青柿子椒（去蒂去籽，切条） 3 个
樱桃番茄（洗净） 550 克
西葫芦（切片） 450 克
小个儿土豆（煮软） 450 克
鸡蛋（煮熟剥壳，对半切开） 6 个
续随子（沥干腌渍汁，用于点缀） 1/4 杯
新鲜欧芹末（用于点缀） 1/2 杯

1. 用勺子将蒜泥蛋黄酱盛入洋蓟中。

2. 将盛有蒜泥蛋黄酱的洋蓟摆放在盘子中间，再将鳕鱼、生牛肉片、鸡蛋和各种蔬菜摆在四周，最后撒适量续随子和欧芹末做点缀。

可供 12 人享用。

蒜泥蛋黄酱

大蒜（去皮） 8 ~ 10 瓣
蛋黄 2 个
柠檬（取汁） 1 个
盐和现磨黑胡椒 适量
第戎芥末 1 小勺
常温食用油（一半花生油，一半橄榄油） 1 1/2 杯

1. 用食品料理机将大蒜搅打成泥。蛋黄倒入小碗中，打成均匀细腻的蛋液后倒入食品料理机中，再加入柠檬汁、第戎芥末、盐和黑胡椒，搅打成糊。

2. 其间，缓缓地将食用油匀速倒入料理机中，搅打成浓稠的酱汁。盛出后盖上保鲜膜，冷藏即可。

生牛肉片

选取新鲜柔嫩的瘦牛肉，切成薄片即可。如果你与肉食店老板关系甚好，可能他会为你代劳，否则你只能亲自动手。将肉片夹在两张烘焙油纸中间，用肉槌较平的一端或长柄锅的锅柄捶打肉片，使其纤维变得松散。

蒜泥蛋黄酱和守护神

盛夏时节，普罗旺斯小镇会举办一年一度的节日活动，庆祝大蒜的生长。这里的每个小镇都有自己的守护神，人们狂欢三日祭祀守护神，而第三天则是庆典的高潮，届时小镇的每位居民都会得到一份蒜泥蛋黄酱。

注意，做蒜泥蛋黄酱用的生鸡蛋必须经过冷藏保存。

汤

时常想念小时候外婆和妈妈煮的汤，汤里是满满的爱意、浓浓的情感，简直没有什么比这更令人感到温暖和安心了。

俗话说“无汤不成席”，选用最新鲜的食材才能做出色香味俱全的好汤。汤底可以提前准备，然后冷冻起来，用时只需加热即可。你可以挑选一个闲暇的午后或宁静的夜晚，熬制好高汤，然后分装在多个玻璃或塑料容器中冷藏或冰冻保存，方便日后取用。

下面让我们正式开始吧。先准备一口足够大的锅，然后加入你最爱的肉类、豆类、蔬菜甚至水果。当你了解哪些食材更适合搭配在一起时，做出一碗美味的汤就不再是难事。根据自己的口味尽情发挥，不必照搬食谱。汤作为一种基本菜肴，既可分成小份作为头盘，也可直接作为清淡的主菜。

煮汤时的基本要领

♥煮汤最重要的就是准备好精心熬制的高汤。

♥煮制浓汤时，要在关火后，让汤稍微晾一下，再将汤中的食材搅打成泥，煮制成细滑的浓汤。

♥在煮制用某种香草调味的汤时，需先加入足量香草，再将食材搅打成泥（例如番茄莳萝汤、豌豆薄荷汤、土豆芝麻菜汤）。这样做出的汤味道纯正鲜美。

♥如果你认为煮汤就是将厨房里的剩菜倒入锅中慢慢炖，这种观念就太过时了。只有上乘的新鲜食材才能做出真正的好汤。

♥在食材的造型与选择盛盘时的点缀物上多下点功夫，绝对会让你的汤变得与众不同，不妨试一试。

♥洋葱需要用黄油小火慢慢煸炒。在汤中加入一些西班牙洋葱或韭葱可以让汤的味道更鲜美。

♥注意平衡汤与其他菜品的味道。在宴会上，汤作为精致的头盘，要能够帮助客人打开味蕾，做好准备尽情享受诱惑之旅。

适合作为头盘的汤

我们希望晚宴在轻松的氛围中开始，用汤作头盘是个不错的选择。无论是冷汤还是热汤，都令人感觉温馨优雅——热汤会给寒冷的冬天带来暖意，而冷汤则为炎热的夏日送去凉爽。

咖喱南瓜汤

南瓜和苹果是绝佳搭配，咖喱则为其增添了几分异域情调。当然，你还可以大胆尝试，用不同品种的南瓜做这道汤。

无盐黄油　4 大勺
黄洋葱末　2 杯
咖喱粉　4～5 小勺
中等大小的南瓜　约 1400 克
苹果（去皮去核，切碎）　2 个
鸡肉高汤（见第 416 页）　3 杯
苹果汁　1 杯
盐和现磨黑胡椒　适量
青苹果（切片，用于点缀）　1 个

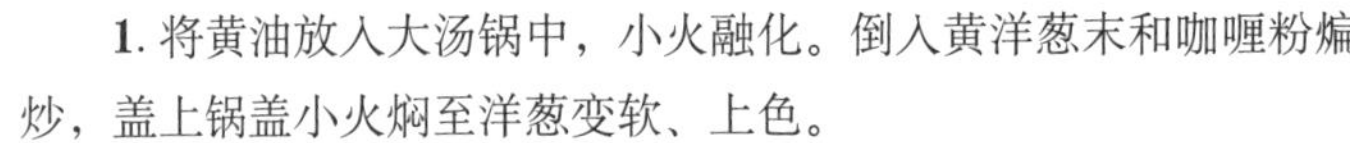

1. 将黄油放入大汤锅中，小火融化。倒入黄洋葱末和咖喱粉煸炒，盖上锅盖小火焖至洋葱变软、上色。

食谱笔记

掌握好宴会的节奏至关重要，主人可以巧妙安排，带给客人们接连不断的意外惊喜。为什么不在鸡尾酒会上来一道头盘呢？接下来是大杯浓汤配一篮子意大利面包棒，或是春卷配蘸酱，抑或羔羊肋排。一道道精致的餐前小点一气呵成，贯穿整个晚宴。然后转场到另一个房间开启盛大的自助餐宴会：各式手工乳酪、面包和沙拉令人赞不绝口，空气中流淌着音乐，客人们情不自禁地随着旋律翩翩起舞。这时还可再混搭一些烧烤，活跃一下气氛。

只要告诉我你吃什么，我就能说出你的身份。

——简·安瑟米·布理勒特－萨瓦林，法国美食家

2. 南瓜去皮，纵向切成两半，去瓤切碎。

3. 当洋葱变软后，倒入鸡肉高汤，再加入切好的南瓜和苹果煮沸，然后将火调小，半掩锅盖，炖煮大约25分钟，直至南瓜和苹果变软。

4. 将汤汁滤出，倒入碗中。把剩下的食材倒入食品料理机中，加入1杯过滤好的汤汁，搅打成泥。

5. 把菜泥倒回锅中，再加入苹果汁和剩余汤汁，煮至令你满意的浓度。

6. 加入盐和胡椒粉调味，最后，以青苹果片作为点缀。

可供4～6人享用。

胡萝卜甜橙汤

这是我们店里最受欢迎的一道汤，尤其适合假日享用，做法简单方便，食材易得，全年都可以做。

无盐黄油　4大勺
黄洋葱末　2杯
胡萝卜（去皮切碎）　700～900克
鸡肉高汤（见第416页）　4杯
新鲜橙汁　1杯
盐和现磨黑胡椒　适量
橙皮碎　适量

1. 将黄油放入汤锅中，小火融化。倒入黄洋葱末煸炒，盖上锅盖，焖至洋葱变软、上色。

2. 加入胡萝卜碎和鸡肉高汤，煮沸后将火调小，盖上锅盖炖煮30分钟，直至胡萝卜变软。

3. 将汤汁滤出，倒入碗中。把剩下的食材倒入食品料理机中，加入1杯过滤好的汤汁，搅打成泥。

薄荷的命运就是被捣碎。

——韦佛利·鲁特，法国美食作家

4. 把菜泥倒回锅中，加入橙汁和 2 ～ 3 杯汤汁，煮至令你满意的浓度。

5. 加入盐和黑胡椒调味，再加入橙皮碎做点缀。

可供 4 ～ 6 人享用。

薄荷豌豆菠菜汤

这道汤味道浓郁且精致，最适合作为较为正式的晚宴的头盘。虽然使用的是冷冻豌豆和菠菜碎，但味道依然很完美，薄荷一定要用新鲜的。

无盐黄油　4 大勺
黄洋葱末　2 杯
冷冻菠菜碎（解冻）　300 克
鸡肉高汤（见第 416 页）　3 杯
冷冻豌豆（解冻）　300 克
新鲜薄荷　1 束
高脂鲜奶油　1 杯
盐和现磨黑胡椒　适量

1. 将黄油放入大汤锅中，小火融化。倒入黄洋葱末煸炒，盖上锅盖，焖至洋葱变软、上色。

2. 其间，沥干菠菜碎中的水分。将鸡肉高汤倒入锅中，加入豌豆和菠菜碎煮沸。将火调小，半掩锅盖，炖煮 20 分钟左右，直至豌豆完全变软。

3. 薄荷叶去茎，放入杯中，不必压实，2 杯即可。洗净后控除水分。当豌豆完全煮软时，加入薄荷叶，加盖炖煮 5 分钟。

4. 将汤汁滤出，倒入碗中。把剩下的食材倒入食品料理机中，加入 1 杯过滤好的汤汁，搅打成泥。

5. 把搅打好的菜泥倒回锅中，加入高脂鲜奶油和 1 杯汤汁，煮至令你满意的浓度。

6. 加入盐和黑胡椒调味即可。

可供 4 ～ 6 人享用。

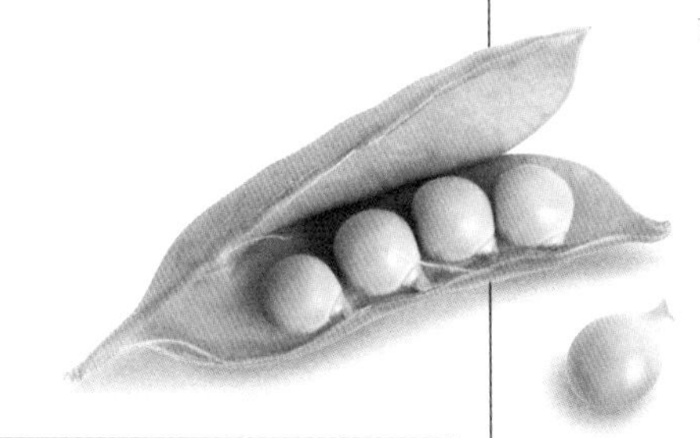

西洋菜奶油汤

这道汤看似浓郁，实则口味清淡，味道清新得如同西洋菜本身一样。不仅适合在晚餐时搭配牛排趁热享用，还可以在第二天午餐时搭配冷牛肉片享用。

无盐黄油　4大勺
黄洋葱末　2杯
珍珠洋葱末　1/2杯
鸡肉高汤（见第416页）　3杯
中等大小的番茄（去皮，切成小块）　1个
西洋菜　4把
高脂鲜奶油　1杯
盐和现磨黑胡椒　适量
肉豆蔻粉　适量
辣椒粉　适量

1. 将黄油放入汤锅中，小火融化。倒入黄洋葱末和珍珠洋葱末煸炒，盖上锅盖，焖至洋葱变软、上色。

2. 倒入鸡肉高汤和番茄块，煮沸后将火调小，半掩锅盖，小火炖煮20分钟左右，直至番茄融入汤中。

3. 其间，择取西洋菜的叶子和较嫩的茎，洗净。番茄变软后加入西洋菜，关火，加盖焖5分钟。

4. 将汤汁滤出，倒入碗中。把剩下的食材倒入食品料理机中，加入1杯过滤好的汤汁，搅打成泥。

5. 把搅打好的菜泥倒回锅中，加入高脂鲜奶油和1/2～1杯汤汁，煮至令你满意的浓度。

6. 加入盐、黑胡椒、肉豆蔻粉和辣椒粉调味，即可享用。

可供4人享用。

美味的汤！有了它，谁还会再把鱼想，再想把野味和别的菜来尝？谁不最想尝一尝，两便士一碗的好汤？

——刘易斯·卡罗尔
《爱丽丝漫游仙境》

西葫芦是菜园中的女王，它长势迅猛、产量喜人，以致人们常常不知道该如何处理它们。好在它万能百搭，因此产量丰富也是可喜之事。用西葫芦块配面包碎、番茄块和帕马森乳酪，或是切片后加入大蒜、橄榄油和柠檬汁煸炒，都很美味。另外，还可以把它擦成丝后拌入沙拉中生食、调入面糊中摊成饼作为茶点，抑或用黄油和新鲜香草煸炒后做煎蛋卷馅料。请大胆地发挥想象，西葫芦无论怎么做都不会让人失望的。

西葫芦西洋菜汤

这道汤沁心爽口，怎么安排上菜顺序都没问题，非常百搭。

无盐黄油　4 大勺
黄洋葱末　2 杯
鸡肉高汤（见第 416 页）　3 杯
西葫芦　900 克
西洋菜　1 把
盐和现磨黑胡椒　适量
新鲜柠檬汁　适量

1. 将黄油放入汤锅中，小火融化。倒入黄洋葱末煸炒，盖上锅盖，焖至洋葱变软、上色。

2. 加入鸡肉高汤，煮沸。

3. 用刷子将西葫芦认真洗净，去掉两端，切成小块，放入汤中煮沸。将火调小，盖上锅盖，炖煮 20 分钟，直至西葫芦变软。

4. 其间，择取西洋菜叶子和较嫩的茎，彻底洗净。

5. 关火，加入西洋菜，盖上锅盖，焖 5 分钟。

6. 把汤汁滤出，倒入碗中。将剩下的食材倒入食品料理机中，加入 1 杯过滤好的汤，搅打成泥。

7. 把搅打好的菜泥倒回锅中，再加入大约 2 杯汤汁，煮至令你满意的浓度。如果希望汤的口感更浓郁，可以在搅打完菜泥后，用 1 杯高脂鲜奶油代替 1 杯汤汁倒入锅中。

8. 加入盐、黑胡椒和柠檬汁调味，即可享用。

可供 4 ~ 6 人享用。

海鲜汤

尽情享受大海的恩赐，用最新鲜的海产熬成一锅浓汤，没有什么比享受此刻更温暖惬意的了。

马赛鱼汤

这是一道地地道道的渔家烩菜，搭配蒜泥蛋黄酱、法式面包、蔬菜沙拉和新鲜水果，绝对是最棒的节日佳肴。再佐以一杯带劲儿的红葡萄酒，比如基安蒂(Chianti)、金粉黛尔(Zinfandel)或罗纳河谷红葡萄酒（Côtes du Rhône）就更完美了。

橄榄油　1/2 杯
韭葱末　$1^1/2$ 杯
黄洋葱末　1 杯
罐装浓缩番茄酱　2 杯
新鲜番茄块　3 杯
干百里香　2 大勺
欧芹末　1/2 杯
月桂叶　2 片
干白葡萄酒　2 杯
鱼肉高汤（见第 417 页）　4 杯
盐和现磨黑胡椒　适量
软化的无盐黄油　6 大勺
中筋面粉　2 小勺
藏红花　$1^1/2$ 小勺
新鲜青口贝（洗净）　5 杯
小蛤蜊（洗净）　48 个
去皮白肉鱼排（鲈鱼、鲷鱼或鳕鱼皆可，切成大块）　900 克
鲜虾（去壳去虾线）　36 只
新鲜或解冻龙虾尾（去壳，剖成两半）　4 只
香蒜面包丁（见第 76 页，用于点缀）　适量

1. 将橄榄油倒入汤锅中，中火加热。放入韭葱末和黄洋葱末煸炒出香味，盖上锅盖焖至洋葱末变软、上色。其间可以适当翻炒，避免粘锅。

2. 加入番茄酱、番茄块、干百里香、欧芹末、月桂叶、干白葡萄酒、鱼肉高汤、盐和黑胡椒，小火炖煮 20 分钟，直至食材的味

煮一锅地道的马赛鱼汤

要做好这道汤，重点就是准备多种海鲜，味道如何完全取决于大厨的手艺。

有这样一种说法：在某些地区，由于买不到地道的鱼，所以不能做出正宗的马赛鱼汤。这让很多想尝试的人望而却步。事实上，除了岩鱼之外，所有马赛鱼汤常用的鱼类都很容易买到，只是常常被鱼贩们冠以其他名字。既然鱼贩们如此随性，我们也乐得将错就错。大可不必为了刻意追求“地道”，而错过品尝这道汤的机会。

丰富的海产是关键，这样才配得上马赛鱼汤的法语名字——bouillabaisse（法式海产什烩）。在法国，传统的马赛鱼汤是不加贝类的，但我们就喜欢加点贝类，因为这让汤看上去更加诱人。提前一天准备好鱼肉高汤，第二天一早再去买鱼，然后清理干净。真正用来煮汤的时间其实非常短，你完全可以在客人到达之后再着手开煮。事实上，你还可以和客人们一同动手完成这道菜。

切记！马赛鱼汤最初是渔民随意炖煮而成的菜肴，非常质朴，

不要把它看得那么高贵，这样反而无法体会到汤中简简单单的美好。

道充分融合。

3. 将黄油和中筋面粉倒入碗中，搅拌均匀后倒入汤锅中，与其他食材混合。

4. 将藏红花、未去壳的青口贝和小蛤蜊倒入汤锅中，小火炖煮5分钟左右。加入鱼排、虾仁和龙虾尾后再炖5分钟，直至青口贝和小蛤蜊开口、鱼肉熟透。注意不要煮过长时间。

5. 将煮好的汤盛入热汤碗中，拣出没有开口的青口贝和蛤蜊。用香蒜面包丁做点缀，即可享用。

可供8～10人享用。

蒜味江鳕鱼羹

在普罗旺斯风情派对上，可以将这道丰盛的鱼汤作为头盘，再配以烤羊腿、煎樱桃番茄（见第233页）和用油盐烤制的新土豆。

无盐黄油　4大勺
韭葱（留取葱白，洗净后切薄片）　2根
黄洋葱末　1杯
胡萝卜（去皮切碎）　3根
新鲜欧芹末（多备一些用于点缀）　略多于1杯
鱼肉高汤（见第417页）　4杯
盐和现磨黑胡椒　适量
江鳕或大比目鱼（去皮去骨，切成2厘米见方的块）　900克
蒜泥蛋黄酱（见第50页）　2杯

1. 锅中放入黄油，小火融化。倒入韭葱、黄洋葱末和胡萝卜碎煸炒，盖上锅盖小火焖至蔬菜完全变软。

2. 倒入1杯欧芹末和鱼肉高汤，用盐和黑胡椒调味，煮沸后将火调小，半掩锅盖，炖煮25分钟左右，直至蔬菜软烂。

3. 将汤汁滤出，将剩下的食材和1/2杯汤汁倒入食品料理机中，打成泥状。再将所有的汤汁和打好的菜泥倒回锅中，中火加热，注意不要煮沸。

4. 将火调小，放入切好的鱼块，煮5分钟后关火。

5. 把蒜泥蛋黄酱倒入一只小碗中，慢慢加入1杯热汤，搅拌均匀后再倒回汤锅中。中火加热3分钟，其间不断搅拌，直至汤渐渐变稠。切记不要让汤煮沸或凝固。

6. 将汤盛入热汤碗中，用欧芹末做点缀，即可享用。

可供6人享用。

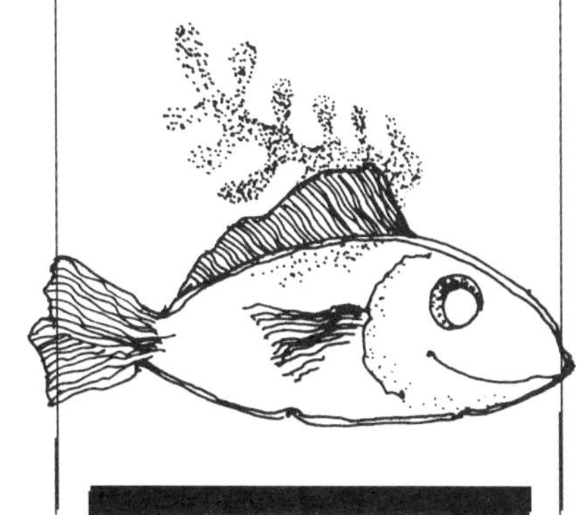

加利福尼亚贝壳汤

这道风味浓厚的主菜汤是地中海渔民常吃的海鲜杂烩汤的“近亲”，也是马赛鱼汤的“远亲”。它可以用龙虾、邓杰内斯蟹、鱿鱼和章鱼等海鲜作为原料，但放入的葡萄酒一定要是金粉黛尔。

准备好馅饼、蔬菜沙拉和充足的法式面包用来蘸取汤汁吧。

特级初榨橄榄油　4 大勺
黄洋葱末　2 杯
红柿子椒（去蒂去籽，切成小块）　2 个
青柿子椒（去蒂去籽，切成小块）　1 个
大蒜（去皮切末）　6 ~ 8 瓣
鱼肉高汤（见第 417 页）　2 杯
金粉黛尔葡萄酒　2 杯
罐装去皮樱桃番茄　1 罐（900 克）
干罗勒叶　$1\frac{1}{2}$ 小勺
干百里香　1 小勺
月桂叶　1 片
盐和现磨黑胡椒　适量
干辣椒碎　少许
青口贝　8 只
小帘蛤（或其他小蛤蜊）　8 只
大虾（去壳去虾线）　8 只
海湾扇贝　350 克
新鲜欧芹末　1 杯

1. 在汤锅中倒入橄榄油，小火加热。放入黄洋葱末、柿子椒块和大蒜煸炒，盖上锅盖焖至蔬菜变软。

2. 倒入鱼肉高汤、金粉黛尔葡萄酒和樱桃番茄，将火调大。

3. 加入干罗勒叶、干百里香和月桂叶，用盐和黑胡椒调味，再加入干辣椒碎。

4. 汤煮沸后将火调小，半掩锅盖，小火炖煮 30 分钟。其间不时搅拌一下，用汤勺将樱桃番茄压碎。试尝一下味道，然后酌情添加调味料（第一天可以准备到这一步，然后放入冰箱冷藏）。

5. 将青口贝和小帘蛤洗净泥沙，挖出青口肉，连同小帘蛤倒入一口大锅中，再加入深约 3 厘米的清水，盖上锅盖，大火加热。当小帘蛤开口后，用漏勺将青口肉和小帘蛤捞出，备用。5 分钟后，丢掉仍然没有开口的小帘蛤。

6. 将大虾和扇贝洗净沥干。

7. 上桌前 5 分钟，将第一天做好的汤煮沸，先加入大虾和扇贝，再加入小帘蛤和青口肉，最后加入欧芹末，关火后加盖焖 1 分钟。

8. 将汤盛入热汤碗中，海鲜平均分入每只汤碗后，即可享用。

可供 4 人享用。

令人惊喜的藏红花

从古至今，藏红花都被视为珍宝。有一个关于藏红花的著名古希腊神话——克罗卡斯向仙女斯麦莱克斯表达爱慕之情遭到拒绝，失恋自杀后变为藏红花。据说在 14 世纪的佛罗伦萨，用藏红花作为抵押品去银行贷款要比用钱币更容易。瑞士甚至还曾因藏红花发起过一场战争。今天，西班牙、希腊、克什米尔、摩洛哥、意大利、瑞士、伊朗以及美国都在培育藏红花。

藏红花是一种独特的藏红花属植物，学名为“crocus sativus”。花朵中间是深红色的柱头，拔下后晒干磨粉可制成香料。藏红花之所以昂贵，是因为从采摘、拔取到晒干都需要手工完成。大约十万朵藏红花才可制成 1 磅藏红花粉，这或许还仅仅是保守估计。

晒干后的藏红花呈亮红色，形状像小喇叭，有浓烈芳香。如果想购买晒干研磨后的藏红花粉，务必选择信誉良好的商家，因为有些无良商贩用廉价无味的姜黄根粉掺杂在藏红花粉中一并出售。在马赛鱼汤和米兰烩饭中，藏红花是一味非常重要的调料。此外，在奶油土豆汤、西班牙炒饭、一些海鲜类菜肴以及瑞典蛋糕和面包中，藏红花也都是非常关键的配料。

加利福尼亚贝壳汤中有各种海鲜，味道出众。如果加入龙虾，口味更加不同寻常。

头一锅汤最鲜，
第一次恋爱最甜。
——西班牙谚语

曼哈顿蛤汤

这道汤是酒吧和牛排餐厅的最爱，却一直遭到新英格兰蛤汤保护者的冷嘲热讽。事实上，它看上去的确就是一道了无生趣的蔬菜汤，里面偶尔还漂着几只疲惫的蛤蜊。

我们希望这份食谱可以帮助它重获盛誉，因此用了大量新鲜蛤蜊，少许蔬菜和鲜美的鸡肉高汤。现在，这道货真价实的海鲜杂烩汤足以征服最挑剔的新英格兰人。

无盐黄油　4 大勺
黄洋葱末　2 杯
芹菜末　1 杯
鸡肉高汤（见第 416 页）　5 杯
干百里香　$1^1/_2$ 杯
月桂叶　1 片
盐和现磨黑胡椒　适量
罐装樱桃番茄（切成小块）　1 罐（900 克）
新鲜欧芹末　1 杯
土豆（去皮切块）　2 个
小帘蛤（或其他小蛤蜊）　36 只
橙皮碎（用于点缀）　适量

1. 在汤锅中放入黄油，小火融化。加入黄洋葱末和芹菜末煸炒，加盖焖煮至蔬菜变软、上色。

2. 将除小帘蛤和橙皮碎之外的所有食材倒入锅中，半掩锅盖，小火炖煮 30 分钟，直至土豆变得非常软。

3. 其间，将小帘蛤洗净，放入另一口大锅中，再倒入深约 3 厘米的清水，盖上锅盖，大火加热。小帘蛤开口后，用漏勺一一捞出，挖出蛤肉，丢掉没有开口的小帘蛤。

4. 试尝一下汤的味道，酌情添加调味料。上桌前，将蛤肉放入汤中，再炖 1 分钟，充分加热，然后盛入热汤碗中。用橙皮碎点缀一下，即可享用。

可供 6 ～ 8 人享用。

它让人安心，它给予人慰藉，疲惫的一天过后，它能使人与人之间更加融洽。没有什么食物能像一碗热汤，扑面的香气诱惑你的味蕾，又让你浮想联翩。

——路易期 · P. 帝哥，《做汤》

扇贝浓汤

这是一道经典的法式浓汤，配料有面粉、鸡蛋和鲜奶油。不妨把它作为晚宴头盘，再搭配一杯上好的勃艮第白葡萄酒或夏敦埃酒。

无盐黄油　7 大勺
韭葱（留取葱白，洗净后切成薄片）　1 杯
蘑菇（切成薄片）　230 克
新鲜欧芹末　1/3 杯
盐和现磨黑胡椒　适量
鱼肉高汤（见第 417 页）　4 杯
海湾扇贝（洗净沥干）　450 克
面粉　1/4 杯
鸡蛋　2 个
高脂鲜奶油　1 杯
罐装番茄（切碎）　3/4 杯
干雪利酒　1/3 杯
新鲜香葱（用于点缀）　适量

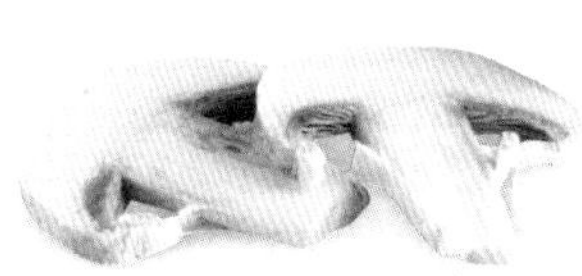

1. 在汤锅中放入 3 大勺黄油，小火融化。加入韭葱炒软。

2. 放入蘑菇片，翻炒 5 分钟左右，直至变软出汁。加入欧芹末，用盐和黑胡椒调味，不停翻炒，最后大火收汁。

3. 将鱼肉高汤倒入锅中，大火煮沸后将火调小，半掩锅盖，炖煮 15 分钟。

4. 关火后加入扇贝，盖上锅盖焖 1 分钟。把汤汁滤出，盛出扇贝和其他原料备用。

5. 将汤汁倒入小平底锅中煮沸。

6. 把剩下的 4 大勺黄油放入一口新的汤锅中，小火融化。加入面粉，翻炒 5 分钟，注意不要将面粉炒成棕色。

7. 将煮沸的汤汁全部倒入炒面粉的汤锅中，用打蛋器不停搅打。此时会产生大量泡沫，之后会逐渐减少。

8. 开中火炖煮 5 分钟，其间不停搅拌。

9. 取一只小碗，加入鸡蛋和鲜奶油，搅打均匀。汤锅关火后盛出 1 杯汤倒入蛋奶液中打匀，然后再倒回汤锅中。

10. 开小火炖煮 5 分钟，再倒入切碎的番茄和干雪利酒，充分搅拌，直至汤渐渐变稠。注意不要将汤煮沸。

11. 放入煮过的扇贝和其他原料，加热 1 分钟。试尝一下味道后，酌情添加调味料。将做好的汤盛入热汤碗中，用新鲜香葱点缀一下，即可享用。

可供 4 ～ 6 人享用。

汤之传说

我们现在享用的汤，其实是中世纪法国农民的杰作。当时因为餐具太简单，农民们干脆摒弃餐具，用面包蘸取浓汤汁一起吃。几百年来，汤在法国人的晚餐中必不可少。不过，贵族们对汤的态度，直到路易十四，才开始发生优雅的转变。由于路易十四不相信任何人，为他准备的每一道菜都必须先由他人试吃。毫无疑问，等汤端上桌时已经变冷了。由于其个人癖好，路易十四规定只有冷汤才能上桌。由此，冷汤的概念便诞生了。

夏日的汤

在炎热的夏季夜晚，汤是最受欢迎的饮品之一，冷汤更是绝佳的选择。无论是在室内还是露天餐厅，一碗靓汤绝对是晚餐的点睛之笔，如果桌上再点缀些水果、蔬菜、花朵或是冰激凌球，就更完美了。

罗宋汤

这是一道经典冷汤，可以作为欧式家庭晚宴的头盘，也可当作午餐的主菜。

中等大小的甜菜（去皮，切成两半） 6 个
冷水 10 杯
中等大小的柠檬（取汁） 3 个
糖 3 大勺
盐 2 小勺
鸡蛋 3 个
牛奶 1 杯
酸奶油（用于点缀） 1 杯
黄瓜（去皮去籽，切丁，用于点缀） 1 根

1. 将甜菜和冷水倒入大锅中煮沸。将火调小，半掩锅盖炖煮 30 ~ 40 分钟，直至甜菜变软。其间随时撇去汤中的浮沫。

2. 用漏勺捞出甜菜，冷却至室温。将甜菜捣碎，倒回锅中，加入柠檬汁、糖和盐调味。

3. 小火炖煮 15 分钟，关火后冷却 15 分钟。

4. 在碗中加入鸡蛋和牛奶，从锅中盛出 3 杯汤，倒入碗中搅拌均匀后再慢慢倒回锅中混合。

5. 将汤密封冷藏，完全冷却后试尝一下味道，酌情添加调味料。这道汤应该很好地平衡了甜味和酸味。

6. 将汤盛入冷汤碗中，用酸奶油和黄瓜丁做点缀，即可享用。

可供至少 8 人享用。

汤是最贴心的美食。

——《厨房涂鸦》

夏季是不幸的。女主人们在这个季节精简晚餐，居然还称之为“少而精”。对于戏剧、衬衫和爱人来说，这话绝对正确，但对于晚餐而言，却完全不恰当。

——弗兰·勒波维茨

虾仁黄瓜冷汤

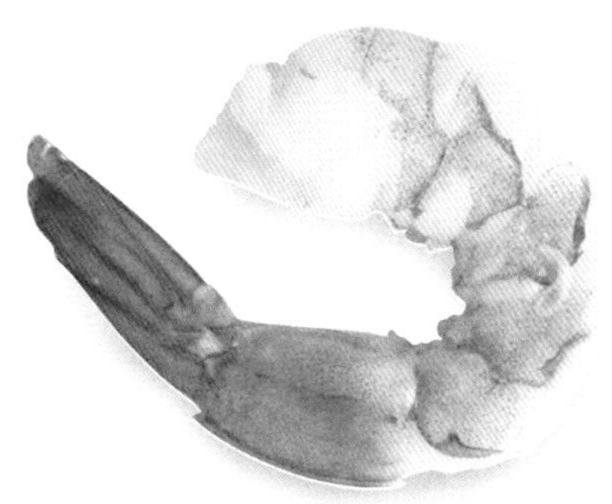

这道漂亮的冷汤几乎不需要烹调，几分钟就能做好，口味清淡又富有营养，特别适合夏季享用。可以用新鲜的欧芹和薄荷等香草代替莳萝。

大个儿黄瓜（去皮去籽，切碎） 2 根（900 克）
红葡萄酒醋 1/4 杯
糖 1 大勺
盐 1 小勺
小个儿鲜虾（去壳去虾线） 450 克
无盐黄油 2 大勺
干白苦艾酒 1/4 杯
盐和现磨黑胡椒 适量
酪乳[①]（冷藏备用） $1^1/2$ 杯
新鲜莳萝（可适量多加，用于点缀） 3/4 杯

1. 在黄瓜中加入红葡萄酒醋、糖和盐，拌匀，静置 30 分钟。

2. 虾仁洗净，沥干。在平底锅中放入黄油，小火融化。倒入虾仁，将火调大，翻炒 2 ~ 3 分钟，直至虾仁呈粉红色，盛出备用。

3. 将干白苦艾酒倒入锅中煮沸。当酒水收至只剩几勺时，加入虾仁，再用盐和黑胡椒调味。

4. 将黄瓜捞出沥干，倒入食品料理机中简单搅打后加入酪乳打匀，然后放入莳萝，搅打 1 秒钟。

5. 将打好的黄瓜泥盛入大碗中，倒入虾仁和锅中的汤汁，密封冷藏至完全冷却。上桌时用剩余的莳萝做点缀，盛入冷汤碗中即可享用。

可供 4 ~ 6 人享用。

① buttermilk，制作黄油的副产品，脂肪含量较低，带有酸味，常用来做甜点。

西班牙冷菜汤

当牛排还在烤架上时，我们可以将这道西班牙冷菜汤盛入冷马克杯中作为夏日宴会的头盘，小口品尝。每份汤都需要用新鲜青葱做点缀。

大个儿成熟番茄　6 个
红柿子椒　2 个
中等大小的黄洋葱　2 个
大个儿珍珠洋葱　2 个
黄瓜　2 根
红葡萄酒醋　1/2 杯
橄榄油　1/2 杯
罐装番茄汁　$1\frac{1}{2}$ 杯
鸡蛋（打匀）　3 个
新鲜莳萝末　1/2 杯
辣椒粉　少许
盐和现磨黑胡椒　适量

1. 把番茄和柿子椒洗净。番茄去籽切碎，保留番茄汁。柿子椒去蒂去籽，切碎。黄洋葱和珍珠洋葱去皮切碎。黄瓜去皮去籽，切碎。

2. 将红葡萄酒醋、橄榄油、新鲜番茄汁、罐装番茄汁和蛋液倒入碗中，搅打均匀，作为调料汁备用。

3. 将蔬菜分批倒入食品料理机中打碎，适时倒入调料汁。这道西班牙冷菜汤需要保留一些蔬菜碎，所以不要打得过于细腻。

4. 加入莳萝末、辣椒粉、盐和黑胡椒。密封冷藏至少 4 小时。

5. 上餐前将汤搅拌均匀，试尝一下味道，酌情添加调味料，然后盛入冷汤碗或马克杯中。

可供 8 ～ 10 人享用。

悠享西班牙冷菜汤

将 120 毫升左右的西班牙冷菜汤和 180 毫升的带气矿泉水或苏打水倒入冷玻璃杯中，搅拌均匀，再放入冰块，用黄瓜片做点缀。

希腊柠檬蛋黄鸡汤

这道汤是极简的典范，一锅希腊柠檬蛋黄鸡汤 30 分钟就可以做好。它所用到的食材很简单，热饮味美，冷饮更佳，可以提前一天准备。将汤盛入冷汤碗中，再放上一片柠檬做点缀。它与热腾腾的菠菜馅三角千层派（见第 9 页）是最佳搭配。

希腊柠檬蛋黄鸡汤，品味清新，热饮让人舒畅，冷饮令人清爽。

晚餐喝的汤，美味的汤。

——刘易斯·卡罗尔，《爱丽丝漫游仙境》

罐装鸡肉高汤　6 杯
长粒米　1/2 杯
蛋黄　3 个
新鲜柠檬汁　1/4 杯
盐和现磨黑胡椒　适量
新鲜柠檬片（用于点缀）　适量
新鲜欧芹末（用于点缀）　适量

1. 将鸡肉高汤倒入锅中，慢慢加热至完全煮沸。将火调小，倒入长粒米，盖上锅盖，焖煮 25 分钟，直至米粒变软。切记不要煮太长时间。

2. 其间，将蛋黄和柠檬汁倒入碗中，搅打均匀。

3. 米煮软后关火。盛出 2 杯鸡汤，拌入蛋黄液中，搅拌均匀后，再倒回汤锅。

4. 中火炖煮，不停搅拌，直至汤开始冒热气。切记不要煮沸。

5. 关火，加入调味料后即可享用。也可冷却至常温，密封冷藏。上桌前，适当添加一些调味料，用柠檬片和欧芹末做点缀。

可供 4 ~ 6 人享用。

酢浆草汤

我们喜欢酢浆草汤的酸味，永远都喝不够。这道汤尤其适合夏天享用，它是忙碌周末的调味剂。冷食，是完美的午餐；热食，是讲究的头盘。

无盐黄油　1 杯
大个儿黄洋葱（去皮，切成薄片）　2 个
大蒜（去皮切末）　4 瓣
袋装新鲜酢浆草（洗净去茎）　10 杯
鸡肉高汤（见第 416 页）　4 杯
新鲜欧芹末　3/4 杯
盐　1 小勺
现磨黑胡椒　1 小勺
肉豆蔻粉　1 小勺
辣椒粉　少许
酸奶油（用于点缀）　1 杯
新鲜香葱末（用于点缀）　适量

1. 将黄油放入汤锅中，小火融化。倒入黄洋葱、大蒜煸炒，加盖焖至葱蒜变色。

2. 放入酢浆草，盖上锅盖焖煮 5 分钟，直至酢浆草完全变软。

3. 倒入鸡肉高汤、欧芹末、盐、黑胡椒、肉豆蔻粉和辣椒粉，煮沸后把火调小，盖上锅盖，炖煮 50 分钟。

4. 把汤倒入食品料理机中，搅打均匀。

5. 如果想做成热汤，可以把汤倒回汤锅中，小火加热，其间不时搅拌一下，直至冒出热气，适当调味即可。

如果想做成冷汤，可以把汤盛入碗中，冷却后，密封冷藏至少 4 小时，上桌前适当调味即可。

6. 用酸奶油和香葱末点缀一下，即可享用。

可供 6 人享用。

酢浆草

酢浆草有很多种，都带有酸味和柠檬味。当你想给汤添加一点酸味和绿色的时候，可以放点酢浆草。

不同的酢浆草酸味差异很大，因此用量很难拿捏。为了不用过量，建议一边试尝味道一边慢慢添加。

如果你所在的地方没有酢浆草，可以选择自己种植（市场里有各种酢浆草种子）。有些食谱建议用菠菜代替酢浆草，但它们之间真的没有什么相似性，而且这样替换也会影响汤的口感。

如果做汤时忘记放盐，加一点切碎的酢浆草就可以挽回失误。

小贴士：

♥可以在凉拌卷心菜或其他沙拉中撒一点酢浆草。

♥做三明治时用酢浆草代替生菜。

♥在土豆奶油汤中加一把切碎的酢浆草。

♥在煮沸的盐水中放入酢浆草叶，1 分钟后取出，放入冰水中冷却。捞出沥干，打碎成泥。深冬时节吃冷冻后的酢浆草泥，会令你重温夏日的味道。将酢浆草泥拌入奶油乳酪中，或抹在百吉饼上、加入拌了黄油的鸡蛋碎或蛋黄酱中，再或者作为冷吃鱼的调味料，都是非常不错的选择。

蓝莓汤

这道水果冷汤可以作为夏日宴会的头盘或甜点，清新爽口。

新鲜蓝莓（还可添加一些其他浆果，用于点缀）　5 杯
清水　4 杯
大蒜　4 瓣
橙皮（只取橙色表皮）　需要 1 个橙子

国庆日野餐

蓝莓汤

鲜虾葡萄沙拉配莳萝

树莓腌胡萝卜

粗裸麦面包

青柠慕斯

布朗尼

长约5厘米的肉桂　1根
蜂蜜　2/3杯
柠檬（取汁）　1个
黑加仑甜酒（Crème de Cassis）　3大勺
蓝莓醋（见第145页）　1大勺
法式酸奶油（见第414页，用于点缀）　适量
薄荷叶（用于点缀）　6片

1. 将蓝莓洗净，摘除茎叶，挑出未熟透的果实。

2. 把蓝莓倒入大锅中，加入水、大蒜、橙皮和肉桂，中火煮沸，拌入蜂蜜。将火调小，半掩锅盖，炖煮15分钟左右，直至蓝莓变软。

3. 关火，待汤冷却至室温后，捞出橙皮和大蒜，然后加入柠檬汁、黑加仑甜酒和蓝莓醋，搅拌均匀。食用前，密封冷藏至少6个小时。

4. 把做好的蓝莓汤盛入6只冷汤碗中，点缀上几颗蓝莓、少许法式奶油和一片薄荷叶即可享用。

可供6人享用。

芒果奶油汤

这道汤香甜爽口，带有淡淡的奶油味道，是夏末美味清新的午餐。

鸡蛋（打匀）　2个
糖　1/4杯
香草精　1大勺
柠檬（取汁，柠檬皮磨碎）　1个
成熟芒果（去皮去核，切碎）　1个
高脂鲜奶油　2杯
牛奶　3杯
蓝莓（用于点缀）　适量
草莓（切丁，用于点缀）　适量

1. 将鸡蛋、糖、香草精、柠檬汁、柠檬皮碎和芒果倒入食品料理机中，搅打成泥。

2. 把鲜奶油和牛奶倒入一只大碗中，打发至起泡，慢慢倒入芒果泥，其间不停搅拌。

3. 密封冷藏。

4. 上桌前，将做好的汤盛入冷汤碗中，点缀上蓝莓和草莓即可享用。

可供6人享用。

我活着是靠好汤，
而不是靠好玩。

——莫里哀

汤的装饰

汤的装饰要在味道、质地和颜色上与汤搭配和谐，做到完美平衡又不喧宾夺主，这确实有些挑战。一般来说，汤越丰富，装饰物应越简单，反之亦然。如果选择新鲜香草、意大利面、一点蔬菜或乳酪碎、水果、鲜奶油、美酒、花瓣、鱼或肉当作点缀物，那么这些食材都应该能够平衡汤本身的味道，而不是令汤更加繁杂。

生活就是一碗樱桃！

夏日番茄甜瓜汤

成熟番茄（去皮去籽，切块） 3 杯
成熟甜瓜（去皮去籽，切块） 2 个
黄瓜（去皮去籽，切碎） 2 根
橙皮碎 需要 1 个橙子
新鲜薄荷叶末（用于点缀） 1/4 杯
酸奶油或法式酸奶油（见第 414 页） 1 杯

1. 将切块的番茄、甜瓜和 $1^1/_2$ 杯黄瓜倒入食品料理机中（注意留半杯黄瓜作为点缀），搅打成泥，倒入碗中。

2. 拌入橙皮碎和 1/4 杯薄荷叶末，再倒入酸奶油或法式酸奶油，搅拌均匀后冷藏。

3. 上桌前，将汤盛入汤碗中，撒一些切碎的黄瓜和薄荷叶末做点缀。

可供 6 ～ 8 人享用。

黑樱桃甜汤

罐装去核黑樱桃 7 罐（每罐 255 克，罐头汁备用）
橙皮碎 需要 1 个橙子
新鲜柠檬汁 4 小勺
柑曼怡甜酒 3 大勺
盐 1 小勺
法式酸奶油（见第 414 页） 1 杯

1. 留 1 罐黑樱桃用于点缀，将其他 6 罐黑樱桃捞出沥干，保留 $1^1/_2$ 杯罐头汁。

2. 把黑樱桃倒入食品料理机中打成泥，然后倒入碗中。

3. 将保留的 $1^1/_2$ 杯罐头汁、橙皮碎、柠檬汁、柑曼怡甜酒和盐倒入黑樱桃泥中，再拌入 1/2 杯法式酸奶油（另一半用于点缀）。食用前冷藏保存。

4. 上桌前，将预留的 1 罐黑樱桃捞出沥干，平均分成 6 份（可将黑樱桃切成两半）。把汤盛入汤碗中，点缀上法式酸奶油和黑樱桃即可享用。

可供 6 人享用。

周日晚上的汤

周日晚上喝一道热汤不仅能给人心灵的慰藉，更是为新的一周拉开帷幕。准备一场汤的宴会吧——热腾腾的面包、各式各样的乳酪、蔬菜沙拉、甜点，当然还有最爱的汤。可以在舒适温暖的火炉前品尝，也可在烛光摇曳的餐桌上享用。从周末时光回到工作日，好汤会让这个过程变得轻松愉快。

冬日罗宋汤

如果时间允许，请提前一天做好，放在冰箱中冷藏一整晚再品尝，口感将大大提升。

新鲜甜菜（去皮切碎） 900 克
带肉牛胫骨（剁成 5 块） 1 根（约 2300 克）
盐　适量
切碎的番茄　3 杯
黄洋葱末　2 杯
中等大小的卷心菜（切碎） 1 个
胡萝卜（去皮切丁） 1 个
新鲜莳萝（切碎） 1 把
现磨黑胡椒　适量
酸奶油（用于点缀） 2 杯

1. 将甜菜放入锅中，倒入没过甜菜的冷水。中火煮沸后，将火调小，半掩锅盖，炖煮 20 分钟左右，直至甜菜变软。其间要不断撇去汤表面的浮沫。甜菜煮熟后关火。

2. 将牛胫骨放入一口大锅中，倒入没过牛胫骨的冷水，再加入

克里斯托夫·罗宾说："这是最令人惬意的东西。"

——A. A. 米尔恩，《小熊维尼的房子》

打牌时吃的三明治

玩纸牌时，这种非比寻常的美味令人胃口大开，尤其是拿着“幺点骨牌”的人。任何人一旦连胜，就不想离开牌桌，但总归要吃些东西。这时建议准备些丰盛美味的食物，没有人会错过它们。

♥法式面包配普罗旺斯蔬菜汤和意大利热香肠。

♥粗粿麦面包配新鲜蘑菇片、肉片，再抹上番茄罗勒蛋黄酱。

♥烤鸡配牛油果沙拉酱或牛油果蘸料，搭配粗粿麦面包一起吃。

♥烤牛排、番茄、黄瓜配香葱、腌辣根和酸奶油，搭配白面包一起吃。

♥切片的意大利面包，放上意大利熏火腿和波洛伏罗乳酪(Provolone cheese)。抹上蒜泥蛋黄酱，烤至起泡。

♥芹菜蛋黄酱抹在黑麦面包上，再铺上咸牛肉片，以及切片的瑞士乳酪。放在烤架上，烤至起泡。

♥黑森林火腿混合布里乳酪和芥末，抹在葡萄干粗粿麦面包上。表面刷上黄油，放入平底锅中加热一下。

♥将口感脆嫩的熟西蓝花、青葱和烤腰果拌上芝麻蛋黄酱，盛在英式松饼上。再撒些帕马森乳酪碎，烤至起泡。

♥将火鸡胸肉、牛油果和墨西哥胡椒杰克乳酪（Jalapeño jach cheese）夹在两片酸面团面包中间。表面涂上黄油，放入平底锅中加热一下。

♥黑麦面包抹上蛋黄酱，再铺上切片的洋葱、牛油果、番茄、口味温和的青辣椒以及2片培根。顶部撒上切达乳酪（Cheddar cheese），烤至乳酪起泡。

1大勺盐。中火煮沸后将火调小，打开锅盖，炖煮1个半小时。其间需撇去汤表面的浮沫。如果汤煮沸时水分蒸发过多，应适当补充水分。

3. 在牛胫骨锅中加入切碎的番茄、黄洋葱、卷心菜、胡萝卜和莳萝（留一点用于点缀），半掩锅盖，炖煮30分钟。

4. 倒入之前煮好的甜菜和甜菜汤，半掩锅盖，再炖20分钟。关火，晾至温热。

5. 将牛胫骨捞出，剔下上面的肉，放回锅中。用盐和黑胡椒调味。

6. 上桌前中火再炖5分钟，用酸奶油和莳萝点缀一下，即可享用。

可供10～12人享用。

牛肉红酒浓汤

适合装在保温瓶中，带去看球赛或冬日远足时享用。

无盐黄油　4大勺
黄洋葱末　$1\frac{1}{2}$杯
胡萝卜（去皮切碎）　2根
欧洲防风根（去皮切碎）　1根
大蒜（去皮切末）　8～10瓣
新鲜欧芹末　3/4杯
牛肉高汤（见第416页，或者用牛肉高汤混合鸡肉高汤）　5杯
干红葡萄酒　1杯
盐和现磨黑胡椒　适量
意大利面（贝壳状或米粒状）　1杯
帕马森乳酪碎（用于点缀）　适量

1. 在大锅中放入黄油，小火融化，加入切碎的黄洋葱、胡萝卜、欧洲防风根和蒜末煸炒，加盖焖至蔬菜变软、上色。

2. 倒入欧芹末、牛肉高汤和红酒，用盐和黑胡椒调味。中火煮沸后调小火，半掩锅盖，再炖20分钟。

3. 其间，另取一口锅将4杯盐水煮沸，倒入意大利面煮熟，捞出后沥干备用。

4. 过滤煮好的汤汁，汤渣盛出不用。将汤汁倒回锅中，放入煮好的意大利面，半掩锅盖，煮10分钟。最后点缀一些帕马森乳酪碎。

可供4～6人享用。

蓝纹乳酪培根汤

这是一道丰盛的头盘，还可以作为午宴的主菜。

无盐黄油　6 大勺
黄洋葱末　2 杯
韭葱（留取葱白，洗净切薄片）　1 根
芹菜（切碎）　3 根
胡萝卜（去皮切碎）　3 根
中等大小的土豆（去皮切块）　1 个
干白葡萄酒或干苦艾酒　1 杯
鸡肉高汤（见第 416 页）　3 杯
蓝纹乳酪（Blue cheese）　230 ～ 340 克
盐和现磨黑胡椒　适量
培根（煎脆后切碎，用于点缀）　6 ～ 8 片

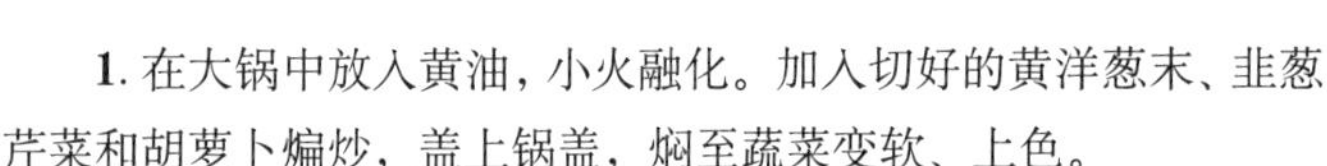

1. 在大锅中放入黄油，小火融化。加入切好的黄洋葱末、韭葱、芹菜和胡萝卜煸炒，盖上锅盖，焖至蔬菜变软、上色。

2. 倒入土豆块、干白葡萄酒和鸡肉高汤，煮沸后将火调小，半掩锅盖，炖煮 20 分钟，直至蔬菜完全变软。

3. 关火，加入蓝纹乳酪，搅拌至与汤完全融合。滤出汤汁，盛在碗里。将锅中的食材放入食品料理机中，倒入 1 杯煮好的汤，搅打成泥。

4. 将蔬菜泥和汤汁倒回锅中，中火加热，用盐和黑胡椒调味。根据个人口味，还可以再加些乳酪。

5. 将做好的汤分盛入汤碗中，用培根碎做点缀。

可供 4 ～ 6 人享用。

乡村蔬菜汤

作为秋冬季节的晚餐，这道汤可以搭配各种面包，再来一份蔬菜沙拉和水果甜点，配以一杯博若莱红葡萄酒或是一杯冰镇黑啤酒，就更完美了。如果能提前一天做好冷藏保存，味道会更好。

干白豆　$1^1/_2$ 杯
培根脂肪或含盐黄油　4 大勺
黄洋葱末　1 杯

香蒜面包丁

有时，最简单的就是最好的。酥香松脆的香蒜面包丁，由上好的面包经过烘烤或油煎制成，可以用来做汤或沙拉。

常规做法是将面包切成 1 厘米见方的小块，撒在烤盘上。放入已预热至 200℃的烤箱中烘烤 10 ～ 15 分钟，烘烤过程中拿出来翻拌 2 次，直至烤到酥脆金黄。

除此之外，还可以在平底锅中放入黄油，先将大蒜煸香，再加入面包丁中火煸炒，直至面包丁呈金黄色。然后盛放在厨房纸上，吸去多余油脂。

蓝纹乳酪和培根是最佳搭档。

只有纯净的心，才能
做出好喝的汤。
——贝多芬

韭葱（留取葱白，洗净后切薄片） 3 根
芹菜（切碎） 2 根
胡萝卜（去皮切碎） 3 根
干百里香 1 小勺
干月桂叶 1 片
现磨黑胡椒 适量
鸡肉高汤（见第 416 页，或者用牛肉高汤混合鸡肉高汤） 8 杯
欧洲防风根（去皮切碎） 3 根
蹄髈 1 个
小个儿卷心菜（切碎） 1/2 个
新鲜欧芹末 1/2 杯
大蒜（去皮切末） 4 瓣
盐 适量

1. 豆子洗净，放入碗中，加入没过豆子约 8 厘米的水，浸泡一晚。

2. 将培根脂肪或黄油倒入大锅中，小火融化。加入切好的黄洋葱末、韭葱、芹菜和胡萝卜煸炒，盖上锅盖，焖至蔬菜变软、上色。

3. 放入干百里香、干月桂叶和少许黑胡椒，倒入鸡肉高汤，再加入欧洲防风根、蹄髈和浸泡过的豆子，煮沸。将火调小，半掩锅盖，炖煮 40 分钟左右，直至豆子变软。捞出蹄髈，稍微放凉。将肉从骨头上剔下来，切成大块，放回锅中。

4. 倒入卷心菜、欧芹末和大蒜，炖 10 分钟。试尝一下味道，酌情添加调味料（如果需要加盐，可在此时加入）。

可供 8 ～ 10 人享用。

混合香料：一小捆香草，例如百里香、欧芹、月桂叶，通常装在香料包中，用于煲汤或烩菜。

——兰登书屋出版《英语词典》

巴斯克大米辣椒汤

橄榄油 3/4 杯
黄洋葱末 3 杯
去皮胡萝卜丁 2 杯
大蒜（去皮切末） 6 瓣
牛肉高汤（见第 416 页） 7 杯
长粒米 1/2 杯
半干雪利酒 1/2 杯
红柿子椒（去蒂去籽，切丝） 2 个
青柿子椒（去蒂去籽，切丝） 2 个
盐和现磨黑胡椒 适量

滑雪时驱赶严寒的最佳方法，就是带上一壶热汤。雪中野餐能够为整个下午带来活力。

1. 在锅中倒入橄榄油烧热，加入黄洋葱末、胡萝卜丁和蒜末煸炒，盖上锅盖，小火焖至蔬菜变软、上色。

2. 打开锅盖，倒入牛肉高汤，大火煮沸后将火调小，加盖炖煮20分钟。

3. 将汤汁滤出，用汤勺背用力按压锅中的食材，尽量挤出汤汁，捞出汤渣，将汤汁倒回锅中。加入长粒米、半干雪利酒、柿子椒丝，用盐和黑胡椒调味，半掩锅盖，炖煮25分钟。

4. 试尝一下味道，酌情添加一些调味料即可。

可供4～6人享用。

咖喱奶油鸡汤

无盐黄油　6大勺
黄洋葱末　2杯
胡萝卜（去皮切碎）　2根
咖喱粉　2大勺
鸡肉高汤（见第416页）　5杯
欧芹　6枝
整鸡（切成4等份）　1只（1100～1400克）
长粒米　1/2杯
盐和现磨黑胡椒　适量
半脂奶油　1杯
冷冻豌豆（解冻）　280克

1. 在大锅中放入黄油，小火融化。加入黄洋葱末、胡萝卜和咖喱粉煸炒，盖上锅盖，焖至蔬菜变软。

2. 倒入鸡肉高汤、欧芹、鸡块和长粒米。煮沸后将火调小，盖上锅盖炖煮25～30分钟，直至鸡肉熟透。其间需不时地撇去汤中的浮沫。

3. 将汤晾凉。捞出鸡块，把肉剔下来，切成小块，备用。

4. 将汤汁过滤到碗中备用。把锅中的食材倒入食品料理机，再倒入1杯汤汁，搅打成泥。

5. 将菜泥倒回锅中，加入半脂奶油，倒入大约4杯汤汁，煮至令你满意的浓度。

6. 加入鸡肉和解冻后的豌豆，再炖15分钟左右，直至豌豆变软。用盐和黑胡椒调味。

可供4～6人享用。

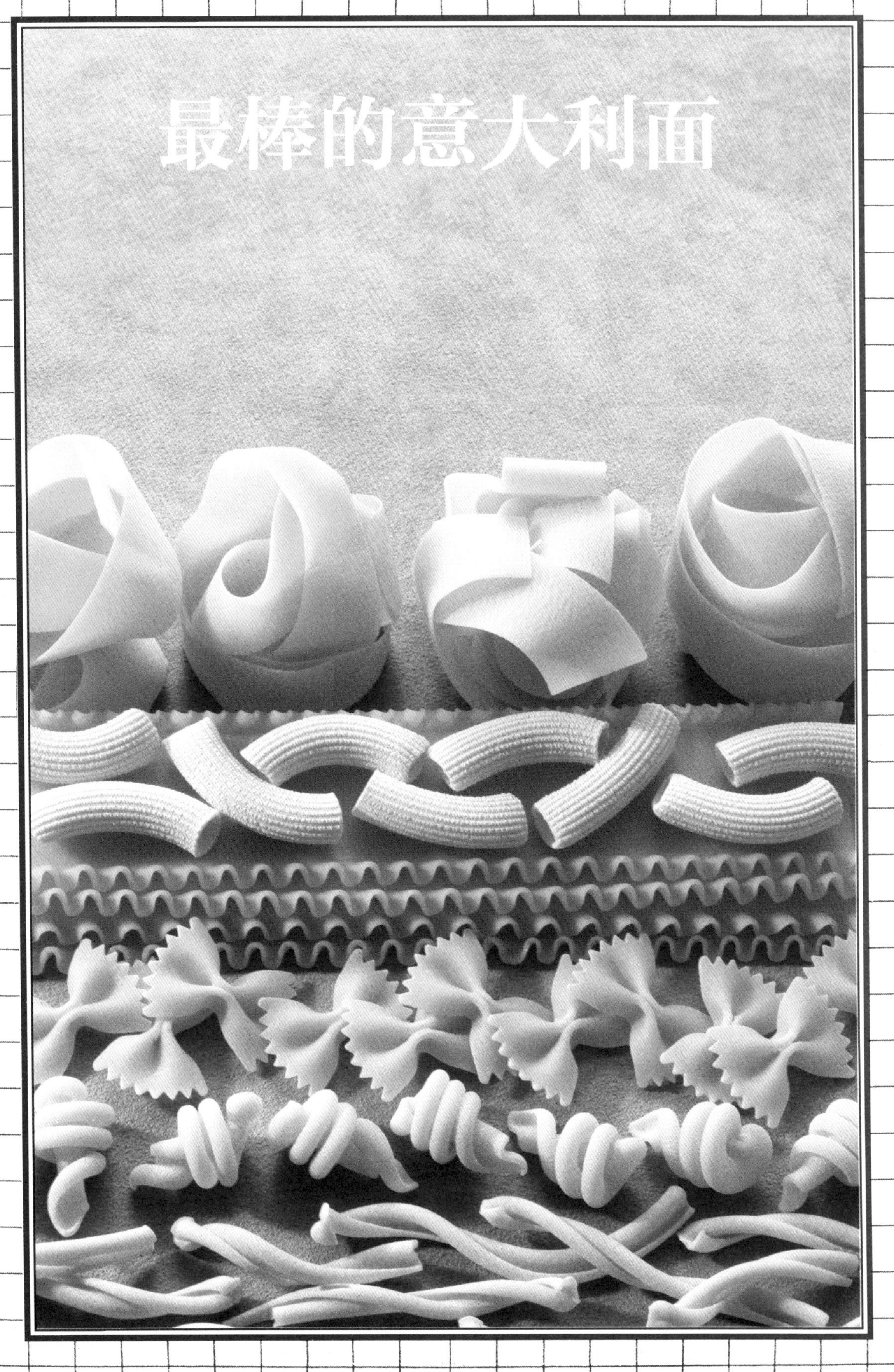
最棒的意大利面

热气腾腾的意大利面

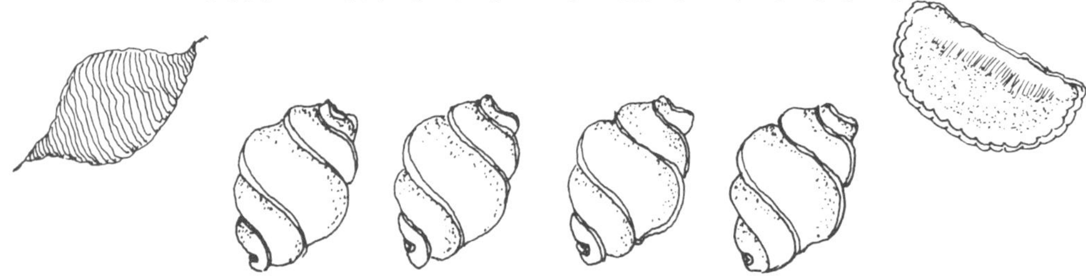

就连意大利人可能也说不清，到底有多少种不同形状的意大利面。意大利面的形状和颜色令人眼花缭乱，普通小麦在意大利厨师的手中，幻化成为餐桌上最动人的艺术品。

托马斯·杰斐逊①首次将制作意大利面的机器引进美国时，就像《扬基歌》中唱到的那样，"帽子上插着叫'意大利通心粉'的羽毛……"尽管意大利面是意大利人的主要食物，但到处游历的英国人早就把它当作最受欢迎的外来食物带回伦敦。如今，它已经遍及世界各地。

①美国第三任总统，《美国独立宣言》主要起草人。

意大利面知多少

Agnolotti："牧师的帽子"，新月形的肉馅意大利饺子。

Anellini：最小的意大利环形面。

Bavettine：窄的意大利扁面条。

Bucatini：短且直的通心粉。

Cannelloni：呈粗圆管状，内里可填入其他食材。

Capellini："天使的发丝"，是最细的意大利面。

Capelvenere：一种细面。

Cappelletti：有馅料的"帽子"。

Cappelli Di Pagliaccio："小丑"的帽子。

Cavatelli：短短的、两端卷起的面片。

Conchiglie：贝壳面。

Coralli：用于做汤的小管面。

Creste Di Galli："鸡冠"。

Ditali："套管"，短通心粉。

Farfalle："蝴蝶"，领结状。

Farfalloni："大蝴蝶"，领结状。

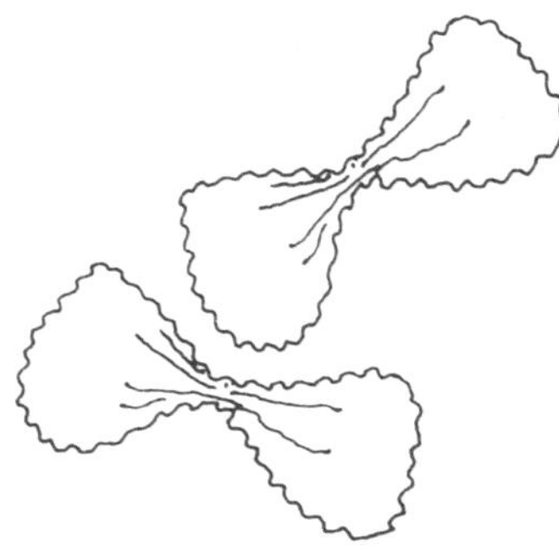

Fedelini：一种非常细的意大利面。

Fettucce："缎带"，最宽的意大利面。

Fettuccine："窄缎带"，鸡蛋面。

Fusilli：“小春天”，细长或螺旋状的面。

Lancette：“小长矛”。

Lasagne：大约5厘米宽的面条，平整或呈波浪状。

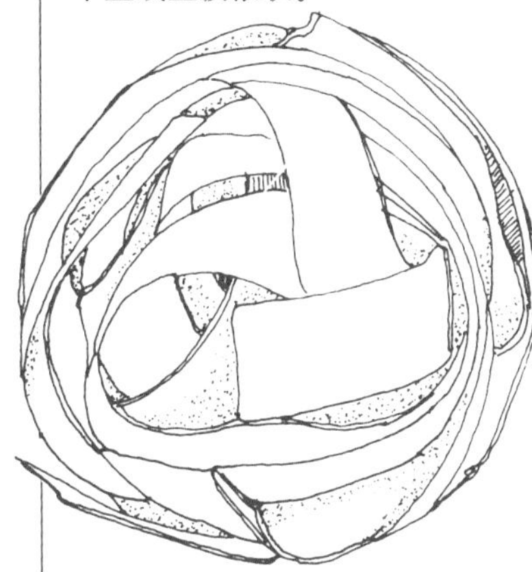

Lingue Di Passeri：“麻雀的舌头”。

Linguine：“小舌头”，厚且窄。

Lumache：“蜗牛”，贝壳状。

Maccheroni：粗通心粉的总称，包括中空或带孔的。

Maccheroni Alla Chitarra：又叫“Tonarelli”，用像吉他弦一样的金属丝工具切割而成。

Mafalda：宽面条，两面都有褶皱，比Fettuccine还要宽些。

Magliette：微微卷曲、较短的通心粉。

Maltagliati：形状不规则的意大利面。

Manicotti：“神笼”，大圆管状，可填充馅料。

Margherita：“雏菊”，窄面条，一面有褶皱。

Maruzze：“贝壳”。

Mezzani：短且弯曲的通心粉。

Mostaccioli：“小胡子”。

Occhi Di Lupo：“狼的眼睛”，大圆管状。

Occhi Di Passeri：“麻雀的眼睛”，小环状。

Orecchiette：“小耳朵”。

Orzo：大米或大麦形状的意大利面。

Pappardelle：宽面条，通常搭配野味酱。

Pasta Fresca：新鲜的鸡蛋意大利面。

Pasta Verde：绿色意大利面，面团中混有菠菜汁。

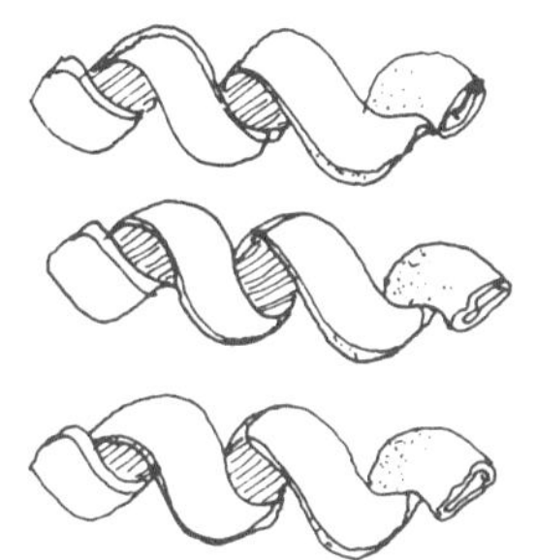

Pastina：“小面团”，做汤用的小块意大利面的统称，很多名字都非常有意思。acini de pepe（胡椒）、alfabeto（字母）、amorini（小丘比特）、arancini（小橙子）、astri（小星星）、avena（燕麦）、crocette（小十字架）、elefanti（大象）、funghini（小蘑菇）、pulcini（小鸡）、rosa marina（海洋玫瑰码头）、rotini（小轮子）、semi de mela或melone（苹果或甜瓜种子）、stellini（小星星）、stivaletti（小靴子）。

Penne：“钢笔”或“翎毛”，两端斜切的管状通心粉。

Perciatelli：细长的通心粉，看上去有点像粗的Spaghetti。

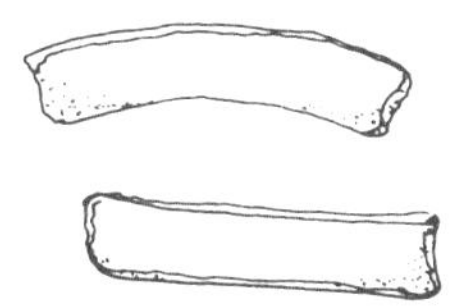

Pezzoccheri：厚且黑的荞麦面。

Quadrettini：小方块面。

Ravioli：方形意大利饺子，包有肉类、乳酪和（或）蔬菜。

Ricciolini：“小卷”。

Rigatoni：带有纹路的粗通心粉。

Rotelle：“小车轮”。

Ruote：穗状齿轮形。

Spaghetti：细长意大利面的总称，包括capellini（非常细）、spaghettini（比较细），以及spagh-ettoni（细面中最粗的）。

Tagliatelle：鸡蛋面的总称，类似fettuccine。

Tortellini：较小的意大利饺子，类似Cappelletti。

Trenette：窄且厚的意大利干面条。

Tubetti：“小管子”，中空。

Vermicelli：非常细的意大利面。

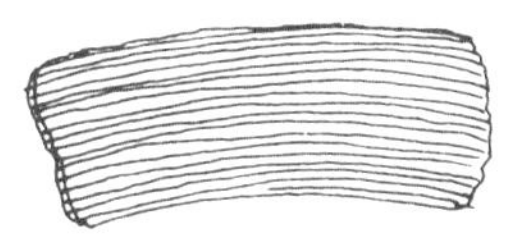

Ziti：“新郎”，微微弯曲的大圆管。

春蔬意大利面

清新可口的意大利面搭配新鲜蔬菜，可以作为头盘或春季晚宴的主菜，在露台上慢慢享用。你还可以加入各种喜欢的蔬菜和香草，但要注意适量。

绿色意大利宽面条　230 克
家常鸡蛋意大利宽面条　230 克
特级初榨橄榄油　1/3 杯
红洋葱末　1/2 杯
荷兰豆　350 克
甜豆　130 克
意大利熏火腿片（切丝）　340 克
成熟樱桃番茄（切成 4 块）　2 个
红柿子椒（去蒂去籽，切成细丝）　2 个
青葱（洗净去根，斜切成约 1 厘米长的小段）　8 根
香葱和罗勒末（或其他香草末）　1/2 杯
盐和现磨黑胡椒　适量
树莓醋　4 大勺
帕马森乳酪碎　1/4 杯
进口黑橄榄　1 杯
橙子、柠檬或青柠檬（取果皮磨碎）　1 个

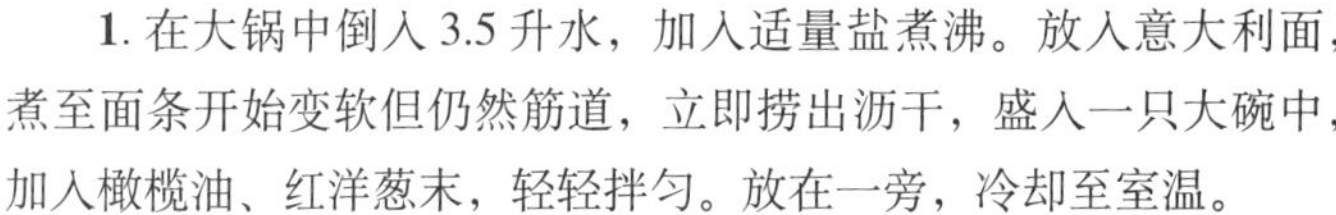

1. 在大锅中倒入 3.5 升水，加入适量盐煮沸。放入意大利面，煮至面条开始变软但仍然筋道，立即捞出沥干，盛入一只大碗中，加入橄榄油、红洋葱末，轻轻拌匀。放在一旁，冷却至室温。

2. 加入荷兰豆和甜豆煮 1 分钟后捞出，立刻倒入一大碗冰水中冷却 10 分钟，然后捞出，彻底沥干。

3. 将荷兰豆和豌豆倒入意大利面中，再拌入意大利熏火腿、樱桃番茄、柿子椒、青葱和罗勒。用盐和黑胡椒调味，淋上树莓醋，轻轻拌一下。

4. 加入帕马森乳酪碎，拌匀后试尝一下味道，再酌情添加调味料。将做好的意大利面盛入大餐盘中，撒上黑橄榄和橙皮碎，即可享用。

可供 6 人享用。

烧烤野餐

美国黄金鱼子酱配
粗裸麦面包卷

新鲜蔬菜冷盘配
芝麻蛋黄酱

烤牛里脊

薄荷黄瓜沙拉

春蔬意大利面

各式乳酪

迷你法棍或
粗裸麦面包

慕斯甜点

各种小饼干

番茄洋蓟沙司佐意大利面

把辣味的番茄洋蓟沙司倒在意大利面上，无论冷食和热食都非常棒，是野餐的最佳选择。

成熟番茄　450 克
腌洋蓟芯　170 克
特级初榨橄榄油　2 大勺
黄洋葱末　1/2 杯
大蒜（去皮切末）　1 瓣
新鲜欧芹末　2 大勺
干罗勒　1 大勺
干牛至　1 小勺
辣椒粉　1/4 ~ 1/2 杯
现磨黑胡椒　2 小勺
盐（适量）　1 小勺
罗马诺乳酪碎（Romano cheese）　1 小勺

1. 煮沸一大锅淡盐水，将番茄分批放入沸水中，烫 10 秒钟，用漏勺捞出放入冰水中冷却，然后去皮。切成几块后去籽，挤出汁水，切碎备用。

2. 将腌洋蓟芯沥干，沥出的腌渍汁备用。

3. 锅中倒入橄榄油，放入黄洋葱末、蒜末、欧芹末、干罗勒、干牛至和辣椒粉，中火翻炒 5 分钟。

4. 加入黑胡椒继续翻炒。

5. 加入番茄块，用盐调味，开盖中火炖煮 1 小时。

6. 倒入腌洋蓟芯的腌渍汁，再炖 30 分钟，其间不时搅拌一下。

7. 拌入腌洋蓟芯，继续炖煮 20 分钟左右，直至汤汁变得浓稠。加入罗马诺乳酪碎，试尝一下味道，再酌情添加调味料。拌上你最爱的意大利面即可享用。

可搭配 450 克意大利面。

煮意大利面

煮意大利面的诀窍就是要多放水，让面能够在水中自由游动。每 450 克意大利面至少需要 3.5 升水，所以要准备一口足够大的锅。先将水煮沸，加入 1 大勺盐，再倒入意大利面，搅拌一下。注意水要迅速煮沸，但不要溢出来。搅拌可以防止面条黏在一起。当水再次沸腾时，新鲜的意大利面就煮好了。干意大利面则需要更长的煮制时间，具体取决于它们的大小和形状。意大利面宁可煮硬点，也不能太软。意大利语中“有嚼劲”或“黏牙感”，意思都是意大利面煮得恰到好处，刚刚开始变软，又十分筋道，最好是咬一口还有一丝白芯。这时，就可以将意大利面捞出、沥干、拌料、调味、上桌，完美！

你所看到的一切，我都归功于意大利面。

——索菲亚·罗兰

橄榄油和大蒜沙司佐意大利面

我们最爱的意大利面食谱。

大蒜（去皮） 12 瓣
特级初榨橄榄油 1/4 杯
意大利细面条 450 克
鸡肉高汤（见第 416 页，或用罐装鸡汤） $1\frac{1}{2}$ 杯
新鲜欧芹末 1 杯
现磨黑胡椒（用于点缀） 适量
帕马森乳酪碎（用于点缀） 适量

1. 先将 6 瓣大蒜切成末，剩余大蒜切成薄片。

2. 在平底锅中倒入橄榄油，中火加热，放入蒜末，煸炒至金黄色。

3. 另取一口大锅，倒入 3.5 升水，加入适量盐煮沸。放入意大利细面条，煮至刚刚变软但仍然筋道（注意控制时间），捞出并沥干面条，倒掉煮面水，再将面倒回锅中。

4. 锅中倒入鸡肉高汤，煮 5 分钟左右，直至鸡汤被面条充分吸收。

5. 加入热橄榄油、炒好的蒜末、蒜片和欧芹末，拌匀。

6. 将意大利面平均分成 6 份，盛入热餐盘或浅汤碗中。将锅中残留的鸡汤倒在意大利面上，用黑胡椒和帕马森乳酪碎做点缀，即可享用。

作为头盘可供 6 人享用。

香肠和辣椒酱佐意大利面

每个人都有一款最爱的意大利面酱，就像心中那道永远的保留菜。对于那些心血来潮即兴制作意大利面的人来说，专门找一份菜谱似乎有些多余。无论做什么，口感均衡都是最重要的，就像做这道菜时，我们可以根据喜好选择各种香草，不放辣椒粉或者多加点大蒜，只要你觉得好吃就行。

为了搭配辣椒酱，我们通常选用短管状的意大利面，例如长条形粗通心粉（Ziti）或者粗纹通心粉（Rigatoni），撒上传统的帕马森乳酪碎更美味。你也可以做些新鲜尝试，比如撒上新鲜的里科塔乳酪或黑胡椒。

意大利甜香肠　900 克
特级初榨橄榄油　3 大勺
黄洋葱末　1 杯
红柿子椒（去蒂去籽，切丝）　3 个
干红葡萄酒　1 杯
罐装樱桃番茄（留取罐头汁）　1 罐（900 克）
水　1 杯
干牛至　1 大勺
干百里香　1 小勺
盐和现磨黑胡椒　适量
辣椒粉　少许
小茴香　1 小勺
新鲜欧芹末　1/2 杯
大蒜（去皮切末）　6 瓣

1. 将意大利甜香肠放入锅中，倒入约 1.5 厘米深的水。开盖中火煮 20 分钟左右，当锅中的水分蒸发完后，再煎 10 分钟。其间不断翻动香肠，煎至棕褐色。取出香肠，放在厨房纸上吸去多余的油脂。

2. 将锅中煎出的香肠油倒出，不要洗锅，开小火，加入橄榄油烧热，放入黄洋葱末翻炒，盖上锅盖，焖至洋葱变软。

3. 加入柿子椒丝，把火调大，翻炒 5 分钟。

4. 倒入干红葡萄酒、樱桃番茄、水、干牛至和干百里香，用盐、黑胡椒和辣椒粉调味。煮沸后转至小火，半掩锅盖，再炖 30 分钟左右。

5. 其间，将香肠切成长约 1 厘米的小段。大约 30 分钟后，将香肠和小茴香放入锅中，开盖再炖 20 分钟。

6. 加入欧芹末和蒜末，再煮 5 分钟即可。

可以做 8 杯酱料，搭配 900 克意大利面。

一分耕耘，一分收获。

——波斯谚语

烟花女意大利面

这道风味独特的意大利面为什么叫作“烟花女”呢？因为它味道咸香酸辣、豪放不羁，且食材简单又很容易做，故以此命名。

这道意大利面的食材包括味道浓烈的大蒜、续随子、橄榄和凤尾鱼，配上一杯味道浓醇的红酒，只需品尝一口，就会明白它为什么如此受欢迎了。如果操作熟练，20 分钟之内就可以做好。

续随子

续随子广泛生长于地中海沿岸，其花蕾和果实香浓独特、营养开胃。续随子多生长于干燥且阳光充足的环境，夏初未开花前收集花蕾，秋季果实将成熟时采摘，均需人工完成。丰收的果实从最小（极品）到最大（一颗葡萄大小）按照体积来分类。加工时，可在醋中浸泡，也可裹上盐腌制。总之，续随子的味道非常浓烈。

小个儿的续随子适合搭配烟熏三文鱼、金枪鱼，或用作烤鱼调料，也可搭配鸡蛋、番茄、希腊沙拉或任何你能想到的食材。大个儿的续随子通常不用去柄，佐以一碗橄榄和一杯开胃酒即可。续随子本身就是话题性的可口食物。

意大利细面条、意大利扁面条或其他意大利细干面　450 克
罐装樱桃番茄　2 罐（900 克）
特级初榨橄榄油　1/4 杯
干牛至　1 小勺
辣椒粉　1/8 小勺
尼斯黑橄榄　1/2 杯
续随子（沥干腌渍汁）　1/4 杯
大蒜（去皮切末）　4 瓣
凤尾鱼（切碎）　8 条
新鲜欧芹末（留一点做点缀）　1/2 杯
盐　适量

1. 在大锅中倒入 3.5 升水，加入适量盐煮沸，放入意大利细面条，煮至刚刚变软但仍然筋道，立刻捞起，控干水后平均分为 4 份，盛入热餐盘中。

2. 樱桃番茄沥干，十字刀切成 4 瓣，挤出汁水。

3. 将樱桃番茄和橄榄油倒入平底锅中，大火炒成酱，保持沸腾状态，加入干牛至、辣椒粉、尼斯黑橄榄、续随子、蒜末、凤尾鱼和 1/2 杯欧芹末，不停搅拌。

4. 将火调小，翻炒 3 ～ 5 分钟，炒至让你满意的浓度。将番茄酱倒在热气腾腾的意大利面上，用欧芹末做点缀。

作为主菜可供 4 人享用。

奶油香草沙司

可口的奶油香草沙司最适合搭配 Capelline（“天使的发丝”）。

高脂鲜奶油　$1\frac{1}{2}$ 杯
软化的无盐黄油　4 大勺
盐　1/2 小勺
肉豆蔻粉　1/8 小勺
辣椒粉　少许
新鲜混合香草（我们最喜欢罗勒、薄荷、西洋菜、欧芹和香葱）　1 杯
帕马森乳酪碎　1/4 杯

1. 在深锅中放入鲜奶油、黄油、盐、肉豆蔻粉和辣椒粉。小火炒制 15 分钟，直至变成浓稠的酱汁。

2. 拌入新鲜混合香草和帕马森乳酪碎，再煮 5 分钟，试尝一下味道后酌情添加调味料。

可以做 2 杯酱料，搭配 450 克“天使的发丝”。作为头盘可供 6 人享用。

我更喜欢桌上摆满玫瑰，而非脖子上挂满珠宝。

——埃玛·戈尔德曼

白蛤酱佐意大利面

无论是用在海边挖到的蛤蜊，还是在鱼市上购买的，下面这个食谱都是最棒的。

特级初榨橄榄油　3/4 杯
大蒜（去皮切末）　6 瓣
小蛤蜊（例如小帘蛤或小圆蛤，洗净剥壳，肉切碎，汁留用）　48 个
瓶装蛤蜊汁　2 杯
新鲜欧芹末　1/2 杯
干牛至　$1^{1}/_{2}$ 小勺
盐和现磨黑胡椒　适量
新鲜蛤蜊（不用去壳，用于点缀）　24 个
意大利扁面条　450 克

1. 在大锅中倒入橄榄油，小火烧热，加入蒜末，翻炒至金黄色，蒜香浓郁。

2. 将预留的蛤蜊汁和瓶装蛤蜊汁混合，大约 3 杯，倒入锅中，再加入欧芹末、干牛至、盐和黑胡椒。半掩锅盖，煮 10 分钟，作为酱料。

3. 将用于点缀的蛤蜊洗净，倒入另一只平底锅中，加入 3 厘米深的水，盖上锅盖，开大火煮。其间不时晃动平底锅或翻动蛤蜊，蛤蜊开口后便可捞出，不用去壳。丢掉没有开口的蛤蜊。

4. 另起一口大锅，加入 3.5 升盐水，煮沸后倒入意大利扁面条，煮至刚刚变软但仍然筋道。

5. 如果酱料已放凉，此时需要再加热一下，倒入切碎的蛤蜊肉，小火加热。蛤蜊肉无须过多烹煮，不然会发硬。

6. 将面条沥干水，倒入煮好的白蛤酱中拌匀，可以用煮面条的锅盛放，撒上用于点缀的蛤蜊。还可以把面分成小份，分别盛入浅汤碗中，再用蛤蜊做点缀。

可供 6 人享用。

食谱笔记

如果新鲜香草足够多，可以与花束搭配，点缀房间。深绿色的香草搭配鲜花，真的很漂亮。

将新鲜的香草，如罗勒、莳萝和薄荷等，洗净晾干，和绿色蔬菜一起放在碎冰碗中，摆在餐桌中央，就是一份可以食用的装饰品。

培根意大利面

这道经典意大利面最地道的做法是选用意式培根或意大利熏火腿，再配上一杯红葡萄酒就更完美了。如果选用美式培根，这道意大利面会立刻变成一道绝佳的早餐。无论怎样做，它都能满足你的胃口。

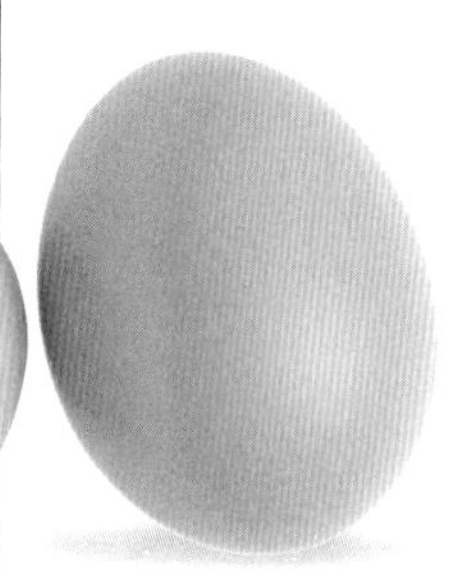

厚培根（切片） 450 克
意大利细面条或扁面条 450 克
鸡蛋 3 个
新鲜欧芹末 1/3 杯
帕马森乳酪碎（用于点缀） 适量
现磨黑胡椒 适量

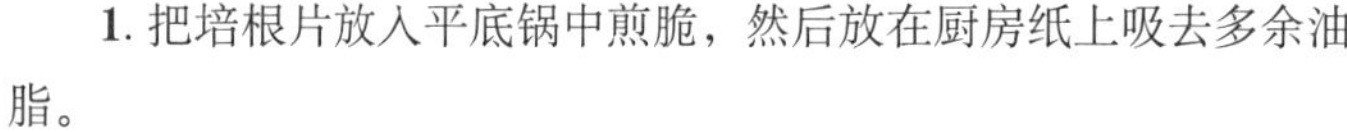

1. 把培根片放入平底锅中煎脆，然后放在厨房纸上吸去多余油脂。

2. 在大锅中倒入 3.5 升水，加适量盐，煮沸后放入意大利面，用木勺轻轻搅动防止粘黏。水再次沸腾后，将意大利面煮至刚刚变软但仍然筋道即可。注意，意大利面的种类不同，煮制时间也有所差别，大约为 8 分钟。

3. 其间，在大碗中打入鸡蛋，搅匀。

4. 意大利面煮好后，立刻倒入滤网中，轻轻晃动几下，滤除水分。

5. 将沥干水的意大利面倒入鸡蛋液中搅拌，使每根面条都裹上蛋液，用面条的余温将蛋液烫熟。

6. 撒上培根和欧芹末，拌匀后即可享用。加点帕马森乳酪碎，会更加美味（做早餐时可以尝试一下），此外，用现磨黑胡椒调味同样必不可少。

可供 4 ～ 6 人享用。

爱上意大利面

对于意大利面，美国人每顿吃得比意大利人还多。意大利人通常每顿 60 克就够了，美国人则要吃 85 克、115 克甚至更多。意大利人将它作为头盘，而美国人则将它作为主食。意大利人不像美国人一样大量使用酱料拌面条，他们虽然喜欢口味浓重的酱料，但不希望它盖过面条本身的味道，这也是他们对意大利面的口味和特色要求如此之高的原因。正宗意大利面由硬质杜兰小麦粉（Durum Semolina）制成，这种小麦粉不是粉状，而是颗粒状，美式意大利面则由软质小麦制成。

戈尔根朱勒奶油白酱佐意大利饺

高脂鲜奶油会让辛香的戈尔根朱勒乳酪（Gorgonzola）的口感变得柔和。餐桌上无须再摆放其他乳酪碎，为每位客人准备一个胡椒研磨器就可以了。

一份经典意大利菜单

番茄莳萝汤

戈尔根朱勒奶油白酱佐意大利饺

烤牛肩肉

西洋菜菊苣沙拉

草莓配香槟萨芭雍

意大利的标志，不是柔美婉转的歌剧，不是文艺复兴时期的艺术，不是古罗马帝国的遗迹，也不是令人胃口大开的比萨，而是意大利面。

——伯特·安德森，《意大利餐桌上的宝藏》

干白苦艾酒　$1\frac{1}{2}$ 杯
高脂鲜奶油　$2\frac{1}{4}$ 杯
现磨黑胡椒　适量
肉豆蔻粉　少量
新鲜意大利饺子　680 克
戈尔根朱勒乳酪（切碎）　340 克
帕马森乳酪碎　$1\frac{1}{2}$ 大勺

1. 在深锅中倒入苦艾酒，煮至酒量减少一半。

2. 加入高脂鲜奶油，煮沸后小火慢炖，用黑胡椒调味，放入肉豆蔻粉后开盖炖煮约 15 分钟，直至总量减少 1/3。

3. 另起一口大锅，倒入 5 升水，加适量盐煮沸后放入意大利饺子煮熟。滤干水后，把饺子倒回锅中。

4. 在煮好的奶油酱中，拌入 1/2 戈尔根朱勒乳酪和全部帕马森乳酪碎，拌匀后将酱料倒在饺子上。中火轻轻翻炒 5 ~ 8 分钟，使饺子吸收部分酱料。

5. 做好的饺子分盛在 6 个热餐盘中，撒上另外 1/2 戈尔根朱勒乳酪。

作为头盘或主菜可供 6 人享用。

绿色千层面

这道香艳的意大利千层面与普通的千层面不同，它传承了意式料理新鲜清爽的优良传统。柔软新鲜的乳酪和嫩绿的罗勒足以令人兴奋不已，更不用说完美的口感和诱人的颜色了。

这并不是一道主菜，但可以把它作为头盘，放在清淡的开胃菜之后享用。

新鲜菠菜意大利面（片状，3 张）　340 克
冷冻菠菜碎（解冻）　2 袋（每袋 285 克）
里科塔乳酪　1 杯
帕马森乳酪碎　1/3 杯
盐和现磨黑胡椒　适量
罗勒酱（见第 38 页）　1/2 杯
蒙哈榭乳酪（或其他口感温和的山羊乳酪）　315 克
高脂鲜奶油　3 大勺
法式基础白酱（见第 415 页）　$1\frac{1}{2}$ 杯

1. 在大锅中倒入 3.5 升水，加入适量盐，煮沸后在锅中放入菠菜意大利面，一次一张，大约 3 分钟可煮好 1 张。意大利面稍后还要放进烤箱烘烤，所以此时要注意不要煮得太软。意大利面都煮好后立刻捞出，浸在冰水中。

2. 在另一口锅中倒入 2 升盐水，煮沸后放入解冻的菠菜碎，1 分钟后立刻捞出沥干，然后放入装有冰水的碗中。

3. 取一只小碗，将里科塔乳酪和帕马森乳酪混合在一起，用盐和黑胡椒调味后备用。

4. 再取一只碗，将高脂鲜奶油、罗勒酱和蒙哈榭乳酪混合在一起，备用。

5. 捞出菠菜碎沥水，用手挤干，拌入第 **3** 步中的混合乳酪里，适当调味，酌情添加黑胡椒和帕马森乳酪碎。

6. 将菠菜意大利面捞出沥干，纵向切成宽约 5 厘米的面条，放在厨房纸上，充分吸去多余水分。

7. 将烤箱预热至 190℃。

8. 将 1/3 的法式基础白酱均匀地刷在 22 厘米 ×33 厘米的烤盘底部。铺上第一层意大利面，摆放整齐。将乳酪拌菠菜均匀地撒在意大利面上，注意要完全盖住意大利面。在乳酪拌菠菜上盖上第二层意大利面，从剩余的白酱中盛出 1/2，抹在第二层意大利面上，抹上第 **4** 步中的罗勒奶油酱。整齐地铺上第三层意大利面，均匀地抹上余下的白酱，再撒上剩下的帕马森乳酪碎。

9. 将烤盘放在烤箱顶层，烘烤 10 ~ 15 分钟，直至千层面表面起泡、呈金黄色（烘烤时间虽短，但对于这道清新的千层面而言已经足够了。注意不可过度烹调）。

可供 6 人享用。

食谱笔记

一场成功的派对，别出心裁的主题必不可少。大家一起来想想好玩有趣的主题吧。卷起地毯，将房间彻底装饰一番，举办个乐器派对或烛光派对，或者在户外举办棋牌派对、棒球派对、诗歌派对、泳装派对，甚至是“开胃菜”派对。

除了传统佳节，还有很多值得庆祝的时刻。比如毕业季、选举当日、美网公开赛决赛日、超级碗星期天①、夏至时节、找到新工作、巴士底狱节、入手博若莱新酒、朋友新书出版、新邻居入住。

你可以列出一个呼应聚会主题的菜单，让美食引领朋友们开启一段美妙的旅程——用筷子品味中国菜，喝杯桑格利亚汽酒（Sangria）消磨时光，一波接一波的餐前小食，沉醉于白桃贝利尼鸡尾酒和美味的意大利面。每个人都会喜欢这样的“旅行”，尤其是那些跃跃欲试的人。只要你的点子够好玩，场面一定会非常热闹。

①美国国家美式足球联盟的年度冠军赛，一般在每年 1 月最后一个星期天或 2 月第一个星期天举行，那一天称为“超级碗星期天”。

龙虾龙蒿意大利面

这是一道华丽又精致的意大利面，尤其适合作为重要宴会的头盘。宴会可以以鱼子酱和牡蛎开场，接着呈上意大利面和烤牛肩肉（见第124页）或烤牛里脊（见第118页），再用新鲜的树莓搭配鲜奶油做甜点。

特级初榨橄榄油　2大勺
黄洋葱末　1/2杯
罐装樱桃番茄　1罐（900克）
干龙蒿　2小勺
盐和现磨黑胡椒　适量
高脂鲜奶油　1杯
意大利细面条　450克
辣椒粉　少许
煮熟的龙虾肉（大约$1\frac{1}{2}$杯，需要1400~1800克龙虾）　230克
新鲜欧芹、罗勒或龙蒿（用于点缀）　少许

1. 锅中倒入橄榄油，中火烧热，放入黄洋葱末煸炒，转小火，盖上锅盖，焖至洋葱变软。

2. 樱桃番茄切碎，沥干汁水后倒入锅中，加入龙蒿，用盐和黑胡椒调味。煮沸后将火调小，加盖炖煮30分钟，其间不时翻拌一下。

3. 关火，稍微冷却后，将番茄洋葱倒入食品料理机中，搅打均匀。

4. 将搅打好的菜泥倒回锅中，加入高脂鲜奶油，中火煮15分钟，其间不时搅拌一下，直至水分有所减少。试尝味道，酌情补充一些调味料，再拌入辣椒粉和龙虾肉，煮3～5分钟，作为酱料。

5. 另起一口大锅，倒入3.5升盐水煮沸。放入意大利面，煮至面条刚刚变软但仍然筋道，捞出后沥干，分盛入热餐盘中。最后将酱料淋在意大利面上，用欧芹、罗勒或龙蒿点缀一下，即可享用。

作为头盘可供6人享用，作为主菜可供4人享用。

食谱笔记

做这道菜时，我们喜欢用粉红色的番茄意大利面营造气氛。虽然也可以用普通意大利面，但味道不够出众。这道意大利面不需要加乳酪碎，为食客们准备好胡椒研磨器即可。

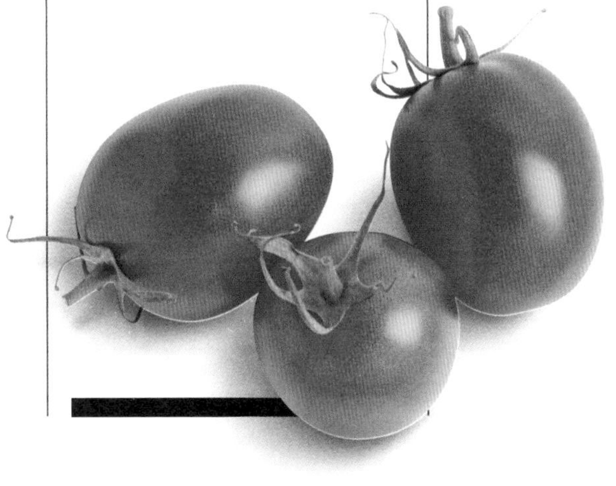

夏日的意大利面

清新的酱料、新鲜的蔬菜和鱼肉，这些食材在味道、口感和温度上与意大利面完美平衡，展现了意大利面的另一面。无论是冷酱料配热意大利面，还是冷酱料配冷意大利面，这些崭新的组合都能为炎炎夏日带来一丝清凉。

番茄罗勒酱佐意大利面

在撒丁岛上的一户人家做客时，我们第一次尝到了这种用未煮熟的酱料搭配的意大利面。这道美食特别适合在番茄与罗勒大丰收的季节、炎热的天气、慵懒的日子里尽情享用。

意大利面的余温将酱汁加热，香气四溢。这道意大利面做法简单，却非常美味。

不同颜色和味道的食材组合，可以搭配出不同风味的意大利面。在这道意大利面中，需要准备多汁的番茄和芳香的罗勒叶来做酱料，然后将酱料与意大利面随意地搅拌在一起就可以了。

成熟番茄（切成 1 厘米见方的小块） 4 个
布里乳酪（去皮，撕成不规则的块） 450 克
新鲜罗勒叶（洗净控干，切成条） 1 杯
大蒜（去皮切末） 3 瓣
特级初榨橄榄油 1 杯加 1 大勺
盐 1/2 小勺
现磨黑胡椒 1/2 小勺
意大利扁面条 680 克
现磨帕马森乳酪（用于点缀） 适量

1. 上桌前 2 小时，取一只大碗，倒入番茄、布里乳酪、罗勒叶、蒜末、1 杯橄榄油、1/2 小勺盐和黑胡椒，充分搅拌。

2. 在大锅中倒入 6 升盐水，煮沸，放入 1 大勺橄榄油和意大利面煮 8 ~ 10 分钟，直至面条变软但仍然筋道。

3. 捞出面条沥干水分，立刻加入拌好的番茄罗勒酱拌匀。根据需要，准备好胡椒研磨器和帕马森乳酪碎即可上桌。

可供 4 ~ 6 人享用。

夏日烹饪需要灵感，而灵感又总是稍纵即逝。

——伊丽莎白·戴维

罗勒海鲜沙拉意大利面

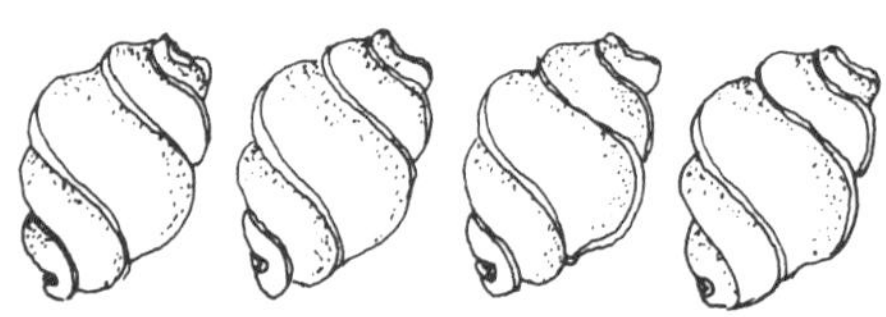

这是一道随性漂亮的夏季美食。烹饪时间短，非常简单方便。就算有意外来客登门造访，也可以毫不费力地准备。搭配一杯冰爽的红酒（可以尝试金粉黛尔葡萄酒或卡本内红葡萄酒），再加上一片香脆的面包，真是绝佳体验。

中等大小的鲜虾（去壳去虾线） 450 克
海湾扇贝（洗净） 450 克
小鱿鱼 *（洗净） 2 ~ 3 只
形状可爱的意大利面（例如贝壳面、蝴蝶面或螺旋面） 230 克
豌豆（冷冻豌豆需解冻，新鲜豌豆需洗净沥干） 1 杯
红柿子椒丁 1/2 杯
红洋葱末 1/2 杯
特级初榨橄榄油 1/2 杯
新鲜柠檬汁 3 ~ 4 小勺
罗勒酱 1/2 杯
盐和现磨黑胡椒 适量
黑橄榄（例如卡拉玛塔橄榄或阿方索橄榄，用于点缀） 1 杯

* 你可以选择不加鱿鱼，但鱿鱼的确在口感和视觉上都增加了这道意大利面的吸引力，这一点是其他海鲜无法替代的。

1. 将一大锅盐水煮沸，放入鲜虾和扇贝，煮 1 分钟，快速捞出沥干。

2. 将鱿鱼切成 1.5 厘米宽的鱿鱼圈，鱿鱼须切成两段。另煮沸一锅盐水，倒入鱿鱼，煮 5 分钟后捞出沥干。

3. 再煮沸一锅盐水，倒入意大利面，煮至刚刚变软但仍然筋道即可捞出。

4. 确保海鲜和意大利面充分沥干，取一只大碗，将它们拌匀。

5. 放入豌豆（无须烹调）、柿子椒丁和红洋葱末，拌匀。

6. 将橄榄油、柠檬汁和罗勒酱倒入小碗中混合均匀，用盐和黑胡椒调味，倒在意大利面上，拌匀。

7. 将做好的沙拉意大利面盛入盘中，点缀一些黑橄榄，即可享用。也可密封冷藏，上桌前先恢复至室温。

可供 4 ~ 6 人享用。

婚宴早午餐

无花果配意大利熏火腿

蓝莓醋配芦笋

三文鱼奶油白酱佐菠菜意大利面

葡萄干粗裸麦面包配无盐黄油

加冰金巴利酒

香蒜沙司的用法

大家都喜欢香蒜沙司，但要切记，由于它味道浓烈，通常只需在料理中放少许即可。

♥把 1 ~ 2 大勺香蒜沙司拌入切碎的番茄中。
♥几大勺香蒜沙司可以作为肉酱派中的一层夹馅。
♥在烤虾上加少许香蒜沙司。
♥意大利面配煸炒后的意大利甜香肠、芦笋和拌入香蒜沙司的帕马森乳酪碎。
♥在乳酪火锅中加入 1 大勺香蒜沙司。
♥在土豆球和意式烩饭中加入少量香蒜沙司。
♥番茄切成两半，填入马苏里拉乳酪，再加上 1 小勺香蒜沙司，最后撒上帕马森乳酪碎，简单烘烤一下。
♥在番茄上铺一层新鲜马苏里拉乳酪和芝麻菜，再加上香蒜沙司。
♥在任何新鲜绿色蔬菜上加香蒜沙司，或在煸炒过的蔬菜中拌入 1 或 2 大勺香蒜沙司。
♥在 2 大勺鲜奶油或酸奶油中拌入 2 大勺香蒜沙司，放入你最爱的夏日汤品中。
♥ 4 个炒蛋拌入 1 大勺香蒜沙司。
♥做番茄沙拉时，可在蛋黄酱中加入 1 ~ 2 大勺香蒜沙司。
♥离烹饪结束还有 10 分钟时，为烤鸡刷上香蒜沙司，再搭配煸炒过的番茄。
♥ 2 大勺香蒜沙司、4 大勺鲜奶油和 1 大勺第戎芥末混合在一起，就是清蒸鱼的绝佳蘸料。

三文鱼奶油白酱佐菠菜意大利面

这道优雅的意大利面并不是传统风味，但是美妙的味道和醉人的颜色令它独一无二。

高脂鲜奶油　2 杯
软化的无盐黄油　4 大勺
盐　1 小勺
肉豆蔻粉　少许
新鲜菠菜意大利面（窄面条最佳）　450 克
帕马森乳酪碎　1 大勺
清蒸三文鱼（去皮去骨）　$1\frac{1}{2}$ ~ 2 杯
新鲜莳萝末（用于点缀）　1/3 杯

1. 制作奶油白酱。在小锅中放入鲜奶油和 1/2 黄油，开火，加入盐和肉豆蔻粉，煮至减少 1/3。

2. 另起一口大锅，加入 3.5 升盐水，煮沸后倒入意大利面。注意，新鲜的面条只需煮 2 ~ 3 分钟即可。

3. 其间，将帕马森乳酪碎、三文鱼和莳萝末倒入煮好的奶油白酱中充分混合，关火。

4. 将意大利面滤干，倒回热锅中，放入剩下的 1/2 黄油，搅拌至黄油融化。将意大利面分别盛入 6 个热餐盘中，淋上三文鱼奶油白酱，点缀一些莳萝末，即可享用。

作为头盘可供 6 人享用。

香蒜沙司

香蒜沙司可以搭配意大利面或米饭，还可以拌入蒜泥蛋黄酱中，作为清蒸鱼或蔬菜冷盘的蘸料。

新鲜罗勒叶（洗净沥干）　2 杯
大蒜（去皮切末）　4 瓣
核桃仁　1 杯
特级初榨橄榄油　1 杯
现磨帕马森乳酪　1 杯
现磨罗马诺乳酪　1/4 杯
盐和现磨黑胡椒　适量

1. 将罗勒叶、大蒜和核桃仁放入食品料理机中，充分打碎。

2. 在搅打过程中，慢慢倒入橄榄油。

3. 关闭食品料理机，加入两种现磨乳酪、适量盐和黑胡椒，充分搅打后倒入容器中，密封备用。

可以做 2 杯香蒜沙司，搭配 900 克意大利面。

香蒜沙司意大利面

意大利扁面条或意大利宽面条　450 克
高脂鲜奶油　1/4 杯
香蒜沙司（见第 99 页）　1 杯
现磨黑胡椒　适量
现磨帕马森乳酪或罗马诺乳酪　适量

1. 在大锅中倒入 3.5 升盐水，煮沸后放入意大利面，煮至刚刚变软但仍然筋道，连水一起倒入滤网中。

2. 把 2 大勺煮面的开水和高脂鲜奶油拌入香蒜沙司中。意大利面控干水，倒回热锅中，加入香蒜沙司拌匀。

3. 将意大利面盛入热餐盘中即可享用。加一点现磨黑胡椒味道会更好，现磨乳酪可酌情添加。

作为头盘可供 6 ～ 8 人享用，作为主菜可供 4 人享用。

辣味麻酱面

另类却美妙的中式经典风味。

细意大利扁面条或其他细面条　450 克
花生油　1/4 杯
芝麻蛋黄酱（见第 177 页）　2 杯
四川辣椒油　适量
青葱（择洗干净，斜切成约 1 厘米长的段）　8 根
芦笋、西蓝花或荷兰豆（用于点缀）　适量

1. 在大锅中倒入 3.5 升盐水，煮沸后放入意大利面，煮至刚刚变软但仍然筋道。捞出面条，沥干后倒入碗中，拌入花生油，放至室温。

2. 将芝麻蛋黄酱和适量辣椒油倒入小碗中混合均匀（可以稍微多加一些辣椒油，一开始先加 4 滴，试尝后再适量添加）。面条会吸收大量的辣味。

3. 在意大利面中撒些青葱，再倒入调好的芝麻蛋黄酱，拌匀。上桌前，将面条密封冷藏。

4. 再次搅拌意大利面，如果感觉有点干，可以再加些芝麻酱。将面条盛入碗中，用芦笋、西蓝花或荷兰豆做点缀，即可享用。

可供 6 人享用。

最棒的香蒜沙司

正如细嫩的芦笋意味着春日已至，脆甜的苹果意味着秋去冬来，罗勒和香蒜沙司也是季节交替时最显著的信号。

在热那亚，每家每户都会准备这种沙司。按照传统，必须使用大理石臼或石杵将食材磨碎（如果时间充裕，我们非常推荐这种做法）。是的，只有热那亚的罗勒，沐浴着咸咸的海风生长。香蒜沙司最地道的做法就是只加罗勒、乳酪、大蒜和橄榄油。

但我们也可以充分发挥想象，加入不一样的香草或蔬菜（欧芹、龙蒿、薄荷、牛至、芝麻菜或菠菜）、不一样的坚果（榛子、夏威夷果、胡桃、葵花籽、南瓜子或芝麻），以及不同种类的食用油和乳酪。有时，我们也会创新一下，尝试加些自然晒干的番茄、烤过的红柿子椒、小干辣椒、洋蓟、卡拉玛塔橄榄油、豌豆或姜。请大家随意发挥，这些创意香蒜沙司会让每一道菜都令人赞叹不已。

主菜

各种鸡肉

自19世纪初至后来相当长的一段时间内，鸡肉的价格都十分昂贵，只有在重要场合才能吃到，因此通常在烹饪过程中利用得十分充分，甚至有些食谱教人们用较为经济的小牛肉掺入鸡肉沙拉或是炖鸡中！如今，时代变了，鸡肉变得十分平价，这种低热量、高营养的肉类唯一的不足可能就是味道稍显平庸。然而，鸡肉可以和各种调料完美搭配，并且适合多种烹饪方法，只有懒惰的厨师才会把鸡肉做得毫无生趣。

在我们美食店的菜单上，总是会有一道“今日鸡肉”。我们一直不遗余力地推陈出新，希望带给客人新鲜感。事实再一次证明，鸡肉真是万能又百搭。

鸡的种类

如今，有各种鸡供你选择。

考尼什雏鸡：两种鸡杂交后的品种，一只约450～900克。烤熟后可供一人享用。

童子鸡：约450～600克的小鸡，味美多汁。一只可供一人享用。

肉鸡（可做炸鸡）：这是最常见的鸡，一只1100～1600克。适合各种烹调方式。

珍珠鸡：一只约1100～1400克，与大多数品种的鸡相比，肉较多。

小母鸡（烤鸡）：一只约2000～2700克，含肉量多。最适合做烤鸡。

家养鸡：一只至少3600克，最适合做汤或鸡肉沙拉。需要长时间烹调，口感浓郁。如今已经很难找到了。

阉鸡：一只约3600～4500克，肉质肥美，风味柔和，最适合搭配其他食材。

乡村周末午餐

乳酪酥条

各种蘸料佐蔬菜冷盘

玛贝拉烤鸡

粗裸麦面包

宝诗龙乳酪
(Boucheron cheese)

青柠慕斯

巧克力曲奇

玛贝拉烤鸡

这是我们店里提供的第一道主菜，色泽诱人，还有西梅干、橄榄和续随子的独特风味，一直是客人们的最爱。这道菜可以趁热食用，也可冷却至室温享用，味道都非常好。鸡腿和鸡翅还可以作为美味的开胃菜。

整夜腌制对保持鸡肉的口感至关重要。放入冰箱冷藏几天，味道会更好。这道菜非常适合在长途旅行和野餐时享用。

橄榄油　1/2 杯
红葡萄酒醋　1/2 杯
去核西梅干　1 杯
去核西班牙绿橄榄　1/2 杯
续随子（沥干腌渍汁）　1/2 杯
月桂叶　6 片
大蒜（去皮切末）　1 头
干牛至　1/4 杯
粗盐和现磨黑胡椒　适量
整鸡（切成 4 块）　4 只（每只 1100 克）
棕砂糖　1 杯
干白葡萄酒　1 杯
新鲜欧芹末或香菜末　1/4 杯

1. 将橄榄油、红葡萄酒醋、西梅干、西班牙绿橄榄、续随子及腌渍汁、月桂叶、大蒜、干牛至、盐和黑胡椒倒入大碗中。放入鸡块拌匀后，将腌渍汁均匀涂抹在鸡肉表面。密封冷藏腌制一晚。

2. 烤箱预热至 180℃。

3. 将鸡块摆在 1 ～ 2 个浅烤盘中，注意鸡块不要互相重叠。在鸡肉表面均匀地涂抹一层腌渍汁，然后撒上棕砂糖，淋些干白葡萄酒。

4. 把烤盘放入烤箱烘烤 50 ～ 60 分钟，其间不时将烤盘中的酱汁淋在鸡肉上。用叉子扎一下鸡腿，当流出金黄色（而不是粉红色）的肉汁时即可出炉。

5. 将烤鸡、西梅干、西班牙绿橄榄和续随子盛入盘中。舀几勺烤盘中的酱汁淋在烤鸡上，再用欧芹末或香菜末做点缀。将烤盘中剩余的酱汁盛入船形调味皿中一起上桌。

可供至少 10 人享用。

可以将鸡肉放在烤盘中，冷却至室温后再盛盘。如果做好的鸡肉已经密封冷藏，上桌前需要把它们放回酱汁中加热一下，最后要记得在烤鸡上淋少许酱汁。

树莓炖鸡

无骨鸡胸肉熟得很快并且经济实惠，但吃起来没有什么滋味。按照如下食谱做树莓炖鸡，只需短短几分钟，鸡汤和高脂鲜奶油就会令树莓醋的酸味变柔和。上桌前，将一把新鲜树莓倒入酱汁中快速煮一下，可以当作这道菜的优雅点缀。野米[①]和煸炒过的绿色蔬菜是这道菜的最佳搭档。

鸡胸肉（去骨去皮） 2 整块（约 900 克）
无盐黄油 2 大勺
黄洋葱末 1/4 杯
树莓醋 1/4 杯
鸡肉高汤（见第 416 页）或罐装鸡汤 1/4 杯
高脂鲜奶油或法式酸奶油（见第 414 页） 1/4 杯
罐装切块番茄 1 大勺
新鲜树莓 16 颗

1. 沿着鸡胸骨的方向，将每块鸡胸肉切成两半，用手掌轻轻将鸡胸肉压平。

2. 在大平底锅中放入黄油，小火融化后，将火调大，放入鸡胸肉，每面煎 3 分钟，上色后盛出备用。

3. 倒入黄洋葱末煸炒，加盖，用锅中底油小火焖至洋葱变软。

4. 倒入树莓醋，将火调大，其间不停搅拌，煮至醋汁收至 1 勺且呈糖浆状。倒入鸡汤、高脂鲜奶油或法式酸奶油、番茄，煮 1 分钟。

5. 将鸡胸肉放回锅内，煮 5 分钟，不断用勺子将酱汁淋在鸡胸肉上，使其充分入味。当鸡胸肉刚刚煮熟，酱汁变少、变稠时关火。注意不要将鸡胸肉煮老。

6. 将鸡肉盛入热餐盘中。把新鲜树莓倒入锅中，和酱汁一起加热 1 分钟。无须搅拌，但可以轻轻晃动平底锅，使树莓均匀沾裹上酱汁。

7. 将树莓点缀在鸡胸肉上，淋些酱汁即可享用。

可供 2 ～ 4 人享用。

野餐

野餐意味着：

1. 一群人带着食物远足或外出，并在户外享用食物。

2. 美好又有意思的经历。

3. 容易完成。

韦伯斯特先生给出了这个单词的定义，但他一定没有太多野餐的经历。真正的野餐是某一天你突发奇想，要打破单调寻常的日子，叫上一群志同道合的朋友去享受一段简单快乐、轻松惬意的时光。

野餐并不一定是在公园中吃一顿午餐，也可以是午夜，坐在阳台上看闪闪的星星和萤火虫；还可以是午后，围坐在池塘边；或者是清晨，在阳光下享受一顿美味丰盛的早餐。完美的野餐食物一定要看上去美味，吃起来可口，且携带方便。因此，在一定时间内保持食物的最佳口感是野餐的宗旨。总的来说，本书中介绍的食物既好吃又漂亮，即便从厨房拿到户外也不影响口感。越简单的食物越需要想象力。

①在中国称为菰米，是野生植物菰的颖果，北美又称菰米或印地安米。它与稻米是两种不同的东西，菰米只是一种草的种子，外壳不用打磨，呈灰黑颜色。菰米中的蛋白质、多种微量元素、膳食纤维比大米高得多，是一种健康食品。

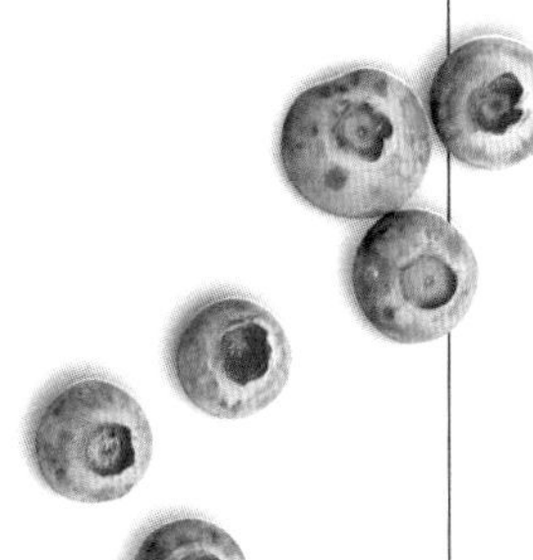

酸辣酱

酸辣酱（Chutney）起源于中世纪，那时人们将水果用糖、醋和辣椒粉腌渍保存。研磨少许黑胡椒撒在甜瓜和草莓上的吃法也源于这一传统。如今的酸辣酱口味酸甜，层次丰富，质地更加醇厚。

有时，简单地将一些蔬菜和水果混合在一起就能做成很好吃的酸辣酱。我们偶然发现，番茄、梨、樱桃、无花果、枣、茄子、李子、蓝莓、蔓越莓、芒果、洋葱、苹果、胡萝卜和墨西哥辣椒拌在一起能做成非常棒的酸辣酱。

大胆尝试吧！酸辣酱会让食物更有滋味，令人食欲大增。可以尝试将酸辣酱抹在烤鸡或其他禽肉上，冷热均可，抹在汉堡、煎蛋卷上，或者和乳酪一起抹在薄脆饼干上吃也很美味。

蓝莓烤鸡

蓝莓醋（见第 145 页）　1/4 杯
干百里香　1 小勺
整鸡（切成 4 块）　1 只（1100 ～ 1400 克）
盐和现磨黑胡椒　适量
蓝莓酸辣酱或蓝莓果酱　1/3 杯
新鲜欧芹末（用于点缀）　1 大勺

1. 将蓝莓醋和干百里香倒入一只大碗中。把鸡肉放在碗里腌制，其间翻动几次，使鸡肉沾裹上调味汁，需腌制 2 小时左右。

2. 烤箱预热至 150℃。

3. 将鸡肉放在烤盘中，鸡皮朝上，调味汁留用。用少许盐和黑胡椒给鸡肉调味，再淋上少许蓝莓酸辣酱或蓝莓果酱。

4. 将烤盘放在烤箱中层，烘烤 1 小时左右，直至鸡肉熟透。其间要不时地将调味汁淋在鸡肉上。注意，在最后 15 分钟，不要再淋调味汁。

5. 将烤鸡盛入盘中即可享用，也可以冷却至室温，点缀一些欧芹末再上桌。

可供 2 ～ 4 人享用。

夏日鸡肉

我们惊喜地发现，芥末、罗勒与鸡肉搭配得恰到好处。

整鸡（内脏留用）　1 只（约 1600 克）
新鲜罗勒（洗净）　1 小捆
鸡肉高汤（见第 416 页）或罐装鸡汤　$5^{1}/_{2}$ 杯
黄洋葱末　1 杯
胡萝卜（去皮切碎）　2 根
芹菜　5 根
盐和现磨黑胡椒　适量
小个儿白洋葱　4 个
新土豆（去皮）　4 个
胡萝卜（去皮，切成 5 厘米长的段）　4 根
新鲜豌豆（洗净沥干）　350 克
软化的无盐黄油　6 大勺
面粉　3 大勺

第戎芥末　1/3 杯
法式酸奶油或高脂鲜奶油（见第 414 页）　1/3 杯
新鲜欧芹末　2 大勺

1. 将鸡洗净，尽量去除鸡油，鸡肚子用罗勒叶填满后扎紧。将鸡放入足够大的锅中，鸡胸朝上，倒入鸡肉高汤（无须没过整只鸡），煮沸。将火调小，撇去浮油和浮沫。

2. 倒入黄洋葱末、切碎的胡萝卜和芹菜，用盐和黑胡椒调味。半掩锅盖，小火慢炖 40 分钟，直至鸡汤变为清澈的黄色、鸡腿肉可以用叉子扎透。

3. 另取一口大锅，加入盐水煮沸，放入白洋葱，焯 10 秒后用漏勺捞出。放入新土豆，煮软后捞出。接着放入胡萝卜，煮至稍稍变软但口感仍然爽脆后捞出。最后放入豌豆煮熟。把它们都放入冰水中冷却。

4. 用漏勺捞出鸡肉，密封保温。

5. 盛出 2 杯鸡汤，倒入一口平底锅中煮沸。再取一口小平底锅，放入 2 大勺无盐黄油，中火融化。当黄油开始起泡时，倒入面粉，翻炒 5 分钟，注意面粉不要炒至褐色。关火，把黄油面粉倒入煮沸的鸡汤中。1 分钟之内，面粉会产生大量气泡，在面粉起泡和沉淀的过程中需要不停搅拌。将火调小，一边搅拌一边煮 5 分钟左右，做成奶油白酱。

6. 将鸡肚子中的罗勒叶取出，切末。将罗勒末、第戎芥末和法式酸奶油拌入奶油白酱中。关火，密封保温。

7. 在平底锅中放入剩余的 4 大勺黄油，小火融化。将煮过的蔬菜捞出沥干，倒入黄油中，稍微加热一下（注意不要热透）。用盐和黑胡椒调味，再撒上欧芹末。

8. 鸡肉切块，盛入盘中，淋上适量奶油白酱，周围摆上加热好的蔬菜，即可上桌享用。

可供 4 人享用。

芥末鸡

这种芥末口味的鸡肉做法简单，变化多样。食谱中使用的是第戎芥末和芥末籽酱的混合芥末，你也可以使用其他种类的芥末。市面上有上百种芥末供挑选，口味各不相同，各种搭配组合足够你尝试很多年。

芥末

法国第戎芥末原产于勃艮第，始于 1336 年。传统的第戎芥末会加入红葡萄酒醋，但后来被酸葡萄汁或未成熟的青葡萄汁取代。这使得芥末的味道更加丝滑柔和，这就是沿袭至今的味道。

我们尤其喜欢费洛绿胡椒酱芥末。费洛家族从 1840 年起，就在博纳的中心地区开始制作芥末。费洛家族的芥末，从碾磨、选种到用料（绿胡椒、龙蒿叶、罗勒和红酒），每一步都是上乘之选，绝对值得一试。

整鸡（切成 4 块） 1 只（1100 ~ 1400 克）
芥末（我们喜欢用 1/2 第戎芥末，1/2 波马利芥末籽酱） 1/3 杯
现磨黑胡椒 适量
苦艾酒或干白葡萄酒 1/3 杯
法式酸奶油或高脂鲜奶油（见第 414 页） 1/2 杯
盐 适量

1. 在鸡肉表面抹上混合芥末，放入碗中密封，室温下腌制 2 小时。

2. 烤箱预热至 180℃。

3. 把鸡肉摆在烤盘上，鸡皮朝上。用黑胡椒调味，鸡肉周围淋上苦艾酒或干白葡萄酒。

4. 将烤盘放在烤箱中层，烘烤 1 小时，直至鸡肉烤熟。其间，不时将肉汁淋在鸡肉上。上色较浅的一面可以再烘烤 5 ~ 10 分钟。

5. 把芥末从鸡肉上刮下来，放入烤盘中。把鸡肉盛入餐盘中，密封保温。

6. 将烤盘中的肉汁与混合芥末倒入锅中，尽可能撇除浮油，开中火加热，煮沸后拌入法式酸奶油或高脂鲜奶油。把火调小，继续加热 5 ~ 10 分钟，直至酱汁减少 1/3。用盐和黑胡椒调味，试尝后再酌情添加调味料，最后将酱汁淋在鸡肉上即可。可趁热食用，也可冷却至室温再享用。

可供 2 ~ 4 人享用。

适合母鹅的酱汁也许适合公鹅，但却不一定适合鸭子、火鸡或者珍珠鸡。

——爱丽丝 · B. 托卡勒斯

芝麻鸡

整鸡（切成 4 块） 1 只（1100 ~ 1400 克）
普罗旺斯香草 2 小勺
盐和现磨黑胡椒 适量
酪乳 1/2 杯
面包糠 3/4 杯
烤芝麻（见第 202 页“烤坚果”） 3/4 杯
新鲜欧芹末 1/3 杯
软化的无盐黄油 4 大勺

1. 将鸡肉放在一只大碗中，撒上香草，用盐和黑胡椒调味，再在鸡肉上抹上酪乳。密封好之后冷藏腌制 2 ~ 3 小时，其间不时翻动一下。

2. 将烤箱预热至 180℃。

3. 将面包糠、芝麻和欧芹倒入小碗中拌匀。

4. 取出鸡肉，逐块沾裹上芝麻面包糠，然后放在浅烤盘上，用盐和黑胡椒稍稍调味。

5. 将烤盘放至烤箱中层，鸡肉表面刷上软化的黄油，烘烤约1小时，直至鸡肉熟透呈金黄色。颜色较浅的一面可以多烘烤几分钟。可趁热食用，也可冷却至室温享用。

可供2～4人享用。

柠檬烤鸡

这道柠檬烤鸡表面金黄酥脆，带着新鲜柠檬的清香。无论热食或冷食，口感都非常棒，更是野餐佳品。

整鸡（切成4份） 2只（每只1100克）
新鲜柠檬汁 2杯
中筋面粉 2杯
盐 2小勺
辣椒粉 2小勺
现磨黑胡椒 1小勺
玉米油 1/2杯
柠檬皮碎 2大勺
棕砂糖 1/4杯
鸡肉高汤（见第416页） 1/4杯
柠檬香精 1小勺
柠檬（切成薄片） 2个

1. 将鸡肉和柠檬汁放入一只足够大的碗中拌匀。密封冷藏腌制一晚，其间翻动几次。

2. 鸡肉彻底洗净控干。将中筋面粉、盐、辣椒粉和黑胡椒装入塑料袋中，混合均匀。每次放入两块鸡肉，使面粉均匀地粘在鸡肉表面。取出鸡肉，抖掉多余的面粉。

3. 烤箱预热至180℃。

4. 用油炸锅加热玉米油，将鸡肉逐块放入锅中炸至金黄酥脆。炸一锅需要10分钟左右。

5. 将鸡肉放入大号浅烤盘中，均匀地撒上柠檬皮碎和棕砂糖。混合鸡肉高汤和柠檬香精，淋在鸡肉上。最后在每块鸡肉上放1片柠檬。

6. 将烤盘放入烤箱，烘烤50分钟，直至鸡块变得外酥里嫩。

可供至少6人享用。

柠檬

它那清新的香气、明快的颜色、饱满的口感挑逗着你的嗅觉、视觉和味觉。尤力克柠檬和里斯本柠檬个头小，果皮光滑，呈圆形或椭圆形，香味浓，果汁多，是首选。一般来说，中国柠檬是柠檬和柑橘的杂交品种，酸度比尤力克柠檬和里斯本柠檬低，口感略甜。如果有条件，室温保存的柠檬出汁率会更高。下面为你介绍一些柠檬的用法：

♥蒸熟的蔬菜在加黄油前，挤适量柠檬汁。
♥新土豆在加黄油和新鲜莳萝前，淋上柠檬汁。
♥柠檬配贝类或法式炸土豆。
♥柠檬配热汤或冷汤，会让汤的味道更浓郁。
♥在酸奶油蘸料中加点柠檬汁，可以让食物更有滋味。
♥做沙拉时，可以用柠檬汁代替醋。
♥将新鲜柠檬汁淋在炒蛋上，再加入新鲜欧芹末。
♥用柠檬和黑胡椒搭配牡蛎、蛤蜊或烟熏三文鱼。
♥将柠檬汁淋在苹果、牛油果、蘑菇、香蕉和梨的果肉表面，它们就不会氧化成褐色了。
♥将柠檬水冻成冰块，放在冰茶、柠檬水或白葡萄酒中。
♥将柠檬片放入盛有伏特加或杜松子酒的酒瓶中，2周内饮用。
♥将整个柠檬和大蒜放进袋子里，系上丝带放进衣柜，可以令你的衣柜长久清新。

蒙特利鸡

原本这是一道烩菜——首先用黄油或橄榄油将鸡肉煎一下，接着放入加了橙汁和番茄的鸡肉高汤中炖熟，最后加一点大蒜、迷迭香和五颜六色的嫩煎蔬菜。整道菜新鲜明亮，让人忆起阳光假日。

欧芹饭（见第419页）、黄油意大利面、烤新土豆，这些富含淀粉的食物都是这道菜的最佳搭档。其实只需搭配法式面包，你就会将这道菜一扫而光。

特级初榨橄榄油　5 大勺
整鸡（切成 4 块）　1 只（1100 ～ 1400 克）
盐和现磨黑胡椒　适量
黄洋葱末　1 杯
胡萝卜（去皮切碎）　2 根
大蒜（去皮切末）　4 瓣
鸡肉高汤（见第 416 页）或罐装鸡汤　1 杯
新鲜橙汁　1/2 杯
罐装切块番茄　1/2 杯
干迷迭香　1 大勺
中等大小的红柿子椒（去蒂去籽，切丝）　1 个
大个儿西葫芦（洗净，切成薄片）　1/2 个
大个儿黄色南瓜（洗净，切成薄片）　1/2 个
新鲜欧芹末（用于点缀）　1/3 杯
橙皮碎（用于点缀）　需要 1 个橙子

1. 在大平底锅中倒入 3 大勺橄榄油，小火加热。鸡肉擦干，用盐和黑胡椒调味，放入锅中煎 5 分钟。将鸡肉翻面，撒上盐和黑胡椒，再煎 5 分钟。注意不要将鸡肉煎成褐色，呈浅金黄色即可。将鸡肉盛出，备用。

2. 用锅中余下的橄榄油煸炒黄洋葱末、胡萝卜和蒜末，加盖小火焖煮至蔬菜变软。

3. 打开锅盖，倒入鸡肉高汤、橙汁、番茄和干迷迭香，用盐和黑胡椒调味，开盖煮 15 分钟。

4. 将鸡肉倒回锅中，煮 30 ～ 35 分钟，直至鸡肉快要熟透。将酱汁不断淋在鸡肉上，每 15 分钟翻一次面。（可以提前一天准备到这一步，然后将鸡肉和酱汁冷藏保存。）

5. 再取一只平底锅，倒入剩下的 2 大勺橄榄油加热。放入柿子椒煸炒 5 分钟后，加入切好的西葫芦和南瓜，用盐和黑胡椒调味。大火翻炒 5 分钟，让蔬菜保留脆嫩口感。

6. 将蔬菜盛入煮鸡肉的锅中，一起煮 5 分钟。盛出后用欧芹末和橙皮碎点缀一下即可。

可供 2 ～ 4 人享用。

我让迷迭香爬满院墙，并非因为蜜蜂喜欢它们，而是因为这种香草被上天赐予了回忆与友谊之意，一枝一叶仿佛都是无声的言语。

——托马斯·莫尔爵士

圣诞菜单

海鲜派

鸡肝肉酱派配绿胡椒

乳酪咸泡芙

西葫芦西洋菜汤

水果酿仔鸡

坚果野米

甜菜苹果泥

栗子慕斯

果仁布丁

水果酿仔鸡

在特别的庆祝日，人们常用这道菜作为主菜。做这道菜时可以用冷冻仔鸡肉，当然，如果有新鲜鸡肉更好。无论选用哪种鸡肉，成品都风味独特，肉汁鲜美，色泽诱人，令人回味无穷。

新鲜仔鸡　6 只
大个儿橙子　2 个
软化的无盐黄油　1 杯
黄洋葱（去皮切块）　1/2 杯
酸甜味苹果（去核切块）　2 个
无籽绿葡萄　1 杯
新鲜欧芹末　1/4 杯
法式面包碎　1/2 杯
干百里香　3/4 小勺
盐和现磨黑胡椒　适量
辣椒粉　适量
培根（切成两半）　6 片
雪利酒或马德拉白葡萄酒　1 杯
新鲜西洋菜（用于点缀）　适量

1. 鸡肉用冷水冲洗干净，控干。

2. 将橙皮磨碎，橙子切成两半，用切面擦拭仔鸡表面和腹腔，在鸡肉上涂满橙汁，备用。

3. 在平底锅中加入 1/2 杯黄油，小火融化，倒入洋葱块，加盖焖煮约 15 分钟，直至洋葱变软、上色。

4. 将苹果、葡萄、欧芹末、面包碎、橙皮碎和 1/2 小勺百里香拌入碗中。倒入焖熟的洋葱块，用盐和黑胡椒调味，轻轻搅拌均匀，做成馅料。

5. 烤箱预热至 180℃。

6. 把馅料填入鸡肚子中，再用棉线扎紧，放进 1 个足够大的浅烤盘中，或者分别盛放在 2 个较小的烤盘中。鸡肉表面撒上盐、黑胡椒、剩余的 1/4 小勺百里香和少许辣椒粉调味。将培根交叉放在鸡胸上，抹上剩下的黄油，再将雪利酒或马德拉白葡萄酒倒入烤盘中。

7. 将烤盘放入烤箱中层烘烤约 1 小时，烤制过程中需不时打开烤箱，将盘中的酱汁淋在鸡肉上，烤至鸡肉呈金黄色且熟透。将鸡肉盛入餐盘中，用西洋菜做点缀。撇去烤盘中的浮油，用烤箱中火加热，直至酱汁减少 1/3，盛入船形调味皿中。

可供 6 人享用。

笑一笑，身心轻松宛如度了个短假。

——米尔顿·伯利，美国喜剧演员

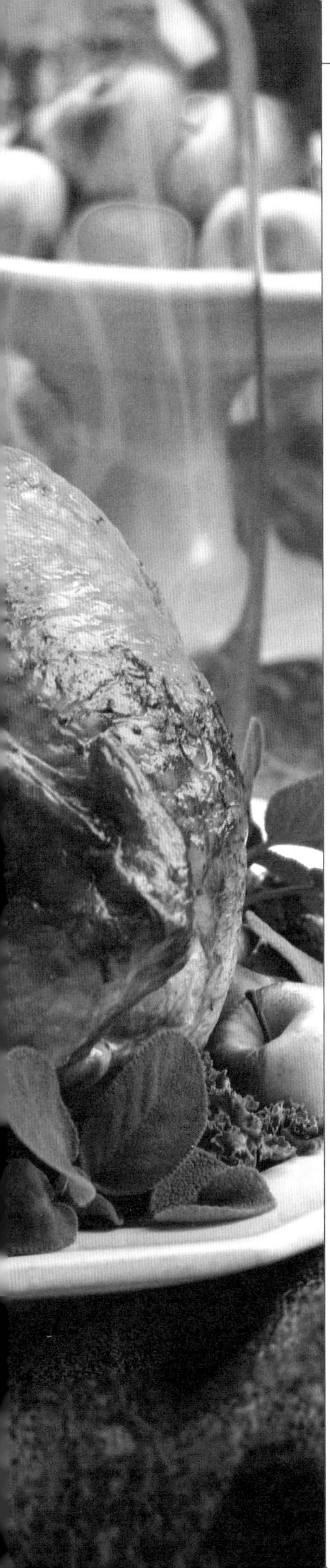

我们最爱的烤火鸡

按照下面的方法，我们保证做出的火鸡味美多汁。

杂碎高汤（需提前一天准备）

火鸡内脏和脖子　彻底洗净
内脏　1 杯（约 340 克）
鸡排　4 块（约 800 克）
芹菜（带叶）　2 根
中等大小的洋葱（不去皮）　2 个
大蒜（去皮切末）　2 瓣
新鲜欧芹　4 根
大蒜　4 瓣
黑胡椒　3 颗
月桂叶　1 片
盐　适量

火鸡（当天准备）

新鲜火鸡　1 只（约 8200 克）
橙子（切成两半）　1 个
辣椒粉　适量
盐和现磨黑胡椒　适量
苹果玉米面包香肠馅料（见第 117 页）　10 ~ 12 杯
软化的无盐黄油　6 大勺

杂碎肉汤（当天准备）

软化的无盐黄油　4 大勺
面粉　1/4 杯
马德拉白葡萄酒或干雪利酒　2 大勺
干百里香　1 小勺
盐和现磨黑胡椒　适量
新鲜欧芹末　1 大勺
新鲜鼠尾草（用于点缀）　2 ~ 3 束

1. 提前一天准备杂碎高汤。将所有杂碎高汤原料倒入炖锅中，加入没过原料的水。煮沸后，将火调小，炖 1 小时左右，直至杂碎变软，其间撇去表面浮沫。将高汤过滤后倒入碗中，盛出蔬菜不用，保留肝脏、鸡脖和鸡排。大约可做出 $3^1/_2$ 杯高汤。

2. 高汤完全冷却后，去掉鸡脖和鸡排上的皮。肉撕碎，内脏切末，混合均匀，密封冷藏备用。

3. 烤箱预热至 160℃。

4. 准备好火鸡。将火鸡内外洗净，用厨房纸擦干，去除多余脂肪。

5. 用橙子切面涂抹火鸡的腹腔和脖口，撒入辣椒粉、盐和黑胡椒。填上馅料（脖口处需要 3 杯，腹腔需要 8 杯），将火鸡用大号针和粗棉线缝起来，双腿用棉线扎拢。

6. 火鸡表面涂上黄油，撒上辣椒粉、盐和黑胡椒。

7. 将火鸡放在烤盘上，鸡胸朝上。在烤盘中倒入 2 杯准备好的杂碎高汤，再给鸡肉松松地裹一层锡纸，放入烤箱烘烤 1 个半小时。剩下的杂碎高汤密封冷藏。

8. 拿掉锡纸，继续烤 2.5 小时，每 30 分钟打开一次烤箱，将烤盘中的汤汁淋在火鸡上。

9. 将烤箱温度提高至 180℃，再烤 1 小时～ 1 小时 15 分钟，把即时温度计插入鸡腿肉最厚实的部分，显示为 80℃时即可（此时把温度计插入鸡胸最厚的部分，应显示为 70℃，用小刀刺破鸡腿，有清澈的汤汁流出就说明烤好了）。

10. 取出火鸡，放入烤盘中静置 20 分钟。用锡纸轻轻包住，将汤汁留在烤盘中。

11. 将火鸡腹腔和脖子中的填充物倒出，用锡纸包好。

12. 准备杂碎肉汤。将烤盘中的汤汁倒入锅中中火加热，过滤肉汁，去除浮油，倒入量杯中。

13. 把黄油放入长柄锅中，中火融化，加入面粉后翻炒 2 ～ 3 分钟，直至面粉呈浅棕色。继续翻炒，同时慢慢倒入准备好的 2 杯杂碎肉汤搅拌均匀。煮沸后，调至中小火，加入马德拉白葡萄酒、干百里香、盐、胡椒粉、欧芹末和预先做好的内脏肉末（见第 2 步）。一边搅拌，一边煮 10 分钟，直至汤汁变得浓稠。如果你不喜欢太浓稠的汤，可以再加入剩下的 $1\frac{1}{2}$ 杯杂碎高汤，煮至令你满意的浓度。试尝一下味道，酌情添加调味料即可。

14. 将火鸡切好后摆在装饰好的大托盘中，用鼠尾草做点缀，把杂碎肉汤当作蘸料。

可供 16 人享用。

感恩节菜单

迷你乳酪蛋挞

乳酪酥条

野生菌菇浓汤

鲜奶油佐煎西蓝花

甜土豆和胡萝卜泥

我们最爱的火鸡

苹果玉米面包香肠馅料

蔓越莓面包

丰收蛋挞

南瓜派

松露巧克力

一个幸福的家庭是经营出来的，而非买来的。

——乔伊斯 · 梅纳德

苹果玉米面包香肠馅料

这种馅料改良自经典的美国南方风味，非常适合搭配各种禽肉。

软化的无盐黄油　12 杯
黄洋葱末　$2\frac{1}{2}$ 杯
酸甜味苹果（切碎）　3 个
香肠（早餐香肠配鼠尾草最佳）　450 克
玉米面包碎（首选乡村玉米面包，见第 303 页）　3 杯
全麦面包碎　3 杯
白面包碎（首选法式或乡村玉米面包）　3 杯
干百里香　2 小勺
干鼠尾草　1 小勺
盐和现磨黑胡椒　适量
新鲜欧芹末　1/2 杯
山核桃仁　$1\frac{1}{2}$ 杯

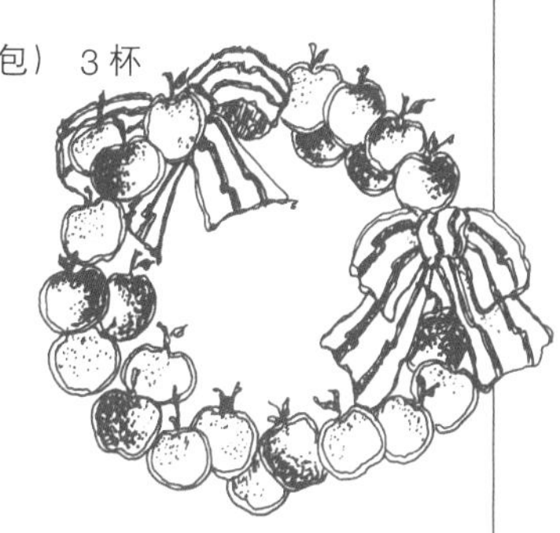

1. 烤箱预热至 160℃。

2. 将 1/2 的黄油倒入平底锅中，中火融化后加入黄洋葱末煸炒，半掩锅盖，焖煮至洋葱变软、上色，然后盛入一只大碗中。

3. 将剩余的黄油倒入锅中，放入切碎的苹果，大火加热，直至苹果上色，但不要炒成糊状，盛入大碗中。

4. 倒入香肠，中火翻炒至略带棕色。用漏勺将香肠盛入碗中，锅中留底油。

5. 将所有原料倒入大碗中搅拌一下，冷却后填入待烤的禽肉中。如果不想立刻使用，可先放入冰箱冷藏。

6. 如果你不打算用它来做填充馅料（例如，鹅或鸭会令填充物变得油腻），也可以用勺子将它们盛入有盖的焙盘中，再将焙盘放入大烤盘中，倒入热水，水深至焙盘中部，烘烤 30 ~ 45 分钟。根据需要，也可以取适量烤制禽肉留下的肉汁或煎香肠留下的底油淋在表面。

以上食材制作的馅料可填充约 9 千克的火鸡，可供 12 ~ 14 人享用。

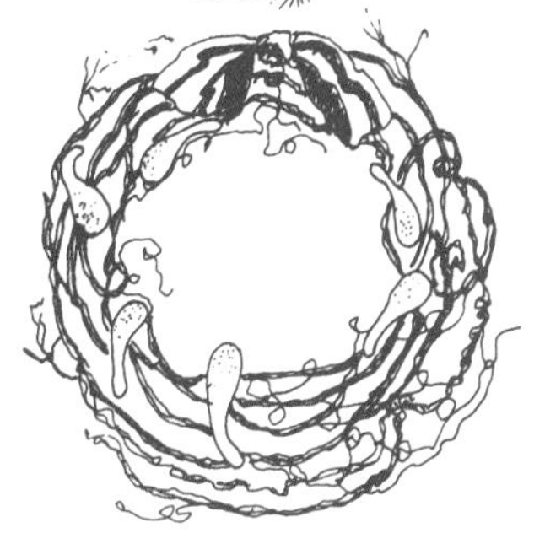

感恩节是美国的传统节日，原意是为了感谢上天赐予的好收成和印第安人的帮助。食物在感恩节扮演着非常重要的角色，最有特色的就是烤火鸡和各种配料。让我们一起来庆祝这场丰收的盛宴吧！

可口的肉类菜肴

在这本食谱中，我们会介绍多种肉类菜肴，其中有的用香草调味，有的用水果搭配。我们用各种配料来突出主料的味道，令其口味富于变化。

自古以来，全世界的人们都喜爱甜美可口的肉类菜肴，亚洲、中东和非洲的许多菜肴都展现了肉类与水果的完美结合。我们会充分利用水果本身的甜味，同时保留其原有的色泽和口感。事实上，做好的菜肴并不是很甜，但水果中的酸味和甜味很好地平衡了肉类的油脂，使肉类吃起来不会太油腻。此外，用芥末、醋和辣椒酱调味会使肉类的口感更加丰富，在烹调中可以酌情使用。

烤牛里脊

当你想做一道炫目的主菜时，没有什么能打败一道简单的烤牛里脊。可以选择本地牛肉、有机牛肉、黑安格斯牛肉、神户牛肉等，请从你信得过的商贩处购买。简单的配菜，例如烤芦笋佐风味调料（见第 182 页），就是最棒的搭配。

牛里脊（双面抹油） 1 块（约 2000 克）
大蒜（去皮，切成薄片） 1 瓣
盐和现磨黑胡椒 适量

1. 烤箱预热至 220℃。

2. 用锋利的刀尖在里脊上划出些小口，塞入蒜片，用盐和胡椒粉适当调味，放入浅烤盘中。

3. 放入烤箱烘烤 10 分钟，然后将烤箱温度下调至 180℃，如需做成三分熟，就再烘烤 25 分钟（插入即时温度计，应显示为 50℃）；如需做成五分熟，就再烘烤 35 分钟（插入即时温度计，应显示为 55℃）。

4. 取出牛里脊，静置 10 分钟再切块，或者等其冷却至室温后切片享用。

可供 8 ~ 10 人享用。

五分熟的牛肉不是一道菜，而是一门哲学。

——埃德纳·菲伯

焦糖咸牛肉

咸牛肉（corned beef） 1 份（约 1400 克）
橘皮果酱 1 杯
第戎芥末 1/4 杯
棕砂糖 1/4 杯

1. 将咸牛肉放入炖锅中，倒入沸水，没过牛肉。煮沸后，将火调小，半掩锅盖炖煮 3 小时，用叉子扎一下牛肉，感觉软烂即可关火。

2. 烤箱预热至 180℃。

3. 混合橘皮果酱、第戎芥末和棕砂糖，做成调味汁。

4. 捞出牛肉，沥干。将牛肉放入烤盘中，淋上调味汁。

5. 烘烤 30 分钟，直至表面的调味汁变焦、呈棕色。可趁热食用，也可冷却至室温后享用。

可供 8 ~ 10 人享用。

猪排佐黑加仑酱

要做好这道菜，需要准备浓郁的黑加仑酱。我们习惯用两种蔬菜泥搭配猪排。

黑加仑酱 1/4 杯
第戎芥末 $1\frac{1}{2}$ 大勺
猪排（2.5 ~ 4 厘米厚） 1 块（6 根）
盐和现磨黑胡椒 适量
白葡萄酒醋 1/3 杯
西洋菜（用于点缀） 适量

1. 把黑加仑酱和第戎芥末倒入小碗中，混合成调味汁，备用。

2. 取一口足够大的不粘锅，中火烧热后放入猪排，煎至两面呈浅褐色，用盐和黑胡椒调味。用勺子将混合好的调味汁均匀地淋在猪排表面。

3. 将火调小，加盖焖煮 20 分钟左右，直至猪排熟透。盛入盘中，放入烤箱中保温。

4. 倒掉不粘锅中的底油，将锅底刮干净，倒入白葡萄酒醋，中火加热，不停搅拌，直至煮沸。当白葡萄酒醋减少 1/3 时，淋在猪排上，用西洋菜来点缀，即可上桌。

可供 3 ~ 6 人享用。

我最喜欢的就是去没有去过的地方。

——黛安 · 阿勃斯

大受欢迎的家宴菜单

新鲜紫色无花果裹上意大利熏火腿配青柠檬

辣味虾

时令蔬菜冷盘佐橄榄酱

烤火腿配焦糖杏子

各种芥末

巧克力慕斯配德文郡奶油

食谱笔记

宴会理应丰盛，桌子上摆满佳肴，餐盘中盛满美味。面包要切得大一些，餐桌中央的摆饰也要足够大，这样才能撑起整个场面。整张餐桌看上去要丰盛，但也不要摆得太满。

留下剩饭剩菜或是食物供应不足都会令人尴尬。但如果你打算亲自下厨烹饪，还是要多准备一些。你的家人会消灭这些多余的食物，当然冰箱也不会嫌弃它们。

烤火腿配焦糖杏子

这道烤火腿配焦糖杏子是我们美食店里的招牌菜，每天都会售罄。在鸡尾酒会和野餐中，它也绝对不会剩下，不要只把它留在节假日享用。

带骨即食火腿　1 根（约 5500 ~ 7250 克）
大蒜　1 头
第戎芥末　1/4 杯
棕砂糖　1 杯
苹果汁　3 杯
杏干　450 克
马德拉白葡萄酒　1 杯
芥末（作为蘸料）　适量
酸辣酱（作为蘸料）　适量

1. 烤箱预热至 180℃。

2. 火腿去皮，去掉多余脂肪层，留下 6 毫米以保持肉质软滑。用锋利的刀子在脂肪层上挖出一个菱形。

3. 把火腿放入浅烤盘中，将整头大蒜插入菱形切口中。把第戎芥末均匀地抹在火腿表面，撒上棕砂糖，烤盘中倒入苹果汁。

4. 放入烤箱烘烤 1 个半小时，其间不时地将烤盘中的苹果汁淋在火腿上。

5. 将杏干和马德拉白葡萄酒倒入小平底锅中，加盖煮沸后关火。

6. 在烘烤的最后 30 分钟，把煮好的杏干葡萄酒汁倒入烤盘中，继续烘烤，并不时将烤盘中的混合酱汁淋在火腿上。

7. 烤好的火腿盛入大托盘中，用牙签将杏干固定在火腿上。撇去烤盘中的浮油，将酱汁倒入调味皿中，连同芥末和辣椒酱一起上桌。

可供 20 ~ 25 人享用。

烤羊肉配胡椒

芥末和胡椒粒让这道菜外皮酥脆，口感香辣。

胡椒碎（由等量白胡椒、黑胡椒和绿胡椒混合研磨而成） 3 大勺
新鲜迷迭香 1 大勺（或干迷迭香 $1^1/_2$ 大勺）
新鲜薄荷叶 1/2 杯
大蒜（去皮切末） 5 瓣
树莓醋 1/2 杯
酱油 1/4 杯
干红葡萄酒 1/2 杯
羊腿 1 只（去骨后约 2300 克）
第戎芥末 2 大勺

1. 将 1 大勺胡椒碎和迷迭香、薄荷叶、蒜末、树莓醋、酱油、干红葡萄酒拌入一只大碗中。放入羊腿，反复翻动，使羊腿表面沾

我最恨别人把吃饭不当回事。

——奥斯卡·王尔德

烤羊肉总是那样美味诱人。

生活中的辣味

每一种胡椒都有独特的味道和香气，都在香料架上占有一席之地。

♥厄瓜多尔黑胡椒：以极度的热辣口感闻名。

♥绿胡椒：胡椒树上已长大但未成熟的娇嫩果实。不算太辣，但吃起来有一丝灼热感。

♥华兰蓬黑胡椒（印度尼西亚苏门答腊岛）：这是最受欢迎的一种黑胡椒，气味浓郁，灼热感适中。成熟时采摘，然后在日光下晒干。

♥长胡椒（印度）：胡椒紧凑地生长在一根长枝条上，看起来有些像松果。辣度适中。

♥ PENJA 牌白胡椒（喀麦隆）：这是一种很奇妙的胡椒，有一丝麝香和木材的香气。

♥粉色胡椒：这种胡椒来自秘鲁胡椒树和它的表亲巴西胡椒树。从植物学上讲，这两种胡椒树都不是真正意义上的胡椒树，但它却拥有一种神秘的甜味和令人着迷的粉红色。通常和普通胡椒混合使用。

♥花椒（中国）：需长时间留在藤蔓上成熟。

♥沙捞越黑胡椒（婆罗洲）：气味清新，且带有山核桃、水果和菠萝的味道。口感温和，可做甜点用。

♥四川花椒（中国）：味似胡椒，实际上是一种美洲花椒树的果实。味道辛辣，带有柠檬味。

♥代利杰里胡椒（印度西北部）：气味浓郁刺激，口感辣中带甜，是最上乘的胡椒。

♥越南黑胡椒：带有烟熏味和柑橘味，口感很复杂。

♥白胡椒：胡椒的内核。胡椒成熟后，采摘并放入水中浸泡，去除外壳，然后风干。它不像黑胡椒一样辣，气味更加芳香。

裹上酱汁，加盖腌制 8 小时，其间不时翻动一下。

2. 烤箱预热至 180℃。

3. 取出羊腿，酱汁留用。用棉线将羊腿捆起来。

4. 把第戎芥末抹在羊腿上，再抹上 2 大勺胡椒碎。将羊腿放入足够大的浅烤盘中，烤盘中倒入预留的酱汁。

5. 放入烤箱烘烤 1 个半小时（每 450 克烤 18 分钟），其间不时地将酱汁淋在羊腿上。1 个半小时后羊腿已烤至五分熟，再烘烤 10 ~ 15 分钟就可全熟。烤好的羊腿静置 20 分钟后切片，将烤盘中的酱汁盛入调味皿中，与羊腿一起上桌。

可供 6 ~ 8 人享用。

亚洲羊排

黑芝麻油　3 大勺
羊排（去除多余肥肉）　6 根
黄洋葱末　3/4 杯
大蒜（去皮切末）　3 瓣
酱油　3 大勺
辣椒酱　3 大勺
橘皮果酱　3/4 杯
米酒醋　$1\frac{1}{2}$ 大勺
姜末　1 大勺

1. 在大平底锅中倒入黑芝麻油，中火烧热，放入羊排，两面煎至上色。盛出后放在厨房纸上吸去多余油脂。

2. 锅中放入黄洋葱末和大蒜煸炒，盖上锅盖，小火焖至洋葱变软、上色。

3. 倒入酱油、辣椒酱、橘皮果酱、米酒醋和姜末，炖煮 2 分钟，不停搅拌。

4. 把羊排放回锅中，加盖，小火烹制约 7 分钟，其间翻 1 次面，直至全熟。将酱汁淋在羊排上，即可上桌。

可供 3 ~ 6 人享用。

小牛排佐雪利酒和柠檬皮果酱

软化的无盐黄油　4 大勺
植物油　2 大勺
小牛排（2.5 厘米厚）　1 块（4 根肋排）
盐和现磨黑胡椒　适量
黄洋葱末　1/3 杯
半干雪利酒　1/3 杯
鸡肉高汤（见第 416 页）　1/3 杯
柠檬皮果酱　2 大勺
高脂鲜奶油或法式酸奶油（见第 414 页）　1/4 杯
西洋菜（用于点缀）　适量

1. 在平底锅中放入黄油和植物油，烧热后放入小牛排，每面煎 2 分钟，用盐和黑胡椒调味。

2. 调至中火，适时翻面，再煎 3 ~ 5 分钟，直至牛排煎熟但仍多汁。盛出牛排，盖好保温，然后制作酱汁。

3. 将黄洋葱末倒入锅中煸炒，盖上锅盖，中火焖至洋葱变软。

4. 倒入半干雪利酒、鸡肉高汤和柠檬皮果酱，煮沸。当混合酱汁减少 1/3 时，拌入高脂鲜奶油或法式酸奶油，煮 5 分钟后试尝一下味道，酌情添加调味料。

5. 将小牛排盛入热餐盘中，淋上酱汁，用西洋菜做点缀，即可上桌（也可搭配其他酱汁）。

可供 4 人享用。

烤牛肩肉

培根和葡萄酒令牛肉鲜嫩多汁，芥末让整体风味更加丰富。

去骨牛肩肉　2000 克
大蒜（切片）　1 瓣
第戎芥末　1/4 杯
干百里香　1 小勺
盐和现磨黑胡椒　适量
培根　8 片
软化的无盐黄油　8 大勺
干白葡萄酒　3/4 杯

来自大海的盐

商店里有各种各样的海盐，其中有些适合烹饪加热，有些则适合作为餐桌上的调味品，例如在烤好的鱼上撒几粒用来提味。

马尔顿海盐（Maldon sea salt）是一种纯白的片状海盐，产自英格兰东南角，盐晶体呈小小的金字塔形，味道醇美、柔和、清爽，最适合撒在味道温和的鱼肉或沙拉上。

我们喜欢使用盛产于法国大西洋沿岸的布列塔尼灰色海盐（Breton gray salt）或者凯尔特海盐（sel gris），它们有着复杂的矿物质味道，因此口感十分浓烈。

法国的顶级海盐——“盐之花（fleur de sel）”，形状像小朵的雪花，它们产自诺曼底和布列塔尼地区，由这里的夏日海水天然结晶而成，在海岸边闪闪发光。这种海盐异常难得，是法国料理的顶级调味品，因此格外珍贵。

还有其他一些海盐，例如西西里海盐、夏威夷粉色和黑色海盐、巴厘肉桂熏海盐、椰子青柠檬熏海盐、西北桤木熏海盐、塞浦路斯雪花海盐、巴西黑色熏海盐和来自澳大利亚墨累河的粉色海盐。

试着在烤过的水果、生巧克力或者奶油焦糖上撒几粒海盐吧，海盐的神秘味道会令人回味无穷。

柠檬酱为这道菜带来了惊喜。

1. 烤箱预热至 180℃。

2. 用刀在牛肩肉上划一些小口，插入大蒜片，然后放入足够大的浅烤盘中。牛肉表面抹上第戎芥末，再撒上干百里香、盐和黑胡椒。

3. 用培根盖住牛肉，多出的部分塞在牛肉下方。将黄油轻轻地抹在培根上，干白葡萄酒倒入烤盘中。

4. 把烤盘放入烤箱烘烤 2 小时 15 分钟（每 450 克 30 分钟），直至用叉子扎入牛排时没有血水流出。烘烤期间，不时将酱汁淋在培根上。烤好的牛肩肉要先静置 20 分钟再切片，将烤盘中的酱汁倒入调味皿中，作为蘸料。

可供 6 ～ 8 人享用。

巧做酱汁

当锅中的食物变成棕色时，会粘在锅底，这时可以加入酒、水或醋，用叉子搅拌。再加入黄油、香草或鲜奶油，煮至变稠，几分钟后，清新的酱汁就做好了。

小牛排佐芥末奶油酱

小牛排佐以芥末、白葡萄酒和鲜奶油，几分钟便大功告成。选择一款你最爱的芥末，会让这道菜更有个性。

软化的无盐黄油　4 大勺
植物油　2 大勺
青葱（洗净切末）　3 根
小牛排（捶松）　700 克
盐和现磨黑胡椒　适量
干白葡萄酒　1/3 杯
黄芥末　1/3 杯
法式酸奶油或高脂鲜奶油（见第 414 页）　1/2 杯
大个儿成熟番茄（去皮去籽，切碎后用于点缀）　1 个

1. 在平底锅中倒入黄油和植物油，小火烧热，放入青葱末翻炒，注意不要炒焦。

2. 把火调大，放入小牛排，用盐和黑胡椒调味。每面煎 1 分钟，注意控制时间，不用在意它是否完全变成棕色。将牛排盛出，盖好保温。

3. 倒入干白葡萄酒，煮至锅中只剩几勺的量。拌入黄芥末和法式酸奶油（或高脂鲜奶油），再煮 2 分钟，作为酱汁。试尝一下味道后再酌情添加调味料。

4. 将小牛排盛入大餐盘中（也可以分装在每个人的餐盘中），淋上酱汁。最后撒上切碎的番茄，即可享用。

可供 4 ～ 6 人享用。

传统习俗

在许多国家，像烤乳猪等整只烤制的美味都是热情好客的象征。这一传统可以追溯到古代为了欢迎重返家园的人，杀猪宰羊热情款待的习俗。

食谱笔记

成功的菜肴源自创新，而反复尝试则带给你自信。品尝到不熟悉的新鲜香草时，如果喜欢，不妨尝试加一点到熟悉的菜品中。它或许会成为这道菜的点睛之笔。在米饭上撒些橙皮碎或柠檬皮碎，在西蓝花上加些橙皮碎，或是在绿豆汤中加几根百里香或一点香醋……灵感总是无穷无尽。

最初，你可能只是想尝试着加一点点，但随着厨艺的精进和自信的增加，你会更加大胆娴熟，并相信自己的直觉，这时你将会成为一个充满好奇心的厨师。最棒的厨师一定是一个充满好奇心的人。

烤乳猪

再也没有比烤乳猪更吸引人的主菜了。提前几天向肉食店预定，他们会为你预留。这道独一无二的美味，烹制工序一点都不复杂。用它搭配黑豆汤（见第188页）、藏红花饭（见第419页）和西洋菜沙拉，尤其美味。

柠檬（切成两半） 3个
乳猪 1只（约6800克）
大蒜（去皮） 18瓣
干牛至 2大勺
续随子（外加3大勺腌渍汁） 1/3杯
橄榄油 2大勺
盐 1小勺
现磨黑胡椒 1小勺
咖喱粉 1小勺
新鲜香菜 1/2杯
小苹果（用于点缀） 1个
西洋菜（用于点缀） 适量
金橘（用于点缀） 适量

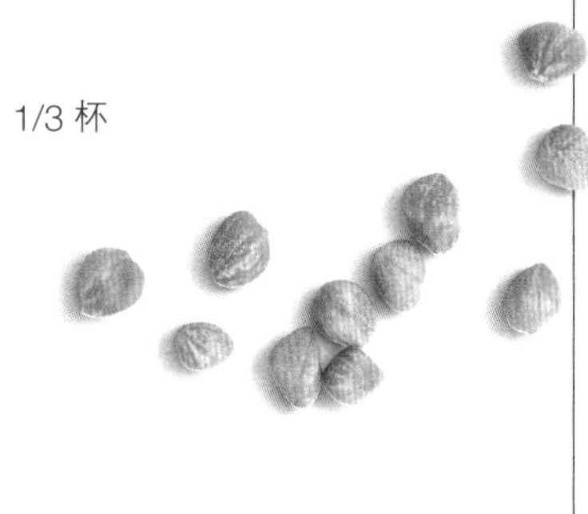

1. 准备做烤乳猪的前一天，用柠檬在乳猪表皮和腹腔内来回擦拭。

2. 用刀尖在乳猪身上划出40个深约2厘米的小口（不要将猪肉刺穿）。取5瓣大蒜，每瓣切成8片，一一插入切口中。

3. 剩下的大蒜切成末。取一只中等大小的碗，倒入蒜末、牛至、续随子、橄榄油、盐、黑胡椒和咖喱粉拌匀，一半抹在乳猪腹腔中，另一半均匀涂抹在表面。将香菜塞入猪肚中，然后将乳猪密封，冷藏腌制24小时。

4. 烤箱预热至200℃。

5. 将乳猪盛在大烤盘中，放入烤箱烘烤30分钟，然后将温度调低至180℃，再烘烤3.5小时左右，直至用刀尖轻戳乳猪肉，可以看到肉汁流出。

6. 将小苹果塞入乳猪口中，再将乳猪放入托盘，用西洋菜或新鲜金橘做点缀。

可供10人享用。

一把叉子吃晚餐

我们曾多次看到这种情况：一道不合时宜或过分复杂的菜肴影响了整场聚会。通常这道菜是一道肉菜，原因是它不太适合盛到小盘中食用。为了避免这个问题，有些主人会在菜单中加入大量沙拉和小食，但这样做通常会使客人吃不饱。

其实只要花点心思仔细筹划，肉类主菜也会变得简单优雅。下面我们为您介绍的几款主菜刚好符合要求，只需一把叉子就可以尽情享用。更重要的是，这些食物都可以提前准备，既让主人方便，又令客人满意。

牛排卷

干红葡萄酒　1 杯
酱油　1/4 杯
大蒜（去皮切末）　1 瓣
后腹牛排（片开摊平）　1 片
（900 ~ 1400 克）
煎蛋饼（切成约 1 厘米宽的条状）
2 个鸡蛋
胡萝卜（去皮切丝）　230 克
豌豆（焯水）　230 克
去核绿橄榄　适量
辣椒（切成宽约 6 毫米的丝）　50 克
培根　5 片

1. 将干红葡萄酒、酱油和蒜末倒入大碗中混合均匀，放入牛排腌渍，密封冷藏 2 小时。

2. 烤箱预热至 180℃。

3. 在牛排上下两条长边上分别摆一条煎蛋卷，每条煎蛋卷上再摞两三条。在两条煎蛋卷之间，依次平行摆放胡萝卜丝、豌豆、辣椒丝和绿橄榄 4 排不同的食材，注意宽度和厚度要尽量保持一致。

4. 将牛肉卷起，卷紧。外面包上培根，每隔 1 厘米用棉线绑一下。

5. 把牛排卷放在烤盘上，送入烤箱烘烤 30 分钟。其间分两次把腌渍汁淋在牛排卷上。最后将烤盘移至烤箱上层，烤至培根呈棕色。取出牛排卷，冷却后切成 1 厘米厚的片。

可供 6 ~ 8 人享用。

水果酿里脊肉卷是一道独具风味的主菜。在肉卷上淋一勺烤盘中的酱汁趁热食用，或者冷却后再享用，都很美味。作为冷食，它肉质口感丰富，馅料酸甜可口，特别适合带去野餐，或切片夹在三明治中。

水果酿里脊肉卷

去核西梅　1 杯
杏干　1 杯
猪里脊肉（在肉块上切出一块凹陷部分用于填入馅料）　1800 克
大蒜　1 瓣
盐和现磨黑胡椒　适量
软化的无盐黄油　8 大勺
干百里香　1 大勺
马德拉白葡萄酒　1 杯
糖蜜　1 大勺
西洋菜（用于点缀）　少许

1. 烤箱预热至 180℃。

2. 用木勺柄将西梅和杏干添入里脊肉的凹陷部分。

3. 将大蒜切成薄片，用刀尖在里脊肉上划出几道深口，插入大蒜片。将里脊肉卷紧，用棉线绑好，表面抹上盐和黑胡椒。

4. 把肉卷放入浅烤盘中，表面抹上黄油，撒上干百里香。

5. 把马德拉白葡萄酒和糖蜜倒入小碗中混合均匀，淋在肉卷上。将烤盘放入烤箱中层，烘烤 1 个半小时（每 450 克需烘烤 20 分钟左右），其间不时地将烤盘中的酱汁淋在肉卷上。

6. 肉卷烤好后（注意控制时间），从烤箱中取出，用锡纸包裹住，静置 15 ~ 20 分钟。将肉卷切成薄片，盛入餐盘中，用西洋菜做点缀，即可上桌。

可供 8 ~ 10 人享用。

人生的一大美事，就是适时停下手头正忙的事，专心进餐。

——鲁契亚诺 · 帕瓦罗蒂，威廉姆 · 怀特

小牛肉卷

软嫩的小牛肉卷佐特制番茄酱，就是一道赏心悦目、不可错过的主菜。它可以搭配米饭、面食（如黄油意大利面），或者绿色蔬菜。无论热食还是冷食都非常美味。

小牛肉（捶松） 900克
熟火腿（切成薄片） 230克
橄榄油 适量
新鲜柠檬（取汁） 1个
盐和现磨黑胡椒 适量
摩泰台拉香肠（切成薄片） 230克
热那亚蒜味香肠（切成薄片） 230克
煮鸡蛋 10个
欧芹末 1/4杯
面包糠 1/4杯
大蒜（去皮切末） 2瓣
培根 5片
番茄酱（见第418页） 4杯
干白葡萄酒 1杯

1. 烤箱预热至180℃。

2. 把长约45厘米的锡纸平铺在台面上。

3. 将小牛肉切成大片，摆成一个15厘米×30厘米的长方形，必要时可以叠放。表面铺上熟火腿片，淋上橄榄油、柠檬汁，撒上黑胡椒，再铺一层摩泰台拉香肠片和热亚那蒜味香肠片。

4. 把煮鸡蛋底部切下一小块，露出蛋黄。将10个鸡蛋并排摆放在长方形的中线上，确保鸡蛋的切面与下方的香肠紧紧贴合。在鸡蛋的一侧撒上欧芹末，另一侧撒上面包糠和蒜末。淋上橄榄油、撒少许盐和黑胡椒。

5. 把锡纸长边提起，向上卷，用牛肉包住鸡蛋。卷紧后除去锡纸，包上培根，每隔1.5厘米用棉线扎紧。

6. 将牛肉卷盛入烤盘中，淋上番茄酱和红酒。放入烤箱烘烤1小时，其间不时将酱汁淋在小牛肉卷上。取出烤好的小牛肉卷，包上锡纸，静置20分钟。

7. 将小牛肉卷切成片，佐以烤盘中的酱汁，还可以在调味皿中加入其他调料，一同上桌。

可供8～10人享用。

食谱笔记

酒会上，用餐巾卷住餐具，再优雅地系上漂亮的缎带，放在篮子里。这样既装点了餐桌，又很好地节省了空间。

将托盘摞起放于桌边，方便客人轻松享用美食。

野味

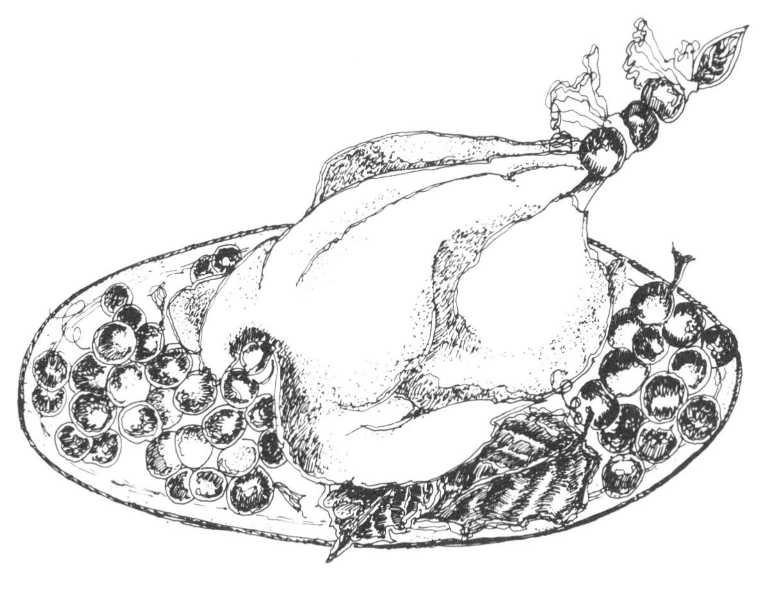

在美国，野味种类繁多，乡村人家几乎都会狩猎。如今，野生动物数量骤减，狩猎也成了一项季节性活动。天然野味令人垂涎欲滴，全因其风味独特、肉质鲜美有嚼劲。现在，我们既可偶尔品尝天然的野味，也可尽情享用人工饲养的野味。野味已不仅仅是猎人的糊口之物，也不局限于某个季节的菜单，对于我们而言，养殖的兔肉、鹿肉都是非常好的食材，口感或许和天然野味有别，但其较为温和的风味往往更受欢迎，即使是新手厨师，也可轻松驾驭。天然野味经过长时间腌制和烹调，肉质可能还是不及人工饲养的软嫩。我们崇拜远古的狩猎活动，所以延续着欧洲的古老传统，享用着秋冬的野味盛宴。下面的菜谱将开启令人兴奋的冒险之旅！

山鸡是野味之王。

——奥利维尔·德赛斯

烤山鸡

山鸡是最美味的人工饲养的禽类之一。它们细嫩鲜美、风味浓郁、肉质紧实，是家鸡无法比拟的。只要烤的时候注意细节，鸡肉就会湿润多汁。

小山鸡（冷冻鸡肉需彻底解冻） 2 只（每只约 1800 克）
橄榄油 1 大勺

黄洋葱末　1/2 杯
大个儿胡萝卜（去皮切碎）　1 个
干马郁兰　2 大勺加 1 小勺
干百里香　1/4 小勺
月桂叶　1 片
新鲜欧芹　6 根
鸡肉高汤（见第 416 页）或罐装鸡汤　3 杯
盐和现磨黑胡椒　适量
软化的无盐黄油　12 大勺
韭葱（留取葱白，洗净后切薄片）　10 根
白面包糠　6 杯
烤山核桃仁　2 杯
新鲜欧芹末　1 杯
意式五花培根（见右栏介绍）　4 片（每片 30 克）
高脂鲜奶油　1/2 杯

1. 将小山鸡腹腔清洗干净，用厨房纸擦干。将鸡脖、鸡心和鸡胗切碎（鸡肝留用）。

2. 在平底锅中倒入橄榄油，中火加热后放入切碎的鸡脖和内脏翻炒，加入黄洋葱末、胡萝卜以及 1 小勺干马郁兰。把火调小，加盖焖煮至蔬菜变软。

3. 打开锅盖，加入干百里香、月桂叶、新鲜欧芹和鸡肉高汤，用少量盐和黑胡椒调味（罐装鸡汤和意式五花培根都很咸，上桌前无须再加盐）。煮沸后，将火调小，半掩锅盖，炖煮 45 分钟。将汤汁滤出备用。

4. 另取一口锅，加入黄油，小火融化，放入葱白煸炒，加盖焖至韭葱变得非常软。

5. 关火，将韭葱、锅中的黄油与白面包糠、烤山核桃仁、欧芹末，以及剩余的 2 大勺干马郁兰充分混合，再加入少量盐和黑胡椒拌匀，作为填充小山鸡的馅料。如果馅料过干，可以加入 1/4 杯煮好的高汤。

6. 烤箱预热至 180℃。

7. 将馅料塞入山鸡腹中，胸部盖上意式五花培根。处理好的山鸡用麻绳绑好，放入浅烤盘中。

8. 将烤盘放入烤箱中层，烘烤约 1 小时，其间不时地把烤出的油汁淋在山鸡上。用叉子扎进鸡腿最厚实的部位，有清澈的黄色肉汁流出时，山鸡就烤好了。取出山鸡，盖上锡纸保温。

9. 将烤盘中的油倒出，与煮好备用的汤汁和高脂鲜奶油混合。中火煮沸后，将火调小，边煮边搅拌，撇掉酱汁中的棕色煳渣，煮至总量减少 1/3 即可。试尝一下味道，再酌情添加调味料。

10. 将山鸡切开，盛入托盘中，馅料堆在中间，淋上几勺酱汁，将剩余的酱汁盛入调味皿中，即可上桌。

可供 6 ～ 8 人享用。

两种意式培根：Pancetta 和 Guanciale

Pancetta，意式五花培根，选取猪腩肉，用盐和各种辛香料腌制而成，无须烟熏，但要风干 3 个月。Guanciale，意式猪脸培根，由猪脸肉制成，不需要烟熏。制作时要将盐、红胡椒或黑胡椒粉抹在猪肉表面，腌渍 3 个月。意式猪脸培根口感浓郁，与意式五花培根相比，纹理更漂亮。烹饪时也可以用我们最爱的美式烟熏培根代替它们，口感虽略有不同，但味道也很棒。

烩鹿肉

这道美味的烩菜最适合盛大的节日。鹿肉已不像从前那样难买。如果要炖煮，建议选择嫩肩肉或臀尖，这些部位的肉较为软嫩。

腌渍调料

干红葡萄酒　2 杯
柠檬（取汁）　1 个
青柠檬（取汁）　2 个
月桂叶　2 大片
大蒜　2 瓣
大个儿黄洋葱（去皮切片）　1 个
胡萝卜（去皮切碎）　3 根
嫩芹菜叶　少许
大蒜（去皮切末）　1 瓣
干龙蒿　1/2 大勺
干百里香　少许
黑胡椒（磨碎）　6 颗
杜松子（磨碎）　1 颗
盐　1/2 小勺

烩鹿肉

瘦鹿肉（切成约 2.5 厘米见方的小块）　1400 克
软化的无盐黄油　8 大勺
杜松子酒　2 大勺
腌咸猪肉（切成 0.5 厘米见方的小丁）　3 大勺
新鲜蘑菇　120 克
盐和现磨黑胡椒　适量
珍珠洋葱　12 ~ 18 个
鸡肝　6 块

1. 将所有腌渍调料倒入一只大玻璃碗中，充分混合，放入鹿肉拌匀，密封冷藏 1 天。其间翻拌 1 ~ 2 次。

2. 取出鹿肉，用厨房纸彻底擦干。腌渍调料留用。

3. 在平底锅中倒入 2 大勺黄油，中火融化，放入适量鹿肉，翻炒至棕色，用漏勺盛出。用同样的方法分批炒制剩余的鹿肉。如有需要可以酌情多加些黄油。

4. 将炒好的鹿肉盛入炖锅中。把杜松子酒倒入小长柄锅中烧热，关火后浇在鹿肉上。用一根长火柴将其点燃(注意避开其他可燃物)，轻轻地晃动炖锅，直至火焰熄灭。

5. 另取一口小平底锅，中火煸炒腌咸猪肉，炒至金黄色后用漏勺盛入炖锅中。

秋日宴会

香槟

烟熏鱼子酱

焦糖坚果或五香坚果

新鲜牡蛎

烩鹿肉

栗子土豆泥

番茄胡萝卜泥

炒西蓝花配鲜奶油

西洋菜沙拉配核桃油醋汁

斯提尔顿乳酪（Stilton cheese）配葡萄酒

烤苹果

巧克力榛子蛋糕配鲜奶油

勃艮第白兰地(Marc de Bourgogne)

树莓白兰地

阿玛尼亚克酒（Armagnac）

6. 蘑菇去柄，洗净控干。在小平底锅中倒入 4 大勺黄油，中小火加热，放入蘑菇、盐和黑胡椒，翻炒 5 分钟。将蘑菇和炒出的汤汁盛入炖锅中。

7. 将 4 杯盐水煮沸，倒入珍珠洋葱煮 1 分钟。捞出洋葱放入冰水中冷却，去皮后放入炖锅中。

8. 将腌渍调料滤掉固体，留取调料汁倒入炖锅中，充分搅拌。开中火煮沸，然后将火调小，加盖炖煮 30 ~ 40 分钟。

9. 其间，将最后 2 大勺黄油用小平底锅中火加热融化。放入鸡肝煎 5 分钟，煎至鸡肝外皮变得紧实但内部仍为粉红色。盛出后切成大片。

10. 鹿肉炖软后，加入鸡肝。适当添加一点调味料，即可享用。

可供 4 ～ 6 人享用。

我们为生存而食，也为了食而生存。

——亨利·菲尔丁

兔肉炖蘑菇

在大型超市也可以买到一些品牌的冷冻兔肉，并且方便便宜，但是如果条件允许，最好还是使用新鲜的人工饲养的兔子来做这道菜。兔子肉在烹调前无须腌制，除去泡发干牛肝菌的时间，做这道菜相当快捷。建议搭配韭葱土豆泥、黄油米饭或意大利面，以及蔬菜沙拉和乳酪食用。

* 以下食谱不适合料理野兔肉。

鸡肉高汤（见第 416 页） $2\frac{1}{2}$ 杯
干牛肝菌 30 克
特级初榨橄榄油 1/2 杯
黄洋葱末 1/2 杯
大个儿胡萝卜（去皮，切成 4 段） 3 根
整兔（彻底解冻，切块） 2 只（约 2300 克）
糖 2 大勺
中筋面粉 1/4 杯
盐和现磨黑胡椒 适量
干红葡萄酒 1 杯
罐装切块番茄 1 杯
干百里香 1 大勺
月桂叶 2 片
欧芹 6 枝
卡尔瓦多斯苹果白兰地 1/3 杯
新鲜蘑菇 450 克
软化的无盐黄油 3 大勺
大蒜（去皮切末） 5 瓣

1. 将干牛肝菌盛入小碗中。在长柄锅中加入 3/4 杯鸡肉高汤，煮沸后倒入小碗中，静置 2 小时。

2. 在大锅中加入 1/4 杯橄榄油，倒入黄洋葱末和胡萝卜煸炒，盖上锅盖，中火焖至蔬菜变软、上色。用漏勺将蔬菜盛出备用，将油尽量全部留在锅中。

3. 用大火将炖锅烧热，兔肉用厨房纸擦干，分批放入锅中，翻炒至浅棕色后盛出，如果锅中太干，可酌情添加一些橄榄油。最后把炒好的兔肉倒回锅中，撒上糖，再煸炒 5 分钟，直至兔肉变为深棕色。

4. 将火调小，撒入中筋面粉，用盐和黑胡椒调味，继续翻炒约 5 分钟，直至面粉稍稍变色。

5. 倒入干红葡萄酒搅拌均匀，撇掉锅中的黑色煳渣，倒入剩下的鸡肉高汤，加入罐装切块番茄、干百里香、月桂叶和欧芹。

6. 将卡尔瓦多斯苹果白兰地倒入小平底锅中烧热后关火，再用一根长火柴点燃。火焰熄灭后，将酒倒入炖锅中，调小火，盖上锅盖，炖煮 30 分钟，其间不时翻拌一下。

7. 蘑菇去柄。把厨房纸浸湿，将蘑菇帽擦拭干净后切成片。用漏勺将泡发的牛肝菌从鸡肉高汤中捞出，切碎。鸡肉高汤静置一段时间再倒入炖锅中。注意不要倒入沉淀物。

8. 用平底锅小火融化黄油，加入蘑菇片和牛肝菌，中火翻炒，加盐和黑胡椒调味后备用。

9. 用漏勺将兔肉盛出，去除胡萝卜、月桂叶和欧芹。将炖锅中的浓汤和蔬菜倒入食品料理机搅打成泥。

10. 将蔬菜泥和兔肉倒回炖锅中，加入炒好的蘑菇和蒜末，小火再炖 15 分钟，其间不时翻拌一下。试尝味道，酌情添加调味料，盛入准备好的餐盘中，即可上桌。

可供 6 ~ 8 人享用。

香草束

香草束是法式料理中常用于炖煮调味的、捆成一束的各种香草。炖煮时加入，可以增加菜肴风味。对于香草的组合没有硬性规定，什么样的味道可以提升菜的品质，就选择什么样的香草。例如，热红酒中可以选用胡椒、整瓣大蒜和肉桂搭配，适宜的香料组合可以令你的菜肴更加美味。香草可以扎成束，也可放在茶叶袋中，用完后方便取出。下次使用时，请准备新的更有想象力的香草束。

一天的收获

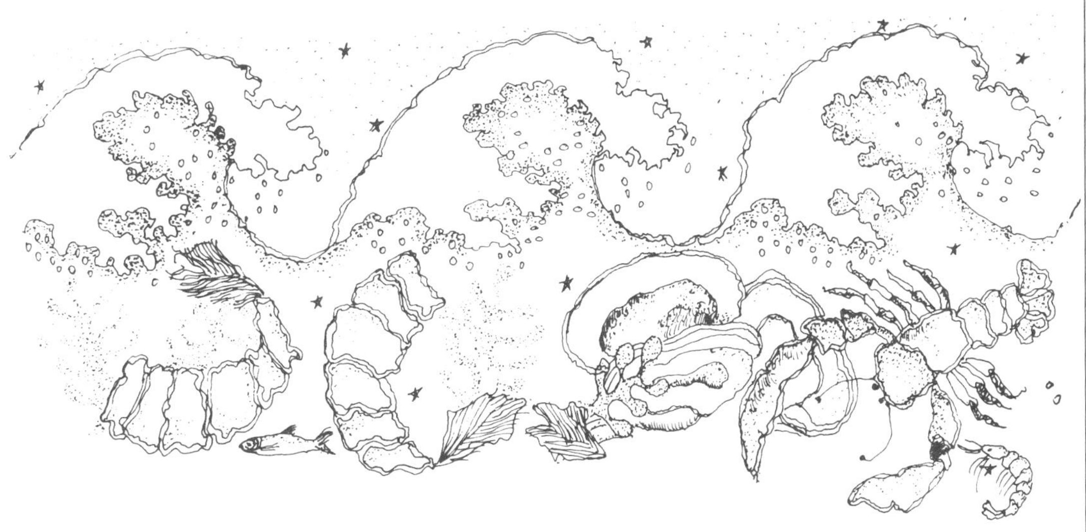

今天，我们可以享用到的水产种类非常多，有淡水的、海水的，野生的、养殖的，本地的、进口的……令人眼花缭乱。我们的选择范围很大，这一切都是大海的馈赠。

爱它就在它最新鲜时享用吧！找一位当地信得过的鱼贩，在采购之前，你需要了解这些水产是从哪里捕捞的，进店之前是否冷冻过。最重要的是，需要搞清楚自己买的到底是什么。然后，就带回家尽情烹饪吧。

深受喜爱的水产品

淡水鱼

鲈鱼、鲶鱼、濑鱼或河鳟、胡瓜鱼、大眼鲫鲈。

海水鱼

红点鲑、黑鲈、黑鳕鱼、蓝鱼、多佛鳎鱼、比目鱼、石斑鱼、黑线鳕、大比目鱼、鮟鱇、美鲶鳒、鲳鲹、红鲻、三文鱼（野生或白色三文鱼）、小鳕鱼（幼鳕鱼）、海鲈、美洲西鲱、鳐鱼、鲷鱼、条纹鲈、剑鱼、罗非鱼、金枪鱼、大菱鲆、白色沙丁鱼。

贝类

海湾扇贝、长岛和南塔基特岛扇贝、蓝爪蟹、蛤、鸟蛤、小龙虾、鲎、阿拉斯加蟹、海螯虾、缅因大龙虾、蚌、爱德华王子岛蚌、牡蛎、海螺、沙鲆、大扇贝、阿拉斯加扇贝、海湾大虾、软壳蟹、鱿鱼、石蟹。

来自欧洲水域，但在美国也有售的海产

含卵扇贝、灰虾、多佛鳎鱼、红鲻。

杏仁软壳蟹

蟹必须速煎速食。原则上一次只能做一人份，但要一次做多人份也可以。

软化的无盐黄油　6 大勺
杏仁片　1/4 杯
小个儿软壳蟹（彻底洗净）　2 ~ 3 只
中筋面粉　适量
柠檬（取汁）　1/2 个
新鲜欧芹末　2 大勺
柠檬（用于点缀）　适量

1. 在小平底锅中加入 2 大勺黄油，中火融化后放入杏仁片，翻炒至金棕色再关火。

2. 将软壳蟹裹上面粉，轻轻抖掉浮粉，另取一只平底锅，加入剩余的黄油，开中小火。当锅烧热且黄油起泡时，放入软壳蟹。

3. 大火煎蟹，不时翻面，煎至蟹壳变脆且呈棕红色，大约需要 5 分钟。

4. 将煎好的蟹盛入热餐盘中。锅里挤入柠檬汁，和黄油一起煮沸。加入欧芹，拌炒后浇在软壳蟹上。

5. 用漏勺将杏仁片从黄油中轻轻捞出，撒在软壳蟹上。用切块的柠檬做点缀，即可上桌。

1 人份。

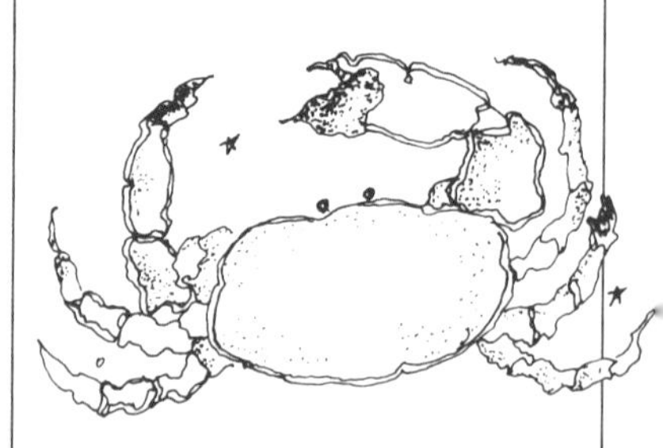

妈妈要准备 8 人晚餐时，常常会备足 16 人份的食材，但是只会先上一半。

——格雷西 · 艾伦

将杏仁软壳蟹作为晚餐，会大受欢迎。这种蟹属于时令海产品，在非应季时可以购买冷冻的。

如何清理软壳蟹

我们最喜欢的办法就是把它们交给鱼贩。但是，鱼贩也不会总是帮你清理。一个优秀的厨师应该了解这些烹饪基础，并且这些工作也并不像想象中那么困难。春天时，在马里兰海边，面对一大堆新鲜螃蟹，却不知从何下手，这难道不是一种悲哀？

朱莉曾经有过一次尴尬的经历。那次，她邀请了至少12位朋友来庆祝软壳蟹季的到来。当她把软壳蟹买回家后，一只只蟹在水槽中望着她，而她却好像从来没见过这些蟹一样，它们和盘子中的软壳蟹长得一点也不像。幸好她灵机一动，给一位知名餐厅厨师打了电话，这位厨师在电话中详述了软壳蟹的处理方法，最终那天的晚餐相当成功。下面让我们来看看专业厨师的建议。

用冷水冲洗活蟹，从眼睛后面大约6毫米处剪掉头部。然后把蟹翻过来，摘掉腹部上的三角形硬片。再掀去背部的硬壳，注意不要将整个蟹肉都拽出来。去除两侧海绵状的鳃，最后将其洗净。切记在下锅前，将软壳蟹控干。

奶油芥末虾配苹果和荷兰豆

找一款你最爱的芥末，配上蓬松的白米饭，这道菜将变成最棒的头盘。如果分量足够，也适合做成主菜或午餐，搭配一杯来自法国中部卢瓦尔河地区的清冽白葡萄酒，例如麝香干白葡萄酒、普伊-富美葡萄酒、桑赛尔或沃莱白葡萄酒等。

荷兰豆（择洗干净） 450克
软化的无盐黄油 6大勺
大个儿酸甜味脆苹果（去皮，切成厚片） 2个
糖 2大勺
黄洋葱末 1/2杯
鲜虾（去壳去虾线） 900克
干白葡萄酒或苦艾酒 3/4杯
第戎芥末（或用龙蒿叶、橙子、绿胡椒、雪利芥末代替） 2/3杯
高脂鲜奶油或法式酸奶油（见第414页） 3/4杯

1. 煮沸一锅盐水，倒入荷兰豆。煮至荷兰豆刚刚变软但仍然脆嫩。盛出沥干后，浸入冰水中，这样可以保持鲜亮的色泽。

2. 取一口大平底锅，加入2大勺黄油，倒入苹果片，中火翻炒约5分钟（切记不要炒成糊状）。撒上糖，将火调大，翻炒至苹果呈棕色且表面沾裹上焦糖。盛出苹果片，备用。

3. 在锅中加入余下的4大勺黄油，中火翻炒黄洋葱末，直至洋葱变软、上色。

4. 将火调大，倒入虾肉，快速翻炒3分钟，直至虾肉变得紧实且呈粉红色，注意不要烹炒过度。炒好的虾肉盛出备用。

5. 将干白葡萄酒或苦艾酒倒入锅中，大火煮至总量减少2/3。将火调小，倒入第戎芥末，搅拌均匀。加入高脂鲜奶油或法式酸奶油，开盖炖煮15分钟，其间不时搅拌一下，煮至酱汁总量略有减少，奶油芥末酱就做好了。

6. 捞出荷兰豆，沥水，用厨房纸轻轻吸干水分。将荷兰豆、苹果片和虾肉倒入奶油芥末酱中，煮1分钟即可上桌。

作为头盘可供6人享用，作为主菜可供4人享用。

烤剑鱼排

剑鱼排味道鲜美，只要注意一下烹调细节，鱼肉就不至于变柴。我们选择加拿大渔业推荐的方法烹饪剑鱼排，在鱼排周围倒上葡萄酒和鱼肉高汤，有了这个诀窍，做好的鱼排会更加味美多汁。切记，上桌前一定要在鱼排上加一点风味黄油，黄油会慢慢融化，味道妙不可言。凤尾鱼黄油和罗勒芥末黄油都是非常不错的选择。

剑鱼排（切成约 2.5 厘米厚） 6 片（每片 250 ~ 350 克）
鱼肉高汤（见第 417 页）或干白葡萄酒 1 杯
盐和现磨黑胡椒 适量
风味黄油 1/2 ~ 3/4 杯

1. 烤箱预热至 190℃。

2. 将鱼排放到足够大的烤盘中，注意不要叠放。倒入鱼肉高汤或干白葡萄酒，没过鱼排 1/2 即可，再加入少许盐和现磨的黑胡椒调味。

3. 将烤盘放到烤箱中层，烘烤 9 分钟，用叉子扎入鱼排检查一下是否烤熟。如果还没有熟，可以再烤一会儿，然后再检查。

4. 当鱼排已经烤到满意的熟度，用抹刀将其盛入热餐盘中。在每片鱼排上盛 1 ~ 2 勺风味黄油，即可上桌。

可供 6 人享用。

烤蓝鱼配苹果和芥末

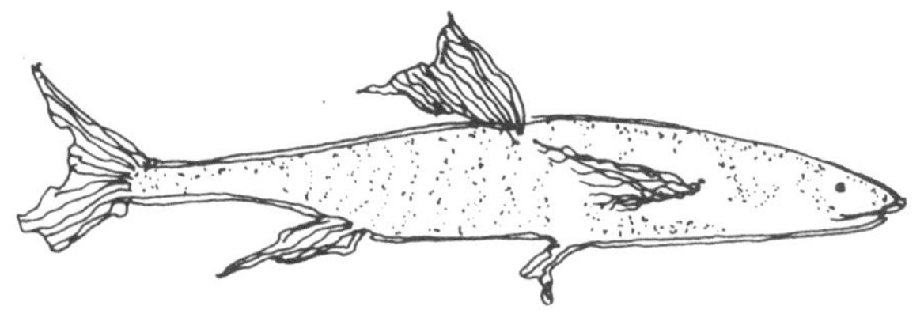

油脂丰富、口感浓郁的蓝鱼，绝对经得住甜味和辣味的洗礼。

如何买到新鲜的鱼以及如何保鲜

- ♥大部分鱼具有时令性，去鱼市选购时可以灵活些，学会从同类鱼中挑选替代品。
- ♥整条的鱼通常比鱼排要新鲜。
- ♥如果你知道知名餐厅从哪里买鱼，你就可以从相同的地方购买，或者向有经验的人学习如何购买。如果鱼的品种有限，说明顾客很少，因为只有顾客的需求才会使商家增添品种。如果鱼都堆在一起，那么它们一定不太新鲜。
- ♥学会看鱼很关键。鱼眼应明亮且黑白分明。鱼鳃应为鲜红色。用手指按压，鱼肉应紧实有弹性。真正新鲜的鱼肉闻起来就很新鲜，好像大海的味道，不会黏黏糊糊的。新鲜的鱼排摸起来也应该很紧实。有明显的陈腐味和臭味，或者没有鱼腥味都说明已经不新鲜了。
- ♥储存鱼肉最好的方式是把它们放在冰上，就像鱼贩那样。将鱼买回家，立刻用冷水冲洗，装入塑料袋中，然后放在冰上。最好在购买当天吃完。

酸甜味脆苹果　4 个
冷冻的无盐黄油　1/2 杯加 4 大勺
蓝鱼　4 条（约 1150 克）
口感温和的芥末籽酱　1 杯
鱼肉高汤（见第 417 页）　1 杯
半干白葡萄酒　2 杯
珍珠洋葱末　1 大勺

1. 烤箱预热至 180℃。

2. 根据喜好决定苹果是否去皮，然后将苹果切成薄片。在平底锅中加入 4 大勺黄油，中火融化后倒入苹果，把火调大，煎至浅褐色再关火。

3. 将蓝鱼放入足够大的浅烤盘中，鱼身上均匀地抹一层芥末籽酱，四周撒上苹果片。倒入鱼肉高汤和适量半干白葡萄酒，没过鱼排 1/2 即可。

4. 将烤盘放入烤箱中层，烘烤 8 分钟。

5. 其间，将剩余的白葡萄酒和珍珠洋葱末倒入小平底锅中，大火翻炒 5 ～ 7 分钟，煮至汤汁剩下约 1 大勺。

6. 用叉子扎一下，看看鱼肉是否烤熟。烤到你喜欢的熟度后，从烤箱中取出。

7. 将烤盘中的汤汁过滤至平底锅中，与白葡萄酒和珍珠洋葱末充分混合，大火加热。用锡纸将鱼和苹果片包住，保温。

8. 当锅中的汤汁减少一半时，将火调小，把剩下的冷冻黄油分次放入锅中，每次 1 大勺。注意，1 勺黄油完全融化、与汤汁充分融合后，再加入第二勺，这样做好的酱汁才会细腻润滑。黄油全部融化后关火，盖上锅盖。

9. 将鱼肉和苹果片分成 4 份，分别盛入 4 只热餐盘中，淋上酱汁，即可享用。

可供 4 人享用。

没有什么工作只是单纯的工作，除非你当时宁愿做其他事情。

——詹姆斯·巴里，《彼得·潘》

烤条纹鲈鱼配茴香

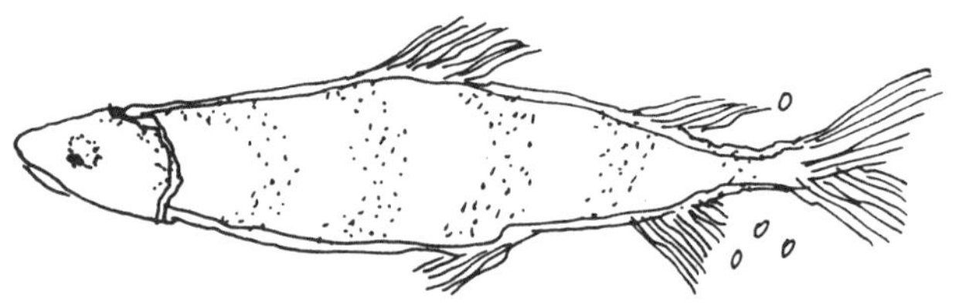

这是一道优雅的主菜。请搭配煎樱桃番茄（见第 233 页）和黄油菠菜意大利面，佐以一杯上好的白葡萄酒享用，例如一级夏布利酒或加利福尼亚夏敦埃酒。

大个儿球茎茴香（保留茎和嫩叶） 1 个
特级初榨橄榄油 1/4 杯
大蒜（去皮切末） 2 瓣
盐和现磨黑胡椒 适量
新鲜欧芹末 1/4 杯
条纹鲈鱼（去骨去鳞，保留鱼头鱼尾） 1 条（2300 ~ 3200 克）
柠檬（取汁） 1/2 个
柠檬（切成薄片） 1/2 个
干白葡萄酒或苦艾酒 1/2 杯
西洋菜（用于点缀） 1 ~ 2 把

1. 烤箱预热至 200℃。

2. 将球茎茴香先切成薄片，再切成条状。保留嫩茎和嫩叶。

3. 在小平底锅中倒入橄榄油，中火烧热，倒入球茎茴香和一半蒜末翻炒，盖上锅盖焖至变软。用漏勺将球茎茴香盛入碗中，加入盐和黑胡椒调味，再撒上欧芹末。锅中底油留用。

4. 将条纹鲈鱼放入刷有食用油的浅烤盘中，打开鱼肚，将煎好的球茎茴香倒进去，再加上几枝预留的嫩茎，洒上柠檬汁。将鱼肚合上，在鱼身上系两三根棉线固定，把柠檬片摆在周围。

5. 在鱼身上撒适量盐和黑胡椒调味，剩下的蒜末也撒在表面。倒上锅中留用的底油，再将剩余的茴香嫩茎放在鱼身上。最后，将干白葡萄酒或苦艾酒倒入烤盘中。

6. 将烤盘放入烤箱中层。按照鱼身最厚的部位计算烘烤时间，每 2.5 厘米烘烤 10 分钟。将烤盘中的汤汁不时地淋在鱼肉上，当鱼肉变得不透明时，用叉子扎入鱼身，看看是否烤熟。

7. 将鲈鱼小心地盛入大餐盘中，拆去棉线，用西洋菜点缀一下，即可上桌。

可供 8 人享用。

一条鱼的故事没那么简单。但当你已经对平鱼鱼排和金枪鱼三明治感到厌倦时，要相信海洋中还有各种各样的鱼，足够你去发掘。你将发现一个奇妙的新世界：那里有各种肉质紧实、多汁，口感丰富的鱼等待着你。

夏季周日晚餐

胡萝卜甜橙汤

烤鲈鱼配茴香

碎麦沙拉

茄子罗勒沙拉

巧克力榛子蛋糕

茴香如此美味，
超越其他任何蔬菜。
——托马斯·杰斐逊

南美腌鱼

这道南美腌鱼（也叫青柠檬腌鱼）看上去复杂，做起来却并不费力。将鱼清理干净，腌渍4天，冷藏可以保存两星期。最好选用鱼肉呈白色且肉质紧实的鱼，例如鲷鱼、方头鱼或鳕鱼。搭配热气腾腾的面包或米饭，最适合夏日的阳台午餐。

中筋面粉　2杯
新鲜鱼排（1.5厘米厚）　1820克
特级初榨橄榄油　1.5杯
新鲜青柠檬（取汁）　$1^1/2$个
白葡萄酒醋　2/3杯
干白葡萄酒　2/3杯
四季豆（择洗干净，切丝）　$2^2/3$杯
胡萝卜（去皮切丝）　$1^1/2$杯
绿橄榄（去核留汁）　1/3杯
进口黑橄榄（去核不留汁）　1/2杯
续随子（沥干腌渍汁）　1/3杯
红洋葱（去皮，切成细圈）　1个
小个儿白洋葱（去皮，切成细圈）　1个
青柿子椒（去蒂去籽，切成细圈）　2个
红柿子椒（去蒂去籽，切成细圈）　2个
蚝油　1大勺
新鲜香菜末　3大勺
新鲜莳萝末　3大勺
混合香料　1大勺
盐　1小勺
现磨黑胡椒　适量
棕砂糖　$1^1/2$大勺
大蒜（去皮切末）　3瓣
新鲜欧芹末（用于点缀）　1大勺

1. 将鱼排轻轻地裹上面粉，在大平底锅中倒入橄榄油，放入鱼排中火煎3～4分钟。鱼排要分批下锅，煎的过程中适时翻面，煎至上色后盛出，放在厨房纸上吸去多余油脂。

2. 把鱼排盛入大碗中，加入所有食材，密封腌制4天。每隔一段时间取出查看一下，将腌料淋在鱼肉上。

3. 把鱼排盛入大餐盘中，用欧芹末点缀，即可上桌。

可供12～14人享用。

烹饪新鲜的鱼

不要担心在家做不好鱼。如果你选用的是非常新鲜的鱼，那么你已经完成了最关键的一步。你可以友好地询问当地鱼贩：“今天什么鱼最新鲜？”这就是今天要买回家的。记住！鱼贩们最了解鱼。如果他曾让你失望，大胆告诉他，他绝不会再犯第二次。另外，要找到当地你最信赖的冷冻鱼贩。如今，大部分鱼是捕捞后直接冷冻的，质量大都不错。买回家后盛入盘中，放入冷藏室可保鲜12～24小时（根据大小和厚度而定），其间定时倒掉盘中的积水。这样鱼会新鲜如初，但最好尽快食用。

鱼肉烹制时间一长就会变干，因此我们遵循加拿大渔业推荐的烹饪方法，任何鱼类，以鱼身最厚的部位为准，厚度每增加2.5厘米烹饪时间需延长10分钟。无论是整条鱼，还是鱼排，无论是烧烤、油炸、还是清蒸，都可遵循此法。尝试一次，你就会惊奇地发现，这个方法相当精准，做出的鱼肉大餐也会令你相当自豪。接下来，请尝试按照自己的喜好做一道鱼吧。

煮扇贝

这道菜可以作为头盘，也可作为清淡的主菜。

海湾扇贝（挖出贝肉） 680克
新鲜蓝莓（用于点缀） 适量
新鲜薄荷（用于点缀） 适量
蓝莓蛋黄酱（做法见页面下方）

1. 将贝肉简单清洗一下，放入一口大平底锅中。注意，不要将贝肉叠放。倒入盐水，没过贝肉，开火煮。大约1分钟后关火，贝肉放在锅中冷却至室温。

2. 蓝莓清洗干净，挑选出最好的备用，再用冷水将薄荷洗净，轻轻拭干。

3. 将贝肉捞出沥干，盛入小盘中。淋上适量蓝莓蛋黄酱，将贝肉完全覆盖，再以蓝莓和薄荷点缀，即可享用。

可供4～6人享用。

蓝莓蛋黄酱

蓝莓醋
苹果醋 1/2杯
新鲜蓝莓 1/2杯
蜂蜜 1大勺
肉桂 1根（5厘米长）
大蒜 4瓣

蛋黄酱

市售蛋黄酱 $1\frac{3}{4}$杯
橄榄油 2大勺
盐和现磨黑胡椒 适量

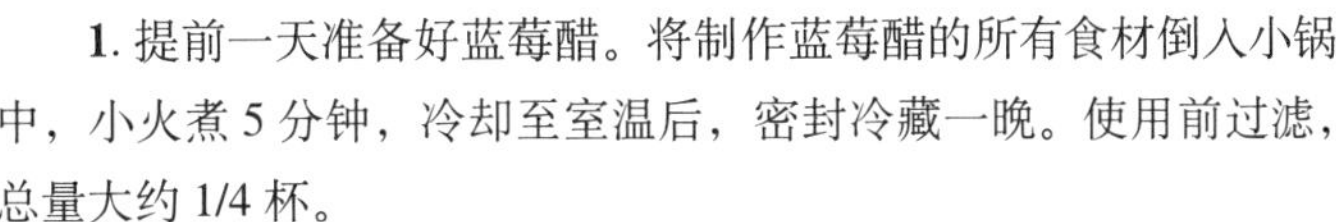

1. 提前一天准备好蓝莓醋。将制作蓝莓醋的所有食材倒入小锅中，小火煮5分钟，冷却至室温后，密封冷藏一晚。使用前过滤，总量大约1/4杯。

2. 将蛋黄酱盛入小碗中，倒入过滤好的蓝莓醋和橄榄油，搅拌均匀，最后用盐和黑胡椒调味。食用前冷藏2天。

可以做2杯蓝莓蛋黄酱。

风味黄油

试一试用风味黄油代替原味黄油来做三明治、蔬菜、鱼类和其他美食吧。把黄油放在室温下软化，然后和其他食材一起放入食品料理机或小碗中搅拌均匀，食用前密封冷藏。如果你喜欢，还可以用挖球器做出漂亮的黄油球，冷冻保存。

♥凤尾鱼黄油：无盐黄油8大勺、续随子（沥干腌渍汁）1大勺、凤尾鱼酱2大勺（适量即可）。
♥罗勒芥末黄油：无盐黄油8大勺、新鲜罗勒叶末1/4杯、第戎芥末1/4杯。
♥咖喱辣椒黄油：无盐黄油8大勺、咖喱粉1小勺、芒果辣椒酱1/4杯。
♥莳萝黄油：无盐黄油8大勺、新鲜莳萝末3大勺、柠檬汁1/2小勺、第戎芥末1/2小勺。
♥香草黄油：无盐黄油8大勺、喜欢的新鲜香草末1大勺。
♥酸辣黄油：无盐黄油8大勺，续随子（沥干腌渍汁）1大勺，珍珠洋葱末、新鲜芹菜末和龙蒿叶末共1大勺，新鲜香葱末1大勺，柠檬汁1/2小勺。

锡纸烘焙

将食物用锡纸包裹起来烘烤，可以最大限度地保留食物天然的水分和风味。宴会前可以提前用锡纸封装好食物，这样能留出更多的时间陪伴客人。食物烤好后取出切开，屋内立刻香气四溢。

将锡纸剪成大大的心形或者简单的长方形，放入肉、鱼和辅料，将四周封好，做成锡纸袋。注意，锡纸袋中的食物尽量不要叠放，否则可能出现烤不熟的情况。如果你打算提前将食物放入锡纸袋，那么请放入冰箱冷藏，而且一定要等食物恢复到室温后才可烹调。如果你打算效仿传统方法用羊皮纸烘烤，请在食物表面抹上黄油，这将使烹调变得更容易。

烤羊排配蘑菇和香草

蒜末　1 大勺
切碎的新鲜薄荷和欧芹（可根据个人口味搭配）　1/3 杯
软化的无盐黄油　4 大勺
去骨羊排（约 4 厘米厚，去骨后每块约 170 克）　6 块
柠檬　6 片
新鲜薄荷叶　6 片
白蘑菇（去柄）　24 ~ 36 个（约 500 克）
盐和现磨黑胡椒　适量

1. 烤箱预热至 180℃。
2. 将蒜末、切碎的薄荷和欧菜与 1/2 的黄油混合均匀，抹在每块羊肉上，用棉绳捆紧。
3. 准备 6 张锡纸，每张锡纸上放一块羊肉，再放一片柠檬和一片薄荷叶。白蘑菇表面涂上黄油，均分到每块羊肉上，撒上盐和黑胡椒。将锡纸折成袋状封好，放在烤盘中。
4. 放入烤箱烘烤 20 分钟，直至羊肉五成熟，取出装盘，即可上桌。

可供 6 人享用。

烤羊排配蔬菜和水果是大自然给予的春季馈赠。

羊排

将羊排放入锡纸袋中烘烤可以更好地保持水分。应选择羊腰肉，去骨，或每块中保留一根骨头，处理好后，用牙签将其固定，或者用棉线扎紧。我们提供的这3道食谱都有专属的蔬菜搭配，当你已经享用了一份清淡的意大利面，而这道面已经提供了丰富的淀粉时，羊排便无须准备其他淀粉类的配菜了。

烤羊排配新鲜果蔬

去骨羊排（约4厘米厚，去骨后每块约170克） 6块
盐和现磨黑胡椒 适量
猕猴桃（去皮，挖成球） 3个
无籽红葡萄或绿葡萄 2杯
芦笋（洗净焯水，斜切成段） 24根
细黄瓜（去皮，挖成球状） 2根
新鲜薄荷、欧芹（切末，也可根据个人口味搭配） 共1/3杯

1. 烤箱预热至180℃。

2. 将羊排卷成圆柱状，用棉线扎紧。将每块羊肉卷放在一大张锡纸上，用盐和黑胡椒调味。把水果和蔬菜散放在羊肉卷四周，再撒上切碎的薄荷和欧芹。将锡纸折成袋状封好，放在烤盘中。

3. 烘烤20分钟至羊肉卷五成熟，取出装盘，即可上桌。

可供6人享用。

烤羊排配洋蓟和菊苣

去骨羊排（约 4 厘米厚，去骨后每块约 170 克） 6 块
熟洋蓟芯（新鲜或者罐装的） 6 个
盐和现磨黑胡椒 适量
煮熟的菠菜 3/4 杯
肉豆蔻粉 少许
蒜末 1 大勺
软化的无盐黄油 6 大勺
菊苣（纵向切成两半） 6 棵
新鲜欧芹末 1/3 杯

1. 烤箱预热至 180℃。

2. 菠菜用盐、黑胡椒和肉豆蔻粉调味后，平均分成 6 份，填入每个洋蓟芯中。

3. 将每块羊排放在一大张锡纸上，把洋蓟芯包裹在羊肉中，将羊肉卷起，用一根竹签固定。撒上适量盐和黑胡椒调味。

4. 混合蒜末和黄油，抹在羊肉卷上。

5. 将菊苣分别放在每个羊肉卷的两边，抹上剩余的蒜末黄油，撒上盐和黑胡椒，最后加一点欧芹末。将锡纸折成袋状封好，放入烤盘中。

6. 烘烤 20 分钟至羊肉五成熟，取出装盘，即可上桌。

可供 6 人享用。

烤鱼虾串

比目鱼或塌目鱼（共约 1400 克） 6 条
鲜虾（去壳去虾线） 18 只
芦笋（焯水） 24 根
青柠檬（切成薄片） 2 个
盐和现磨黑胡椒 适量
黄瓜（去皮） 4 根
新鲜莳萝末 适量
软化的无盐黄油 4 大勺

1. 烤箱预热至200℃。

2. 将青柠檬片切成两半，用竹签交替串起芦笋、鲜虾、青柠檬片和鱼，每根竹签串1条鱼和3只虾。

3. 将串好的鱼虾串放在锡纸上，每张锡纸上放一串，撒上适量盐和黑胡椒调味。

4. 用挖球器把黄瓜挖成小球，尽量多挖一些。将黄瓜球点缀在鱼虾串之间，撒上新鲜莳萝末，最后抹一点黄油。将锡纸折成袋状封好，放入烤盘中。

5. 烘烤10分钟，取出装盘，即可上桌。

可供6人享用。

意式火腿鲜虾烤串

意大利熏火腿包裹着虾仁，为虾仁增添了一丝耐人寻味的肉香。意大利熏火腿用盐和黑橄榄腌制而成，口感浓郁，因此做这道菜时可以不再添加其他调味料。

意大利熏火腿　9片
鲜虾（去壳去虾线）　36只
加利福尼亚黑橄榄（去核）　24颗
柠檬片　18片（需要2～3个柠檬）
新鲜欧芹末　1/2杯
大蒜（去皮切末）　2～3瓣
辣椒粉　适量
特级初榨橄榄油　6大勺

1. 烤箱预热至180℃。

2. 将9片火腿纵向切成两半，包住18只虾，再用18片柠檬裹上另外18只虾。

3. 取6根竹签，每根竹签先串上2颗黑橄榄，接着交替串上1只裹火腿的虾和1只裹柠檬的虾，重复这一步，保证每根竹签串上两种不同的虾各3只。最后，顶端再串上2颗黑橄榄。

4. 在每一张锡纸上放一串鲜虾串，撒上欧芹末、蒜末和辣椒粉，每串淋上1大勺橄榄油。将锡纸折成袋状封好，放入烤盘中。

5. 烘烤10分钟，取出装盘，即可上桌。

可供6人享用。

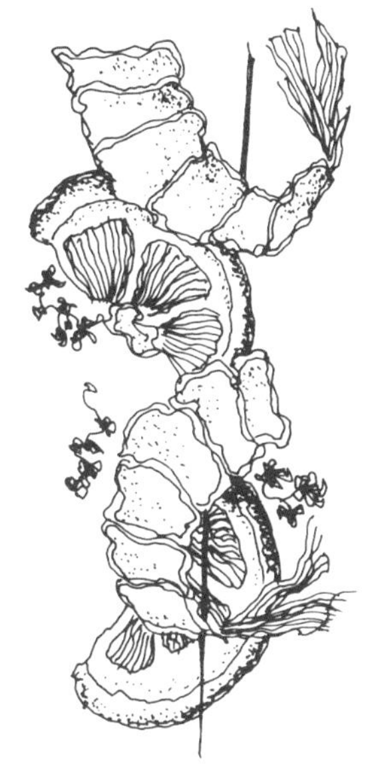

食谱笔记

即使你已经提前开始准备食物，也可以尝试在客人到来时，让室内散发着正在烹调食物的香气。无论是煮些大蒜还是香草，若有若无的香气都暗示着你在欢迎客人的到来。

酸奶油洋葱烤鱼

肉质呈白色且口感温和的鱼排（例如比目鱼或塌目鱼，每片约 2 厘米厚，重约 350 克） 2 片
法式酸奶油（见第 414 页） 1/2 杯
白洋葱（去皮，切成薄片） 适量
盐和现磨黑胡椒 适量
香菜末 适量
青柠檬（切成 4 块，用于点缀） 适量

1. 将法式酸奶油抹在鱼排上，盛入盘中，室温下静置 1 小时。

2. 烤箱预热至 200℃。

3. 将鱼排分别放在两大张锡纸上，淋上盘中留下的奶油汁。用白洋葱片覆盖住鱼肉，撒上盐和黑胡椒调味。将锡纸折成袋状封好，放入烤盘中。

4. 根据鱼的厚度，烘烤 8 ~ 10 分钟，盛入托盘后将锡纸袋撕开，撒上香菜末，用青柠檬做点缀，即可上桌。

可供 2 人享用。

位于墨西哥诺加利斯的“Elvira”是我们最喜爱的餐厅之一。老实讲，这是一家普通酒馆，但是它绝对能带给你最棒的体验。餐桌上铺着油布，猫在餐厅中闲逛，和蔼亲切的乐手们弹奏着有趣的曲子。这里免费提供龙舌兰酒，还有真挚的欢迎和美味的食物。

在这里，我们最喜欢的一道菜是酸奶油洋葱烤鱼。这是一道清新简朴的菜肴，清淡温和的鱼肉搭配可口的酱汁，墨西哥风味的酸奶油加热后不会油水分离，类似法式鲜奶油，所以也可以用后者来代替。将洋葱切成薄片，如果你喜欢，还可在鱼肉上加少许柠檬汁和香菜末。墨西哥啤酒或龙舌兰酒是最好的佐餐酒。

柠檬香草烤鸡

新鲜薄荷叶末、莳萝末和欧芹末（每种香草各占 1/3，或根据个人口味搭配） 1 杯
大蒜（去皮切末） 2 瓣
鸡胸（去皮去骨） 6 块（共约 2000 克）
盐和现磨黑胡椒 适量
柠檬（每个切成 6 块） 2 个
软化的无盐黄油 4 大勺

1. 烤箱预热至 180℃。

2. 混合香草末和蒜末，拌入小碗中。将鸡胸肉放在砧板上，用手背轻轻按压，然后分别放在 6 张锡纸上，用盐和黑胡椒调味。最后将小碗中的调料撒在鸡胸肉上。

3. 每块鸡胸肉上放 2 块柠檬，加少许黄油，将锡纸折成袋状封好，放在烤盘中。

4. 将烤盘放在烤箱中层，烘烤 30 分钟，取出后盛入托盘，即可上桌。

可供 6 人享用。

烩菜

如今，烩菜被视为“治愈系美食”，它能够使我们在分身乏术的忙碌时刻放慢脚步。这种烹饪方式的流行得益于“慢食运动”的影响——追求食材最原始的味道，以及利用便利的电子炖锅。在这个瞬息万变的世界，传统烩菜的复苏更显得弥足珍贵。

烩菜口感柔和，既能够包容烹调时的小失误，其中的食材又可替换。做烩菜通常需要提前 1 ~ 2 天准备，因此大大减轻了当天的压力。食材经过长时间炖煮，口感浓郁，温暖脾胃。厨房中飘散出来的香气，让我们不由得对耐心的主厨心生感激。营养美味、抚慰人心的烩菜最适合与家人朋友分享。

地中海晚宴菜单

韭葱尼斯沙拉

孜然烩牛肉

欧芹饭

橙子洋葱沙拉

青柠慕斯

孜然烩牛肉

这道食材丰盛的烩菜加入了孜然，似乎有一种拉丁或地中海风味。孜然现在已经成为厨房中的常用香料。

中筋面粉　2 杯
干百里香　1 大勺
盐　1 小勺
现磨黑胡椒　1/2 小勺
牛肉（切成 2.5 厘米见方的小块）　1400 克
橄榄油　1/4 杯
干红葡萄酒　1 杯
牛肉高汤（见第 416 页）　1 1/2 杯
罐装切块番茄　1 杯
孜然粉　2 大勺
辣椒粉　1 小勺
月桂叶　1 片
珍珠洋葱　8 ~ 12 个
大蒜（去皮切末）　6 瓣
新鲜欧芹末（可多备一些用于点缀）　1/2 杯
西西里绿橄榄　1 1/2 杯

1. 烤箱预热至 180℃。

2. 取一只大碗，拌入中筋面粉、干百里香、1 小勺盐和 1/2 小勺黑胡椒。将牛肉块倒入碗中裹上混合面粉，拍掉表面多余的面粉后盛入盘中。

3. 在可用烤箱加热的炖锅中加入橄榄油，中火加热。分批炒制牛肉，直至牛肉表面呈棕色，然后用厨房纸吸去多余油脂。

4. 牛肉全部炒好后，倒掉锅中多余的油，但不要洗锅。倒入干红葡萄酒、牛肉高汤和番茄，中火加热，不时搅拌一下，煮沸后撇去锅中煳渣。将牛肉倒回锅中，加入孜然粉、辣椒粉和月桂叶，用盐和黑胡椒调味。

5. 煮沸后盖上锅盖，将炖锅放入烤箱中层，烘烤 1 小时，其间不时翻拌。注意控制烤箱的温度，使汤始终处于微微沸腾状态。

6. 煮沸一大锅水。在每个珍珠洋葱的根部切一个十字，放入沸水中煮 1 分钟，然后捞出放入冰水中，彻底冷却，控干后去皮。

7.1 小时后，将珍珠洋葱放入牛肉炖锅中，打开锅盖，继续炖煮。

8.15 分钟后，加入蒜末、1/2 杯欧芹末和绿橄榄，再炖 15 ~ 30 分钟，直至汤汁浓度适宜、牛肉变软。盛入汤碗中，撒上欧芹末，即可享用。

可供 6 人享用。

比利时啤酒烩牛肉

比利时啤酒烩牛肉用口感偏甜的大个儿黄洋葱和黑啤酒烹调而成。这道菜香浓可口，做法简单，既适合家庭聚餐，也适合宴请客人，尤其适合秋日远足或滑雪后享用。在突降大雪、出门不便的周末，也可以把它当作晚餐。这道菜适合搭配黄油罂粟籽鸡蛋拌面、煎苹果和粗裸麦面包享用，再佐以黑啤酒就更完美了。

秋日午宴

西葫芦西洋菜汤

比利时啤酒烩牛肉

欧芹黄油意大利面

番茄胡萝卜泥

芝麻菜沙拉佐油醋汁

艾伦苹果挞

烩牛肉，真的是既经典又美味。

世界上没有什么比
一个女人为心上人做饭
的场景更动人了。
——托马斯·沃尔夫

培根　110 克
大个儿黄洋葱（去皮，切成薄片）　2 个（650 ~ 900 克）
糖　1 大勺
中筋面粉　1 杯
干百里香　1 大勺
盐 1 小勺
现磨黑胡椒　1/2 小勺
牛肉（最好是牛颈部与肩胛骨之间的肉，切成 2.5 厘米见方的小块）　1400 克
植物油　适量
黑啤酒　2 杯
新鲜欧芹末（用于点缀）　适量

1. 将培根切碎，放入大平底锅中，中火翻炒至焦脆。用漏勺盛出备用。

2. 用炒培根留下的底油烹炒洋葱。先加盖焖至洋葱变软，再打开锅盖，将火调大，翻炒至棕色。将滤网架在碗上，倒入炒好的洋葱，静置控油。

3. 将面粉、干百里香、盐和黑胡椒倒入浅盘中充分混合，放入切块的牛肉，裹上混合面粉。然后轻轻拍掉多余的面粉，盛入另一个盘中。

4. 用勺背轻轻按压洋葱，尽量挤出多余油脂。将油倒入一口可用烤箱加热的炖锅中。如果油不够多，可以再加一些植物油，但要控制用量，否则牛肉会变得很油腻。

5. 大火烧热炖锅，先将 6 ~ 8 块牛肉放入锅中，尽量让它们彼此分开，否则影响炒制效果。当牛肉块表面完全呈棕色时，将火调小。用漏勺将它们盛入干净的盘子中，然后用同样方法，继续炒制剩余的牛肉。

6. 烤箱预热至 160℃。

7. 把啤酒倒入炖锅中，撇去锅中的煳渣，将牛肉、培根和洋葱倒回锅中。煮开后盖上锅盖，把锅放入烤箱中层。

8. 烘烤约 1 个半小时，其间不时搅拌，直至汤汁变稠、牛肉炖软。注意控制烤箱温度，使锅中的汤一直保持微微煮沸的状态。

9. 试尝一下味道后酌情添加调味料，装盘后撒些欧芹末做点缀，即可享用。

可供 6 人享用。

博若莱红葡萄酒

每年 11 月的第 3 个星期四，最有趣的事情就是品尝博若莱新酿葡萄酒。这些新酿葡萄酒，几个星期前还是勃艮第农场中一串串的葡萄，伴随着紧张的采摘，快速的发酵，及时的灌装，最终成品由摩托车、热气球、小卡车、直升机、喷气式飞机、快艇、大象和人力车运往世界各地。这看上去有点傻，但其中的意义就在于，无论是在家，还是在咖啡店、饭店、酒吧或者小酒馆，全世界的葡萄酒爱好者都在这天翘首期盼，庆祝新酿葡萄酒的到来。

与其他需要存放在橡木桶中酿造的葡萄酒不同，博若莱新酒是唯一由当季葡萄酿造、当季即可品饮的葡萄酒。它清新甜美的口感如少女般灵动，正是这种阳光活泼的个性，才使其得以在勃艮第南部土壤最贫瘠的博若莱产区生根发芽。也许下次野餐你就会带上它。

烹饪就是还原食物原本的味道。

——居诺斯基

蔬菜烩牛肉

最棒的周日晚餐。

牛肩肉（或牛颈部与肩胛骨之间的肉，卷成卷后用棉线扎紧） 1600 克
现磨黑胡椒（烹调前抹在牛肉上，可酌情添加） 1 小勺
特级初榨橄榄油 3 大勺
牛肉高汤（见第 416 页） $1^{1}/_{2}$ ~ 2 杯
干红葡萄酒 2 杯
新鲜欧芹（剪掉茎，叶子切末，用于点缀） 1 束
糖 1 小勺
大蒜 7 瓣
黄洋葱末 $2^{1}/_{2}$ 杯
胡萝卜（去皮，切成 2.5 厘米厚的片） 2 杯
中等大小的土豆（去皮切块） 8 个
罐装樱桃番茄（带罐头汁） 2 杯
芹菜末 1 杯

1. 烤箱预热至 180℃。

2. 将黑胡椒抹在牛肉表面。把橄榄油倒入可用烤箱加热的炖锅中，中火加热后倒入牛肉，翻炒几分钟，直至表面上色。

3. 倒入牛肉高汤、干红葡萄酒、欧芹、盐、1 小勺黑胡椒和大蒜，再加入黄洋葱、胡萝卜、樱桃番茄和芹菜末。锅中的汤应该恰好没过蔬菜，可酌情多加一些牛肉高汤。汤煮开后，盖上锅盖，放入烤箱中层，烘烤 2.5 小时。

4. 打开锅盖，继续烘烤 1 个半小时，其间不时翻拌一下，炖至牛肉变软。

5. 将牛肉盛至深盘中，蔬菜摆放在牛肉周围，淋一些汤汁在牛肉和蔬菜上，再用欧芹末做点缀。剩余的汤汁盛入调味皿中。

可供 6 人享用。

一栋房子最好的装饰
便是来访的朋友。
——拉尔夫·瓦尔多·爱默生

食谱笔记

烹饪时有一条黄金法则，那就是：必须试尝、再试尝。优秀的厨师会在烹饪过程中反复试尝，只有不断积累经验才能相信自己的判断。试尝能够帮助你成为一名自信的厨师。

在烹饪过程中，多次试尝是很正常的。这是了解随着火候和时间的变化，各种食材的味道是怎样开始融合的唯一方法。如果感觉菜肴的味道不够好，就大胆地尝试添加调味料；如果感觉味道刚刚好，那就太棒了。自创菜谱，亲自烹调，享受其中的乐趣，这才是我们最大的快乐。

红烩牛小排

经过长时间炖煮，牛小排浓郁的香味弥漫在整个厨房中，这道菜肉质鲜美软烂，入口即化。

现磨黑胡椒（抹在牛肉上，可酌情添加） 1 小勺
牛小排（切成 5 厘米长的段） 1800 克
特级初榨橄榄油 5 大勺
大蒜（去皮切末） 8 瓣
罐装樱桃番茄带罐头汁 $1^{1}/_{2}$ 杯
胡萝卜（去皮，切成 3 毫米厚的片） 2 杯
洋葱片 3 杯
大蒜 8 瓣
新鲜欧芹末 1/2 杯
红葡萄酒醋 3/4 杯
番茄酱 3 大勺
棕砂糖 2 大勺
盐 2 小勺
辣椒粉 1/4 小勺
牛肉高汤（见第 416 页） 3 杯

1. 将黑胡椒抹在牛小排上。把橄榄油倒入可用烤箱加热的炖锅中，中火加热。每次放入 3 ~ 4 根牛小排，煎至两面上色后盛出放在厨房纸上，吸去多余油脂。

2. 烤箱预热至 180℃。

3. 将一半牛小排盛入炖锅中，加入 1/2 的蒜末，每种蔬菜各放一半，盖住牛肉。放入 4 瓣大蒜，撒上一半欧芹末。重复上面的操作，添加另一半食材。

4. 混合红葡萄酒醋、番茄酱、棕砂糖、盐、1 小勺黑胡椒和辣椒粉，倒入炖锅中，再加入牛肉高汤。

5. 盖上锅盖，中火煮沸，然后放入烤箱，烘烤 1 个半小时。打开锅盖，继续烘烤约 1 个半小时，直至牛肉脱骨酥烂。试尝一下味道，酌情添加调味料，即可上桌。

可供 6 人享用。

辣味牛肉

这道辣味牛肉曾是我们店里的销售冠军。无论你是未雨绸缪的忙碌厨师，还是手忙脚乱的好客主人，这道源自美国西南地区的烩菜都是最好的选择。准备好酸奶油、白洋葱碎和切达乳酪，让客人们按照自己的喜好随意添加。我们喜欢搭配酸面团面包或乡村玉米面包，最后再来一份清爽的蔬菜沙拉。当然必不可少的还有一杯墨西哥啤酒，推荐尝尝波西米亚啤酒。

特级初榨橄榄油　1/2 杯
黄洋葱末　800 克
意大利甜味香肠（剥去肠衣）　900 克
牛颈部与肩胛骨之间的肉（绞碎）　3600 克
现磨黑胡椒　$1\frac{1}{2}$ 大勺
番茄酱　2 罐（每罐 340 克）
蒜末　3 大勺
孜然粉　85 克
辣椒粉　110 克
第戎芥末　1/2 杯
盐　4 大勺
干罗勒　4 大勺
干牛至　4 大勺
罐装樱桃番茄（沥干）　2700 克（大约 5 罐）
勃艮第葡萄酒　1/2 杯
新鲜柠檬汁　1/4 杯
新鲜莳萝末　1/2 杯
新鲜欧芹末　1/2 杯
红芸豆（沥干，每罐 450 克）　3 罐
去核黑橄榄（沥干，每罐 450 克）　4 罐

1. 在炖锅中加入橄榄油，烧热后倒入黄洋葱末煸炒，盖上锅盖，小火焖至洋葱变软。

2. 把香肠切碎，和牛肉末一起倒入锅中翻炒，中大火炒至牛肉末变色。尽可能撇出浮油。

3. 调至中小火，加入黑胡椒、番茄酱、蒜末、孜然粉、辣椒粉、第戎芥末、盐、干罗勒和干牛至，炒匀。

4. 加入樱桃番茄、勃艮第葡萄酒、柠檬汁、莳萝末、欧芹末和红芸豆。打开锅盖再炖 20 分钟，其间不时翻拌一下。

5. 试尝一下味道，酌情添加调味料，加入黑橄榄，再炖 5 分钟，即可享用。

可供 35 ~ 40 人享用。

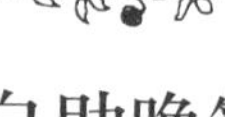

自助晚餐

主厨沙拉

法式脆皮面包配香草黄油

辣味牛肉搭配酸奶油、白洋葱碎和切达乳酪碎

欧芹饭

布朗尼

巧克力曲奇

有一种源于内心的情感，不可言述，但可感知，可使陌生人立刻安心。

——华盛顿·欧文

冬日果蔬烩肉

这道美味的烩菜可以搭配藏红花饭（见第 419 页）、黑豆和蔬菜沙拉。

去骨瘦猪肉（切成 2.5 厘米见方的块） 1400 克
杏干（切成两半） 12 块
深色无籽葡萄干 1 杯
干红葡萄酒 1 杯
红葡萄酒醋 1 杯
新鲜莳萝末 3 大勺
新鲜薄荷末 3 大勺
小茴香 1 小勺
现磨黑胡椒 1 小勺
干百里香 1 大勺
盐 适量
特级初榨橄榄油 1/3 杯
珍珠洋葱（去皮切片） 4 个
干白葡萄酒 1 杯
鸡肉高汤（见第 416 页） 4 杯
月桂叶 2 片
蜂蜜 1/4 杯

1. 在猪肉中加入杏干、葡萄干、干红葡萄酒、红葡萄酒醋、莳萝末、薄荷末、小茴香粉、黑胡椒、干百里香和盐，拌匀。密封冷藏腌制 24 小时，其间不时翻拌一下。

2. 将猪肉和果干捞出，果干盛入小碗中，腌制酱汁备用。用厨房纸吸干猪肉表面的水分。

3. 把橄榄油倒入大平底锅中烧热，放入猪肉翻炒至上色。注意每次放入一部分翻炒，不要一次将所有猪肉都下锅。用漏勺将猪肉盛入可用烤箱烘烤的炖锅中。

4. 将平底锅中的油过滤一下，重新入锅，倒入珍珠洋葱，中火翻炒 5 分钟。加入预留的腌制酱汁，煮沸，撇去焖渣。煮至酱汁变少后，将平底锅中的所有食材倒入炖锅中。

5. 烤箱预热至 180℃。

6. 炖锅中加入杏干、葡萄干、1/2 的干白葡萄酒、1/2 的鸡肉高汤、月桂叶和蜂蜜，拌匀，盖上锅盖，中火煮沸后放入烤箱中层。

7. 烘烤 1 小时 15 分钟，然后打开锅盖，如果肉比较干，可再加入另一半白葡萄酒或鸡肉高汤，继续烘烤 30 ~ 45 分钟，直至猪肉变软，汤汁变浓，即可享用。

可供 6 ~ 8 人享用。

假日自助餐

鸡肝肉酱派配绿胡椒

烤肉串

冬日果蔬烩肉

甜番茄和胡萝卜泥

西洋菜沙拉
配树莓醋

栗子慕斯

林茨甜心

俄式烩牛肉

这道经典菜肴食材丰富、口味鲜美，可以搭配黄油宽面和简单的蔬菜沙拉，用煎樱桃番茄（见第233页）做配菜，再佐以一杯上好的红葡萄酒。

法式酸奶油（见第414页） 3杯
第戎芥末 $1\frac{1}{2}$大勺
番茄酱 3大勺
英国辣酱油 3大勺
甜椒粉 2小勺
盐 3/4小勺
现磨黑胡椒 适量
半冰沙司① 1小勺
白蘑菇 450克
软化的无盐黄油 10大勺
珍珠洋葱 24个
牛后腿肉（切片） 1400克
新鲜欧芹末（用于点缀） 适量

1. 将法式酸奶油、第戎芥末、番茄酱、英国辣酱油、甜椒粉、盐、黑胡椒和半冰沙司倒入平底锅中，炖煮20分钟左右，做成酸奶油酱汁。煮至酱汁减少、变浓时关火，盖上锅盖静置。

2. 蘑菇去柄，用湿厨房纸把蘑菇帽擦干净，然后切成薄片。另取一口平底锅，放入3大勺黄油，中火融化后倒入蘑菇片，翻炒10分钟左右，直至蘑菇片变软、表面呈金黄色，盛入碗中备用。

3. 用刀在每个珍珠洋葱底部切一个十字。煮沸一锅水，倒入珍珠洋葱，10分钟后捞出，用冷水冲洗，去皮。

4. 在平底锅中放入2大勺黄油，中火融化，倒入珍珠洋葱翻炒，并不停地晃动锅身，炒至珍珠洋葱表面上色，然后盛入放有蘑菇的碗中。

5. 根据牛后腿肉的纤维走向将肉切成薄片。平底锅中放入剩余的黄油，融化后分批放入牛肉片，大火翻炒3～4分钟，直至牛肉片上色。炒好的牛肉片盛入盘中。

6. 将蘑菇片和珍珠洋葱倒入第1步做好的酸奶油酱汁中，中火加热5分钟。

7. 最后倒入牛肉片，煮2分钟左右。盛出后点缀上欧芹末，即可上桌。

可供6人享用。

这些烩菜堪称经典，搭配清爽的酱汁和丰富的蔬菜，非常适合当下人们的口味。精妙美味的烩菜一直都是我们的保留菜肴，而且随着时间的推移，越来越受到大家的欢迎。

① demi-glace，源于法语词汇“糖渍”，是制作法国式料理或酱汁的基础食材。

深入的交流好比一杯提神的黑咖啡，会让你兴奋得难以入睡。

——林白夫人

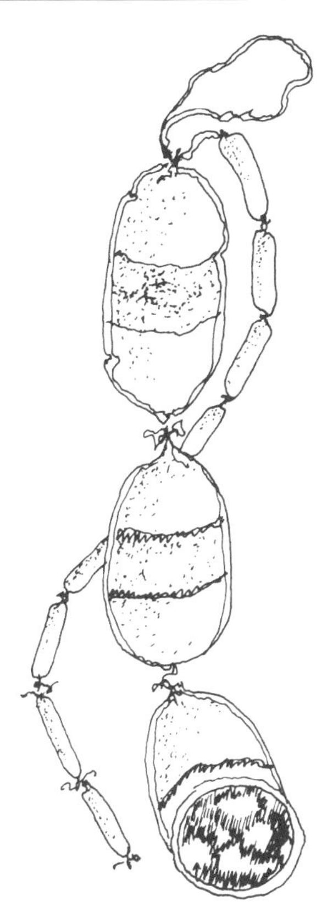

食谱笔记

让款待客人和分享美食成为你生活的一部分吧！招待客人不用太过正式，可以随性邀请三五好友参加你的周末家宴，大家围坐在桌边，共享美食，谈笑风生。最重要的是，如果你尝试过并且经常这样做，你就会发现自己慢慢上瘾了。

法式烩香肠

这道有着浓郁番茄味道的法式烩香肠，非常适合搭配黄油意大利面或土豆泥，还有绿色蔬菜沙拉，最后再来一杯尽兴的红葡萄酒。

意大利甜味香肠　680 克
意大利辣味香肠　680 克
特级初榨橄榄油　1/4 杯
大个儿黄洋葱（去皮切碎）　1 个
大蒜（去皮切末）　3 瓣
青柿子椒（去蒂去籽，简单切碎）　2 个
红柿子椒（去蒂去籽，简单切碎）　2 个
新鲜樱桃番茄（切成 4 瓣）　8 个
辣味番茄酱（见第 419 页）　1 杯
干红葡萄酒　1/2 杯
新鲜欧芹末（用于点缀）　1/2 杯
盐和现磨黑胡椒　适量

1. 将香肠切成 1 厘米厚的片。把橄榄油倒入平底锅中，中小火烧热，放入香肠，翻炒至香肠上色。

2. 加入黄洋葱和蒜末，再炒 5 分钟，然后用漏勺将它们盛入一口炖锅中。

3. 中火烧热炖锅，倒入柿子椒，翻炒 7 分钟左右，直至柿子椒变软。

4. 倒入樱桃番茄、辣味番茄酱、干红葡萄酒和欧芹末，用盐和黑胡椒调味。开盖炖煮 30 分钟，其间不时搅拌一下。

5. 试尝一下味道后酌情添加调味料，点缀些欧芹末，即可上桌。

可供 6 人享用。

德国泡菜烩香肠

德国泡菜（建议选择真空包装或罐装冷藏的）　900 克
培根（简单切碎）　220 克
大个儿黄洋葱（去皮切碎）　1 个
胡萝卜（去皮切片）　3 根

酸甜味苹果（去核不去皮，打成泥） 1个
葛缕子（可选） 1大勺
杜松子 10颗
欧芹 4根
白胡椒 6颗
月桂叶 2片
干白葡萄酒 1杯
鸡肉高汤（见第416页） 4杯
香肠（可选粗红肠、辣味早餐香肠、德式小香肠、德式短蒜肠等） 680克
熏猪肉 6片
新鲜欧芹末（用于点缀） 适量

1. 把德国泡菜放入冷水中浸泡30分钟。

2. 其间，把培根放入大平底锅中，中火慢煎出油。倒入黄洋葱和胡萝卜，将火调大，翻炒至蔬菜半熟。关火，盛出备用。

3. 将德国泡菜挤干水分，倒入非铝制烤盘或带密封盖、可用烤箱加热的炖锅中，拌入煎培根、培根油脂、半熟蔬菜、苹果泥和葛缕子。

4. 把杜松子、欧芹、白胡椒和月桂叶放入棉纱袋中，埋在泡菜里，倒入干白葡萄酒和鸡肉高汤，恰好没过泡菜即可。

5. 烤箱预热至160℃。

6. 在油纸（切记不要用锡纸）上涂一层黄油，将涂过黄油的一面朝下铺在泡菜上，轻轻按压。将炖锅中火烧热至即将煮沸，盖上盖子，放入烤箱中。

7. 烘烤5小时，当锅中的汤减少时，可再添加一些鸡肉高汤。烘烤时间快要结束时，就不要再加汤了。上桌前，所有汤汁应该都被泡菜吸收。

8. 将香肠分成6份，分批放入平底锅中火翻炒上色。也可以用叉子将肠衣扎破，煎至浅棕色。香肠炒好后，锅中的底油要倒掉。

9. 泡菜烤好的30分钟前，打开盖子，取出油纸，放入香肠和熏猪肉。盖上盖子继续烘烤。取出香料袋，上桌前用欧芹末点缀一下即可。

可供6人享用。

如果你认为泡菜就是棒球场贩售的热狗中和芥末夹在一起的食物，那么商店中销售的泡菜定会给你一个惊喜。这种口感丰富的农家菜肴经过清洗，加入葡萄酒、鸡肉高汤、香草和调味料小火慢炖，再配以香肠和熏肉，搭配黄油土豆泥、粗裸麦面包和啤酒，很适合在家中和公司聚餐中享用。

你可以在商店购买香肠和泡菜，但鸡肉高汤一定要自己熬煮，因为它是这道菜成功的秘密所在。

法式白汁烩小牛肉

这道美味可口的菜肴，只需搭配撒有欧芹的新土豆即可。菜肴中的新鲜莳萝末会让一切变得与众不同。

软化的无盐黄油　12 大勺
牛肩肉或腿肉（去骨，切成 2 厘米见方的小块）　1400 克
中筋面粉　1/2 杯
肉豆蔻粉　1 小勺
盐　$1\frac{1}{2}$ 小勺
现磨黑胡椒　$1\frac{1}{2}$ 小勺
胡萝卜（去皮，斜切成 3 毫米厚的片）　3 杯
黄洋葱末　3 杯
新鲜莳萝末　5 大勺
鸡肉高汤（见第 416 页）　3 ~ 4 杯
高脂鲜奶油　3/4 杯

1. 烤箱预热至 180℃。
2. 在可用烤箱加热的炖锅中放入 8 大勺黄油，中火加热至融化，倒入牛肉，不停翻炒，避免炒焦。
3. 将 3 大勺面粉、肉豆蔻粉、盐和黑胡椒混合均匀，撒在牛肉上。调至小火，翻炒 5 分钟，注意面粉和牛肉不要炒煳。
4. 加入胡萝卜片、黄洋葱末、3 大勺莳萝末和足量鸡肉高汤，鸡肉高汤刚好没过牛肉和蔬菜即可。调至中火，加盖煮沸后将炖锅放入烤箱烘烤 1 个半小时。
5. 取出炖锅，用滤网分离汤汁和食材，分别倒入不同的碗中。
6. 炖锅再次中火加热，放入 4 大勺黄油融化，撒入剩余的面粉，调至小火，翻炒约 5 分钟。
7. 将汤汁慢慢倒回炖锅，一边炖煮一边搅拌大约 5 分钟。
8. 加入高脂鲜奶油和剩余的 2 大勺莳萝末，根据情况可以再加些盐、黑胡椒和肉豆蔻粉调味。把牛肉和蔬菜倒回炖锅中，再炖 5 分钟左右，彻底加热后盛入深盘中，即可享用。

可供 6 人享用。

晚餐食谱

三文鱼慕斯佐香草蘸酱
配粗裸麦面包

莳萝小牛肉

西洋菜菊苣沙拉佐
核桃油醋汁

巧克力慕斯配鲜奶油

比萨派

这道菜以意大利比萨食材——意大利香肠、蘑菇和番茄酱——为原料，将柔软的比萨面皮盖在这些丰富的食材上一起烘烤，简单可口。再配上一份蔬菜沙拉，就是完美的一餐。

意大利甜味香肠（切成 2 厘米厚的片） 900 克
意大利辣味香肠（切成 2 厘米厚的片） 900 克
辣味番茄酱（见第 419 页） $4^1/_2$ 杯
里科塔乳酪 2 杯
现磨帕马森乳酪 1/2 杯
新鲜欧芹末 3/4 杯
干牛至 $2^1/_2$ 大勺
鸡蛋 2 个
现磨黑胡椒 适量
马苏里拉乳酪碎 4 杯
比萨面团（做法见页面下方） 1 份

1. 烤箱预热至 180℃。

2. 把香肠片倒入平底锅中，煎至浅棕色。倒出锅中的油，将香肠盛入碗中，加入辣味番茄酱，拌匀备用。

3. 将里科塔乳酪、帕马森乳酪碎、1/2 杯欧芹末、2 大勺干牛至、黑胡椒和 1 个鸡蛋拌在一起，做成混合调味料。

4. 两种香肠各取一半，放入长方形耐热烤盘(23 厘米 × 33 厘米)中，表面均匀地撒上 1/2 混合好的调味料和 2 杯马苏里拉乳酪碎，再撒上余下的 1/2 欧芹末和干牛至。重复这个步骤码放好食材。

5. 取 3/4 比萨面团，整形成 7 毫米厚的面皮，确保面皮四周比烤盘多出 2.5 厘米。将面皮铺在食材上，用四边多出的面皮包裹住烤盘边缘。将余下的 1 个鸡蛋打入碗中，加入 1 大勺水，搅打均匀后刷在面皮表面。

6. 将剩余的 1/4 面团擀开，用刀切成你喜欢的形状，贴在比萨面皮上做点缀，点缀物的表面也刷上蛋液。将比萨派放入烤箱烘烤 35 ~ 45 分钟，直至表面呈金黄色，边缘起泡。

7. 注意，切开之前，比萨派需静置 30 分钟。

可供至少 8 人享用。

比萨面团

活性干酵母 $1^1/_2$ 小勺
温水（41℃ ~ 46℃） 1 ~ $1^1/_4$ 杯
中筋面粉 $2^1/_3$ 杯
低筋粉 3/4 杯
现磨黑胡椒 1/3 小勺
盐 1 小勺
橄榄油 2 大勺

1. 把酵母倒入小碗中，加入半杯温水溶解，静置 10 分钟。
2. 将中筋面粉、低筋面粉、黑胡椒和盐倒入搅拌碗中混合均匀。
3. 把酵母液倒入混合面粉中，加入橄榄油和余下的半杯温水，

香草的用法

记得我们的美食店开业第一天，果蔬供应商为店里找来了新鲜的龙蒿叶和百里香。当时我们看着这些新鲜的香草，真是兴奋异常。

如今，各地超市都可以买到新鲜的香草了。在农产品超市，春季便开始销售各种香草，夏季更是品种丰富的旺季，香草供应商甚至提供送货上门服务。如果自家有一个小菜园，还可以自己种植香草。

除了要亲自品尝，认真了解每种香草的特点外，用香草做料理几乎没有什么定式，所以请尽情发挥。下面是我们的一些使用建议。

♥每次少买一些，除非你确定自己每周的具体用量。香草一定要在新鲜时尽快使用。

♥香草变干时，请先将它们洗净沥干，插入一杯水中，用保鲜膜轻轻包裹好，放入冰箱冷藏。

♥用剪刀将香草剪碎。不要直接用刀切，否则香草的风味会流失在砧板上。

♥将香草叶从茎上摘下来。茎可以留下做汤。

♥不要在一道菜中混合使用太多种香草。简单清爽的口味可能更受欢迎。

♥做腌渍香料、肉、鱼以及家禽时，别忘记加点香草。

♥开始烹调时，加一点香草；待快要结束时，再加一点。菜品会更入味，而且口感更新鲜。

♥如果在烹饪时还不太确定要用哪种香草，可以将菜盛出来一点，加上心仪的香草试尝一下味道，再根据需要调整。

♥购买干香草时，要格外小心。当它们长时间暴露在阳光和空气中，或者气温升高时，风味会很快流失。香草干枯后，请果断丢掉。

用木勺搅拌成面团，可以根据面团状态可再加一点温水。

4. 将面团放在撒有面粉的砧板上，揉8～10分钟，直至面团表面变光滑。如果面团发黏，可以再撒些面粉。

5. 将之前盛放面粉的搅拌碗洗净擦干，刷上橄榄油。放入面团揉几下，使面团表面均匀裹上橄榄油。盖上保鲜膜，放在温暖处（24℃～27℃）发酵2小时，直至面团体积变为原来的2倍。

6. 揉15秒排气。盖上毛巾静置10分钟即可。

可以做1个比萨。

洋葱土豆烩羊肉

这道菜中加入了荷兰豆，口感清新，看上去很漂亮。

特级初榨橄榄油　3大勺
软化的无盐黄油　1大勺
去骨羊肉（切成2厘米见方的小块）　1400克
珍珠洋葱　18个
荷兰豆　340克
法国白兰地　1/2杯
雪利酒醋　1/4杯
土豆淀粉　2大勺
红醋栗果胶　2大勺
番茄酱　2大勺
牛肉高汤（见第416页）　2杯
干红葡萄酒　1杯
中等大小的黄洋葱（切成薄片）　1个
大个儿胡萝卜（去皮，切成长2厘米厚的片）　4根
大蒜（去皮拍碎）　5瓣
新鲜欧芹末　1/4杯
干迷迭香　1小勺
干百里香　1小勺
盐　1小勺
现磨黑胡椒　1小勺
月桂叶　1片

1. 在平底锅中倒入橄榄油和黄油，中火加热。分批炒制羊肉，每次倒入适量的羊肉，翻炒至棕色后用漏勺盛出，锅中的油倒出不用。

2. 将8杯盐水煮沸。用刀在每个珍珠洋葱底部切一个十字，放入水中，煮10分钟左右，直至珍珠洋葱变软但仍紧实。捞出珍珠洋葱，放入冷水中静置10分钟，捞出后去皮备用。

3. 再煮沸 8 杯盐水。倒入荷兰豆，煮 1 分钟，盛入冷水中冷却。捞出后沥干备用。

4. 将炒好的羊肉重新回锅，倒入法国白兰地。远离易燃物，用长火柴将白兰地点燃，大约 30 秒火熄灭之后用漏勺将羊肉盛到可用烤箱加热的炖锅中。

5. 烤箱预热至 180℃。

6. 将雪利酒醋、土豆淀粉、红醋栗果胶、番茄酱、牛肉高汤和干红葡萄酒倒入平底锅中，大火加热 5 分钟，不停搅拌，直至煮沸，作为调味汁。

7. 将黄洋葱、胡萝卜、大蒜、大部分欧芹末（留一点用于点缀）、干迷迭香、干百里香、盐、黑胡椒和月桂叶放入炖锅中，再倒入平底锅中的调味汁，翻拌均匀，盖上锅盖，加热至即将煮沸。

8. 将炖锅放入烤箱中，烘烤 1 个半小时。最后 15 分钟，打开锅盖，加入荷兰豆和珍珠洋葱。用剩下的欧芹末做点缀。

可供 6 人享用。

红烩小牛膝

这道红烩小牛膝与藏红花饭（见第 419 页）是最经典的搭配，米饭中可以加一些豌豆增添风味。吃这道菜时一定不要忽略骨髓，相当美味。

中筋面粉　1 杯
盐和现磨黑胡椒　适量
牛膝骨（每块厚 5 厘米）　16 块（共约 4500 ~ 5500 克）
特级初榨橄榄油　1/2 杯
软化的无盐黄油　1/2 杯
中等大小的黄洋葱（简单切碎）　2 个
大蒜（去皮切末）　6 瓣
干罗勒　1/2 小勺
干牛至　1/2 小勺
罐装樱桃番茄　800 克
干白葡萄酒　2 杯
牛肉高汤（见 416 页）　2 杯
新鲜欧芹末　3/4 杯
柠檬皮碎　需要 2 个柠檬

1. 中筋面粉中加入适量盐和黑胡椒调味，均匀地撒在每块牛膝骨上。将橄榄油和黄油倒在可用烤箱加热的炖锅中，中火加热，放入牛膝骨，煎至上色。盛出后放在厨房纸上吸去多余油脂。

2. 将黄洋葱碎、蒜末、干罗勒和干牛至倒入炖锅中翻炒至上色。

3. 放入樱桃番茄，用盐和黑胡椒调味，再翻炒 10 分钟，撇去浮油。

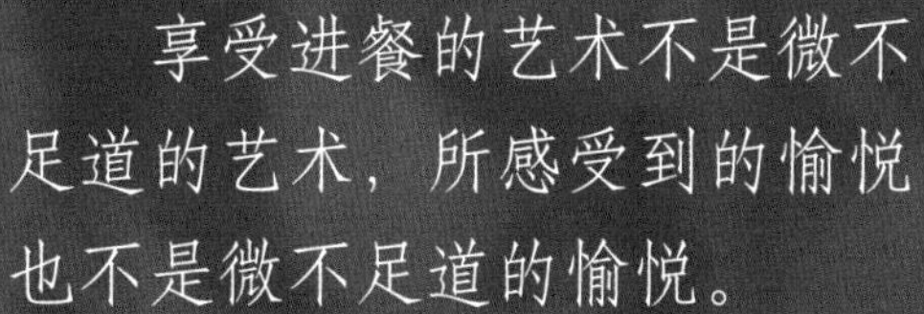

享受进餐的艺术不是微不足道的艺术，所感受到的愉悦也不是微不足道的愉悦。

——蒙田

我们喜欢用红烩小牛膝搭配藏红花米饭或意大利烩饭。

4. 倒入干白葡萄酒，煮沸后将火调小，开盖炖 15 分钟。

5. 烤箱预热至 180℃。

6. 将牛膝骨倒回炖锅中，加入牛肉高汤，没过骨头，加热至即将煮沸。盖上锅盖，将炖锅放入烤箱烘烤 1 个半小时，然后打开锅盖，再烤 30 分钟左右，直至牛肉变得软烂。

7. 盛出后撒上欧芹末和柠檬皮碎，即可享用。

可供 6 ~ 8 人享用。

> 菜谱只是一个主题，聪明的厨师每次都会为你带来惊喜。
>
> ——贝努瓦夫人

红酒烩牛尾

如果你喜欢富含胶质、口感嫩滑的牛肉，那么这道红酒烩牛尾绝对适合你。只需搭配一道清淡的头盘（例如腌虾或生蚝）和一份蔬菜沙拉即可。

牛尾（切成 5 厘米厚的块） 2 根（共约 2300 克）
中筋面粉 3/4 杯
特级初榨橄榄油 3 大勺
牛肉高汤（见第 416 页） 3 杯
勃艮第葡萄酒 1 杯
番茄汁 1 杯
番茄酱 3 大勺
大蒜（切片） 2 瓣
月桂叶 1 片
干百里香 1 小勺
肉豆蔻粉 1/2 小勺
盐 1 小勺
现磨黑胡椒 1 小勺
黄洋葱末 2 杯
芹菜末 1 杯
胡萝卜（切成 3 毫米厚的片） 1 杯
中等大小的土豆（切成 3 等份） 8 个
新鲜欧芹末（用于点缀） 适量

1. 在牛尾表面均匀裹上一层中筋面粉，拍掉表面的浮粉。

2. 在炖锅中倒入橄榄油，中火加热。分批放入牛尾，煎炒至上色后盛出。所有牛尾都煎好后，再将它们倒回锅中。

3. 将牛肉高汤、勃艮第葡萄酒、番茄汁和番茄酱倒入炖锅中，加入蒜片、月桂叶、干百里香、肉豆蔻粉、盐和黑胡椒，再放入黄洋葱末、芹菜末、胡萝卜和土豆，确保它们浸入汤汁中。

4. 中火加热，加盖煮沸后将火调小，炖煮 2 小时左右，直至牛尾软烂。试尝一下味道之后酌情添加调味料，撇去浮油，盛出后用欧芹末点缀一下，即可享用。

可供 4 ~ 6 人享用。

田园时蔬

没有比对美食的热爱更真诚的情感了。

——萧伯纳

洋蓟

洋蓟虽然长得怪，但在我们心中却占有重要的位置。它们是菊科菜蓟属家庭中的一员，带有细细的绒毛和尖尖的羽状叶片，好像盔甲一般阻止人们的入侵。层层拨开后你会发现洋蓟芯香甜味美，令人赞叹。

洋蓟原产于地中海沿岸地区，后被法国皇帝亨利二世的妻子凯瑟琳·德·美第奇带入法国，于是这种意大利蔬菜开始被引入法国料理中。在美国，几乎所有洋蓟都产自加州沿海城市卡斯特罗维尔，这里是世界洋蓟之都，洋蓟全年供应，而春末是最佳的赏味时节。

挑选洋蓟就像我们平时挑选卷心菜一样——同样大小的洋蓟，一定要挑重的。分量重、包得紧、没有瑕疵，才是上好的洋蓟。另外，我们可以用力捏一下，如果听到“吱吱”的摩擦声，说明这只洋蓟够新鲜，吃起来更香甜。洋蓟的个头有大有小，一般小个儿或中等大小的较嫩，口感也更好。去掉洋蓟的柄，用剪刀把每个叶片的尖端剪掉。冷水冲洗后倒入沸腾的盐水中煮 30 ~ 40 分钟，表皮的叶子很容易撕去。此时的洋蓟就像一朵绽放的莲花，从最外层开始，掰下叶片，用叶片的根部蘸着酱料吃。通常酱料选用融化的黄油加柠檬汁。吃洋蓟要有点耐心，一瓣一瓣优雅地吃，慢慢接近它最令人心怡的部分——洋蓟芯。品尝过后，你一定会对它念念不忘。

吃意大利餐时，我们最喜欢的一道头盘就是烤乳酪洋蓟。

一步做好洋蓟

这道洋蓟料理做起来很简单，又能为餐桌锦上添花，热食或冷食都很棒，可以提前准备。我们喜欢在野餐时带上洋蓟配柠檬烤鸡（见第 110 页）和碎麦沙拉（见第 262 页）。

洋蓟（修剪一下） 6 个
胡萝卜（去皮切碎） 3 根
中等大小的黄洋葱（去皮切末） 1 个
橄榄油 1/2 杯
新鲜欧芹末 1/4 杯
新鲜柠檬汁 1/4 杯
干牛至 1 大勺
干罗勒 1 大勺
现磨黑胡椒 1 小勺
盐 1/2 小勺

1. 在炖锅中放入洋蓟，倒入没过洋蓟的水后，再加入其他食材（留一点欧芹末，用于点缀）。半掩锅盖，煮 40 分钟，直至叶片能够轻易掰下。

2. 将洋蓟盛入准备好的大托盘中，其他食材捞出控干后，撒在洋蓟上。洋蓟可趁热食用，也可冷却至室温享用。

可供 6 人享用。

香草蛋黄酱

除了用传统荷兰酱（见第 414 页）作为蘸料外，还可以尝试一下香草蛋黄酱。这款酱尤其适合搭配冷洋蓟，作为夏日的头盘。

自制蛋黄酱（见第 413 页） 1 杯
西洋菜叶（洗净擦干） 1 杯
新鲜欧芹末 1/4 杯
新鲜香葱末 1/4 杯

将所有食材放入食品料理机中搅打均匀即可。注意不要搅打过度。

可以做 1¹/4 杯酱料。

菜园里的故事

烹饪蔬菜会受季节影响。大自然是神奇的魔法师，他让当季时蔬可以正好搭配在一起。春天万物复苏，蔬菜鲜嫩清新；夏日阳光明媚，蔬菜甘甜可口。待到秋冬渐寒，蔬菜则因深深根植于泥土而带来醇厚的芬芳。

在美国，蔬菜是所有家庭每日的必备菜。它们不仅是摆盘时的点缀，更是餐桌的主角。蔬菜之所以如此受到青睐，得益于消费者对蔬菜品质的更高追求，并且他们乐于为此买单。蔬菜超市是各个家庭每周都要光顾的地方，有机蔬菜和本地蔬菜尤其受欢迎。美国的社区菜园文化可以追溯到 20 世纪 40 年代，那时正值第二次世界大战时期，由总统夫人带头，广大民众在庭院、屋顶和闲置土地上开辟了“胜利菜园”，种植番茄、生菜、香草、萝卜和高山草莓，甚至在厨房外的空地上就种有玉米。第二次世界大战后，美国将这一传统保存下来，不少人家在美化庭院的同时，仍然会保留一小块土地种植蔬果。

烤洋蓟

把洋蓟煮熟，剥开外层像铠甲一样的三角形叶片后，中间的空腔恰似一个天然容器，可以盛放各种风味馅料。

比如，你可以盛入荷兰酱（见第414页），还可以填入鲜虾葡萄莳萝沙拉（见第274页）、鲜虾洋蓟沙拉（留下洋蓟芯，见第275页）和米饭蔬菜沙拉（见第262页）。

烤乳酪洋蓟

这道以香肠作为馅料的洋蓟料理是意大利主厨的特色菜，既可热食，也可冷食。

大洋蓟（修剪一下） 4个
柠檬（取汁） 2个
特级初榨橄榄油 1/2杯
大个儿黄洋葱（去皮切末） 1个
大蒜（去皮切末） 4瓣
新鲜欧芹末 1/4杯
意大利甜香肠（去肠衣） 230克
原味面包糠 2杯
鸡肉高汤（见第416页） 1杯
干牛至 1/2小勺
盐 适量
现磨黑胡椒 1/2小勺
罗马诺乳酪碎 1/4杯
鸡蛋 2个
番茄酱（见第418页） 可选
新鲜欧芹末（用于点缀） 可选
柠檬片（用于点缀） 可选

1. 洋蓟去柄，使其能够平稳地放在盘中。煮沸一大锅盐水，挤入柠檬汁，放入洋蓟，煮20～30分钟，直至洋蓟叶片可以轻松掰下来（不要煮过度）。将洋蓟捞出倒立沥干，直至完全冷却。

2. 取1/4杯橄榄油倒入平底锅中烧热，放入黄洋葱末、蒜末和欧芹末，小火翻炒出香味，留在锅中备用。

3. 将甜香肠切碎，倒入锅中翻炒，注意避免粘锅。香肠炒熟后关火。

4. 将香肠洋葱末盛到大碗中，加入面包糠、鸡肉高汤、干牛至、盐、黑胡椒和罗马诺乳酪碎，拌匀，冷却至室温。

5. 待碗中的混合物冷却后，打入鸡蛋，轻轻拌匀，作为馅料。

6. 烤箱预热至180℃。

7. 用勺子剥开洋蓟叶片，在空腔中填入馅料。多余的馅料可填入叶片间，尽量保持洋蓟原来的形状。

8. 将填好馅料的洋蓟放入浅烤盘中，淋上剩余的橄榄油，再在烤盘中倒入1杯水，用锡纸包裹好，放入烤箱烘烤40分钟。

9. 从烤箱中取出洋蓟，搭配番茄酱趁热食用，或者冷却至室温，点缀些欧芹末和柠檬片，即可上桌。

可供4人享用。

芦笋

无论是去田野或菜园亲自挖芦笋，还是去市场购买当天的新鲜芦笋，都是充满乐趣的体验。花骨朵模样的芦笋尖，如女子小指粗细、铅笔般笔直的嫩茎，或白或绿或紫的新鲜色泽……芦笋真是天生一副惹人喜爱的模样。它的上市提醒着人们春季已经到来。

无论是做芦笋汤、芦笋沙司、芦笋沙拉、芦笋舒芙蕾，还是其他优雅的餐前小点，都是极好的选择。每到芦笋上市，我们都迫不及待地赶在第一时间享用这些美味。事不宜迟，快点开动吧！

关于芦笋

芦笋是素菜中的上品，只需最简单的烹调，就能尽享其美味。

无论哪种芦笋，“新鲜”是最要紧的。根据个人喜好，可以选择或粗或细的芦笋，但笋尖的鳞片应该是紧实闭合的。切记鲜芦笋最好在24小时内食用，如果要保存更长时间，一定要用保鲜膜包好，放入冰箱中冷藏保存。

捏住芦笋底部，轻轻弯折，折断处以上就是最鲜嫩的部分，可直接食用，剩下的可留作他用，例如煲汤。用冷水冲洗芦笋，如果你愿意，可以用棉绳将芦笋扎成小捆（请留出一两根用来测试熟度）。

将一大锅盐水煮沸，放入芦笋，开盖再次煮沸，煮至你希望的熟度即可。你有很大的操作空间，只要不煮得过熟即可。可以捞出一根，尝一尝（绝对是很棒的体验），看看是否可以出锅了。这看上去是一个很宽泛的说明，但很快你会发现，正如你可以随意选择或粗或细的芦笋一样，恰是这种多样性，而不是时间，让你做出最终的判断。如果之后想再次加热，你会希望它始终脆嫩可口；如果你想待芦笋冷却后蘸酱食用，芦笋应该柔软但不能蔫；如果你想蘸香醋冷食，那么芦笋应该更柔软一些，只要不煮烂即可。准备一大碗冰水。当芦笋煮好后，马上浸入冰水中。这样可以立刻让芦笋停止受热，同时保持鲜亮的绿色。

静置至完全冷却。然后沥干，食用前密封保存，如果离上桌还有几个小时，应冷藏保存。芦笋最好是当日烹饪当日食用。也可以再存放一天，不过风味会有所流失。

比煮芦笋的速度还要快。

——古罗马谚语

自制蛋黄酱，应选用最新鲜的鸡蛋，将它们放入冰箱中冷藏。

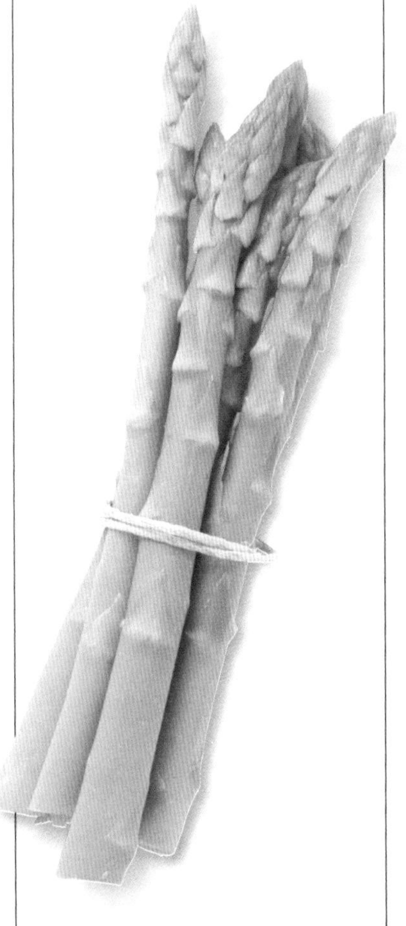

搭配芦笋的蛋黄酱

以下是 3 种最受欢迎的蛋黄酱，它们口感清新，能很好地衬托芦笋独特的味道。如果想用芦笋做头盘，可以在盘中摆放 4 ~ 6 根芦笋，再淋上 3 ~ 4 大勺蛋黄酱，用新鲜欧芹末或其他香草做点缀。

芝麻蛋黄酱

鸡蛋　1 个
蛋黄　2 个
米醋　$2^1/_2$ 大勺
酱油　$2^1/_2$ 大勺
第戎芥末　3 大勺
黑芝麻油　1/4 杯
玉米油　$2^1/_2$ 杯
四川风味辣椒油　可选
橙皮碎（用于点缀）　可选

1. 将鸡蛋、蛋黄、米醋、酱油和第戎芥末倒入食品料理机中，搅打 1 分钟。
2. 在搅打过程中，缓缓地匀速倒入黑芝麻油和玉米油。
3. 根据个人口味，还可以加几滴四川风味辣椒油调味，然后将蛋黄酱盛入容器中。食用前密封冷藏。
4. 上桌前撒上橙皮碎作为点缀。

可以做约 $3^1/_2$ 杯蛋黄酱。

尼斯蛋黄酱

自制蛋黄酱（见第 413 页）　1 杯
续随子　1 大勺
番茄酱　1 大勺
凤尾鱼酱　1 大勺
大蒜（去皮切片）　1 瓣
干牛至　1 撮

1. 把所有食材放入食品料理机中搅打均匀。
2. 根据喜好，还可适量添加一些续随子。

可以做 $1^1/_2$ 杯蛋黄酱。

绿香草酱

新鲜欧芹　一小把
新鲜莳萝　一小把
西洋菜　一小把
新鲜菠菜（煮熟后挤干水分）　1/4 杯
青葱（保留较嫩的葱叶，洗净，切成末）2 根
自制蛋黄酱（见第 413 页）　2 杯
酸奶油　1 杯
盐和现磨黑胡椒　适量

1. 将欧芹、莳萝、西洋菜倒入食品料理机中，搅打成泥后，倒入碗中。

2. 将菠菜搅打成泥，加入香草泥中拌匀。

3. 再加入青葱末、自制蛋黄酱和酸奶油，搅拌均匀，最后用盐和黑胡椒调味。食用前冷藏保存。

可以做 4 杯绿香草酱。

我们必须深耕我们的心田。

——伏尔泰

搭配芦笋的油醋汁

蓝莓油醋汁

橄榄油　1/3 杯
带有蓝莓果的蓝莓醋（见第 145 页）　1/2 杯
盐　3/4 小勺
现磨黑胡椒　3/4 小勺
肉桂　1 根（约 2 厘米长）
新鲜蓝莓（或者冷冻蓝莓）　1/4 杯

将所有食材倒入容器中，摇匀。食用前静置 1 小时，上桌前再次摇匀。

可以做 1 杯油醋汁。

最受欢迎的油醋汁

第戎芥末　1 大勺
红葡萄酒醋　1/4 杯
糖　1 小勺
盐　1/2 小勺
现磨黑胡椒　1/2 小勺
新鲜欧芹末（或者新鲜香葱末）　适量
橄榄油　1/2 杯

柠檬黄油

蒸熟或煮熟的新鲜绿色蔬菜可以搭配一款清新开胃的蘸料——柠檬黄油。8 大勺无盐黄油搭配 2 个柠檬榨取的果汁，再拌入 2 大勺新鲜欧芹末即可。

芦笋宴菜单

芦笋佐芝麻蛋黄酱

芦笋佐芦笋酱

芦笋酥卷佐番茄浓酱

芦笋乳酪舒芙蕾

巧克力慕斯

德文郡奶油

新鲜草莓

芦笋长得就像一根能吃的画笔。在煮好的溏心蛋旁放几支柔软的烤芦笋，作为早餐蘸着半熟的蛋黄吃，完全停不下来。

1. 将芥末倒入碗中，加入红葡萄酒醋、糖、盐、黑胡椒和欧芹末，混合均匀。

2. 继续搅拌，同时慢慢倒入橄榄油，直至油醋汁变浓稠，再适当调味。食用前请密封保存，根据需要，上桌前可再搅拌一下。

可以做 1 杯油醋汁。

芦笋酱

芦笋（修剪一下） 12 根
无盐黄油 $1^1/2$ 大勺
青葱（洗净切末） 4 根
盐和现磨黑胡椒 适量
糖 少许
高脂鲜奶油 2 大勺

1. 将芦笋切成 2 厘米长的小段，倒入煮沸的盐水中，煮至刚好变软，捞出控干。

2. 把黄油倒入平底锅中，小火加热融化，放入芦笋和青葱，中火翻炒约 5 分钟，加入盐、黑胡椒和糖调味。

3. 将炒好的芦笋倒入食品料理机中搅打成泥，然后倒回锅中，加入高脂鲜奶油拌匀。上桌前注意保温。

可供 4 人享用。

芦笋配意大利熏火腿

打发的奶油乳酪 110 克
蒜末 1/4 小勺
盐 少许
现磨黑胡椒 少许
意大利熏火腿（对半切开） 12 片
芦笋（切成 10 厘米长的段，稍微煮一下） 24 根

1. 烤箱预热至 180℃。

2. 将蒜末、盐和黑胡椒拌入打发的奶油乳酪中。

3. 在每半片意大利熏火腿上抹适量乳酪，包裹 1 根芦笋，放入烤盘中。

4. 放入烤箱中烘烤 3 ～ 4 分钟，直至完全加热。

可供 6 ～ 8 人享用。

芦笋酥卷

芦笋（切成 2 厘米长的小段） 110 克
韭葱（留取葱白，洗净后切成薄片） 2 根
珍珠洋葱末 1 大勺
融化的无盐黄油 1 杯加 4 大勺
格鲁耶尔乳酪碎 230 克
杏仁片（烤香） 60 克
鸡蛋（打匀） 3 个
新鲜薄荷末 2 大勺
新鲜欧芹末 2 大勺
新鲜莳萝末 1/4 杯
新鲜香葱末 2 大勺
盐 1 小勺
现磨黑胡椒 1/2 小勺
甜椒粉 1/2 小勺
辣椒粉 少许
新鲜柠檬汁 2 大勺
袋装千层面皮（使用前解冻） 12 片

1. 将芦笋放在沸水中煮 3 分钟，控除多余水分，盛入碗中。

选用时令果蔬，会令餐桌一年四季都富于变化。

——罗伊·安德里斯·格罗特

2. 在平底锅中放入 4 大勺黄油加热，倒入葱白和珍珠洋葱末炒至透明，然后盛入装芦笋的碗中。

3. 将除黄油和千层面皮外的所有食材拌匀，做成馅料。

4. 烤箱预热至 180℃。

5. 将融化的黄油轻轻刷在烤盘上。取 1 张千层面皮放在砧板上（剩下的用湿毛巾盖住），快速刷上黄油。再取 5 张千层面皮，依次刷上黄油，叠放整齐。

6. 在千层面皮较短的一边盛上 1/2 的芦笋馅料，像做蛋卷一样卷起，摆放在烤盘上。用同样的方法将剩余的千层面皮、黄油和馅料都做成芦笋酥卷，摆放在烤盘上。注意，两个酥卷之间留出充足的间隙。最后，在芦笋酥卷表面刷上黄油。

7. 放入烤箱烘烤 40 ~ 45 分钟，直至酥卷呈金黄色。稍微冷却后，切成 5 厘米长的小段。

8. 可佐以番茄浓酱作为头盘享用（见第 232 页）。

可供 8 人享用。

奶油芦笋汤

研磨器（food mill）对这道汤非常重要。食品料理机不适合加工芦笋的纤维，而用筛网过滤汤汁又太费时。这种价格不贵，不可思议的手动小工具，如果你还没有，不妨考虑购买一个。

这是我们最喜欢的芦笋汤，味道浓郁，让人念念不忘。上市较晚的芦笋纤维较粗，最适合做汤。这道汤冷食口感绝佳，热食风味独特。如果准备得当，你可以享用两种口味。以下食材可以做出 10 杯汤。

软化的无盐黄油　8 大勺
黄洋葱末　4 杯（约需 4 个大个儿洋葱）
鸡肉高汤（见第 416 页，撇去油脂）　8 杯
芦笋　900 克
盐和现磨黑胡椒　适量
高脂鲜奶油或酪乳（做冷汤时加入）　1/2 杯

1. 在大锅中放入黄油，小火加热融化后倒入黄洋葱末，翻炒至洋葱变软。

2. 倒入鸡肉高汤，煮沸。

3. 将芦笋尖剪下备用，根部切去 2 厘米左右。茎切成 1 厘米长的段，倒入煮沸的鸡汤中，加盖小火炖约 45 分钟。

4. 将芦笋汤倒入研磨器中打碎，再将过滤后的浓汤倒回锅中，加入芦笋尖煮 5 ~ 10 分钟。如果准备热食，用盐和黑胡椒调味。

5. 如果准备冷食，关火冷却后拌入高脂鲜奶油或酪乳，再用盐和黑胡椒调味，密封冷藏后上桌。

可供 8 ~ 10 人享用。

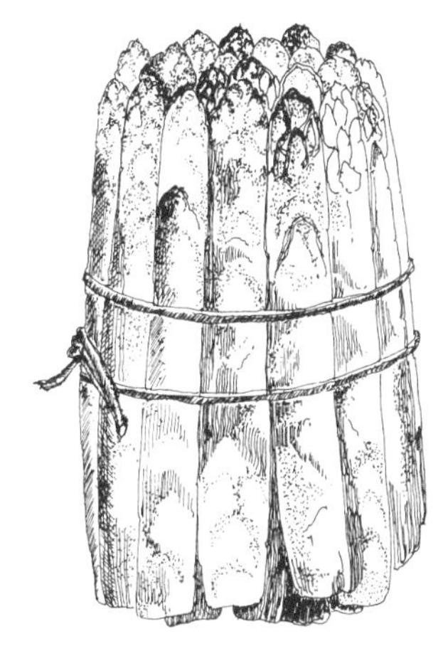

烤芦笋佐风味调料

风味调料
新鲜欧芹末　2 大勺
柠檬皮碎　需要 1 个柠檬
蒜末　2 小勺

芦笋
中等粗细的芦笋（去掉纤维粗硬的底部）　450 克
特级初榨橄榄油　2 大勺
粗盐和现磨黑胡椒　适量
柠檬（切成两半，用于点缀）　2 个

1. 准备风味调料。将所有调料食材倒入碗中拌匀，密封备用（可以做 1/4 杯风味调料）。

2. 烤箱预热至 200℃。

3. 将芦笋摆放在烤盘中，笋尖朝向同一方向，淋上橄榄油，撒上适量盐和黑胡椒。盖上锡纸后放入烤箱中层，烘烤 10 分钟。然后拿掉锡纸，再烤 10 分钟。将烤好的芦笋盛入盘中，撒上风味调料，搭配切块的柠檬，即可享用。

可供 4 人享用。

芦笋冷食热食皆宜。搭配加了柠檬汁的荷兰酱（见 414 页），相得益彰。而芦笋配黄油，再撒上你最爱的香草，就是最简单的完美搭配。芦笋配其他蘸料味道也相当不错。

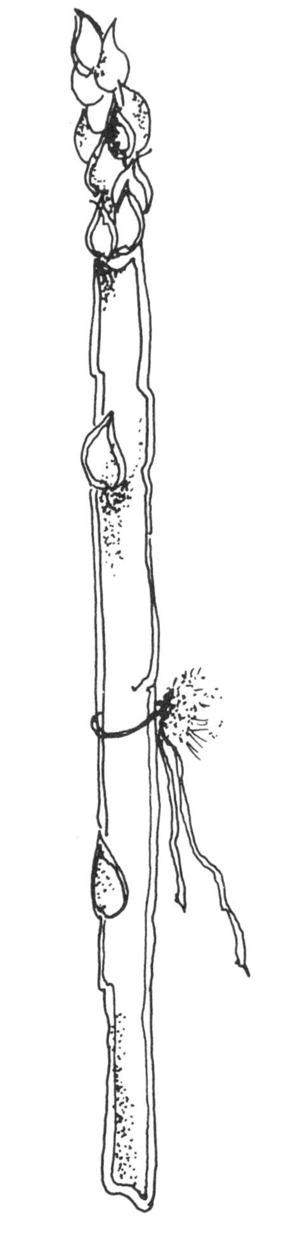

芦笋乳酪舒芙蕾

芦笋（切成 2 厘米长的小段）　2 杯
软化的无盐黄油　4 大勺
黄洋葱末　1/2 杯
牛奶　1 杯
中筋面粉　3 大勺
蛋黄　4 个
现磨帕马森乳酪　2/3 杯
盐和现磨黑胡椒　适量
肉豆蔻粉　适量
蛋清　5 个
塔塔粉或新鲜柠檬汁　少许

1. 烤箱预热至 220℃。

2. 煮沸一大锅盐水，放入芦笋，煮至芦笋变软。把芦笋盛入冰水中冷却，然后捞出沥干，倒入食品料理机中搅打成泥。

3. 平底锅中放入黄油，小火加热融化后倒入黄洋葱末，煸炒至

芦笋和鸡蛋

早春清晨去挖芦笋，收获了一大篮子鲜嫩的芦笋，再从鸡笼或冰箱中取出一打鸡蛋。为什么要等到晚上，现在就享用这些美味吧。

芦笋煎蛋卷

越简单的食材（例如鸡蛋和黄油）越能突出芦笋鲜嫩的口感。将芦笋焯水后捞出，淋上黄油，放在蛋饼上，卷起即可。

芦笋配鸡蛋沙拉

仍然是芦笋和鸡蛋。首先做出我们最喜欢的传统美食——鸡蛋沙拉。里面放入了鸡蛋和美味的蛋黄酱，根据喜好，还可以加入洋葱，芥末也是必不可少的配料。只需拌入嫩芦笋尖，或者慷慨地将芦笋满满地撒在鸡蛋沙拉上即可。可以多加一些莳萝，因为它实在太受欢迎了。

煮鸡蛋配芦笋

准备一份完美的早餐或早午餐。将2个煮熟的荷包蛋放在6根煮熟的芦笋上，淋上荷兰酱（见第414页），再煎一块三文鱼。完美的一天由此开始。

洋葱变软、上色。再取一口平底锅，将牛奶煮沸。

4. 把中筋面粉撒入锅中，翻炒5分钟。

5. 关火，倒入牛奶，用打蛋器搅拌至面糊起泡。中火加热并继续搅拌，沸腾后再煮3分钟。

6. 关火，逐个加入蛋黄，搅拌均匀后倒入1/3杯帕马森乳酪碎、盐、黑胡椒和肉豆蔻粉，试尝一下味道再酌情添加调味料。选用容量为1升的烤皿，内部涂上黄油，撒上乳酪碎，晃动烤皿，使乳酪碎均匀粘在烤皿中，多余的乳酪碎留下备用。

7. 制作蛋白霜。打发蛋清，加入少许盐、塔塔粉或几滴柠檬汁，打发至干性发泡状态。

8. 取1/3打好的蛋白霜，与芦笋泥、面糊混合，再倒入剩下的2/3蛋白霜，轻轻拌匀，做成舒芙蕾面糊。注意不要搅拌过度。

9. 将舒芙蕾面糊倒入准备好的烤皿中。端起烤皿在砧板上轻轻震几下，震出大气泡，在表面撒上剩余的乳酪碎。把烤皿放入烤箱中层，烤箱温度调低至190℃。

10. 烘烤20分钟，其间不要打开烤箱门。20分钟后，观察舒芙蕾的熟度。表面呈现漂亮的金黄色、膨胀至比烤皿高出5厘米时，再烤15分钟（如果你喜欢熟透的舒芙蕾，可以再烤20分钟）。

作为头盘可供4～5人享用，作为主菜可供3人享用。

芦笋三明治卷

三明治吐司　12片
亚尔斯堡乳酪（Jarlsberg cheese，或其他瑞士乳酪）　230克
第戎芥末　1/2杯
芦笋（煮熟）　12根
融化的无盐黄油　4大勺

1. 烤箱预热至230℃，在烤盘上刷一层薄薄的黄油。

2. 用擀面杖将吐司擀薄，尽量擀成8厘米×9厘米的长方形，然后切掉吐司边。

3. 把擀好的吐司放在砧板上，盖上湿布，静置10分钟。

4. 将亚尔斯堡乳酪切成手指长短的条，粗细与芦笋相当。

5. 在吐司上均匀地抹上第戎芥末，放上1根芦笋和1条乳酪，卷成三明治卷。接口向下，放在烤盘上。

6. 在三明治卷表面刷上黄油，放入烤箱上层烘烤10分钟左右，烤至金黄色，即可享用。

可以做12个三明治卷，供4～6人享用。

豆类

豆类也像其他主食一样，想方设法地想挤入上流社会。它们出现在优雅的宴会菜单上、重要的厨房里，渐渐摆脱了“平民出身”。如今，这种“复古的美味”以新鲜有趣的形象重登餐桌。豆类价格实惠，富含蛋白质。如果你觉得豆子过于单调，那肯定是低估了它们。

各种豆子

请从你信任的商家那里购买晒干的豆子。用冷水冲洗干净，然后筛除掺杂在里面的石子和杂质。再次把豆子冲洗干净后，盛入碗中，倒入足量冷水，大约没过豆子8厘米。按照食谱要求，豆子需要浸泡一整晚。这样干豆会吸收充足的水分。

黑眼豆（Black-eyed Peas）：美国南部地区人们的最爱，椭圆形，表面有一个黑色或黄色的斑点。

黑豆或黑皮豆（Black Beans or Black Turtle Beans）：皮黑个儿小，口感柔和，常见于墨西哥和南美地区的菜肴中。

意大利白豆（Cannellini）：也叫白芸豆，常用于做沙拉和汤，在意大利，还常被做成豆泥。

蔓越莓豆（Cranberry Beans）：体积较小的椭圆形豆子，表面有粉红色斑点。

蚕豆（Fava Beans）：也叫胡豆，体积较大，形状类似利马豆。

笛豆（Flageolets）：个儿小，呈椭圆形，一种口感细腻的绿色豆子。

鹰嘴豆（Garbanzos）：呈奶油色或浅棕色，味道有点像坚果，肉质紧实，常见于东印度、拉美和中东地区的菜肴中。

红芸豆（Kidney Beans）：椭圆形，呈粉红色或深红色，最适合做汤、烩菜以及和辣椒搭配烹调。

小扁豆（Lentils）：圆形小颗的扁平形豆子，通常呈绿褐色、棕色或橘红色。常用来做炖菜或沙拉，是我们最喜欢的豆类之一。

利马豆（Lima Beans）：口感柔和，扁平的圆形豆子，常用于做汤，或搭配猪肉。

粉豆（Pink Beans）：小个儿棕红色豆子，通常用来代替蔓越莓豆或黑白斑豆。

斑豆（Pinto Beans）：淡粉色中掺杂着褐色的豆子，常见于墨西哥菜肴中。

红豆（Red Beans）：比红芸豆、黑白斑豆和粉豆略小，常见于亚洲菜中。

黄豆（Soybeans）：个儿小，形状类似豌豆，呈浅棕色，亚洲人经常食用，并有数百年的历史。现在西方人也开始喜欢它了。

干豌豆（Split Peas）：绿色和黄色豆子，做汤的必备品。

白豆（White Beans）：口感细腻，有各种大小，包括白芸豆、菜豆，以及另外两种很有名的豆子——海军豆和白豌豆。

水煮四季豆

为每位客人准备100克左右的四季豆比较合适。摘掉豆荚两头，撕掉两侧的筋，以免影响口感。

准备一大锅水，加入适量盐，煮沸。将四季豆倒入锅中，再次煮沸后不要盖锅盖，其间不时翻拌一下，保证均匀受热。大约5～15分钟，四季豆便可煮好。煮制过程中要试尝一下，确保四季豆煮熟但仍脆嫩。吃起来不脆的四季豆意味着烹煮过度。

准备一大碗冰水。煮好的四季豆要马上倒入冰水中冷却，然后捞出，控除多余水分。这样可以保持四季豆的翠绿色泽和新鲜口感。食用或烹调前，需密封冷藏保存。

什么是天堂？那是一个栽满果树和香草、充满幸福和快乐的花园。

——威廉姆·劳森

四季豆配番茄

做这道菜，需要挑选皮最薄、最脆嫩的四季豆。搭配番茄，色泽亮丽，清新爽脆，既可趁热食用，也可冷却后享用。

橄榄油　1/3杯
四季豆　680克
大蒜（去皮切末）　2瓣
黄洋葱（去皮，切成细圈）　1个
小个儿成熟番茄（去皮去籽，切碎）　4个（约450克）
新鲜欧芹末　1/4杯
红葡萄酒醋　4 1/2大勺
干牛至　1 1/2小勺
盐　1/2小勺
现磨黑胡椒　1/2小勺

1. 在平底锅中倒入橄榄油，中小火加热后放入四季豆，翻炒至半熟，豆荚呈鲜亮的绿色。

2. 将火调小，加入蒜末和黄洋葱圈，翻炒1分钟。

3. 倒入番茄、欧芹末、红葡萄酒醋、干牛至、盐和黑胡椒，继续翻炒5分钟，直至汤汁有所减少。盛出后可立即食用，也可冷却至室温再享用。

可供4～6人享用。

秋季鸭肉配四季豆沙拉

这道主食沙拉一年四季都秀色可餐。

鸭子（新鲜或冷冻的皆可） 2 只（每只 2000 ~ 2300 克）
盐
新鲜橙汁 2 杯
糖 1/2 杯
新鲜蔓越莓 230 克
四季豆（择洗干净，煮熟） 680 克
山核桃仁 1 杯
新鲜柑橘（剥开） 需要 4 ~ 5 个柑橘
树莓油醋汁（见第 282 页） 适量
青葱（切末） 3 根

1. 取出鸭子内脏备用，去除腹腔内的油脂，去掉翅尖。将鸭子里外均匀地抹上适量盐，胸部朝上，放入足够大的浅烤盘中，静置恢复至室温。

2. 烤箱预热至 230℃。

3. 将鸭子放入烤箱中层，烘烤 15 分钟，然后将温度调低至 190℃，继续烘烤。其间，需要不时地倒掉积在烤盘底部的油。再烘烤 20 ~ 30 分钟，大约五成熟；若要全熟，需再烘烤 35 ~ 40 分钟。

4. 鸭子冷却后去皮，撕下两片鸭胸（鸭腿可作为午餐）。用锋利的刀子将鸭胸肉切成薄片。

5. 锅中倒入橙汁、糖和蔓越莓，中火煮沸，撇去浮沫。第一颗蔓越莓胀破时关火，静置冷却。滤掉糖水，保留蔓越莓，糖水也可留作他用 *。

6. 将鸭肉和四季豆平均分成 6 份，盛入 6 只餐盘中。

7. 将蔓越莓、山核桃仁和柑橘瓣平均分成 6 份，分装在 6 只餐盘中。

8. 淋上适量树莓油醋汁，再用青葱末做点缀，即可享用。

可供 6 人享用。

* 第 5 步留用的糖水可以做果汁冰糕或果汁冰饮。

新鲜豆子和豆荚

菜豆属豆类：

黑鱼子酱豆 Black Beluga Beans
矮菜豆 Bush Beans
卡里普索豆 Calypso Beans
白腰豆 Cannellini Bean
豇豆 Chinese Longbeans
蔓越莓豆 Cranberry Beans
白芸豆 Great Northern Bean
扁豆 Haricots Verts
绿扁豆 Green Fillet Beans
利马豆 Lima Beans
蚕豆 Marrow Beans
绿豆 Mung Beans
生菜豆 Pole Beans
紫色四季豆 Purple Beans
响尾蛇豆 Rattlesnake Bean
花皮豆 Romano Beans
红花菜豆 Runner Beans
海菜豆 Sea Beans
大豆 Soy Beans
鳟鱼豆 Trout Beans
蜡豆 Wax Beans

豌豆属豆类：

英式豆 English Peas
豆苗 Pea Shoots
荷兰豆 Snow Peas
甜豆 Sugar Snap Peas

黄油四季豆配腰果

淋上黄油、搭配腰果的四季豆，就像穿上了一身华服。

四季豆　680 克
无盐黄油　3 大勺
盐　3/4 小勺
现磨黑胡椒　1/2 小勺
新鲜欧芹末　1/4 杯
腰果　1 杯

1. 四季豆用沸水焯一下。

2. 小火融化黄油，加入盐、黑胡椒和欧芹末，混合均匀，做成黄油酱汁。

3. 将四季豆捞出，盛入温热的碗中，撒上腰果，再淋上黄油酱汁，轻轻拌一下，盛入餐盘中即可。

可供 6 人享用。

* 这道菜中还可以加入山核桃、杏仁、榛子、松子或其他你喜欢的坚果。

黑豆汤

橄榄油　1 杯
黄洋葱（切块）　3 杯
大蒜（去皮切末）　3 瓣
黑豆（用水浸泡一晚）　900 克
带骨火腿或熏蹄膀　1 个
水　7 升
干莳萝　2 大勺加 1 小勺
干牛至　1 大勺
月桂叶　3 片
盐　1 大勺
现磨黑胡椒　2 小勺
辣椒粉　少许
新鲜欧芹末　6 大勺
红柿子椒（去蒂去籽，切丝）　1 个
干雪利酒　1/4 杯
棕砂糖　1 大勺
新鲜柠檬汁　1 大勺
法式酸奶油（见第 414 页）　1 ~ 2 杯

食谱笔记

尽情展现你的厨艺，让食物在色泽、质地、口感和温度之间达到绝妙平衡，再配以完美的上餐节奏和精心的摆盘装饰，这些都是晚宴不可或缺的重要部分。

尽心尽力，力求完美！计划、思考、判断，一切努力都是值得的。

有些可怕的诱惑，需要力量与勇气来克服。

——奥斯卡·王尔德

1. 汤锅中加入橄榄油，中小火烧热后倒入黄洋葱和蒜末，小火翻炒至洋葱变软。

2. 黑豆洗净，与带骨火腿或熏蹄膀以及7升水一起倒入汤锅中。加入2大勺干莳萝、干牛至、月桂叶、盐、黑胡椒、辣椒粉以及2大勺欧芹末，煮沸后将火调小。开盖炖煮1.5～2小时，直至豆子变软，汤汁减少一半左右。

3. 将火腿或蹄膀盛至盘中，晾至不烫手后去骨，肉切成条，放回锅中。

4. 加入余下的欧芹末、柿子椒丝、1小勺干莳萝、雪利酒、棕砂糖和柠檬汁，再炖煮30分钟，其间不断搅拌。试尝一下味道再酌情添加调味料，盛出后点缀些法式酸奶油，即可趁热享用。

可供10～12人享用。

小扁豆汤

大块培根　110克

黄洋葱末　2杯

胡萝卜（去皮切丁）　2杯

大蒜（去皮切末）　3瓣

鸡肉高汤或牛肉高汤（见第416页）　7杯

干百里香　1小勺

香芹籽　1/4小勺

月桂叶　2片

现磨黑胡椒　适量

棕色小扁豆　$1^1/2$杯

盐　适量

1. 将培根切成小块，倒入汤锅中，中火翻炒至表皮焦脆，盛出备用。

2. 放入黄洋葱末、胡萝卜丁、蒜末，用锅中底油小火翻炒。盖上锅盖，焖至蔬菜变软，表面呈金黄色。

3. 倒入鸡肉高汤或牛肉高汤、干百里香、香芹籽、月桂叶、适量黑胡椒和小扁豆。煮沸后，将火调小，盖上锅盖，炖煮40分钟左右，直至小扁豆变软。

4. 夹出月桂叶，把一半的汤和食材倒入食品料理机，搅打成泥，再倒回汤锅中。

5. 试尝一下味道后酌情添加调味料，如有需要，可再加些盐。放入炒好的培根，稍微炖一下，即可上桌。

可供6～8人享用。

法式白豆炖肉

白豆炖肉，这种食材丰富的菜式，不禁让人联想起农家菜。是的，它是法国朗格多克地区的特色菜。朗格多克地处法国西南部，位于普罗旺斯和西班牙之间。这里有三个城市——图卢兹、卡斯泰尔诺达里和历史老城卡尔卡松，它们都称自己是白豆炖肉的故乡，这场关于正宗白豆炖肉的争论甚至还有愈演愈烈之势。虽然这三个地方的烹饪方法有所不同，但对于我们而言，都是白扁豆加上各种肉类，经过长时间炖煮，做成鲜而不腻、香喷喷的一锅美味。你一定会为这道菜倾倒，对它念念不忘。

做这道菜所需的肉类可用猪肉、羊肉、蒜味香肠和鸭肉（代替传统配料中的腌鹅）。我们这份改良后的食谱做法更简单，风味地道。白豆炖肉是个功夫菜（大概需要三四天的时间），在这个快节奏时代可算稀罕之物。把它作为令宾客印象深刻的重头菜，或者饕餮好友的冬日午宴，再合适不过。

佐以一杯葡萄酒吧，红葡萄酒、白葡萄酒或粉红葡萄酒，都是不错的选择，而餐后酒可以选择邻省加斯科尼地区的阿马尼亚克酒，或者浓烈的卡尔瓦索斯苹果白兰地。享受过后，毫无疑问，当然要小憩片刻了。

白豆炖肉

新鲜猪皮　230 克
干白扁豆（浸泡一晚）　900 克
鸭（带脖子和内脏）　1 只（2000 ~ 2300 克）
盐和现磨黑胡椒　适量
羊骨　450 克
羊肉（切成 2 厘米见方的小块）　1000 克
去骨猪肩肉（切成 2 厘米见方的小块）　900 克
干百里香　$1\frac{1}{2}$ 大勺
多香果粉　1 小勺
橄榄油　1 ~ 2 大勺
培根脂肪　1/3 杯
黄洋葱末　2 杯
胡萝卜（去皮，切碎）　3 根
干白苦艾酒　2 杯
番茄酱　170 克
牛肉高汤（见第 416 页）或罐装牛肉高汤　5 杯
大蒜（去皮）　9 瓣
月桂叶　5 片
新鲜蒜味香肠或波兰熏肠　680 克
腌咸猪肉　450 克
面包糠　4 杯
新鲜欧芹末　1 杯

1. 在猪皮内侧划上几刀，放入小锅中，倒入冷水，煮沸后炖 10 分钟。将水倒掉，再加入冷水煮沸，炖 30 分钟。将猪皮和第二次煮猪皮的水分开盛放，备用。

2. 烤箱预热至 230℃。

3. 将白扁豆洗净，放入容积约为 9 升的耐热炖锅中，加入冷水，没过豆子约 8 厘米，煮沸。将火调小，开盖煮 15 分钟，然后关火静置。

4. 将鸭翅尖切下，和鸭脖、鸭心和鸭胗放在一旁备用（鸭肝留作他用）。去除鸭腹腔内的脂肪，在腹腔中抹上盐和黑胡椒，然后放入小烤盘中，再将羊骨放入另一只小烤盘中。两只烤盘一同放入烤箱，烘烤 45 分钟，烤制时要及时倒掉烤盘底部的油脂。45 分钟后，鸭子应该还未全熟，而羊骨应该完全呈棕色。取出羊骨备用，将鸭子腹腔中的肉汁倒入碗中备用。鸭子冷却后，密封冷藏。

5. 在平底锅中倒入橄榄油，中火烧热，分批倒入羊肉块，翻炒至棕色，加入盐和黑胡椒调味。注意，不要一次倒入过多羊肉。炒好的羊肉盛入大碗中，备用。

6. 平底锅不用清洗，倒入猪肉块、预留的鸭内脏、鸭脖和鸭翅尖，中火翻炒，用盐、黑胡椒、1 小勺百里香和多香果粉调味。如果锅中太干，可以再加入 1 ～ 2 大勺橄榄油。猪肉炒至棕色后，盛入放有羊肉的碗中。保留肉汁，羊肉和猪肉密封冷藏，内脏、鸭脖和翅尖倒入盛有豆子的炖锅中。

7. 平底锅不用清洗，放入培根脂肪。小火加热后倒入黄洋葱末和胡萝卜碎翻炒至变软，然后将其倒入耐热炖锅中。

8. 在平底锅中倒入苦艾酒、预留的鸭肉肉汁、羊肉肉汁和猪肉肉汁。将火稍微调小，边煮边搅拌，直至苦艾酒稍稍蒸发一些，然后全部倒入炖锅中。

9. 烤箱预热至 180℃。

10. 将番茄酱、煮猪皮的水、牛肉高汤、百里香、羊骨和 6 瓣大蒜倒入耐热炖锅中，拌匀。如有需要可以再添些水，没过豆子。猪皮脂肪层向下，盖住锅内食物。

11. 煮沸后加盖，将耐热炖锅放入烤箱中层，烤制 2 ～ 2.5 小时，直至豆子变得非常软糯。取出后打开盖子，冷却至室温，其间不时翻拌一下。然后密封冷藏一晚。

12. 次日，用叉子将香肠肠衣扎破，放入一口平底锅中，加水炖煮 30 分钟，捞出后备用。

13. 把腌咸猪肉倒入平底锅中，加冷水煮沸后，炖 10 分钟。倒出煮肉水，再加入新的冷水煮沸，关火后静置备用。

14. 将耐热炖锅从冰箱中取出，挑出羊骨、月桂叶、鸭脖、翅尖以及内脏（如果你还能找到的话）。

15. 捞出咸猪肉，去皮，切成小块，放入食品料理机中搅打成泥。在搅打过程中，放入剩余的 3 瓣大蒜，搅打好后拌入豆子中。

16. 烤箱预热至 160℃。

17. 鸭子去皮，把肉从骨头上撕下来，切成大块。将鸭肉、羊肉以及猪肉一起放入炖锅中，香肠去除肠衣，切成小段，也放入炖锅中。

18. 烘烤前检查一下，如果炖锅中水量过少，可以倒入 1 ～ 2 杯温水。将面包糠和欧芹末充分混合，撒一半在炖锅中，煮开后将炖锅放入烤箱。

19. 开盖，烘烤 45 分钟后取出。将表面的面包糠拌入食材中，再将剩余的一半面包糠撒在表面。继续烘烤约 45 分钟，直至表层焦脆、呈金黄色，即可上桌。

可供 12 人享用。

猪浑身都是宝。人们为何忘恩负义，使它的名字成了一种耻辱？

——格里莫·德拉瑞尼尔，法国美食家

关于辣椒

辣椒共有一千多个品种，颜色、形状、辣度（从甘甜到魔鬼辣）各不相同，大家可以选择自己喜欢的。

烤甜椒，质地柔滑，口感浓郁，让人难以忘怀。烤制方法：将甜椒洗净，放入烤盘，将烤盘置于加热源上方 5 厘米处，不时翻面，直至甜椒表面呈均匀的焦黄色。烤好的甜椒静置 15 ~ 20 分钟，剥去表皮。去蒂去籽，放入保鲜盒内冷藏保存。最多可冷藏一周。

如果是有一定辣度的辣椒，建议在烹调前先试尝一下，因为同一品种的两个辣椒辣度可能也不一样。记住，越细、越长、越红的辣椒，通常会越辣，一定要小心。去蒂去籽，可以降低辣度。尽情享用辣椒带给你的美妙滋味吧。

白扁豆香肠彩椒汤

这是一道实在的汤，可以选用各种香肠——例如意大利辣香肠、德国蒜肠或其他你喜欢的品种。

软化的无盐黄油　4 大勺
黄洋葱末　2 杯
胡萝卜（去皮切丁）　2 根
大蒜（去皮切末）　3 瓣
欧芹　6 枝
干百里香　1 小勺
月桂叶　1 片
鸡肉高汤（见第 416 页）　4 杯
干白扁豆（浸泡一晚）　$1^1/_4$ 杯
红柿子椒　1 个
青柿子椒　1 个
橄榄油　2 大勺
预煮过的波兰熏肠　230 克
盐和现磨黑胡椒　适量

1. 把黄油放入大炖锅中，小火加热融化后加入黄洋葱末、胡萝卜丁和蒜末，翻炒至蔬菜变软、上色。

2. 加入欧芹、干百里香和月桂叶，倒入鸡肉高汤。白扁豆洗净，倒入锅中。煮沸后调至小火，半掩锅盖，炖煮 45 分钟 ~ 1 小时，直至豆子变得非常软。

3. 滤出汤汁，挑出月桂叶。将汤中食材倒入食品料理机中，再倒入 1 杯汤汁，搅打成泥。

4. 将搅打好的菜泥倒回锅中，再加入 2 ~ 3 杯汤汁，煮至令你满意的浓度。

5. 柿子椒去蒂切丝。在小平底锅中倒入橄榄油，中火烧热，加入柿子椒丝，煸炒至变软但仍脆嫩。用漏勺将炒好的柿子椒丝盛入汤中。

6. 波兰熏肠去肠衣，切片，放入汤中。半掩锅盖，中火加热约 15 分钟，直至完全热透。用盐和黑胡椒调味，即可上桌。

可供 4 ~ 6 人享用。

小扁豆核桃沙拉

绝佳的小扁豆核桃沙拉头盘，健康与美味的完美结合。

干小扁豆　$2\frac{1}{2}$ 杯
胡萝卜（去皮，切成 4 段）　3 根
中等大小的黄洋葱（去皮）　1 个
丁香　3 颗
鸡肉高汤（见第 416 页）或罐装鸡汤　$7\frac{1}{2}$ 杯
月桂叶　1 片
干百里香　2 小勺
白葡萄酒醋　1/3 杯
大蒜（去皮）　3 瓣
核桃油　1/2 杯
盐和现磨黑胡椒　适量
青葱（彻底洗净，保留葱叶，切末）　1 杯
核桃仁（分成两半）　1 杯
新鲜欧芹末（用于点缀）　适量

1. 将小扁豆洗净，捡出混在里面的小石子和杂质。

2. 将小扁豆倒入炖锅中，再加入胡萝卜、洋葱、丁香、鸡肉高汤、月桂叶和干百里香，中火加热。煮沸后，盖上锅盖，小火慢炖约 25 分钟，直至小扁豆变软但仍然保持原来的形状。随时撇去锅中浮沫，注意不要过分烹煮。

3. 其间，将白葡萄酒醋、去皮大蒜和核桃油倒入食品料理机中，搅打成奶油状的酱料。

4. 小扁豆煮好后，捞出胡萝卜、洋葱、大蒜和月桂叶。把小扁豆倒入碗中，将打好的酱料盛在温热的小扁豆上，轻轻拌匀，用盐和黑胡椒调味。待小扁豆冷却至室温后，再拌一下，密封冷藏一晚。

5. 上桌前撒入青葱末和核桃仁。根据个人喜好，还可以加入 1～2 大勺白葡萄酒醋或核桃油，然后轻轻拌匀。再撒一大把欧芹末，准备好胡椒研磨器，即可上桌。

作为头盘可供 6～8 人享用。

食谱笔记

如果你喜欢在家招待亲朋好友，那么选择适合冷藏或常温保存且口感仍佳的菜品，将是非常明智的。这能有效帮助你避免时间紧张时在厨房中手忙脚乱。

如果时间有限，请选择那些无须烹调，只需将食材简单搭配装盘即可完成的菜品，例如开胃菜或者各种熟食。

通常我们都会准备比实际人数多一些的菜肴，以备不时之需。这样也更显得主人亲切有礼。

胡萝卜

美味百搭的胡萝卜常出现在我们的四季菜单中。胡萝卜有很多种，法式胡萝卜、迷你胡萝卜、圆胡萝卜以及各种黄色胡萝卜，令人目不暇接。它天然的香甜味道可以让汤类更加可口，生食、做成沙拉或甜点，稍加烹调或烘烤，都很美味。胡萝卜和味道浓郁的食材一起烹调，尤其诱人。它能为与之搭配的食材增色不少，是肉类和其他根茎蔬菜的最佳搭档。

在18世纪～19世纪初期的英国，胡萝卜还是种新奇的食物。其顶部的绿叶和女士礼帽上优雅的羽毛很像，因此备受赞誉。

猎人胡萝卜

一道好吃的秋日配菜。胡萝卜适合搭配鸭肉、鹅肉、羊肉等各式肉类，要想别出心裁，上菜前在胡萝卜上撒一些帕马森乳酪碎即可。

野生干蘑菇　15 克
马德拉白葡萄酒　1/2 杯
特级初榨橄榄油　3 大勺
细长的胡萝卜（去皮，斜切成 1 厘米厚的片）　680 克
盐　少许
意大利熏火腿（切成细丝）　30 克
大蒜（去皮切末）　2 大瓣
新鲜欧芹末　3 大勺
现磨黑胡椒　适量

1. 干蘑菇洗净控干后，放入马德拉白葡萄酒中浸泡 2 小时。捞出蘑菇，保留葡萄酒，蘑菇切碎备用。
2. 在大平底锅中倒入橄榄油，中小火烧热后倒入胡萝卜片，调至中火，翻炒 10 分钟，用盐调味。
3. 加入切碎的蘑菇和马德拉白葡萄酒，继续翻炒 10 分钟左右，直至胡萝卜变为浅棕色。
4. 放入意大利熏火腿，翻炒几分钟。
5. 拌入蒜末和欧芹末，撒上现磨黑胡椒，然后将胡萝卜盛入热餐盘中，即可享用。

可供 4 ～ 6 人享用。

食谱笔记

混搭能调动聚会的气氛。不要犹豫，请将你最爱的桌布、餐具和花瓶搭在一起，即便它们的颜色和款式不那么协调也无妨。复古风和现代风餐盘混搭，新旧竹篮摆放在一起，你会发现别有一番乐趣。记住，这是你展示个人风格和品位的大好时机。

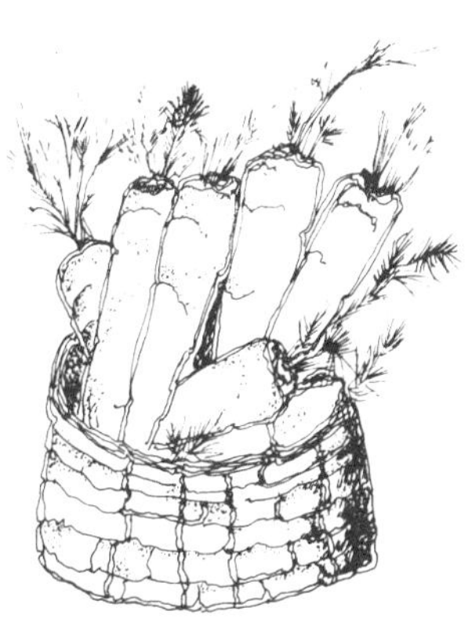

解释自然界的一切适用最简原则。

——牛顿

姜，温热、芳香，能将胡萝卜的口感提升至一个新境界。

姜糖胡萝卜

这道菜甜中带辣，无论何时，这都是一个烹制胡萝卜的好方法。

中等大小的胡萝卜（去皮，切大块） 12 根
融化的无盐黄油 4 大勺
棕砂糖 1/4 杯
姜末 $1^{1}/_{2}$ 小勺
葛缕子 1/2 小勺

1. 把胡萝卜块放入平底锅中，倒入没过胡萝卜的冷水，中火炖煮 25 ~ 30 分钟，直至胡萝卜变软。

2. 另取一口平底锅，放入黄油，小火加热融化后放入棕砂糖、姜末和葛缕子，炒匀后盛出作为调味汁。

3. 捞出煮熟的胡萝卜块，倒掉锅中的水后再把胡萝卜块倒回锅中。将调味汁浇在胡萝卜上，小火翻炒 5 分钟。

4. 盛入盘中，即可上桌。

可供 6 人享用。

冬日蔬菜沙拉

这道鲜脆的沙拉以冬日里最容易买到的 4 种蔬菜——西蓝花、菜花、豌豆和结实的胡萝卜为主要原料，龙蒿和芥末为其增添了特色。冷藏一晚，口感会变得更好。

西蓝花（掰成小朵） 1600 克
菜花（掰成小朵） 1600 克
中等大小的胡萝卜（去皮，切成 6 毫米厚的片） 3 根
冷冻豌豆 280 克
第戎芥末 3/4 杯
酸奶油 3/4 杯
自制蛋黄酱（见第 413 页） 3/4 杯
香芹籽 2 小勺
干龙蒿（打碎） 2 大勺
新鲜欧芹末 1/2 杯
现磨黑胡椒 适量

1. 煮沸一大锅盐水，倒入西蓝花，水沸腾后再煮 1 分钟。捞出西蓝花后立即放入冰水中。不要关火。

2. 将菜花倒入沸水中，煮至沸腾后再煮 2 分钟。捞起菜花，立即盛入冰水中。

3. 依次放入胡萝卜和豌豆煮熟，每种蔬菜约煮 1 分钟即可。

4. 将全部蔬菜沥干水后倒入大碗中，混合均匀。

5. 另取一只碗，倒入各种调味料，拌匀后淋在蔬菜上，稍微拌一下。上桌前需密封冷藏。

可供 6 人享用。

树莓醋腌胡萝卜

这道菜酸甜中带着一丝辛辣，适合搭配馅饼或者作为开胃菜享用。

胡萝卜　680 克
树莓醋　1/3 杯
特级初榨橄榄油　1/2 杯
现磨黑胡椒　适量

1. 胡萝卜去皮，切成约 3 毫米厚的片。煮沸一锅盐水，倒入胡萝卜片，煮至变软，但仍爽脆。

2. 捞出胡萝卜片，倒入碗中，趁热淋上树莓醋，加入足量橄榄油拌匀。至少冷藏一晚，当然，胡萝卜可以冷藏保存几天（口感还会有所提升）。

3. 上桌前，取出胡萝卜片恢复至室温。用漏勺将胡萝卜片盛出，胡萝卜片表面应沾裹着一些树莓醋和橄榄油。撒上黑胡椒调味后即可享用。

可供 6 人享用。

草地上的野餐

乡村肉酱派配核桃

树莓醋腌胡萝卜

法式土豆沙拉配培根

蔬菜什锦

柠檬烤鸡

苹果葡萄干蛋糕

打理园艺是件非常美好的事。你或许会出丑，或许能成功，总之都会看到最后的结果。

——歌德

胡萝卜沙拉

这是一道口感爽脆、色彩明艳的法式胡萝卜沙拉。

大个儿胡萝卜（去皮） 3 根
干红醋栗 1/2 杯
中等大小的柠檬（取汁） 1 个
中等大小的橙子（取汁） 1 个
植物油 1/4 杯
新鲜薄荷末 1/4 杯
现磨黑胡椒 1/8 小勺

1. 用食品料理机将胡萝卜简单打碎。

2. 将胡萝卜碎和其他食材倒入碗中拌匀，密封冷藏一段时间后即可享用。

作为开胃菜可供 4 ~ 6 人享用。

橙香烤胡萝卜

特级初榨橄榄油 $2^{1}/2$ 大勺
胡萝卜（去皮，切成 5 厘米长的段） 900 克
蜂蜜 2 大勺
马尔顿海盐或粗盐 1 小勺
现磨黑胡椒 适量
橙皮碎 需要 1 个橙子

1. 烤箱预热至 200℃，预先在烤盘上刷一层橄榄油。

2. 煮沸一大锅盐水，倒入胡萝卜，煮 5 分钟。捞出胡萝卜，控干后盛入碗中，倒入橄榄油、蜂蜜、盐和黑胡椒，拌匀。

3. 将胡萝卜摆放在烤盘上，注意不要叠放，烘烤约 40 分钟，直至胡萝卜表面呈焦糖状。在烘烤过程中，打开烤箱把胡萝翻面 2 ~ 3 次，以免粘在烤盘上。

4. 将胡萝卜盛入碗中，撒上橙皮碎，即可上桌。

可供 4 人享用。

茄子

茄子原产于亚洲热带地区，后来慢慢出现在印度、中东和地中海地区的餐桌上。现在，茄子也是美国人的家常菜，不过神秘的深紫色球状茄子已经被白色、淡绿色、紫罗兰色、黑色、黄绿色、橘色甚至带条纹的近亲抢走了风头。这些色彩丰富的茄子身型修长,曲线饱满。无论什么颜色的茄子，味道都不太容易把握。只有用大蒜、味道浓郁的蔬菜和新鲜香草提味，它们的口感才是最棒的。

烹制茄子

茄子是我们的最爱，因为它们做法多样，而且全年都能买得到，但我们只选择肉质紧实、表皮光滑、没有皱纹和斑点的茄子。茄子最好在购买后1～2天内食用。

水分含量高的茄子会有一点苦，同时，茄子在煸炒过程中会吸收大量油脂。用盐腌一下或用沸水焯一下，可以解决这两个问题。按照具体食谱的要求，把茄子切成特定的形状，但通常没有必要去皮。将茄子放入滤网中，撒上适量盐，静置约1小时后，茄子开始渗出水。把它们冲洗控干，用厨房纸擦干。另外，还可以把茄子或者放在煮沸的盐水中快速焯1～2分钟。这样，茄子会变得更加绵软，同时去除了苦涩味道。

煸炒茄子时，尽量使用食谱中写明的油量，至少要让锅壁上沾一层油。烹饪时应该在锅完全烧热后再放入茄子，然后不停地翻炒，使它们每一面都均匀沾裹上油。这时就不要再倒油了！因为即使用盐腌渍或焯过水，茄子仍然会吸收大量油脂，此时再加油，会让菜变得十分油腻。如果锅中看上去比较干，可以加快翻炒的速度，直至茄子呈棕色，然后把它们盛在厨房纸上，吸去多余油脂。

罗勒

一直以来，罗勒都是皇室的象征。在很多传说中，只有帝王使用的金色镰刀才能够收割这芬芳的香草。对于我们而言，罗勒意味着丰收、富饶和温暖夏日的到来。只要让它们一直保持茂密，即使频繁地采摘，也无妨。这种慷慨的植物从仲夏到第一次霜降，都能为你带来收获的喜悦。

市场上，可供选择的罗勒种类日益增多，有热那亚罗勒、拿波里罗勒、甜罗勒、意大利大叶罗勒、泰国罗勒、柠檬罗勒、青柠罗勒、巧克力罗勒、生菜罗勒、非洲蓝、黑欧泊和紫皱叶罗勒等。每一种都有细微的差别，每一种也都有忠实的拥趸。

所幸，我们可以用各种方法，将品尝新鲜罗勒的时期延长。把洗净的新鲜罗勒或晒干的罗勒叶打碎，倒入足量橄榄油，可以制成细腻的酱料。将罗勒酱盛入容器中，表面淋上一层橄榄油，每次使用后,再以橄榄油封存。这样，放入冰箱至少可以保存 6 个月。夏季可以分批制作罗勒酱，用这种方法保存。这确实是一整年奢侈的享受。

最后再教你一招：将干罗勒浸泡在少许红葡萄酒或烈性酒（如苦艾酒）中，当然我们也推荐意大利斯特雷加黄酒（Strega）、伏特加和白葡萄酒。几天后捞出，切碎，拌上等量的新鲜欧芹末。当菜谱中需要新鲜罗勒时，可以用它来代替。此时闭上眼睛，你仿佛可以听到草丛中蟋蟀的叫声。

茄子沙拉配罗勒

这是一道漂亮的夏日沙拉。

中等大小的茄子（切成 4 厘米见方的小块，不去皮） 3 个（共约 2000 克）
特级初榨橄榄油 1 杯
粗盐 1 小勺
大蒜（去皮切末） 4 瓣
大个儿黄洋葱（去皮后切成薄片） 2 个
现磨黑胡椒 适量
新鲜罗勒叶（简单切碎） 1 杯
新鲜柠檬（取汁） 2 个

1. 烤箱预热至 200℃。

2. 在烤盘上铺一张锡纸，放上茄子块，倒入 1/2 杯橄榄油、粗盐和蒜末，拌匀。放入烤箱烘烤约 35 分钟，直至茄子变软，但还未成泥状。冷却一下，盛入大碗中。

3. 在平底锅中倒入剩余的橄榄油，中火烧热后放入黄洋葱末翻炒，加盖焖至洋葱变软，然后倒入盛有茄子的大碗中。

4. 用黑胡椒简单调味，再拌入新鲜罗勒和柠檬汁，冷却至室温即可。

可供 6 ～ 8 人享用。

茄泥素鱼子酱

这道菜完全冷却后，搭配烤面包，可以作为头盘或开胃菜。

茄子 900 克
大蒜（去皮切片） 4 瓣或酌情增加用量
盐和现磨黑胡椒 适量
酱油 1 小勺
特级初榨橄榄油 1/4 杯
中等大小的番茄（去皮去籽，切碎） 1 个
金色葡萄干 1/4 杯
烤松仁（见第 202 页“烤坚果”） 1/4 杯
新鲜欧芹末（用于点缀） 适量

1. 烤箱预热至 180℃。

2. 将茄子纵向切成两半，用小刀在茄子肉上切几道深口。注意，不要把茄子皮扎穿。将蒜片插入切口中，在切面上撒少许盐，放入烤盘中，烘烤 1 小时。

3. 取出茄子，完全冷却后，轻轻挤掉多余的汁水。将茄子肉和蒜片挖出，盛入碗中，用叉子捣成泥。

4. 加入盐和黑胡椒调味，拌入酱油、橄榄油、番茄和葡萄干。密封后放入冰箱冷藏一整晚，做成茄泥素鱼子酱。

5. 上桌前，将茄泥素鱼子酱拌匀，试尝一下味道再酌情添加调味料。最后撒上烤松子和欧芹末，即可享用。

可以做 2 杯茄泥素鱼子酱，作为头盘可供 4 人享用。

普罗旺斯蔬菜浓汤

这款传统的法式蔬菜浓汤是理想的户外晚餐。

特级初榨橄榄油　2 杯
茄子（切成 4 厘米见方的小块）　1800 克
盐　2 小勺
白洋葱（去皮切末）　680 克
中等大小的西葫芦（纵向切成 4 等份，再切成 5 厘米长的条）　7 个
中等大小的红柿子椒（去蒂去籽，切成 1 厘米宽的条）　2 个
中等大小的青柿子椒（去蒂去籽，切成 1 厘米宽的条）　2 个
蒜末　2 大勺
罐装樱桃番茄（沥干）　3 罐（约 1500 克）
番茄酱　180 克
新鲜欧芹末　1/4 杯
新鲜莳萝　1/4 杯
干罗勒　2 大勺
干牛至　2 大勺
现磨黑胡椒　适量

1. 烤箱预热至 200℃。

2. 在大烤盘中铺上锡纸，倒入 1 杯橄榄油，放入茄子块，撒上盐拌匀。用另一张锡纸紧紧盖住烤盘，烘烤约 35 分钟，直至茄子熟透但还未软烂。撕开锡纸，备用。

3. 在平底锅中倒入剩余的橄榄油，烧热，倒入白洋葱、西葫芦、柿子椒和蒜末，中火煸炒至蔬菜变软、上色。加入樱桃番茄、番茄酱、欧芹末、莳萝、干罗勒、干牛至和黑胡椒，一边翻拌，一边炖煮 10 分钟。

4. 倒入茄子块，再炖 10 分钟，酌情添加调味料。做好的浓汤可趁热食用，也可冷却至室温享用。

可供 12 人享用。

烤坚果

烤箱预热至 200℃，将坚果或坚果仁撒在烤盘上，注意不要叠放，烘烤 5 ~ 7 分钟。烤制过程中，翻拌 1 ~ 2 次（也可用锅中火翻炒大约 3 分钟），当坚果或坚果仁变成浅棕色时，立刻盛入盘中，否则烤盘的温度也许会将它们烤煳。烘烤后的坚果或坚果仁可以冷冻，以便长时间保存。

地中海夏日午餐

茄泥素鱼子酱

口袋面包

希腊嫩羊肉沙拉佐柠檬蒜味蛋黄酱

普罗旺斯蔬菜浓汤

胡萝卜泥佐意式油醋汁

新鲜水果沙拉

地中海焦糖蛋糕

意式千层乳酪茄子

按照如下方法做出的茄子，比普通做法更清爽可口。

茄子　900 克
盐　适量
里科塔乳酪　2 杯
鸡蛋　2 个
帕马森乳酪碎　1/4 杯
新鲜欧芹末　1 杯
盐和现磨黑胡椒　适量
橄榄油　1/2 杯
番茄酱（见第 418 页）　2 杯
马苏里拉乳酪碎　230 克

1. 烤箱预热至 200℃。

2. 将茄子切成 1 厘米厚的片，放入滤网中，撒适量盐，腌渍 30 分钟。

3. 混合里科塔乳酪、鸡蛋、帕马森乳酪碎和欧芹末，用盐和黑胡椒调味，做成里科塔乳酪酱。

4. 将腌过的茄子片冲洗干净，用厨房纸吸除多余水分。在大平底锅中倒入 2 大勺橄榄油，中低火烧热，直至开始冒烟。将 1/2 的茄子片放入锅中，注意不要叠放，快速翻炒，使茄子片两面均匀沾上油。将火调小，煎至两面呈浅棕色（茄子片下锅后，不要再加橄榄油）。将煎好的茄子放在厨房纸上，吸去多余的油脂。锅中再倒入 2 大勺橄榄油，按照如上方法煎制剩余的茄子片。

5. 首先制作第一层乳酪茄子。将半杯番茄酱倒在 23 厘米 ×30 厘米的椭圆形烤盘中，铺上一层茄子片，每片茄子上盛一大勺里科塔乳酪酱，然后撒上 1/3 的马苏里拉乳酪碎。按照如上方法做出第二层，盖住第一层茄子片之间的空隙，依次撒上里科塔乳酪酱和马苏里拉乳酪碎。然后按照同样的方法做最后一层。最后倒上剩下的番茄酱，中间撒上余下的里科塔乳酪酱，四周撒上马苏里拉乳酪碎。

6. 将烤盘放入烤箱中层，烘烤 25 ~ 30 分钟，直至茄子片变成棕色、乳酪起泡。取出后静置 10 分钟即可上桌。

可供 4 ~ 6 人享用。

新鲜香草

对于我们来说，新鲜香草是必不可少的，但是也有一些人一辈子都没用过，烹调出来的菜肴依旧美味。如果你属于前者，可以尝试自己种一些香草。我们有一些朋友对于其他事物可能都无所谓，却在浴缸里、花盆里、罐子里或者露台上，痴迷地种起了香草。

用新鲜香草代替干香草时，要特别谨慎；当然，反之亦然。通常的换算比例是，用 2 ~ 3 倍的新鲜香草代替干香草。不过，一切最终都要由你的味蕾来决定。

如果只能在满园的香草中选择一种，我会选择罗勒。

——伊丽莎白·戴维

香草茄子

切碎的新鲜罗勒、百里香、迷迭香或牛至　1 大勺
新鲜欧芹末　1 大勺
大蒜（去皮切末）　1 瓣
茄子　450 克
盐和现磨黑胡椒　适量
橄榄油　2 大勺

1. 烤箱预热至 180℃。

2. 混合新鲜香草末、欧芹末和蒜末。

3. 将茄子纵向切成两半，用小刀在茄子肉上划一些小口，注意不要将茄子皮扎穿。将香草蒜末塞入切口中，撒适量盐和黑胡椒调味。每半个茄子再淋上 1 大勺橄榄油。

4. 烘烤 30 分钟左右即可，撒上一些新鲜香草趁热食用，冷却至室温食用口感更佳。

可供 2 人享用。

夏日烤蔬菜

用这种方法烹调蔬菜时，盐会使蔬菜脱去一部分水分，但蔬菜本身的味道也因此变得更加浓郁，橄榄油会让蔬菜变得油润。可以趁热食用，冷却至室温后味道更佳。

小西葫芦（约 8 厘米长）　6 个
小茄子（约 8 厘米长）　6 个
新鲜四季豆（择洗干净）　450 克
新土豆（洗净）　1 个
特级初榨橄榄油　1/3 杯
粗盐　2 大勺

1. 烤箱预热至 190℃。

2. 将蔬菜洗净，沥干水后，放入浅烤盘中。

3. 淋上橄榄油，再撒上粗盐。

4. 将烤盘放在烤箱中层，烘烤至蔬菜呈棕色、表皮起皱。西葫芦和茄子大约 30 分钟熟透，土豆大约需要 1 小时。当蔬菜变软时，将它们盛入餐盘。

5. 冷却至室温，随时都可享用。

可供 6 人享用。

烹调混合蔬菜时，丰富的色彩与味道、口感同样重要。这道夏日烤蔬菜需要用到茄子、西葫芦、四季豆和新土豆——你还可以尝试选用胡萝卜、小洋蓟以及各种颜色的柿子椒。

蘑菇

蘑菇可以一夜之间出现在各种神秘的地方。几个世纪以来，它们都是神话和民间故事里不可或缺的元素。蘑菇经常出现在雨后，因而曾被认为是雷电的产物。直到今天，它们仍被当作像小精灵、小矮人和小仙女一样有魔力的植物。在古希腊神话中，它们被视为“供奉神祇的食物”。

人工培育的蘑菇

如今，除了野生蘑菇，市场上还有许多人工培育的品种。人工培育的蘑菇与同品种的野生蘑菇相比，味道通常没有那么浓郁，但也很美味，且产量稳定。现在，草菇、白蘑菇、金针菇和松茸等常见品种在市场都能买到，更令人兴奋的是，羊肚菌、大褐菇和牛肝菌也时常有售。这些人工培育的蘑菇和野生蘑菇完美搭配，无论新鲜的还是晒干的，都让曾经昂贵的蘑菇变得更加大众化。

野生蘑菇

地球上生长着数不尽的野生菇类，采摘它们也并非仅是极少数人能做的，前提是你必须是个内行。虽然一些蘑菇有毒，但借助书籍和各种指南，经过学习和仔细观察，初学者也无须担心，但一定要小心，依照前辈的经验：不要食用没有明确指明无毒的蘑菇!

在美国的一些州，春秋两季仍是采摘蘑菇的时节。全家人会欢乐地采摘整整几篮，然后冲回家下厨。蘑菇通常长在橡树和苹果树下，烹调前需要仔细清洗。即使没有属于自己的秘密采摘地，农贸市场上还有大量的野生蘑菇供你挑选。每一种蘑菇的名字都能激发你的想象：牛肝菌、金色鸡油菌、黄脚鸡油菌、舞茸、蓝脚菇、杏鲍菇、喇叭菇、法国号菇、滑子菇、刺猬菌、龙虾菌、蓝牡蛎蘑菇、蛤壳菇、菜花菇、鸡腿菇和小蘑菇……它们的独特风味会令你上瘾。

如果你不喜欢在树丛中漫步，也不要紧，晒干的野生蘑菇味道也相当不错。通过浸泡蘑菇可以恢复原来的形状，虽然味道和新鲜时不大一样，但口感和质地依旧很棒。

请从信誉好的商店或批发商那里购买野生干蘑菇。干蘑菇可能会有蠕虫或其他昆虫，但考虑周到的店主会及时检查处理。蘑菇下锅前要用冷水冲洗浸泡，更聪明的办法是，用食谱中将要用到的汤汁浸泡，这样可以保留蘑菇的全部风味。马德拉白葡萄酒、波特酒或鸡肉高汤是最好的选择，柠檬汁有时也可以。

野生干蘑菇经过浸泡，通常要切碎，用黄油煸炒。我们可以将60克野生干蘑菇和450克煎过的鲜蘑菇搭配，两者的口感和质地可谓相得益彰。同时，这种方法成本不高，却能使一道菜拥有野生蘑菇的香气。

以下是我们最喜欢的一些蘑菇，无论是新鲜的还是晒干的，大都比较容易买到。

牛肝菌（Cepes/Porcini）：谢天谢地，现在也能买到新鲜的牛肝菌啦。过去，我们通常只能用干的或罐装牛肝菌。这种菌类生长在橡树、栗树和山毛榉林中。牛肝菌属于牛肝菌属，它能使野味、禽肉或调味料更加鲜美。

小黄鸡油菌（Chanterelles）：常被叫作“小高脚杯”，呈红黄色，有状如杯子的蘑菇帽，美味可口，并且有一点杏子的味道。

初秋鸡油菌（Girolles）：这些金黄色的蘑菇生长在落叶林中，外形精致，让人联想起清晨的阳光。最适合搭配煎蛋卷。

羊肚菌（Morels）：这是唯一在质地和香气上能与松露相媲美的菌类，适合浸泡后小火慢煎。

橙盖鹅膏菌（Orange Mushrooms）：有红黄色的菌帽，口感很棒。

平菇（Oyster Mushrooms）：色白精致,通常被称为“哭泣的人”，因为新鲜的平菇经过翻炒，会产生大量汤汁。

灰喇叭菌（Trompettes des Morts）：这种菌颜色灰黑，呈喇叭状，多生长在法国葡萄园四周。一般会先用葡萄酒软化，再填上肉馅烹调。干喇叭菌有一丝松露的味道。

松露（Truffles）：久负盛名的菌类，神秘的味道令人们痴狂。它价格昂贵，并且必须趁新鲜食用。

在法国，尤其是佩里戈尔地区,出产大量黑松露。在这里，松露曾被认为是有害之物。它们生长在橡树林中，每到秋日，人们会利用受过训练的猎犬或家猪采集松露（饲养这些动物的饲料中含有松露，因此它们对松露的气味很敏感）。

深秋和冬季时，可以买到新鲜的松露，虽然价格昂贵，但那神奇的美味绝对物有所值。当然也有罐头装或瓶装的，用食用油或奶油封存的，以及切碎的或煸炒过的松露。对我们而言，它们同样美味。

产自意大利皮埃蒙特地区的白松露比黑松露味道更浓烈，价格也更加昂贵。最佳烹调方法是将整棵松露擦碎后，撒在意大利面上或搭配煎蛋；还可以将它们切成薄片，放入黄油中稍微加热。

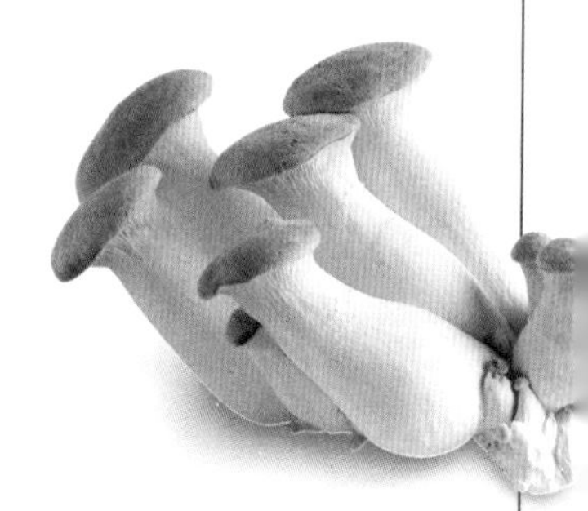

野生菌菇浓汤

干牛肝菌、羊肚菌或鸡油菌　60 克
马德拉白葡萄酒　1/2 杯
软化的无盐黄油　8 大勺
黄洋葱末　2 杯
新鲜蘑菇　900 克
盐和现磨黑胡椒　适量
鸡肉高汤（见第 416 页）　4 杯
高脂鲜奶油（可选）　2 杯

1. 将干蘑菇放入滤网中，用冷水冲洗干净。倒入马德拉白葡萄酒中，浸泡 1 小时，其间不时搅拌一下。

2. 在炖锅中放入黄油，小火加热融化后倒入黄洋葱末煸炒，盖上锅盖，焖至洋葱变软、上色。

3. 新鲜蘑菇去柄，洗净，切成薄片，倒入炖锅中，加入盐和黑胡椒调味，开盖小火炖煮 15 分钟，其间不时翻拌一下。

4. 将浸泡好的干蘑菇用漏勺小心捞出，放入炖锅中，马德拉白葡萄酒静置沉淀一会儿再缓慢倒入锅中（不要倒入酒中的沉淀物）。

5. 倒入鸡肉高汤，煮沸后将火调小，加盖炖煮 45 分钟左右，直至蘑菇变得非常柔软。

6. 滤出汤汁，将汤中的食材放入食品料理机中，倒入 1 杯汤汁，搅打成泥。

7. 将蘑菇泥倒回锅中，中火加热，试尝一下味道再酌情添加调味料。如果汤比较稠，可加入高脂鲜奶油稀释一下，煮至锅中开始冒热气，即可盛出上桌。

可供 6 ～ 8 人享用。

奶油蘑菇汤适合搭配法式可丽饼，或者做煎蛋卷的馅料，搭配酸面团面包也很美味。

奶油蘑菇汤

新鲜白蘑菇　900 克
软化的无盐黄油　4 大勺
盐　1 小勺
现磨黑胡椒　1/4 小勺
肉豆蔻粉　少许
高脂鲜奶油　1/3 杯
马德拉白葡萄酒　2 大勺
酱油　1 大勺
新鲜欧芹末　1/2 杯

1. 白蘑菇洗净，去柄，切成厚片。

2. 在大平底锅中倒入黄油，小火加热融化。放入蘑菇片，将火调大，翻炒约 5 分钟，直至蘑菇出水变软。

3. 将火调小，加入盐、黑胡椒和肉豆蔻粉调味，翻炒 5 分钟。

4. 用漏勺将蘑菇片盛入碗中，将高脂鲜奶油、马德拉白葡萄酒、酱油倒入锅中煮沸，直至酱汁减少一半。

5. 将蘑菇片倒回锅中，炖煮 1 ~ 2 分钟，热透。加入欧芹末，即可上桌。

可供 4 人享用。

香煎丛林野生菌

这道菜中有各种菌菇，适合搭配猪肉或野味。

干牛肝菌　30 克
干喇叭菌　30 克
新鲜羊肚菌　115 克（或 30 克干羊肚菌）
马德拉白葡萄酒　$1^{1}/_{2}$ 克
新鲜草菇　900 克
软化的无盐黄油　6 大勺
珍珠洋葱末　1/4 杯
大蒜（去皮切末）　4 瓣
新鲜欧芹末　1/2 杯
盐　1/2 小勺
现磨黑胡椒　适量
新鲜柠檬（榨汁）　1 个

1. 干蘑菇放入滤网中，用冷水冲洗干净。

2. 将干蘑菇和马德拉白葡萄酒倒入碗中，密封静置 1 小时，其间不时搅拌一下。

3. 新鲜蘑菇去柄、洗净，切成两半。

4. 在大平底锅中放入一半黄油，小火加热融化，再倒入切好的新鲜蘑菇，大火翻炒 5 分钟。

5. 用漏勺捞出蘑菇，简单切碎，连同剩余的黄油、珍珠洋葱末、蒜末和欧芹末倒入锅中，小火翻炒 10 分钟。最后将经过沉淀的马德拉白葡萄酒倒入锅中（不要倒入酒中的沉淀物）。

6. 用盐和黑胡椒调味，盛入热餐盘中，淋上新鲜柠檬汁，即可上桌。

可供 8 ~ 10 人享用。

还有什么东西比蘑菇更神秘、更令人兴奋吗？

——艾米·法尔格斯，
《蘑菇发烧友食谱》作者

法式早午餐

牛角面包配黄油和果酱

黑森林奶油蛋糕

香煎丛林野生菌

新鲜水果篮

法国山羊乳酪

法式牛奶咖啡

如果没有足够多的松露，我绝不做任何与松露相关的菜。

——科莱特

香煎蘑菇丁

这道简单的香煎蘑菇丁用法多多，可以做酿蘑菇、烤鸡或煎蛋卷的馅料，也可以加在炒蛋中。此外，1 ~ 2勺蘑菇丁可以有效增加汤或沙司的浓度，一片简单的烤鸡肉搭配一勺奶油蘑菇丁，马上就能变身为美味佳肴。

这道菜既用到了人工培育的蘑菇，也用到野生干蘑菇，口感绝佳。食材用量可以轻松减半，不过鉴于蘑菇易于冷藏，所以多做一些也无妨，可以减少以后的工作量。

野生干蘑菇（牛肝菌、羊肚菌、喇叭菌或三者混合） 30 ~ 60克
马德拉白葡萄酒 1/2杯
新鲜蘑菇 1200 ~ 1400克
软化的无盐黄油 8大勺
大个儿珍珠洋葱（去皮切末） 2个
黄洋葱末 1杯
干百里香 1小勺
盐 $1\frac{1}{2}$小勺
肉豆蔻粉 少许
现磨黑胡椒 适量
新鲜欧芹末 1/2杯

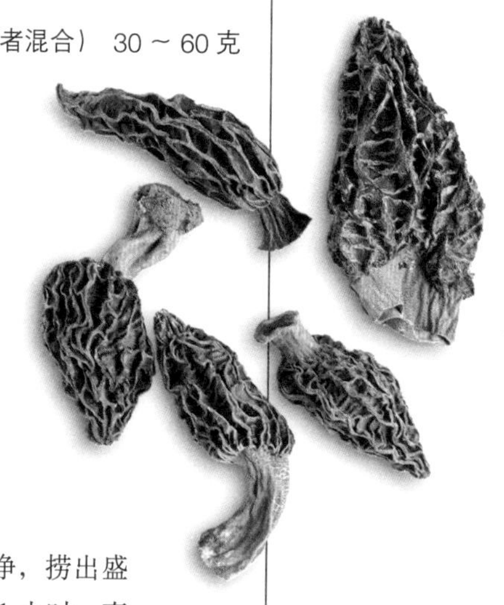

1. 把干蘑菇倒入滤网中，用冷水冲洗干净，捞出盛入小碗中。倒入马德拉白葡萄酒，至少浸泡1小时，直至蘑菇变软。

2. 新鲜蘑菇去柄，洗净，切碎。

3. 在大平底锅中放入黄油，小火加热融化，倒入珍珠洋葱末和黄洋葱末，盖上锅盖，小火焖至洋葱变软、上色。

4. 把切碎的新鲜蘑菇倒入锅中，大火翻炒5分钟，直至蘑菇变软出水，加入干百里香、盐、肉豆蔻粉和黑胡椒调味。

5. 其间将干蘑菇用漏勺捞出，放入食品料理机中，再倒入沉淀过的马德拉白葡萄酒（不要倒入酒中的沉淀物），搅打成柔滑的泥。然后倒入锅中，将火调小，不时翻拌一下，煮大约40分钟，直至汤汁减少、变稠。快要出锅时，要不断地翻拌，防止粘锅。

6. 关火后，试尝一下味道再酌情添加调味料，加入欧芹末，冷却至室温后冷藏或冷冻保存。

大约可以做5杯香煎蘑菇丁。

松露和牛油果

将牛油果去皮切片，淋上少许柠檬汁和橄榄油，撒些生松露片，静置1小时。将新鲜西洋菜铺在盘中做底衬，上桌时准备好胡椒研磨器。奢华至极。

松露和土豆

这两种地下珍宝非常适合搭配在一起：土豆切片，用足量的黄油炒软，再拌入生黑松露片翻炒——1颗松露配6个土豆。随意撒些黑胡椒，即可尽情享用。

红酒小茴香腌蘑菇

将蘑菇盛入碗中，周围摆上粗裸麦面包。如果你喜欢，可以在面包上抹些黄油，撒上欧芹末，最后盛一勺蘑菇放在面包片上享用。

特级初榨橄榄油　1/4 杯
新鲜蘑菇（去柄）　680 克
盐和现磨黑胡椒　适量
中等大小的黄洋葱（去皮，切成细圈）　1 个
大蒜（去皮切末）　4 ～ 6 瓣
小茴香　1 大勺
干罗勒　1 大勺
干马郁兰　2 小勺
罐装樱桃番茄（滤干切碎）　1 杯
红葡萄酒　1 杯
意大利黑香醋　1/4 杯
新鲜欧芹末（用于点缀）　适量

1. 在深锅中加入橄榄油，中小火烧热，倒入蘑菇翻炒 5 分钟，用盐和黑胡椒调味后再翻炒 2 ～ 3 分钟，用漏勺盛出备用。

2. 调至小火，倒入黄洋葱圈和蒜末，翻炒至洋葱变得透明但仍脆嫩。

3. 加入小茴香、干罗勒和干马郁兰，翻炒 5 分钟。

4. 倒入樱桃番茄、红葡萄酒和意大利黑香醋，再加入 1 小勺盐和黑胡椒，煮 15 分钟左右，直至锅中汤汁减少。

5. 将蘑菇倒回锅中，炖煮 5 分钟，关火。冷却至室温，其间不时翻拌一下，然后密封冷藏。上桌前，至少腌制 24 小时。

6. 撒上适量欧芹末，即可上桌。

可供 4 ～ 6 人享用。

露台野餐

蔬菜千层派佐番茄浓酱

牛排配辣根酱

红酒茴香腌蘑菇

碎麦沙拉

法式面包

白葡萄酒炖雪梨

黑核桃曲奇

土豆

在世界各地都可以找到土豆，这是一种令人欣慰的食物。在战争和饥荒时期，土豆能将所有人团结在一起，即便是现在，仍有许多地方一日三餐都食用土豆。有些人认为土豆很无趣，但自从有了赤褐色土豆、爱荷华州土豆、红皮土豆，包括各种颜色的手指土豆、甜土豆、育空金土豆，以及从豌豆大小到足球大小不等的黄色芬兰土豆后，就再也没有人这样认为了。如今，土豆与餐厅或家中其他精致的菜肴一样优雅。

莳萝土豆

小个儿新土豆　24 个
软化的无盐黄油　8 大勺
盐和现磨黑胡椒　适量
新鲜莳萝（切末）　6 大勺

1. 把土豆擦洗干净。在耐热炖锅中放入黄油，小火加热融化后倒入土豆，用盐和黑胡椒调味，翻拌一下，使土豆表面均匀沾裹上黄油。

2. 盖上锅盖，小火焖烧 30 ~ 45 分钟，其间不时晃动一下炖锅，用刀尖可以轻松刺穿土豆时关火。

3. 撒入莳萝末，即可上桌。

可供 4 ~ 6 人享用。

漂亮的新土豆

我们都喜欢将小个儿新土豆带皮直接料理，科学家告诉我们，这样做有助于保留更多的维生素。我们的眼睛也告诉我们，美妙的粉色或棕褐色土豆皮让菜肴看起来更漂亮。没有人愿意给这些小东西削皮，正好也节省了时间。

大个儿的土豆可切片料理或制作土豆泥，因此需要去皮。这时，要让白色的土豆瓤尽情展现它的魅力。

橙味土豆泥

土豆泥的质朴和包容让它可以和众多食材完美搭配——香草、醋、乳酪、各种蔬菜，甚至橙子——比如这道菜。你可以充分发挥想象力，做一道特别的土豆泥。

让天空下土豆雨吧。

——莎士比亚

土豆　1400 克
黄洋葱末　2 杯
软化的无盐黄油　4 大勺
法式酸奶油（见第 414 页）　1/2 杯
新鲜橙汁　3/4 杯
橙皮丝（用于点缀）　适量

1. 土豆去皮，切成 4 块，放入一大锅冷盐水中。烧开后，煮 30 分钟左右，直至土豆块变得绵软。

2. 其间，取一只平底锅，放入黄油和黄洋葱末，炒至洋葱变软。

3. 将土豆块捞出，压成泥，拌入炒好的黄洋葱末。

4. 在土豆泥中加入法式酸奶油和橙汁，倒入食品料理机中，搅打至细腻蓬松，盛入热餐盘中，点缀些橙皮丝，即可上桌。

可供 6 人享用。

瑞士焗土豆

红皮土豆　900 克
里科塔乳酪　1 杯
新鲜欧芹末　3/4 杯
盐和现磨黑胡椒　适量
肉豆蔻粉　适量
鸡蛋　1 个
高脂鲜奶油　1 杯
无盐黄油（涂抹烤盘）　适量
格鲁耶尔乳酪碎　115 克

1. 将土豆彻底洗净，挖去变色的部分（也可直接去皮）。切成薄片，放入浓盐水中，大火煮沸。1 分钟后捞出，用冷水冲洗一下，再用厨房纸吸去多余水分。

2. 将里科塔乳酪和欧芹末混合在一起，用盐、黑胡椒和肉豆蔻粉调味。

3. 将鸡蛋打散，倒入高脂鲜奶油，用盐、黑胡椒和肉豆蔻粉调味，做成鸡蛋奶油。

4. 烤箱预热至 190℃。

5. 在 23 厘米 ×30 厘米的椭圆形浅烤盘中薄薄地抹一层黄油。铺上一层土豆片（可以略有重叠），撒上 1/3 调味后的里科塔乳酪，再撒上 1/3 的格鲁耶尔乳酪碎。重复上面的做法，直到所有原料用完。注意，最上面一层应为土豆片。

6. 将调味后的鸡蛋奶油淋在最上层，注意要均匀地覆盖在所有土豆片上。

7. 把烤盘放入烤箱中层，烘烤 35 ～ 45 分钟，直至土豆片变软、乳酪变成金黄色并且起泡。端出烤盘，静置 10 分钟后即可上桌。

可供 4 人享用。

酿土豆

挑选最大个儿的土豆，填上馅料，进行烘烤。这道菜既可作为美味精致的午宴主菜，又可当作一道特别、贴心的夜宵。

你可以为土豆填上任何现成的馅料，下面是我们最喜欢的两款，供你参考。

西班牙烟熏辣椒粉

这种辣椒粉已经成为我们烹饪时的秘密调味品之一。它的原材料——一种辣椒粉，最初是由哥伦布从美洲中部带到西班牙的。在西班牙西部埃斯特雷马杜拉地区的拉贝拉，盛产高品质的烟熏辣椒。辣椒在研磨前，既不是在阳光下晒干，也不是在烤箱中被烘干，而是采用传统的橡木烟熏，其带有烟熏味的辛辣口感简直令人上瘾。我们喜欢在油炸或烘烤过的土豆上、浓汤里、酱料中、意大利面上，以及豌豆和香肠中撒一点烟熏辣椒粉，只需要一点就香味四溢。它不仅拥有辣椒本身的辛香劲辣，而且散发出浓烈迷人的烟熏气息，风味独特。我们的客人经常会问：“这诱人的辣味是什么？”

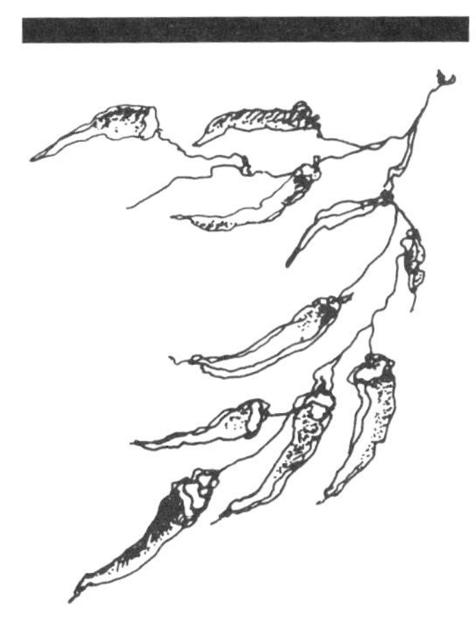

乳酪烤土豆配辣椒

大个儿土豆　4个
盐和现磨黑胡椒　适量
切碎的黑橄榄　1/4杯
罐装或新鲜的绿辣椒丁　1/2杯
高脂鲜奶油　4～6大勺
切达乳酪碎（可多备一些撒在土豆上）　1/2杯
酸奶油（用于点缀）　1/2杯
黑橄榄（用于点缀）　4颗

1. 烤箱预热至190℃。

2. 把土豆擦洗干净，从顶部切一个小且深的切口。烤箱温度调高至200℃，把土豆放入烤箱中层，烘烤1小时，烤至用叉子可以轻松扎入土豆。

3. 待土豆晾至室温，沿切口将土豆内部挖空，盛入碗中（注意，不要挖得太深，以免将土豆皮挖破），撒适量盐和黑胡椒，备用。

4. 将挖出的土豆瓤捣成泥，拌入切碎的橄榄、绿辣椒丁和足量高脂鲜奶油，用盐和黑胡椒调味，再拌入1/2杯连达乳酪碎。

5. 将拌好的土豆泥平均分成4份，分别盛回4个土豆中，然后在切口处撒些乳酪碎，放入烤箱。

6. 烘烤15～20分钟，直至土豆变热、乳酪起泡。

7. 在每个土豆切口处淋少许酸奶油，即可享用。根据喜好，还可再加一颗黑橄榄做点缀。

可供4人享用。

烤土豆配龙虾

大个儿土豆　4个
盐和现磨黑胡椒　适量
软化的无盐黄油　4大勺
黄洋葱末　1/2杯
新鲜蘑菇（切碎）　1/2杯
熟龙虾肉（或蟹肉）　2杯
干白苦艾酒　1杯
法式酸奶油（见第414页）　1/2杯
亚尔斯堡乳酪碎（可多备一些撒在土豆上）　1/2杯
高脂鲜奶油（可选）　1～2大勺

1. 装饰烤箱预热至190℃。

2. 把土豆擦洗干净，从顶部切一个小且深的切口。烤箱温度调高至200℃，把土豆放入烤箱中层，烘烤1小时，烤至用叉子可以

我理想中的天堂是有人和我一起分享烤土豆。

——奥普拉·温弗瑞，美国脱口秀女主持人

轻松扎入土豆即可。

3. 待土豆晾至室温，沿切口将土豆内部挖空（注意，不要挖得太深，以免将土豆皮挖破），撒适量盐和黑胡椒。将挖出的土豆瓤捣成泥，备用。

4. 把黄油放入小平底锅中，小火加热融化，放入黄洋葱末煸炒至变软、上色。倒入切碎的蘑菇继续煸炒 5 分钟，拌入龙虾肉，用盐和黑胡椒调味。倒入干白苦艾酒，大火煮沸，快速翻炒，直至汤汁收干。放入法式酸奶油拌匀，关火。

5. 将炒好的龙虾、土豆泥以及 1/2 杯亚尔斯堡乳酪碎充分拌匀，用盐和黑胡椒调味，做成馅料。如果馅料有些干，可以再加些高脂鲜奶油。

6. 将馅料填入土豆中，切口处撒上乳酪碎，放入烤箱。

7. 将烤箱温度调至 200℃，烘烤 15 ～ 20 分钟，直至土豆变热、乳酪起泡，即可享用。

可供 4 人享用。

莳萝

莳萝于 1597 年首次在英国被发现，它的名字来自撒克逊语，意为“平静”，因为莳萝茎有助于婴儿安睡。

法式土豆沙拉配培根——野餐首选。

野餐的好时机

♥骑自行车
♥观鸟
♥钓鱼
♥采蘑菇
♥观赏秋日落叶
♥观星
♥去海边
♥赛艇
♥滑雪
♥国庆假日
♥听音乐会
♥篝火晚会
♥生日聚会
♥网球比赛
♥大型赛事
♥驾车越野
♥登山
♥淘古董
♥读书
♥和朋友一起整理橱柜
♥整理相册
♥去公园
♥期末备考
♥清洗汽车
♥下棋打牌
♥周六加班
♥坐热气球旅行
♥观看或参加马拉松比赛

法式土豆沙拉配培根

新土豆　450 克
盐　适量
培根　110 克
珍珠洋葱末　1/4 杯
红葡萄酒醋　1/4 杯
橄榄油　2 大勺
现磨黑胡椒　适量
红洋葱末　1/4 杯

1. 土豆用冷水冲洗干净，每个切成 4 块，放入盛有冷盐水的炖锅中。烧开后，煮 8 ~ 10 分钟，直至土豆变软。

2. 把培根切碎，放入平底锅中小火煸炒至酥脆，盛出备用。

3. 留下炒培根的油，放入珍珠洋葱末翻炒 5 分钟左右，直至珍珠洋葱末变软但未完全变成棕色。不用盛出，连锅放在一边备用。

4. 捞出土豆块，盛入大碗中。

5. 将红葡萄酒醋、橄榄油、珍珠洋葱末和锅中的底油倒在土豆块上，用盐和黑胡椒调味，简单拌一下。冷却至室温后密封冷藏保存。

6. 上桌前，待土豆恢复至室温后再翻拌调味。如果沙拉看起来比较干，可再加些橄榄油和红葡萄酒醋，最后撒上培根即可。

可供 4 人享用。

美式野餐土豆沙拉

土豆　1800 克
盐　适量
白葡萄酒醋　1/2 杯
橄榄油　1/2 杯
现磨黑胡椒　1/4 小勺
红洋葱（切成薄片）　1 杯
芹菜（切成 2 厘米长，6 毫米宽的小段）　1 杯
黄瓜（去皮去籽，切片）　3 根
蛋黄酱　2 杯
第戎芥末或香草芥末　5 大勺
煮鸡蛋（去皮，切成 4 等份）　20 个
新鲜欧芹末　1 杯

1. 土豆去皮，放入盛有冷盐水的炖锅中，烧开后煮 30 分钟左右，直至土豆变软。

2. 捞出土豆，简单切片，盛入大碗中。放入白葡萄酒醋、橄榄油、1 小勺盐和黑胡椒。

3. 加入红洋葱、芹菜、黄瓜、蛋黄酱和芥末，轻轻拌匀。

4. 加入煮鸡蛋和欧芹末，拌匀，冷却至室温后密封冷藏一晚。上桌前再翻拌调味。根据需要，可再加些蛋黄酱。

一本食谱书中应该有几道土豆沙拉呢？我们分享 3 道吧。因为还要把空间留给其他美味。

斯堪的纳维亚土豆沙拉

新土豆　450 克
盐和现磨黑胡椒　适量
酸奶油　1 杯
红洋葱末　1/3 杯
新鲜莳萝末　1/3 杯

1. 土豆用冷水冲洗干净，每个切成 4 块，放入盛有冷盐水的炖锅中。水烧开后煮 8 ~ 10 分钟，直至土豆变软。

2. 土豆煮好后，盛入大碗中。

3. 加入盐和黑胡椒调味，将酸奶油倒在热土豆上，轻轻拌匀。再放入红洋葱末和莳萝末，拌匀。冷却至室温后密封冷藏至少 4 小时。

4. 上桌前再翻拌调味。如果沙拉看起来比较干，可添加些酸奶油。

可供 4 人享用。

事实上，真正的美食家就像艺术家一样，是世上最不开心的人。他的烦恼来自于几乎找不到一直以来所追寻的完美。

——路德维格·贝梅尔曼斯

青葱、韭葱、大蒜、洋葱和珍珠洋葱

几个世纪前，这些生气勃勃的百合科蔬菜还未得到上流社会的青睐。如今，它们的口感和气味已经被大众接受，甚至在世界各地的乡土料理中受到热捧，食物储藏室里更是少不了它们的身影。这些别有风味的蔬菜已经被大厨们视为必不可少的调味料，因为它们能够为菜肴提味增香。

青葱芥末酱汤

只要心存感激，再加上一点想象力，普通的青葱就能变身为诱人的蔬菜。推荐将青葱与其他香料放入鸡肉高汤中慢炖，再加入鲜奶油和一点芥末酱。这道汤口感浓郁，适合搭配烤牛肉，或搭配烤面包片作为头盘。

青葱　20～24 根
软化的无盐黄油　1 大勺
芹菜（洗净切碎）　1 根
胡萝卜（去皮切丁）　1 根
干百里香　1 小勺
月桂叶　1 片
欧芹　2 枝
现磨黑胡椒　适量
鸡肉高汤（见第 416 页）或罐装鸡汤　$1^1/_2$ 杯
第戎芥末　1/4 杯

高脂鲜奶油或法式酸奶油（见第 414 页） 1/2 杯
盐 适量

1. 青葱择洗干净，根部切去 2 厘米左右。

2. 大平底锅（要能盛放下全部青葱）中放入黄油，小火加热融化。加入切碎的芹菜和胡萝卜丁翻炒片刻，加盖焖煮至蔬菜变软、上色。

3. 加入干百里香、月桂叶、带枝欧芹、黑胡椒和鸡肉高汤，半掩锅盖炖煮 15 分钟左右。这一过程中无须加盐，待整道汤完成后再根据需要用盐调味。

4. 将青葱放入锅中炖软，不用盖锅盖。注意火候，不要炖太久。约 5 分钟后关火，用漏勺将青葱捞出备用。

5. 滤出汤汁，量出 1/2 杯倒回锅中，汤中的食材捞出不用。加入第戎芥末、高脂鲜奶油或法式酸奶油，搅拌均匀后中火炖煮，其间不时搅拌一下，10 分钟后待锅中的汤汁还剩大约 2/3 时，加适量盐调味。

6. 将捞出的青葱重新放入锅中，加热 1 分钟，待青葱热透后即可享用。

可供 4 ～ 6 人享用。

圣日耳曼挞

平凡的韭葱是这款美味馅饼的点睛之笔。

软化的无盐黄油 4 大勺
韭葱（切末） 6 根
鸡蛋 2 个
蛋黄 2 个
低脂鲜奶油 1 杯
高脂鲜奶油 1 杯
盐和现磨黑胡椒 适量
肉豆蔻粉（可选） 适量
法式油酥皮 *（直径约 25 厘米，见第 408 页，烤至半熟） 1 张
格鲁耶尔乳酪碎 1/2 杯

1. 平底锅中放入黄油，小火融化后放入切好的韭葱煸炒片刻，加盖焖至韭葱变软、上色。注意，要不时翻动，以免炒煳。盛出韭葱，晾至常温备用。

2. 将鸡蛋、蛋黄、低脂鲜奶油和高脂鲜奶油混合均匀，加入适量盐和黑胡椒调味，做成蛋奶液。根据个人喜好选择是否加入肉豆蔻粉。

青葱

青葱加适量粗盐，会散发出独特的魅力。青葱不但能为各种汤羹和沙拉增添色彩和风味，还可用作点缀。我们喜欢在乳白色的汤汁上点缀些绿色青葱，也常在意大利面和海鲜沙拉中撒适量青葱末。记住，青葱必须仔细洗净。

香葱

香葱是百合家族中最温和娇嫩的成员，其形态和口感俱佳。我们喜欢将它种植在窗台上，那翠绿的管状细叶和淡紫色的蓟状花朵令人赏心悦目。

我们总是用剪刀剪碎它（用刀切会使新鲜汁水流失），再随手将香葱末撒进菜肴中用来调味或点缀，它的味道比欧芹更浓郁，没有香葱就做不成法式奶油浓汤。我们还喜欢将香葱与鸡蛋搭配，这会让简单的煎鸡蛋变得与众不同。

圣日耳曼挞口感丰富，令人回味无穷。

3. 将烤箱预热至 150℃。

4. 用勺子将冷却的韭葱盛入烘烤好的挞皮中，再倒入搅拌好的蛋奶液，至距离挞皮边缘约 2 厘米处即可。表面均匀地撒上格鲁耶尔乳酪碎。

5. 将圣日耳曼挞放在烤箱中层，烘烤至馅料充分膨胀、表面呈金黄色，这一过程大约需要 35 ~ 45 分钟。

6. 冷却 10 分钟左右，趁热切块享用。

作为主菜可供 4 人享用，作为开胃菜可供 6 人享用。

* 请选用深约 5 厘米的法式咸派盘烘烤。

韭葱尼斯沙拉

这道菜适合作为头盘或户外野餐的一道菜。

韭葱（每根直径 3 ~ 4 厘米） 12 根
盐 适量
特级初榨橄榄油 1/4 杯
大蒜（去皮切末） 1 瓣
成熟番茄（每个切成 8 块） 3 个
尼斯橄榄 1/2 杯
干罗勒 2 大勺（或新鲜罗勒末 $1^1/_2$ 大勺）
新鲜欧芹末 2 大勺
现磨黑胡椒 适量

1. 韭葱保留根部，切去 5 ~ 7 厘米长的硬叶尖，葱白对半切开，但不要切至根部。用流水将韭葱冲洗干净。

2. 在大汤锅中倒入盐水，煮沸后放入韭葱，待葱白部分煮软即可关火。捞出韭葱，放在厨房纸上，吸干水分备用。

3. 将橄榄油倒入大平底锅中，中小火加热，放入蒜末，小火翻炒 3 分钟。切去韭葱的根部，再将韭葱放入锅中，小火煎炒 5 分钟左右。

4. 加入番茄、尼斯橄榄、罗勒、欧芹末和黑胡椒，加盖焖煮 3 ~ 5 分钟。

5. 将韭葱装盘，淋上锅中的汤汁，冷却至常温即可上桌。

可供 6 人享用。

韭葱

韭葱茎呈白色，很粗壮，绿色的葱叶中空宽大，有着温和微甘的独特口感。在欧洲，随处可见韭葱的身影，它非常便宜，被称为“穷人的芦笋”。而在美国，一度很难找到韭葱的踪迹。如今韭葱已是家庭必备菜，通常用来煲汤，或与洋葱一起为菜肴增添浓郁的风味。韭葱也可单独炖煮，热食或冷食皆可。除此之外，它还是法式小酒馆里最受欢迎的一道头盘。将韭葱切片，用黄油慢煎，可以作为美味可口的煎蛋饼或法式咸派的馅料。与百合家族中其他成员一样，韭葱很容易种植，已经成为人们喜爱和不可缺少的家常蔬菜。

韭葱需要认真清洗，因为它们通常夹带着泥土。清洗时要先切掉根部，去掉葱叶尖端部分，然后将葱白纵向剖开，再用流水彻底清洗，最后控干即可。

大蒜虽小，却韵味无穷。

——亚瑟·拜尔

我们一直在寻觅能与大蒜完美搭配的菜肴，经过不懈努力，我们发现，腌牛肉炖软放至常温后，佐以蒜泥蛋黄酱（见第50页），真是美味至极。如果再配以法式土豆沙拉配培根（见第219页）和普罗旺斯蔬菜浓汤（见第202页），钟情大蒜的你更可大饱口福。

烤大蒜

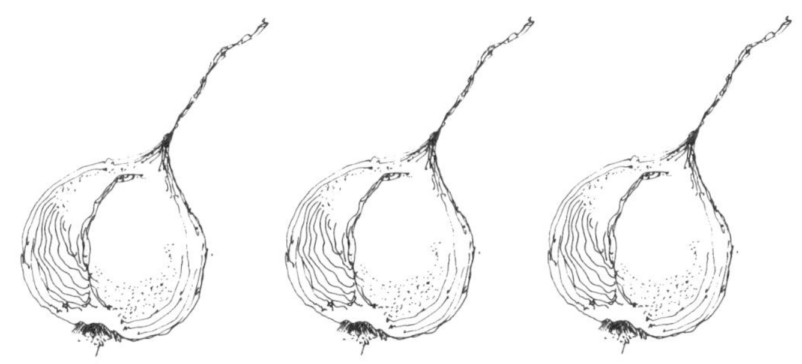

这道菜人人都爱。大蒜在烤箱里经过1小时的烘烤后变得软糯可口、香气四溢，相信你也会成为大蒜的忠实拥趸。

只需一小份烤大蒜，就会令普通的烤肉不同凡响。

大蒜　6头
软化的无盐黄油　4大勺
鸡肉高汤（见第416页）　1/3杯
粗盐和现磨黑胡椒　适量

1. 烤箱预热至180℃。
2. 去掉大蒜最外层的皮，整头蒜保持完整。
3. 将大蒜放入烤盘中，加入黄油和高汤，然后将烤盘放入烤箱中层。注意，烤盘不宜过大，刚好放下所有大蒜即可。
4. 烘烤至大蒜变软、表面金黄，撒适量粗盐和黑胡椒即可上桌。烤制过程大约需要1小时，每隔10分钟左右需打开烤箱，把烤盘底部的汤汁淋在大蒜上。剥皮后即可享用。

可供2～6人享用。

蒜蓉烤鸭

无论你是否喜欢大蒜，闻到40瓣大蒜经过长时间烘烤散发出的香气时，都会惊叹。酥脆的鸭肉佐以混合着雪利酒醋与黑加仑甜酒的蒜蓉汁，甜酸适度且具有坚果香气。这道菜最适合搭配茭白和栗子土豆泥（见第239页）。当然，再加一杯波尔多葡萄酒就更棒了。

新鲜或冷冻的鸭子（保留内脏，冷冻的鸭子需完全解冻） 1只（2000 ~ 2500克）
盐和现磨黑胡椒 适量
带皮大蒜 40瓣
植物油 2大勺
黄洋葱末 1杯
胡萝卜（去皮切丁） 2根
鸡肉高汤（见第416页） $1^1/_2$ 杯
干百里香 1小勺
欧芹 3枝
月桂叶 1片
雪利酒醋 2大勺
黑加仑甜酒 1大勺
冷藏的无盐黄油 8大勺
新鲜欧芹末（用于点缀） 适量

1. 鸭子切下鸭脖和翅尖，掏出内脏，再将鸭脖、翅尖、鸭心和鸭胗切碎，鸭肝留作他用。去除鸭腹腔内的油脂，用餐叉在鸭皮上扎一些小孔。将鸭子内外抹上盐，放入烤盘中，烤盘不宜过大，刚好放下鸭子即可。选出6瓣较大的大蒜塞入鸭腹中，其余大蒜撒在鸭子周围。将烤盘放在一旁。

2. 准备一口平底锅，倒入植物油，中小火加热后放入切碎的鸭内脏、鸭脖和翅尖，大火翻炒至金黄色，加入适量盐和黑胡椒调味。将火调小，放入黄洋葱末和胡萝卜丁，加盖焖煮至蔬菜变软、上色。

3. 倒入鸡肉高汤、干百里香、带枝欧芹和月桂叶，撒上适量盐和黑胡椒调味，汤汁煮沸后盖上锅盖，小火慢炖。注意，锅盖要留一条缝。

4. 将烤箱预热至230℃。

5. 将放有鸭子的烤盘置于烤箱中层。15分钟后将烤箱温度调低至190℃，再烤35分钟左右，此时鸭肉已半熟，继续烘烤5 ~ 10分钟，直至鸭肉出汁且肉质鲜嫩（我们不建议将鸭肉烤到全熟状态）。将烤鸭放到一个大盘子里，包上锡纸保温。

6. 滤掉汤汁中的食材，剩下约1/2杯汤汁。如果汤汁不足1/2杯也没有关系，如果汤汁太多，则将它们倒回锅中继续煮5分钟收干一些。

7. 用漏勺将烤盘中的大蒜取出，去皮，磨成蒜蓉。

8. 将1/2杯汤汁、雪利酒醋和黑加仑甜酒混合均匀，倒入锅中，加热煮沸。煮至混合汤汁剩下约2/3杯时，加入磨好的蒜蓉，搅拌均匀后关火。

9. 将冷藏的黄油切成10片，逐片放入蒜蓉汤汁中搅拌。注意，应在前一片黄油尚未完全融化时加入下一片，直到黄油全部融化。当蒜蓉汤汁变成黏稠的奶油状时，盖上锅盖，将锅放置在温暖（不能过热）的地方。

大蒜

距今约5000年前，西伯利亚沙漠中就出现了野生大蒜的身影。随着时间的推移，它穿过小亚细亚，在埃及、印度、欧洲，直至美洲新大陆扎下了根。大蒜是百合家族中气味最浓烈的一员。几个世纪以来，它对世界各地人们的生活产生了巨大影响。大蒜曾被用来驱魔，老普林尼[①]就曾列举出61种与大蒜相关的疗法，而今天，大蒜则被认为有助于降低胆固醇。

我们深爱着大蒜，还有很多人与我们一起推动这股大蒜风潮，尤其是那些酷爱意大利菜的人。有太多美食离不开大蒜，比如希腊菜、中国的川菜、法国菜、西班牙菜、泰国菜和越南菜，大蒜为这些菜肴增添了令人陶醉的别样风味，那令人蹙额的味道俨然成为一种流行趋势。每年8月，人们在法国罗特列克市的玫瑰大蒜节和美国加利福尼亚州吉尔罗伊市的大蒜节上狂欢，而加利福尼亚州伯克利市著名的帕尼斯之家餐厅的老饕们更是对大蒜青睐有加，店内大蒜盛宴中的每道菜都会被抢购一空。

蒜苗也是我们的挚爱，因为它的味道更温和。此外，我们更喜爱紫皮蒜，因为它的香味比白皮蒜更浓郁。农贸市场售卖各种有机大蒜，我们喜欢的有法国红蒜、红托克蒜、西班牙红蒜、瓷白蒜、紫纹蒜、西伯利亚蒜、波斯之星、罗马尼亚红蒜、西安蒜

① Gaius Plinius Secundus，古罗马作家、科学家，以《博物志》（又名《自然史》）一书留名后世。

和亚洲风暴蒜，每一种都有着独特的口感。建议大家多多品尝，从中挑选出自己的最爱。

大蒜应当挑选新鲜紧实的，因为越新鲜口感越温和。大家应当尽量按需购买，常温储藏（大蒜冷藏易发霉）。将蒜捣碎或切成薄片，在蔬菜、酱汁或意大利面快出锅的时候加入，口感温和，又能提味增香。将蒜片塞进待烤的肉类中，蒜香入味，令肉类香而不腻。将整头大蒜带皮烘烤即为一道可口的配菜，大蒜烘烤后软糯微甜，与法式硬皮面包搭配相得益彰。

10. 将烤好的整鸭切成4份，分别放入2个温热的餐盘中，可随意加上一些配菜。用大勺取适量黄油蒜蓉汤汁淋在鸭肉上，剩余的蒜蓉汤汁倒入船形调味皿中。将鸭腹腔中的大蒜点缀在盘中，再撒上些新鲜欧芹末，即可上桌。

可供2人享用。

红鲷鱼配黄油珍珠洋葱汁

这是一道优雅的主菜，热腾腾的红鲷鱼搭配菠菜鲜嫩可口，混合着树莓醋的黄油珍珠洋葱汁口感微酸。头盘可来一小份意大利面，之后再享用这道红鲷鱼主菜，它无须点缀，因为本身就已色香味俱佳。

树莓醋　1/2 杯
珍珠洋葱末　2 大勺
红鲷鱼肉（2 片）　350 克
鱼肉高汤（见第 417 页）　1/3 杯
干白葡萄酒或苦艾酒　1/3 杯
盐和现磨黑胡椒　适量
冷藏的无盐黄油（切成小块）　1 杯
法式酸奶油（见第 414 页）　1 大勺
新鲜菠菜（切段）　3 杯

1. 烤箱预热至200℃。

2. 将树莓醋和珍珠洋葱末倒入平底锅中加热至沸腾，转小火慢煮，待锅中酱汁剩下大约2大勺即可关火。

3. 将红鲷鱼肉放入一个浅烤盘中，盘子不必太大，正好并排放下2片鱼肉即可。倒入鱼肉高汤和酒，用盐和黑胡椒调味。将烤盘放在烤箱中层，烘烤8～10分钟，此时鱼肉尚未熟透，但可靠余温继续加热。用锡纸包好烤盘，保温。

4. 再次小火加热树莓醋珍珠洋葱汁，逐量加入切碎的黄油，不停搅动。注意，要在已加入的黄油块完全融化前继续补充。待酱汁变得浓稠香滑即可关火，再加入法式酸奶油，搅拌均匀，加盖备用。

5. 将菠菜均匀地铺在2个餐盘中，摆放上鱼片，再淋上树莓黄油珍珠洋葱汁，即可上桌。

可供2人享用。

洋葱烹调后所呈现
的原始味道，使其成为
人神共享的美味佳肴。

——简·博思韦尔

珍珠洋葱

我们在纽约经营美食店时，不得不费力寻找珍珠洋葱。当时我们唯一的供应商在新泽西，他只是偶尔才来纽约。而现在，在蔬果店就能轻松地找到它们。事实上，各大超市都有它们的身影，昔日难得的食材变得唾手可得。

珍珠洋葱的味道介于大蒜和洋葱之间，清淡可口且口感细腻。珍珠洋葱有红色、青白色和紫色3种，紫色的珍珠洋葱是上品。珍珠洋葱通常用作沙拉原料或在需要展现洋葱细腻口感的菜肴中大显身手，正因如此，它才成了法国高级料理中重要的调味料。珍珠洋葱也是我们厨房中的宠儿，相信大家试过之后一定会喜欢上它们。

葱香浓汤

散发着奶油醇香的浓汤，点缀以香蒜面包丁和葱末，色香味俱全，令人胃口大开。

软化的无盐黄油　4大勺
黄洋葱末　2杯
韭葱葱白（切成薄片）　4根
珍珠洋葱（切末）　1/2杯
大蒜（去皮切末）　4～6瓣
鸡肉高汤（见第416页）　4杯
干百里香　1小勺
月桂叶　1片
盐和现磨黑胡椒　适量
高脂鲜奶油　1杯
青葱（去除根部，择洗干净，斜切成约1厘米长的小段）　3根
香蒜面包丁（见第76页）
新鲜香葱和青葱叶（剪碎，用于点缀）　适量

1. 在大平底锅中放入黄油，小火加热融化，放入黄洋葱末、葱白、珍珠洋葱末和蒜末煸炒片刻，盖上锅盖，小火焖至食材上色、变软。

2. 加入鸡肉高汤、干百里香和月桂叶，用适量盐和黑胡椒调味。开大火将汤煮沸，再调至小火，半掩锅盖，炖煮20分钟。

3. 将炖好的汤汁滤入碗中，盛出1杯汤汁和汤中食材混合均匀，倒入食品料理机中打成泥。

4. 将菜泥和3杯汤汁倒回锅中，加入高脂鲜奶油，中火煮沸。放入青葱段，再煮5分钟左右，直至青葱变软。

5. 将煮好的葱香浓汤盛入热汤碗中，撒些香蒜面包丁和混合葱末，即可上桌。

可供4～6人享用。

珍珠洋葱炖牛肉

这道混合着香草和美酒气息的佳肴风味浓郁，搭配欧芹饭（见第 419 页）或黄油意大利面尤其美味。

特级初榨橄榄油　1/2 杯
无骨小牛肉（切成 2 厘米见方的小块）　1500 克
土豆淀粉或面粉　1/4 杯
鸡肉高汤（见第 416 页）　3 杯
白葡萄酒　$1\frac{1}{2}$ 杯
新鲜迷迭香　1 大勺（或干迷迭香　1 小勺）
干牛至　1 小勺
盐　1 小勺
现磨黑胡椒　1/2 小勺
珍珠洋葱　900 克
新鲜欧芹末（用于点缀）　适量

1. 在可放入烤箱加热的炖锅中倒入 1/4 杯橄榄油加热，分批放入牛肉块，煎至上色，其间可根据需要补充橄榄油。用漏勺将煎好的牛肉块盛在碗里，撒上土豆淀粉，裹在牛肉表面，放在一旁备用。

2. 将蒜末放入煎牛肉块的油中，小火翻炒约 5 分钟，炒至蒜末上色。

3. 将烤箱预热至 165℃。

4. 把牛肉块倒回锅中，倒入鸡肉高汤、白葡萄酒、迷迭香、干牛至、盐和黑胡椒，煮至即将沸腾时盖上锅盖，放入烤箱中层，烘烤约 1 小时，其间需不时翻拌一下。

5. 在每颗珍珠洋葱根部划一个小十字，注意不要划得太深，这样洋葱在炖煮时才不会散。另取一口平底锅，倒入盐水煮沸，放入珍珠洋葱煮 15 分钟左右，直至变软。将煮好的洋葱沥干水后迅速浸入冷水中冷却，然后捞出，去除表皮。

6. 将珍珠洋葱倒入炖锅中，拌匀后添加调味料，继续烘烤 20 分钟左右，注意最后 10 分钟无须加盖。烤好后撒上欧芹末，趁热享用。

可供 8 ~ 10 人享用。

洋葱

泪眼婆娑不过是享用洋葱时要付出的微不足道的代价。储藏室里绝不能没有洋葱，洋葱和菜刀一样，在烹饪时必不可少。

洋葱的口感取决于其种类和生长条件。生长地气候越温暖，洋葱吃起来越甜。

无论是口感偏甜的西班牙黄洋葱、毛伊岛洋葱、瓦拉瓦拉洋葱、维达利亚洋葱，还是口味稍重的白洋葱，抑或是口感适中的意大利红洋葱、百慕大洋葱、意大利奇波利尼洋葱，都在我们喜爱的菜肴中扮演着重要角色，我们对洋葱有着无比诚挚的感情。在长期实践中，我们发现，比起常温下的洋葱，冷藏过或用冷水处理过的洋葱不那么容易刺激泪腺。现在我们切洋葱时几乎不掉一滴眼泪。

番茄

我们都为番茄而疯狂，它的美味无法形容。藤蔓上成熟的番茄是夏季菜园中最耀眼的明星。我们认识的很多人多少都会栽种些果蔬，到了收获季节，朋友之间就能分享丰收的果实和喜悦。刚刚成熟、仍带着阳光温度的嫩红番茄可以随手摘来就着海盐食用，闪耀着宝石光泽的樱桃番茄可以当作糖果放入口中。将不同颜色的番茄切成厚片，用新鲜香草、意大利黑香醋和橄榄油腌渍一下，直到它们的味道互相融合、变得更加浓郁，尝起来让人不禁感叹生活的美好。

今天，各种颜色、形状和大小的传统番茄品种都呈现复兴之势，在菜园和农贸市场贩卖应季番茄的情景就像一场庆典。传统番茄品种是指种子没有经过人工杂交的纯天然番茄。它们是番茄家族绝对忠诚的守护者，能经受长途运输，拥有超长保质期，甚至能抵抗冷藏对口感的破坏。

我们很难在番茄短暂的成熟期尽尝其味，所以要抓住良机，将其制成果汁、酱料、雪葩、酱汁和甜点，用各种方法留住那鲜美浓郁的味道。现在，我们既可以品尝到油浸香草番茄，也可以享用到美味的罐装番茄，这些番茄都是在其最新鲜的时候采摘和保存的。我们还可随时用烤番茄为菜肴锦上添花。是长时间慢烤还是高温急烤，要视番茄的大小和成熟度而定。另外，还可将它们放置在温暖的地方自然风干。吃到可冷藏保存的甜美烤番茄对我们而言是一种奢侈的享受。番茄拥有如此多的吃法，全年享受夏天的滋味再也不是难事!

常见的番茄

樱桃番茄是一种常用食材，无论是罐装的还是新鲜的，味道都很鲜美。由于汁水较少，因而是完美的酱汁原料。沐浴了充足的阳光，刚从菜园摘下，还带着阳光温度的樱桃番茄处于最佳食用状态，这时无须添加任何调料，就可享用这天然的美味。

樱桃番茄是我们的必备食材。无论是做配菜，还是当馅料，它们的美味都无与伦比。稍加留意，你就会发现，一年四季皆可品尝到新鲜可口的樱桃番茄，它们是大厨们的最佳拍档。

“牛排”番茄是美国人的最爱，这些个大儿厚实的番茄有着浓浓的美式风范。将它们切成楔形做成简单的沙拉，或是添加进馅料中，再或是切成大片夹入汉堡，都是不错的选择。然而，自从这种番茄开始在温室中或用培养液栽培，番茄爱好者们开始担心，它们可能看起来光彩照人，吃起来却寡淡无味。建议大家仔细挑选，或干脆自己栽种，等待它们在阳光充足的窗台上完全成熟。

黄番茄酸度没有红番茄高，味道更甜美，是制作沙拉和酱汁的绝佳选择。它们不太常见，因此在普通市场难见其踪，但我们可以买到种子，并且很容易栽种。

绿番茄口感宜人。如果你不愿看到它们经过霜冻后在藤蔓上烂掉，就趁霜冻来袭前摘下来，做成果酱，或是煎熟沾着黄糖和鲜奶油吃，抑或是干脆带到户外烧烤享用吧。

番茄浓酱

新鲜成熟的番茄　2500 克
软化的无盐黄油　2 大勺
特级初榨橄榄油　2 大勺
黄洋葱末　2 杯
盐和现磨黑胡椒　适量
新鲜欧芹末　1 杯

1. 准备一口深锅，倒入盐水煮沸，将番茄逐个放入沸水中，间隔时间为 10 ~ 15 秒。用漏勺依次捞出，放入盛有冷水的碗中，冷却后捞出。

2. 剥去番茄外皮并去蒂，将番茄横向对半剖开，去除番茄籽和果汁，然后简单切碎，备用。

3. 将黄油和橄榄油放入一口深锅中，小火加热，放入切好的黄洋葱末，盖上锅盖，焖至洋葱变软、上色。

4. 倒入切好的番茄，轻轻翻拌，锅中汤汁煮沸后加入盐和黑胡椒调味。将火略微调小，开盖煮 40 分钟左右，直至汤汁变浓稠，煮成番茄浓酱。

5. 将番茄浓酱倒入食品料理机中，搅打至细腻柔滑。

浓酱

浓酱（coulis）是浓缩的泥或酱，通常用蔬菜制成。番茄浓酱是最常用的一种浓酱，必须用最新鲜的成熟番茄制作，可以加入香草、香料或大蒜调味。

冷热浓酱均可作为调味酱汁，用来做蔬菜千层派（见第 37 页）或海鲜肉酱派（见第 35 页）等。

庆祝晚宴

6. 将番茄浓酱倒回锅中，加入欧芹末，小火煮5分钟。如果你喜欢比较浓稠的酱汁，可以适当延长煮制时间。

可以做2.2升番茄浓酱。

我们的最爱是将3瓣大蒜切末与洋葱末一起加入其中，再倒入1/4杯罗勒酱。

煎樱桃番茄

这是我们所知道的最佳配菜之一，只需几分钟，樱桃番茄天然的甜美即可完美呈现，再加一点香草调味，它们就会成为食谱中必不可少的一部分。这些闪亮的红色小球状果实本身就是诱人的装饰。

煎樱桃番茄之前可以在黄油中加入一点大蒜，撒一些新鲜或晾干的罗勒、龙蒿或迷迭香，再来点帕马森乳酪碎。不过要记住，加热的目的是增强番茄的口感，因此不需要将它们煎得熟透，更不可煎得软烂。

软化的无盐黄油　6大勺
樱桃番茄（去蒂洗净，控干）　1500克
盐和现磨黑胡椒　适量

1. 平底锅中放入黄油，小火加热融化，倒入樱桃番茄，将火调大。

2. 轻轻翻炒樱桃番茄，注意时间不要超过5分钟。切记不要过度烹煮。

3. 加入盐和黑胡椒调味，趁热享用。

可供6人享用。

菠菜乳酪焗番茄

成熟红番茄　8 个
特级初榨橄榄油　3 大勺
黄洋葱末　1 杯
冷冻菠菜（解冻并挤干水分）　280 克
盐和现磨黑胡椒　适量
肉豆蔻粉　适量
里科塔乳酪　1 杯
蛋黄　2 个
烤松仁（见第 202 页“烤坚果”）　1/2 杯
帕马森乳酪碎（多备一些，用于点缀）　1/4 杯
新鲜欧芹末　1/2 杯

1. 将番茄洗净擦干，切去顶部，用小勺将番茄籽和部分果肉挖出，小心不要弄破表皮。在挖空的番茄中撒少许盐，倒置于厨房纸上控干，大约需要 30 分钟。

2. 取一口平底锅，倒入橄榄油小火加热，放入黄洋葱末翻炒片刻，盖上锅盖，焖至洋葱变软、上色。

3. 将菠菜切碎，放入平底锅中，与洋葱一起翻炒，加入盐、黑胡椒和肉豆蔻粉调味。盖上锅盖，小火焖煮 10 分钟，其间需不时翻拌一下，避免粘锅。

4. 烤箱预热至 180℃。

5. 将里科塔乳酪和蛋黄搅匀后倒入锅中，加入烤松仁、1/4 杯帕马森乳酪碎、欧芹末，再加些盐和黑胡椒调味，做成馅料。

6. 用厨房纸吸去番茄中的汁水，将馅料均分成 8 份，用小勺填入 8 个番茄中，顶部撒上帕马森乳酪碎。

7. 将番茄摆在烤盘中，放入烤箱中上层，烘烤约 20 分钟，直至乳酪碎变成金黄色，馅料起泡。装盘后趁热享用。

可供 8 人享用。

番茄盅

挖空的番茄是盛放沙拉和其他冷餐的天然容器。

做法十分简单。挑选个头均匀的大番茄，越成熟越好。用刀切去顶部并保留，再用小勺挖出部分果肉和番茄籽，注意不要弄破表皮。在挖空的番茄中撒少许盐，倒扣在厨房纸上控 30 分钟。

用厨房纸将番茄内部汁水吸干，填入馅料，盖上切下的顶部，上桌前放在冰箱内冷藏。

根据番茄的大小，可以填充 1/2 ~ 2/3 杯馅料。对于选择何种馅料，你可以尽情发挥想象力。在此推荐我们的最爱：龙蒿鸡肉沙拉（见第 250 页）、鲜虾葡萄莳萝沙拉（见第 274 页）、各种芝麻菜沙拉（见第 255 ~ 258 页）或米饭蔬菜沙拉（见第 262 页）。

用樱桃番茄做番茄盅比使用大番茄要费些功夫，处理方法相同，但无须再保留切下来的“盖子”。

每个樱桃番茄大约可盛放 1 勺馅料。可以试试三文鱼慕斯（见第 22 页）、黑橄榄酱（见第 28 页）、自制蛋黄酱（见第 413 页）、希腊红鱼子泥沙拉（见第 20 页）或新鲜的半软质山羊乳酪碎。可以冷食，也可以烤好后晾一下再享用。

从古至今，进餐都是展示艺术的绝佳机会。

——弗兰克·劳埃德·赖特

烤樱桃番茄

烘烤令樱桃番茄酸甜可口，风味独特。

特级初榨橄榄油　1/2 杯
成熟的樱桃番茄（纵向切成两半，去籽）　12 ～ 18 个
糖　2 大勺
海盐和现磨黑胡椒　适量
欧芹（或薄荷叶、罗勒叶，用于点缀）　适量

1. 烤箱预热至 120℃。

2. 准备一个铺好锡纸的烤盘，抹上少许橄榄油，将切好的樱桃番茄放在烤盘中排放整齐，切面朝上，淋少许橄榄油，撒上糖和黑胡椒。

3. 放入烤箱烘烤 3 小时，直至樱桃番茄表皮起皱但仍保有水分。

4. 将樱桃番茄小心移到浅盘中，撒上适量海盐，用欧芹做点缀。

可供 6 人享用。

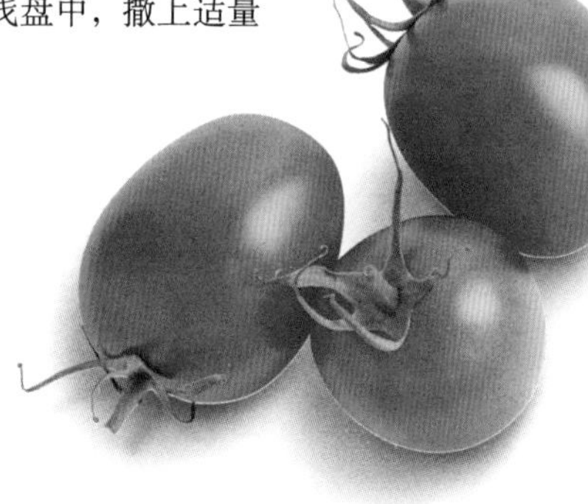

番茄莳萝汤

这道用风味浓郁的罐装樱桃番茄烹调而成的汤非常受欢迎，最好用新鲜莳萝与之搭配。

软化的无盐黄油　8 大勺
黄洋葱末　3 杯
大蒜（去皮切末）　2 瓣
新鲜莳萝（切末，保留枝条用于点缀）　1 束
盐和现磨黑胡椒　适量
鸡肉高汤（见第 416 页）　2 升
罐装樱桃番茄（沥干去籽）　2 罐（每罐 800 克）
多香果粉　1 小勺
糖　适量
新鲜橙汁　1 小杯
酸奶油（用于点缀）　1 杯

以前，我们都曾抱怨过冬季采摘的温室番茄那惨淡的颜色和软绵绵的口感，但幸好新兴温室技术在很大程度上提高了培育水平。现在，我们一年四季都可以品尝到可口的樱桃番茄、有机番茄和水培番茄。冷藏无疑是番茄杀手，它会破坏口感，因此最好不要冷藏。

我们的最爱是应季自然成熟的本地产番茄，这些血统纯正的番茄拥有顽强的生命力。无论外表是否诱人，口感都令人称赞，它们都是上天的恩赐，值得花心思认真挑选，也值得我们留下种子，种在自家菜园中。

每个人都有自己的最爱，也许是醋栗番茄，也许是单个重量可达 1 千克的巨形番茄。有些人喜欢形似珍珠的黄番茄，有些人喜欢蜜糖般香甜的番茄，还有些人偏爱口感酸甜的番茄……寻找自己喜欢的番茄是一件乐事。下面是我们最喜欢的适合家庭种植的品种：

黑王子番茄
波力番茄
伯班克番茄
巧克力番茄
比尼斯黄珍珠番茄
克劳戴德 · 维多利亚醋栗番茄
深紫番茄
埃斯特 · 赫斯黄樱桃番茄
欢乐加纳番茄（德国）
果园香桃番茄（法国）
葡萄番茄
青梅番茄
哈曼黄鹅莓番茄
先驱者番茄（英格兰）

棒棒糖番茄
马格纳斯番茄
波特斯黑樱桃番茄
鲍格才王子番茄（意大利）
列森特劳伯番茄
斯拉瓦番茄（捷克）
白雪公主番茄
泰粉番茄
完美黄番茄

栽种番茄时不宜过度浇灌，否则将长出大量绿叶而非多汁的果实，每隔几天浇一次水即可。番茄喜爱阳光，可多晒太阳。

1. 准备一口汤锅，放入黄油小火加热融化，倒入黄洋葱末翻炒片刻，盖上锅盖，焖至洋葱变软。加入蒜末继续翻炒5分钟。

2. 加入1/2的莳萝末、盐和黑胡椒，翻炒出香味。

3. 倒入鸡肉高汤、樱桃番茄、多香果粉和糖。汤汁煮开后调小火，盖上锅盖焖煮45分钟。倒入橙汁，关火后把锅端开，将汤晾至常温。

4. 把汤汁和汤中的食材分批倒入食品料理机中，搅打成泥。

5. 把搅打好的汤泥倒回锅中，放入剩余的莳萝末，煮5分钟。煮好的番茄莳萝汤可趁热食用，也可冷却至常温后密封冷藏，第二天享用。

6. 试尝一下味道，再酌情添加调味料。无论是热汤还是冷汤，都可以加点酸奶油和莳萝枝作为点缀。

可供8～10人享用。

马苏里拉乳酪番茄沙拉

还有什么比这道沙拉更简单易做又美味呢？

大个儿成熟番茄（切成6毫米厚的片） 4个
马苏拉里乳酪（切成6毫米厚的片） 1000克
新鲜罗勒末 1/4杯
新鲜欧芹末 1/4杯
尼斯橄榄 1/2杯
最受欢迎的油醋汁（见第178页） 1/2杯
现磨黑胡椒 适量

1. 准备一个大餐盘，将番茄片和马苏拉里乳酪片交替叠放在盘中。

2. 撒上罗勒末、欧芹末和尼斯橄榄。

3. 淋上油醋汁，再撒些黑胡椒，即可上桌。

可供6人享用。

蔬菜泥

我们都喜欢蔬菜泥的浓郁口感，它们不仅巧妙地融合了各种味道，而且营养丰富，温暖人心，做法简单。当它们出现在晚宴上的时候似乎又带着点时尚感，混搭蔬菜泥可以带来令人惊喜的效果，把两三份不同的蔬菜泥作为配菜，效果会非常棒。蔬菜扬眉吐气的时候到了！

栗子

如果你从没有烤过栗子，那么不妨和街头的小贩学一手吧，他们摊位上的栗子经常引得行人驻足不前。用栗子来烹制菜肴，你会喜欢上它们的香甜口感。栗子是禽肉和各种野味的最佳搭配，也是秋冬季节不可或缺的应季食材。

将烤箱预热至200℃，在每个栗子扁平的一面划个十字再平铺在烤盘中，烘烤4～5分钟，其间翻动一次。出炉后用小刀去皮，有些烫手的温度刚刚好，请趁热享用。

栗子土豆泥

这道蔬菜泥是烤牛肉、猪肉或其他野味的最佳配菜。

土豆（去皮切块） $1\frac{3}{4}$杯
盐 适量
罐装无糖栗子泥 1罐（680克）
软化的无盐黄油（常温） 12大勺
法式酸奶油（见第414页） 1/3杯
鸡蛋 1个
蛋黄 1个
苹果白兰地 1/4杯
小豆蔻粉 1小勺
辣椒粉 适量

1. 烤箱预热至180℃。

2. 在锅中倒入约2升盐水，放入土豆块，煮软后捞出控干。

3. 用食品料理机将栗子泥打匀，盛入大碗中备用。

4. 在土豆块中加入8大勺黄油，放入食品料理机中搅打成泥，然后倒入栗子泥中。

5. 将法式酸奶油、鸡蛋、蛋黄、苹果白兰地、小豆蔻粉、$1\frac{1}{2}$小勺盐和辣椒粉一同倒入栗子土豆泥中，搅拌均匀。

6. 准备一个容积为1.5升的烤皿，内壁涂上4大勺黄油。将栗子土豆泥倒入其中，剩下一点黄油点缀在表面，放入烤箱烘烤约25分钟即可上桌。

7. 烤皿可以提前抹好黄油冷藏保存，用之前取出。

可供6人享用。

甜菜苹果泥

颜色诱人、热气腾腾的甜菜苹果泥适合搭配猪肉、鸭肉、鹅肉或火腿，冷甜菜苹果泥则适合搭配热烤肠。

中等大小的甜菜　5 个（约 900 克）
盐　2 大勺加 1/2 小勺
软化的无盐黄油　8 大勺
黄洋葱末　1 杯
酸甜味苹果　700 克
糖　1 大勺
树莓醋　1/4 杯
新鲜莳萝末　适量

1. 摘除甜菜叶，仅保留约 2 厘米长的茎和甜菜，无须去皮，清洗干净。准备一口大锅，倒入足量水和 2 大勺盐，将甜菜放入锅中，使其完全浸在水中。加盖煮沸后调至小火慢煮，此时锅盖不要完全盖严。煮到甜菜变软，大约需要 40 ~ 60 分钟。其间可适当加点水，保证甜菜完全浸在水中。甜菜煮好后捞出控干，晾至常温，再去除茎和表皮。

2. 准备一口平底锅，放入黄油，小火加热融化。加入黄洋葱末，翻炒片刻，加盖，焖至洋葱变软、上色。

3. 苹果去皮去核后切碎，放入平底锅中，加入糖、1/2 小勺盐和树莓醋，小火慢煮，不用加盖，煮至苹果和洋葱末都变得非常软，大约需要 15 ~ 20 分钟。

4. 将煮好的苹果和洋葱倒入食品料理机中，再放入切碎的甜菜，一起搅打成泥。

5. 将甜菜苹果泥重新倒入平底锅中加热，不停搅拌。根据个人喜好适当调味，加些莳萝末做点缀。这道甜菜苹果泥既可趁热享用，也可冷食。

可供 6 人享用。

为了找到理想的蔬菜，我们不惜踏遍整个城市，搜遍原生态农产品市集或果蔬商店。这样的搜寻通常会得到令人惊喜的回报，哪怕只是在供应商清单中增加一个选项。

对另外一些人而言，他们需要做的只是耐心等待。在自家后院种植的有机蔬菜，成熟时即可采摘，这才是最值得信赖的蔬菜。

不是所有人都有菜园，因此有些人会充分利用阳台、窗台和屋顶。只需种子、阳光、水、泥土和通畅的排水道，再加上一点种菜的热情，就万事俱备了。接下来，细心观察，悉心浇灌，静待其生根发芽，你将收获更多的满足和喜悦。

跨年夜菜单

黑莓甜汤

牡蛎佐菠菜鱼子酱

鲜鹅肝配吐司

胡椒壳烹羔羊肉

土豆栗子泥

法式酸奶油佐
西蓝花泥

韭葱土豆泥

西洋菜、菊苣和
柑橘沙拉佐香槟油醋汁

柠檬冰激凌

巧克力蛋糕

法式酸奶油佐西蓝花泥

这道绿色的健康蔬菜泥几乎能与本书中的任何一道主菜搭配。

西蓝花（去除茎上表皮，清洗干净） 2300 克
盐 适量
法式酸奶油（见第 414 页） 1 杯
酸奶油 1/4 杯
帕马森乳酪碎 2/3 杯
肉豆蔻粉 1/2 小勺
现磨黑胡椒 1/2 小勺
软化的无盐黄油 2 大勺

1. 将西蓝花切碎，预留 8 小朵，一起倒入 4 升煮沸的盐水中，煮至变软。

2. 将切碎的西蓝花放入食品料理机中，加入法式酸奶油，搅打成泥。

3. 烤箱预热至 180℃。

4. 把西蓝花泥倒入碗中，加入酸奶油、帕马森乳酪碎、肉豆蔻粉、黑胡椒和盐拌匀。

5. 将拌好的西蓝花泥倒入烤盘中，表面点缀黄油，放入烤箱烘烤 25 分钟。

6. 用预留的 8 小朵西蓝花做点缀，趁热享用。

可供 6 人享用。

韭葱土豆泥

韭葱和土豆是我们最喜欢的蔬菜，它们朴实无华，却可以做出一道口感浓郁、抚慰人心的蔬菜泥。

韭葱 6 根
土豆 900 克
盐和现磨黑胡椒 适量
软化的无盐黄油 12 大勺
大蒜（去皮切末） 2 瓣
高脂鲜奶油 1/2 杯

1. 切掉韭葱根部，择去大部分绿叶，将其切成 17 厘米长的段。然后纵向切开，但不要切到底，冲洗干净。

2. 准备一口锅，加入约 3 升盐水煮沸，放入韭葱，煮 15 分钟，直至韭葱变软。将韭葱捞出沥干，切碎备用。

3. 土豆削皮后放入另一口锅中，倒入冷水和少许盐，煮沸。然后将火调小，根据土豆的大小，煮 20 ~ 40 分钟。关火后捞出土豆，沥干备用。

4. 在平底锅中放入 3 大勺黄油，小火加热，放入蒜末，煸炒至上色。加入韭葱和 3 大勺黄油，继续煸炒。

5. 把炒好的韭葱放入食品料理机中，搅打成泥。

6. 将煮好的土豆捣碎，加入适量高脂鲜奶油。将土豆拌入韭葱泥中，再加入 6 大勺黄油，用盐和黑胡椒调味。重新加热至冒热气，即可上桌。

可供 6 人享用。

红薯胡萝卜泥

红薯（挑选水分较多的品种） 900 克
胡萝卜 450 克
水 2 1/2 杯
糖 1 大勺
软化的无盐黄油 12 大勺
盐和现磨黑胡椒 适量
法式酸奶油（见第 414 页） 1/2 杯
肉豆蔻粉 1/2 小勺
辣椒粉（可选） 少量

1. 烤箱预热至 190℃。

2. 红薯擦洗干净，从顶端纵向深切一个小口。将红薯放入烤箱中层，烘烤 1 小时，可用餐叉轻易刺穿即可。

3. 其间，将胡萝卜去皮，切成 2 厘米长的小段，放入平底锅中。加入水、糖、2 大勺黄油、盐和黑胡椒，中火煮沸后开盖炖煮，直到锅中的水分完全蒸发，黄油嗞嗞作响。这一过程大约需要 30 分钟。此时，如果胡萝卜还未煮软，可以加少许水再煮一会儿。

4. 红薯烤好后去皮，与煮好的胡萝卜一起放入食品料理机中。加入剩余的黄油和法式酸奶油，搅打成泥。

5. 在红薯胡萝卜泥中加入肉豆蔻粉和辣椒粉，用适量盐和黑胡椒调味，轻轻拌匀。

6. 将调味后的红薯胡萝卜泥放入耐热餐盘中，盖上锡纸。将烤箱重新预热至 180℃，放入红薯胡萝卜泥，烘烤 25 分钟左右，出炉后即可上桌。

可供 6 人享用。

食谱笔记

筹备聚会时，应先回想一下之前举办或参加过的聚会活动的区域安排，确保客人们在聚会中轻松自在、不觉拘束，这点十分重要。

厨房是很重要的区域，因为客人们喜欢在那里小聚，这些都需要周密计划。事先在脑海中进行彩排，预想可能出现的情况、意外和疏漏。此外，还需控制好聚会的节奏，比如餐前酒持续时间，主菜何时奉上，甜点几时上桌等。

千万不要忘记为客人预备衣帽间，并确保客人使用方便，这样可以避免混乱的场面。合理安排向客人致谢和介绍来宾的时间，让自己成为聚会的中心，是举办聚会的重中之重。

沙拉

有意义的沙拉

沙拉被人们赋予了全新的意义，但它们备受好评的关键仍在于其朴素简单的本质。沙拉就是那么简单，无须承载过多的意味和理念。专注于一个主题，好沙拉就由此诞生，各种食材完美融合的同时又保留了各自的特色。保持沙拉的朴素简单还能充分发挥调味酱汁的双重作用——与各种蔬菜相融合，同时提升口感。

没有什么菜式像沙拉这样食材如此丰富，而且制作过程中的每一个步骤都非常重要。

牛油果火腿沙拉

这道沙拉色彩缤纷，充满活力。

新鲜柠檬汁　1 杯
水　1/4 杯
牛油果（去皮，对半切开）　4 个
红叶生菜或波士顿生菜（洗净沥干）　2 棵
熏火腿（先切成 6 毫米厚的薄片，再切成 5 厘米长的条）　1400 克
中等大小的番茄（切成小块）　8 个
红洋葱（去皮，切成细圈）　1 个
柠檬油醋汁　1 杯
盐和现磨黑胡椒　适量
新鲜欧芹末　1/4 杯
西洋菜（洗净沥干）　1 束

1. 将柠檬汁和水倒入小碗中，牛油果切片，放入柠檬水中浸泡片刻，沥干备用。

2. 把生菜叶整齐地摆放在浅盘中，将牛油果、熏火腿、番茄和洋葱圈以螺旋状摆在生菜叶上。

3. 淋上柠檬油醋汁，用适量盐和黑胡椒调味，撒上欧芹末。

4. 用西洋菜做点缀，即可上桌。

可供 8 人享用。

柠檬油醋汁

特级初榨橄榄油　1 杯
新鲜柠檬汁　2/3 杯
香葱末　1/2 杯
珍珠洋葱（切末）　2 大勺
第戎芥末　2 大勺
盐和现磨黑胡椒　适量

将所有食材倒入带盖的容器中，摇晃容器，将食材混合均匀即可。

可以做 $1^3/4$ 杯油醋汁。

主厨沙拉

主厨沙拉食材丰富，但绝对不是随意的拼凑，它看上去非常棒。选用最新鲜的蔬菜，还有丰富的肉食，把所有食材都切成漂亮的细丝或条，一切尽在大厨的掌控之中。

红叶生菜（洗净沥干）　1 棵
中等大小的长叶生菜（洗净沥干）　2 棵
西洋菜（洗净沥干）　1 束
黄瓜（去皮，纵向剖开，去籽切片）　1 根
番茄（切成 6 块）　6 个
青柿子椒（去蒂去籽，切成细丝）　1/2 个
红柿子椒（去蒂去籽，切成细丝）　1/2 个
瓶装腌渍洋蓟芯（沥干后对半切开）　350 克
格鲁耶尔乳酪（切成细丝）　230 克
熏火腿（切成细丝）　115 克
意大利蒜味腊肠（切成细丝）　115 克
熟火腿（切成细丝）　230 克
熟鸡胸肉（切成细丝）　3 ~ 4 杯
黑橄榄（用于点缀）　1/2 杯
煮鸡蛋（去壳，纵向切成 4 份，用于点缀）　3 个
最受欢迎的油醋汁（见第 178 页）　2 杯

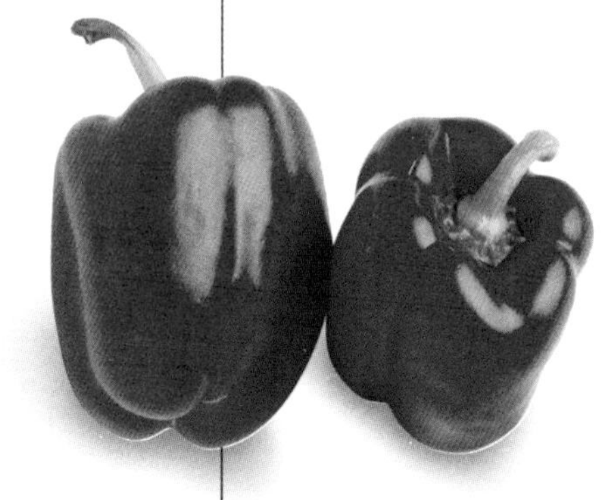

1. 准备一个大号沙拉碗，将红叶生菜铺在碗底。

2. 将长叶生菜撕成小片，与西洋菜、1/2 的黄瓜片、番茄块、柿子椒丝、洋蓟芯、格鲁耶尔乳酪和 2/3 份火腿、腊肠、鸡胸肉，一起分层摆放在红叶生菜片上。

完美蔬菜丝

切蔬菜丝可是一项考验功夫的活儿。在主厨的厨房里打下手，单是切丝一项就需练习很长时间，这样才能切出完美的胡萝卜丝、韭葱丝、蘑菇丝、甜菜丝、黄瓜丝，以及其他令主厨满意的蔬菜丝。我们在法国与一些大厨合作时，曾看到主厨敲打一个年轻小伙子的手，因为他切出的韭葱丝长短不一。主厨担心客人会因此拒绝用餐，使餐厅声誉受损。不过对于你来说，切蔬菜丝不必如此严苛，这些五颜六色的细丝既可用于摆盘，也可搭配其他食材制作美味佳肴。

3. 将剩余蔬菜和肉丝放在最上层，也可以根据自己的喜好设计摆盘。

4. 用黑橄榄和煮鸡蛋做点缀。将沙拉密封后放入冰箱冷藏 1 小时。

5. 淋上油醋汁，拌匀后即可上桌。

可供 6 ～ 8 人享用。

食物是一种最原始的慰藉。

——希拉 · 格雷厄姆

腌牛肉沙拉

这道沙拉最早是用伦敦烤牛排的边角料做出来的，经过漫长的发展，它早已成为一道特别的沙拉。它是对肉食爱好者的特别恩惠。下面只是我们的推荐做法，你也可以随性加入其他食材，按照个人喜好改良一下。

为了做这道沙拉，我们准备了 900 克牛里脊。将牛里脊切成 5 厘米长的条，放入用 1/4 杯橄榄油、1/2 杯红葡萄酒醋和 1/4 杯酱油混合而成的调料汁中腌 3 个小时，然后捞出沥干，再用大火煎至自己喜欢的熟度即可。

大个儿土豆　3 个
熟牛里脊（五分熟为宜） 3 ～ 4 杯
切碎的柿子椒（青红柿子椒各半） 2/3 杯
红洋葱末　1/3 杯
青葱（洗净切片） 1 根
蒜蓉酱（见第 268 页） 2/3 杯
新鲜欧芹末　1/2 杯
生菜叶（洗净沥干） 适量
新鲜橙汁　需要 1 个橙子

1. 土豆去皮，用挖球器挖成小球，大约需要 2 杯。

2. 将土豆球放入锅中，倒入冷盐水煮开，调成小火，煮至土豆球变软（注意不要煮碎），然后将锅中的水倒掉。

3. 把土豆球、熟牛里脊、切碎的柿子椒、红洋葱末和青葱放入大碗中。

4. 倒入蒜蓉酱，拌匀，撒上欧芹末。

5. 将沙拉盛在生菜叶上，淋上新鲜橙汁。这道沙拉做好后可立即食用，也可密封冷藏，食用前恢复至常温再上桌。

可供 4 人享用。

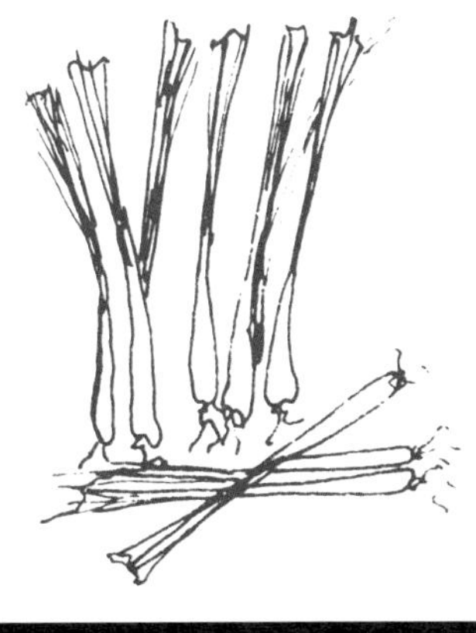

地中海鸡肉沙拉

这道沙拉并非特意为正在减重的人准备的，但对于夏季正在努力瘦身的人们而言，酸甜可口的沙拉的确非常适合作为午餐。这道创意十足的沙拉是许多人的最爱。

中等大小的黄洋葱（去皮，切成 4 等份） 1 个
胡萝卜（去皮切碎） 2 个
韭葱（留取葱白，洗净切丝） 1 根
干百里香 1 小勺
月桂叶 1 片
欧芹 6 枝
黑胡椒 12 颗
丁香 4 颗
鸡胸肉 1400 克
特级初榨橄榄油 1/2 杯
干牛至 $1\frac{1}{2}$ 小勺
柠檬（取汁） 1 个
黑橄榄 3/4 杯
续随子（沥干腌渍汁） 2 大勺
樱桃番茄（对半切开） 8 个
四季豆（煮熟） 230 克
盐和现磨黑胡椒 适量

1. 准备一口深锅，倒入 4 升水，放入黄洋葱、胡萝卜碎、葱丝、干百里香、月桂叶、欧芹、黑胡椒、丁香和盐，大火煮沸后再将火调小，开盖煮 15 分钟。

2. 放入鸡胸肉，大火煮沸后调至小火，半掩锅盖煮大约 20 分钟，直至鸡胸肉熟透。关火，打开锅盖，让鸡胸肉浸在汤汁中晾至常温。

3. 捞出鸡胸肉，去皮去骨、撕成小块，加入橄榄油和干牛至，密封腌制 1 小时。

4. 加入剩下的食材拌匀，用盐和黑胡椒调味后即可上桌。

可供 4 ~ 6 人享用。

* 这道沙拉可以冷藏保存几日。食用前加些煮熟的四季豆，可以使色泽更为吸引人。

食谱笔记

几个世纪以前，鲜花就被当作一种食材。如今，我们用鲜花作为摆盘时的点缀，它们优雅迷人又恰到好处。有些花的香气比较浓郁，可以根据个人喜好选择搭配。我们喜欢用鲜花装饰餐盘、装点香槟或沙拉，令美味锦上添花。

我们最爱沙拉中的玫瑰花瓣，白葡萄酒中的茶玫瑰，以及石竹花、勿忘我、百里香、莳萝花、紫罗兰、白菜花、旱金莲花和琉璃苣。

旱金莲花有一种辛辣味，花瓣颜色各异，既有淡雅的米白色，也有绚丽的深红色。它既是沙拉的完美伴侣，又可切碎搭配三明治。旱金莲的果实可用等量糖醋混合汁腌渍，也可根据个人喜好加入其他香草。腌渍后的旱金莲果实搭配沙拉或其他调味汁，风味非常独特。这些鲜花使沙拉或酱汁别具风味，挑逗着你的味蕾。注意，如果想在食物中使用鲜花，请选用有机品种。

如果你因为偷懒将所有食材一股脑倒在一起，而不是循序加入，做出的菜肴味道就不会如你所愿。这与完成其他事情一样，走捷径通常要以牺牲品质为代价。
——李奥奈尔·波伊拉勒

龙蒿鸡肉沙拉

这是一道既时尚又实惠的美味。龙蒿鸡肉沙拉食材讲究，做法简单，既可作为主菜，也可夹入三明治中。相信它会得到大家的喜爱。你可以根据个人喜好撒些山核桃仁、葡萄干或蔓越莓干来丰富口味。

鸡胸肉（去骨去皮） 1400 克
法式酸奶油（见第 414 页） 1 杯
酸奶油 1/2 杯
蛋黄酱 1/2 杯
芹菜（切成 2 厘米长、铅笔粗细的段） 2 根
山核桃仁 1/2 杯
干龙蒿 1 大勺
盐和现磨黑胡椒 适量

1. 烤箱预热至 180℃。
2. 把鸡胸肉平铺在方形平底烤盘中，表面均匀地抹上法式酸奶油，放入烤箱烤熟，大约需要 20 ~ 25 分钟。取出烤好的鸡胸肉，冷却至室温。
3. 将鸡胸肉切成小块。
4. 把酸奶油和蛋黄酱搅拌均匀，倒入鸡肉中。
5. 加入芹菜、山核桃仁、干龙蒿、盐和黑胡椒，拌匀。
6. 密封冷藏至少 4 小时，食用前可根据喜好添加调味料。
可供 4 ~ 6 人享用。

意式腌菜沙拉

大蒜（去皮切末） 3 ~ 4 瓣
干红辣椒 2 个
月桂叶 1 片
胡萝卜（去皮，切成薄片） $1\frac{1}{2}$ 杯
白葡萄酒醋 3/4 杯
菜花（掰成小朵） 4 杯
芹菜（切成 1 厘米长的段） 3/4 杯
续随子（沥干腌渍汁） 2 大勺
什锦橄榄（西西里橄榄、阿方索橄榄、卡拉马塔橄榄） 1 杯
特级初榨橄榄油 1 杯

禽肉之于厨师正如画布之于画家。

——让·安塞姆·布里拉·萨瓦林

午夜三明治

对有些人而言，半夜扫荡冰箱是一种习惯，甚至是一场盛事。无论是分享还是一人食，夜宵都能镇住“饿魔”，让我们在长舒一口气后，酣然入梦。

一点计划，再加上一点灵感，漫漫长夜就不再难以入睡。

- ♥将龙蒿鸡肉沙拉夹入口袋面包中，加上黑加仑和紫甘蓝。
- ♥将虾仁、煮熟的豌豆、葱末与自制蛋黄酱（见第 413 页）一起铺在切片的布里欧修面包（见第 300 页）上，再加入红叶生菜，不仅秀色可餐，更有丰富的口感。
- ♥将法式小圆面包削掉顶部并挖空，抹上鹰嘴豆泥芝麻酱（见第 420 页），加入鸡胸肉片、番茄丁和去核黑橄榄，淋上柠檬汁，撒点熟芝麻，再用新鲜菠菜碎点缀。
- ♥将熟面粉与橄榄油、韭葱末、新鲜橙汁、西洋菜和干醋栗混合均匀，填入口袋面包中，再用蛋黄酱调味。
- ♥将五分熟的烤羊肉切成薄片，和炭烤茄子片交替铺在粗裸麦面包片上，用自制蛋黄酱调味。
- ♥用长叶生菜、牛油果片、番茄、西洋菜、香葱、油醋汁与乡村乳酪搭配葡萄干粗裸麦面包。

1. 将蒜末、干红辣椒和月桂叶放入大碗中。

2. 锅中加入 4 升水烧开，倒入胡萝卜片煮至稍稍变软。用漏勺捞出沥干，放入装有蒜末等调味料的碗中（锅中的水保持沸腾）。倒入白葡萄酒醋，拌匀。

3. 用处理胡萝卜的方法处理菜花和芹菜，趁热盛到碗中与胡萝卜片混合均匀。

4. 加入续随子、什锦橄榄和橄榄油拌匀，冷却至室温，密封后放入冰箱冷藏至少 24 小时。上桌前先让沙拉回温，用盐调味后即可享用。

可供 6 ～ 10 人享用。

烟熏火鸡沙拉

这道沙拉大餐是用熏火鸡肉、乳酪和水果做成的，略带果仁和雪利酒的香气，适合与生菜一起装盘，搭配裸麦或全麦面包，再佐以一杯白葡萄酒或啤酒。

熏火鸡肉（去皮后切成 5 厘米长的细丝，也可用熏火腿或熏鸡肉代替） 700 克
亚尔斯贝格乳酪（切成 5 厘米长的细丝） 350 克
无籽葡萄（洗净沥干） 2 杯
芹菜末（备用） 1 杯
雪利蛋黄酱（见第 252 页） $1\frac{1}{2}$ 杯
盐和现磨黑胡椒　适量
罐装水浸绿胡椒　1 ～ 2 大勺

1. 将熏火鸡肉、亚尔斯贝格乳酪、无籽葡萄和芹菜末倒入带盖的沙拉碗中拌匀。

2. 加入雪利蛋黄酱，盖上盖子，轻轻摇几下沙拉碗，使各种食材充分混合。用盐和黑胡椒调味，食用前密封冷藏。

3. 盛盘后，撒上水浸绿胡椒增添风味。

可供 6 人享用。

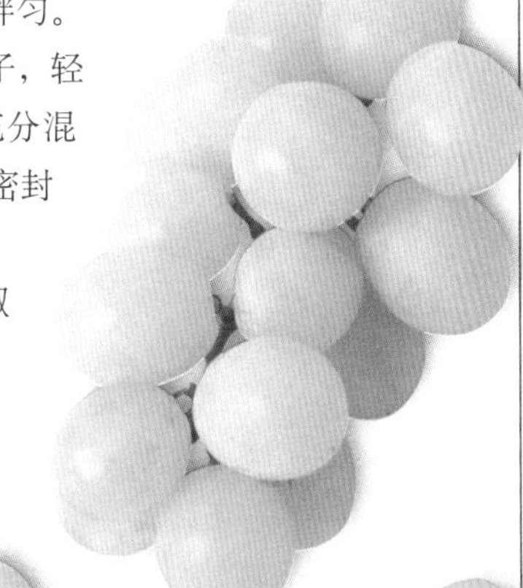

雪利蛋黄酱

这款雪利蛋黄酱非常适合搭配烟熏火鸡沙拉、鸡肉三明治，或者法式开胃菜。

鸡蛋　1个
蛋黄　2个
第戎芥末　1大勺
雪利酒醋　1/4杯
盐和现磨黑胡椒　适量
玉米油　2杯

1. 将鸡蛋、蛋黄、第戎芥末和雪利酒醋倒入食品料理机中，加入盐和黑胡椒调味，搅打1分钟。

2. 其间，将玉米油缓缓倒入食品料理机。

3. 当油与其他食材充分融合后，关掉食品料理机。试尝一下味道，再酌情添加调味料。将做好的雪利蛋黄酱盛入容器中，密封冷藏保存。

可以做 $2\frac{1}{2}$ 杯雪利蛋黄酱。

制作时需要用生鸡蛋，请务必挑选最新鲜且冷藏保存的鸡蛋制作这款酱料。

春分晚宴

冰镇黄瓜鲜虾汤

鸭肉梨子沙拉佐芒果酸辣调味汁

法式乡村面包

布里乳酪千层酥

青柠慕斯

鸭肉梨子沙拉佐芒果酸辣调味汁

这道沙拉既适合安排在正式的午宴中，也可作为夏夜的一道清凉主菜。

我们推荐使用五分熟的烤鸭肉——在预热至230℃的烤箱中烘烤15分钟，将温度降至190℃再烘烤20～30分钟。如果你喜欢更熟一些的鸭肉，可以进一步延长烘烤时间。建议尽量用野米（或者将野米与糙米混合）做米饭，它能为这道沙拉锦上添花。

半熟的鸭子（处理方法见步骤1）　2只（每只约重2～2.5千克）
米饭（常温）　3杯
芹菜末　1杯
青葱（斜切成1厘米长的段）　4根
橙子（带皮榨汁）　1个
盐和现磨黑胡椒　适量
梨（成熟且果肉紧实）　3个
新鲜柠檬汁　1杯
芒果酸辣调味汁（做法见页面下方）　适量

1. 鸭子去皮去骨，鸭肉切成 2 厘米见方的小块。

2. 准备一个沙拉碗，倒入鸭肉和煮好的米饭拌匀，然后加入芹菜末、青葱和橙汁，用盐和黑胡椒调味。拌匀后，倒入大餐盘中。

3. 如果梨的表皮比较粗糙或太厚，可先去皮。将梨切成 4 块，去核后再切成薄片，放入柠檬汁中轻轻摇一下，使其完全浸泡在柠檬汁中。将另外 2 个梨也切好浸泡在柠檬汁中。

4. 捞出梨片沥干，呈扇形摆放在鸭肉沙拉周围，搭配芒果酸辣调味汁享用。

可供 4 ～ 6 人享用。

芒果酸辣调味汁

请挑选最新鲜且冷藏保存的鸡蛋来做芒果酸辣调味汁。

鸡蛋　1 个
蛋黄　2 个
第戎芥末　1 大勺
蓝莓醋（做法见第 145 页）　1/4 杯
芒果酸辣酱　1/3 杯
酱油　1 大勺
盐和现磨黑胡椒　适量
花生油　1 杯
玉米油　1 杯

1. 将鸡蛋、蛋黄、第戎芥末、蓝莓醋、芒果酸辣酱和酱油倒入食品料理机中，加入盐和黑胡椒调味，搅打 1 分钟。

2. 其间，缓缓倒入花生油和玉米油，继续搅打至油与其他食材充分融合，关掉食品料理机。试尝一下味道，根据需要酌情添加调味料。

3. 将做好的芒果酸辣调味汁盛入容器中，密封冷藏。

可以做 3 杯酱料。

热！
我喝了柠檬水一大缸，
可就是一点也不觉得凉！
我想我该把鞋子脱光，
坐在树荫下乘凉。

——谢尔 · 希尔弗斯坦，
《阁楼上的光》

希腊羊肉茄子沙拉

这是一道充满希腊风味的主食沙拉。可以用吃剩的羊肉制作，但我们经常为此特意烤制半条羊腿，因为确实值得这样做。

茄子（去皮，切成2厘米见方的块） 5杯
盐 适量
橄榄油 1/4杯
新鲜菠菜（洗净沥干，仅用叶片） 350克
熟羊肉（切成细丝） 4杯
黑橄榄 1杯
烤松仁（见第202页“烤坚果”） 2～3大勺
柠檬蒜味蛋黄酱（做法见页面下方） 适量

1. 将茄子块铺在滤网中，撒适量盐，将滤网架在一只盘子上，静置30分钟。

2. 烤箱预热至200℃。

3. 把茄子块冲洗干净，用厨房纸吸干表面的水分，平铺在烤盘中，淋上适量橄榄油，放入烤箱烘烤20～30分钟。其间不时翻动，直至茄子烤软，注意不要烘烤过度。取出烤好的茄子块晾至室温，可根据需要适当加盐调味。

4. 把菠菜叶摆在餐盘边缘，将茄子块和羊肉盛放在餐盘中央。撒上黑橄榄和松仁做点缀，再佐以柠檬蒜味蛋黄酱，即可享用。还可根据需要加些黑胡椒调味。

可供4人享用。

柠檬蒜味蛋黄酱

鸡蛋 1个
蛋黄 2个
新鲜柠檬汁（可适量多加） 1/4杯
盐和现磨黑胡椒 适量
大蒜（去皮切末） 6～8瓣
特级初榨橄榄油 $2^1/4$ 杯

1. 将鸡蛋、蛋黄和柠檬汁倒入食品料理机，加入盐和黑胡椒调味，搅打约1分钟。

2. 其间，加入蒜末，缓缓倒入橄榄油，继续搅打至油与其他食材充分融合，关掉食品料理机。试尝一下味道，再酌情添加调味料，可根据个人喜好多加点柠檬汁。

3. 将做好的蛋黄酱盛入容器中，密封冷藏。

可以做3杯柠檬蒜味蛋黄酱。

柠檬水

把12个柠檬去皮榨汁，然后倒入大水罐中，加入1/2杯糖，搅拌至糖完全融化。把柠檬皮切成细丝，放入水罐中，再装满冰块。静待冰块融化，约需30分钟。趁着杯中尚有碎冰块，用柠檬片和鲜薄荷点缀一下，请尽情享用吧！

请挑选最新鲜且冷藏保存的鸡蛋做柠檬蒜味蛋黄酱。

记住一道美味的沙拉就是记住了一顿丰盛的晚餐，完美的晚餐一定少不了完美的沙拉。

——乔治·埃文格，《餐桌意趣》

白豆火腿沙拉

这道沙拉适合搭配酸黄瓜、全麦面包或粗裸麦面包，是秋冬季的午餐首选，尤其适合在野餐时享用。搭配上好的黑啤酒，风味更佳。

白豆　450 克
盐　适量
蒜蓉芥末调味汁（见第 283 页）　1～2 杯
红洋葱（去皮，切成薄片）　1 个
新鲜欧芹末　1 杯
熟火腿（切成 2 厘米见方的小块）　450 克
现磨黑胡椒　适量
黑橄榄　1 杯

1. 白豆冲洗干净，用清水浸泡一夜（水面没过白豆 8 厘米）。

2. 将白豆捞出沥干，倒入一口深锅中，加入冷水，水面没过白豆 3 厘米。将水煮沸，撇去浮沫，再煮约 40 分钟，直至豆子变软。煮至大约 30 分钟时可加盐调味。根据实际情况调整炖煮时间，注意不要将豆子煮烂。

3. 将白豆捞出沥干，倒入沙拉碗中，趁热加入 1 杯蒜蓉芥末调味汁。

4. 放入红洋葱、欧芹末和熟火腿，用盐和黑胡椒调味。将各种食材拌匀，密封冷藏。

5. 食用时将沙拉取出，恢复至室温，再次拌匀，可根据个人喜好再加些蒜蓉芥末调味汁调味。用黑橄榄做点缀，即可上桌。

可供 6～8 人享用。

芝麻菜沙拉

一道专门为芝麻菜爱好者准备的沙拉，请尽情享用。

芝麻菜（去除茎部）　适量
蒜蓉凤尾鱼酱（见第 257 页）　适量

1. 将芝麻菜叶冲洗干净，控干后包好，放入冰箱冷藏，食用前取出。

2. 把芝麻菜和蒜蓉凤尾鱼酱一起倒入大碗中，拌匀装盘即可上桌。

请挑选最新鲜且冷藏保存的鸡蛋做蒜蓉凤尾鱼酱。

蒜蓉凤尾鱼酱

油浸凤尾鱼　3 ~ 4 条
大蒜　1 ~ 2 瓣
第戎芥末　1 大勺
蛋黄　1 个
红葡萄酒醋　1/4 杯
盐和现磨黑胡椒　适量
特级初榨橄榄油　1 杯

1. 将油浸凤尾鱼简单切块，盛入小碗中，用餐叉捣碎。

2. 大蒜去皮切末，用刀背拍成蒜蓉，放入凤尾鱼中。

3. 依次加入第戎芥末、蛋黄和红葡萄酒醋拌匀，再用盐和黑胡椒调味。

4. 将橄榄油缓缓倒入碗中，一边倒一边快速搅拌，直至橄榄油与食材完全融合，黏稠的蒜蓉凤尾鱼酱就做成了。

5. 将做好的蒜蓉凤尾鱼酱放入容器中密封冷藏保存，可随时取用。

可以做 1½ 杯蒜蓉凤尾鱼酱。

芝麻菜

芝麻菜别名众多，如紫花南芥、芸芥、火箭菜等。无论叫什么，这种有着浓烈芝麻香味的绿叶菜总是令人印象深刻。

很多人都是在意大利餐厅第一次品尝到这种蔬菜。很多春季沙拉也会用芝麻菜增添风味，但芝麻菜最经典的搭配还是意大利油醋汁、番茄和帕马森乳酪，独特的风味使它成为最受欢迎的菜肴之一。我们也可用橄榄油清炒芝麻菜，或者把芝麻菜切碎后搭配沙拉、意式烘蛋、意大利烩饭或海鲜。大家可以去农贸市场碰碰运气，在那里可能会找到散售或成束售卖的芝麻菜。有条件的话，也可以自己种一些。芝麻菜长得很快，可以剪下嫩叶食用或待其味道更浓郁时采摘。

芝麻菜红椒沙拉

这款五彩斑斓的沙拉佐以意大利油醋汁，轻松征服味觉，让人胃口大开。食谱中的食材均为建议用量，可根据具体情况调整。如果你和我们一样喜爱芝麻菜，甚至可以不加生菜，全部使用芝麻菜。

生菜　2 棵
芝麻菜　2 束
新鲜蘑菇　450 克
红柿子椒　3 个
意大利油醋汁（见第 258 页）　适量

1. 摘掉生菜外层菜叶，剥开里层菜叶，用清水冲洗干净，控干后包上保鲜膜冷藏。

2. 芝麻菜冲洗干净，控干后包上保鲜膜冷藏。

3. 蘑菇去柄，用打湿的厨房纸将蘑菇帽擦拭干净，包上保鲜膜冷藏。

4. 红柿子椒去蒂去籽，切成细丝。包上保鲜膜冷藏。

5. 把生菜叶撕成小片，与芝麻菜混合在一起，分装在 6 个沙拉盘中。蘑菇切片，平分在6个盘中。将红柿子椒丝撒在蘑菇片周围，每个盘中淋上意大利油醋汁即可上桌（在较随意的场合，可以将所有食材倒入一个大沙拉碗中，加入油醋汁拌匀）。

可供6人享用。

意大利油醋汁

带皮大蒜　1瓣
第戎芥末　1大勺
意大利黑香醋　3大勺
盐和现磨黑胡椒　适量
特级初榨橄榄油　1杯

1. 将蒜瓣对半切开，准备一个小碗，用大蒜切面涂抹内壁，保留蒜瓣备用。

2. 将第戎芥末和意大利黑香醋倒入碗中混合均匀，用盐和黑胡椒调味。

3. 将橄榄油缓缓倒入碗中，一边倒一边搅拌，直至完全融合、油醋汁变得浓稠。

4. 试尝一下味道，根据个人口味酌情添加调味料和蒜瓣，密封常温保存。使用前取出蒜瓣，重新搅拌均匀即可。

可以做 $1\frac{1}{4}$ 杯油醋汁。

意大利黑香醋 (Balsamic Vinegar)

几个世纪以来，在意大利艾米利亚-罗马涅地区的摩德纳，以葡萄汁为原料酿成的黑香醋久负盛名。它黏稠醇厚，酸中带甜，可以搭配各种食材。黑香醋要轮流装入不同质地的木桶中发酵储存12年以上，随着时间的推移越发醇香。木桶由大至小，有橡木、栗木、樱桃木、桑树木等，其间每年更换1次，让醋吸收不同木料的香气。经年累月，醋汁呈现深咖色且具有光泽，果香馥郁，醇厚温和，别有一番滋味。

意大利黑香醋可以调制沙拉汁，也可搭配冷盘肉或热蔬菜。我们很喜欢在享用浆果、牛排和帕马森乳酪时佐以黑香醋。

尼斯沙拉

这道充满地中海风味的沙拉清凉爽口，食材丰富，完全可以当作一道主菜，也可将其夹入法棍面包中，做成尼斯风味的海滩三明治。时间越长，面包与沙拉结合得越完美。

新鲜土豆（洗净）　450克
熟四季豆　900克
樱桃番茄（洗净，切成4瓣）　10个
小个儿紫洋葱（去皮，切成薄片）　1个
黑橄榄　1/2杯
新鲜欧芹末　1/4杯
盐　少许
现磨黑胡椒　1小勺
最受欢迎的油醋汁（见第178页）　3/4杯
煮鸡蛋（去壳，纵向切成4份）　6个
罐装油浸白金枪鱼（沥干）　350克
油浸凤尾鱼（可选）　60克

尼斯沙拉总能唤起人们对地中海的向往。

美酒酿佳醋。

——意大利俗语

1. 煮沸一锅盐水，放入土豆煮软，大约需要 10 分钟。捞出土豆，晾至常温，切成 4 块，放入沙拉碗中。

2. 加入熟四季豆、樱桃番茄、紫洋葱、黑橄榄、欧芹末，撒上适量盐和黑胡椒，倒入 1/2 杯油醋汁，轻轻拌匀。

3. 将所有食材盛盘。要想更美观，可以先把鸡蛋沿盘边摆放，再将金枪鱼散放于沙拉中，油浸凤尾鱼可以放在金枪鱼上。最后再淋一些油醋汁即可上桌。

可供 6 ~ 8 人享用。

夏季沙拉

夏季是尽情享用沙拉的季节。蔬菜和水果丰盛、新鲜，通常在自家菜园中就可采摘。这些优质食材只需淋上油醋汁，撒上香草，就可以享用。番茄、土豆、玉米，这些很普通的食材只需稍加烹调，就会即刻变身为艺术品。大多数夏季沙拉只需稍做处理，不用过多烹调，常温下享用口感最好。

野餐食单

黑椒鸡肝酱

什锦香肠配芥末

布里乳酪

番茄罗勒配
蒙哈榭乳酪沙拉

法式面包佐
罗勒芥末黄油

青葡萄和草莓

黄油酥饼

我们将两种沙拉一起摆放在餐盘中，一边是鲜橙洋葱沙拉，一边是芝麻菜红椒沙拉（见第257页）。

鲜橙洋葱沙拉

这道非同寻常的沙拉色香味俱全，是意式或其他地中海风情餐的绝佳配菜。这道沙拉适合冷食，但不可冷藏太长时间，否则会影响橙子的口感，让整道沙拉失去魅力。

橙子（挑选大个儿、多汁的） 6个
红葡萄酒醋 3大勺
特级初榨橄榄油 6大勺
干牛至 1小勺
红洋葱（去皮，切成薄片） 1个
黑橄榄 1杯
新鲜香葱末（用于装饰） 1/4杯
现磨黑胡椒 适量

1. 将橙子去皮，横切成4～5片，放在浅盘中。加入醋、橄榄油和牛至，轻轻摇匀，密封冷藏30分钟。

2. 再次轻轻摇一下，用洋葱和黑橄榄做点缀，撒上香葱和黑胡椒即可上桌。

可供6～8人享用。

番茄罗勒配蒙哈榭乳酪沙拉

这是一道非常受欢迎的夏季沙拉。

大个儿成熟番茄 6个
红洋葱 1个
罗勒酱 1/4杯
黑橄榄 1/4杯
新鲜欧芹末 1大勺
特级初榨橄榄油 1/4杯
红葡萄酒醋 少量
盐和现磨黑胡椒 适量
蒙哈榭乳酪（或其他口感温和的山羊乳酪） 170克

1. 番茄横向切开，去籽后切成厚片，再将番茄片对半切开，放入沙拉碗中。

2. 洋葱去除外皮，切成细圈，放入沙拉碗中，用小勺轻轻拌一下。

3. 除乳酪外，将其他食材放入沙拉碗中，轻轻拌匀。密封冷藏1小时。

4. 上桌前将沙拉盛入餐盘中，表面撒上擦碎的蒙哈榭乳酪。

可供6～8人享用。

碎麦沙拉

水　4杯
小麦粒（碾碎）　2杯
核桃仁（切成粗粒）　1杯
干醋栗　1杯
新鲜欧芹末　1/4杯
特级初榨橄榄油　1大勺
橙子（带皮榨汁）　1个
盐和现磨黑胡椒　适量

1. 准备一口平底锅，加入水和小麦粒。大火烧开后将火调小，加盖煮至水完全煮干、小麦粒变软，大约需要35～40分钟。

2. 将煮好的小麦粒倒入沙拉碗中，晾凉后放入冰箱冷藏。

3. 在沙拉碗中加入核桃仁、醋栗、欧芹、橄榄油和橙汁，用盐和黑胡椒调味，将食材拌匀。可冷食，也可常温享用。

可供8人享用。

米饭蔬菜沙拉

热米饭　8杯
最受欢迎的油醋汁（见第178页）　$1\frac{1}{2}$～2杯
红柿子椒（去蒂去籽，切成细丝）　1个
青柿子椒（去蒂去籽，切成细丝）　1个
红洋葱（去皮切丁）　1个
香葱（洗净切末）　6根
干醋栗　1杯
珍珠洋葱（去皮，切成薄片）　2个
冷冻豌豆（解冻，用盐水煮3分钟）　300克
无核黑橄榄（切片）　1/2杯
新鲜欧芹末　1/4杯
新鲜莳萝末　1/2杯
盐和现磨黑胡椒　适量

果皮妙用

柑橘类水果的果皮色彩明艳，口感清新，能为许多菜肴增鲜提味。我们可以尝试在青柠慕斯中加入青柠檬皮碎，在碎麦沙拉中加入橙皮丝，在烤芦笋中加入柠檬皮碎。这些果皮会为蛋糕、浆果、鸡尾酒、慕斯、沙司、蒜香面包、浓汤、意大利面和烤鸡等菜肴增添一缕清香。

将果皮洗净，用削皮器削下最外层果皮（不要里层带有苦味的白色部分），切碎；也可用专用刨丝器，将果皮刨成丝。希望大家多多尝试，这些鲜艳的果皮能为各种美味锦上添花。

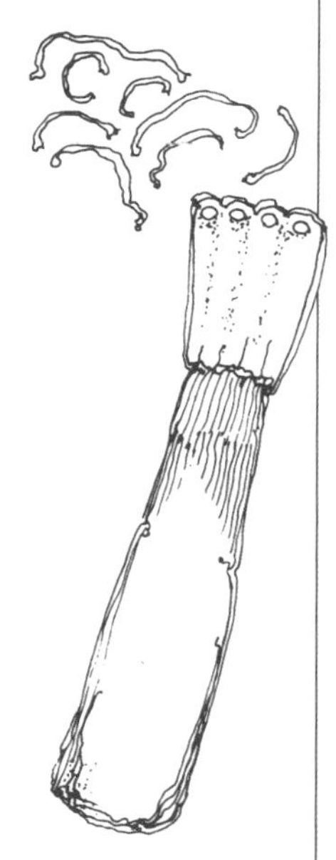

碎麦沙拉中的水果、坚果与谷物相得益彰。

盛夏时节，最是一年中生机勃勃之时，万物丰饶如期繁盛。

——丹尼尔·格雷森

1. 将米饭倒入沙拉碗中，加入 $1^1/_2$ 杯油醋汁，轻轻摇匀，晾至常温。

2. 加入其他食材，摇匀，品尝后适当用盐和黑胡椒调味，也可根据个人口味添加一些油醋汁。

3. 可立即享用也可密封冷藏，冷藏时间不要超过 4 小时（食用前需恢复至常温）。

可供 8 ～ 10 人享用。

梦见黄瓜，预示着即将坠入爱河。

——理查德 · 福尔卡德

薄荷黄瓜沙拉

这道沙拉清新爽口，四季皆宜，尤其适合炎炎夏日。推荐菜单：烤羊腿肉、碎麦沙拉和薄荷黄瓜沙拉，搭配口袋面包。

黄瓜（去皮，对半切开） 3 根
新鲜薄荷叶末 1/2 杯
新鲜欧芹末 1/4 杯
橙子（带皮榨汁） 1 个
特级初榨橄榄油 1/2 杯
红葡萄酒醋 1 杯
糖 1/4 杯

1. 将黄瓜切成半圆形的片，放入沙拉碗中，加入薄荷、欧芹和橙汁，拌匀。

2. 另取一只小碗，倒入橄榄油、醋和糖，混合均匀后倒入沙拉碗中。密封冷藏至少 4 小时。

3. 上桌前再拌一下。

可供 6 ～ 8 人享用。

鹰嘴豆沙拉

这道带有中东风味的沙拉搭配生菜叶和烤羊肉或鸡肉、猪肉，就成了一道不错的头盘。

特级初榨橄榄油 1/2 杯
黄洋葱末 1 杯
干百里香 1 大勺
红柿子椒（切碎） 1/2 杯
黑葡萄干 1/2 杯
鹰嘴豆（洗净沥干） $3^1/_2$ 杯

消夏逸趣

♥自制相册
♥自在观云
♥自制柠檬汁
♥在吊床上晃过一日光阴
♥花园耕耘
♥自制干花
♥穿白色衣服过一周
♥阅读俄罗斯浪漫小说
♥月光下裸泳
♥打破游戏纪录
♥静默一日
♥只喝果汁和水度过一天
♥写信或明信片
♥读诗
♥擦拭银器
♥去图书馆
♥参观博物馆
♥玩填字游戏
♥挖蛤蜊
♥搜寻古玩
♥环湖骑马
♥自制风筝
♥乡村集市游玩
♥用鲜花装饰房间
♥自制冰激凌
♥野营
♥用鲜花点缀帽子
♥赤足散步
♥采摘牵牛花
♥自制棉花糖
♥坐过山车
♥在泳池中享用午餐
♥开敞篷车兜风
♥夜观流星
♥欣赏古典音乐
♥自唱自吟
♥打扑克
♥享受新鲜薄荷的清香
♥野花丛中漫步
♥为心上人做一次精油按摩
♥暖阳下打盹

盐　1/2 小勺
白葡萄酒醋　1/2 杯

1. 准备一口平底锅，倒入橄榄油小火加热，放入洋葱和百里香翻炒，加盖焖至洋葱变软、上色。

2. 放入切碎的红柿子椒，炒 5 分钟。

3. 加入黑葡萄干和鹰嘴豆，翻炒约 5 分钟。注意，鹰嘴豆不要烹炒过度，以免炒碎。

4. 将所有食材倒入沙拉碗中，加少许盐调味，趁热淋上白葡萄酒醋，轻轻拌匀。

5. 将沙拉晾至常温，密封冷藏至少 24 小时，享用前取出回温。

可供 6 ～ 8 人享用。

巴斯克沙拉

这是一道用米饭、肉类和海鲜烩制而成的主菜沙拉。

特级初榨橄榄油　1/4 杯
青葱（洗净，切成薄片）　12 根
藏红花　1 小勺
熟米饭　2 杯
盐（可适当增加）　$1^{1}/_{2}$ 小勺
鸡肉高汤（见第 416 页）　4 杯
鲜虾（去壳去虾线）　450 克
香肠（切丝备用）　115 克
意大利熏火腿（切成薄片）　230 克
青柿子椒（去蒂去籽，切成细丝）　1 个
红柿子椒（去蒂去籽，切成细丝）　1 个
新鲜欧芹末　1/2 杯
现磨黑胡椒　3/4 小勺

1. 取一口深锅，倒入橄榄油加热，放入青葱，中火炒软后加入藏红花，继续煸炒 2 分钟。

2. 加入米饭翻炒，使橄榄油均匀包裹在米粒上。加入鸡肉高汤，随后加盐调味。转小火慢炖，汤汁被完全吸收后关火，约需 20 分钟。用餐叉将米饭铲松，晾至常温。

3. 烧开约 2 升水，放入鲜虾后关火，加盖焖 2 分钟。将虾捞出，沥干备用。

4. 把晾凉的米饭盛入沙拉碗中，放入鲜虾、香肠、熏火腿、青柿子椒、红柿子椒和欧芹末，再用盐和黑胡椒调味。将食材拌匀，倒入大餐盘中即可。

可供 8 人享用。

美式沙拉

这些沙拉具有美式风情，常常出现在教堂晚餐、乡村小馆以及老祖母的手写食谱中。它们做法简单，但在这纷繁的世界中，却是不可多得的难忘美味。

文学与烹调相比，一个虚无缥缈，一个实实在在。

——E.V. 卢卡斯

自驾游野餐

洛克福乳酪甜菜核桃沙拉

这道食材丰富的沙拉是冬日良品，最适合与火腿、烤肠或其他肉类搭配，它明亮的色彩能够为餐桌增添生气。

你也可以换个口味，不加洛克福乳酪，将新鲜莳萝均匀撒在沙拉上。

甜菜　8 ~ 10 个
红葡萄酒醋　3 大勺
核桃油　3 大勺
核桃仁（对半分开）　1/2 杯
洛克福乳酪　120 克
现磨黑胡椒　适量

1. 将甜菜清洗干净，去除茎叶和须根，切勿伤及表皮。烧开一锅盐水，将甜菜放进水中煮 20 ~ 40 分钟，直至变软。将煮好的甜菜沥干水，晾至常温再去皮，切成细丝。

2. 把甜菜丝倒入沙拉碗中，加入醋和核桃油，轻轻摇匀。可根据个人口味适当增加醋和核桃油的用量。密封冷藏。

3. 食用前取出沙拉，撒入核桃仁，盛放在浅盘中。待其恢复至室温后均匀撒上洛克福乳酪碎和黑胡椒，即可上桌。

可供 6 ~ 8 人享用。

奶油卷心菜沙拉

它是我们眼中的沙拉典范，口感新鲜脆嫩，非常适合搭配各种三明治。

卷心菜（挑选小个儿的，洗净切丝）　1 棵
胡萝卜（去皮擦碎）　1 根
青柿子椒（去蒂去籽，切碎备用）　1 个
蛋黄酱　1 杯
玉米油　1/2 杯
酸奶油　1/2 杯
高脂鲜奶油　2 大勺
小茴香　1 小勺
盐和现磨黑胡椒　适量

1. 将卷心菜、胡萝卜和青柿子椒放入沙拉碗中。

2. 将其他食材放入另一个碗中，加入盐和黑胡椒调味，拌匀。将搅拌好的食材倒入沙拉碗中与卷心菜混合，冷藏至少 4 小时。

3. 将卷心菜沙拉静置至常温后再上桌。

可供 6 ~ 8 人享用。

五彩锦豆沙拉

罐装鹰嘴豆、白芸豆、红芸豆、利马豆和眉豆　各 1 罐（各 450 克）
新鲜四季豆　450 克
蒜蓉酱（做法见页面下方）　适量
青葱末　1 杯
新鲜欧芹末（用于点缀）　1/2 杯

1. 罐装豆子沥干水，冲洗后控干。

2. 将四季豆切成 5 厘米长的段，用盐水焯熟。

3. 将罐装豆子和新鲜四季豆倒入沙拉碗中，加入蒜蓉酱，撒上香葱末，轻轻摇匀。

4. 将沙拉密封冷藏一晚，上桌前用欧芹末做点缀，静置至常温后享用。

可供 10 ~ 12 人享用。

蒜蓉酱

蛋黄　1 个
红葡萄酒醋　1/3 杯
糖　1 大勺
蒜末　1 大勺
盐和现磨黑胡椒　适量
特级初榨橄榄油　1 杯

1. 将蛋黄、醋、糖、蒜末、盐和黑胡椒倒入料理机中，搅拌一下。

2. 搅拌过程中缓缓倒入橄榄油。

3. 根据个人口味添加调味料，倒入容器中密封冷藏保存。

可以做 1½ 杯酱料。

公园野餐

西班牙冷菜汤

什锦法式咸派

五彩锦豆沙拉

奶油蛋卷

巧克力慕斯

草莓

如红豆炖饭般温暖。

——路易斯 · 阿姆斯特朗

请挑选非常新鲜且冷藏保存的鸡蛋制作蒜蓉酱。

苹果核桃沙拉

这道清爽的沙拉因为加了雪利酒醋而独具风味。

青苹果（冷藏） 2个
红苹果（冷藏） 2个
雪利酒醋（可根据需要适量增加） 1/2杯
芹菜末 1杯
青葱（斜切成1厘米长的段） 3根
核桃仁 1/2杯
核桃油 4～5大勺
盐和现磨黑胡椒 适量

1. 苹果洗净擦干，不用去皮，去核切块后与雪利酒醋一起倒入沙拉碗中拌匀。

2. 加入芹菜、青葱、核桃仁和核桃油，拌匀。

3. 加入盐和黑胡椒调味，可根据需要添加雪利酒醋和核桃油，但核桃油的用量不要超过1大勺。拌匀后即可上桌。

可供4～6人享用。

嘉年华卷心菜沙拉

紫甘蓝丝　2 杯
卷心菜丝　2 杯
去皮胡萝卜丁　2 杯
黄洋葱末　1/2 杯
红葡萄酒醋　1/3 杯
糖　1/4 杯
第戎芥末　1 大勺
盐和现磨黑胡椒　适量
特级初榨橄榄油　2/3 杯
葛缕子　1 大勺

1. 将卷心菜、紫甘蓝、胡萝卜和黄洋葱倒入沙拉碗中拌匀，备用。

2. 另取一只碗，倒入红葡萄酒醋、糖和第戎芥末，混合均匀。一边加入橄榄油一边快速搅拌。根据需要用盐和黑胡椒调味。

3. 将 1/2 的调味汁倒入沙拉碗中，撒上葛缕子，轻轻摇匀，可根据个人喜好多加些调味汁。密封冷藏 4 小时，享用前取出回温。

可供 6 ～ 8 人享用。

莳萝鸡蛋沙拉

这道沙拉虽然没有太多的创新，但比我们尝过的大多数鸡蛋沙拉都好吃。它很适合作为三明治的馅料，尤其适合搭配粗裸麦面包。莳萝让这道沙拉变得与众不同。

煮鸡蛋　8 个
红洋葱末　1/2 杯
新鲜莳萝末　1/3 杯
蛋黄酱　1/2 杯
酸奶油　1/4 杯
第戎芥末　1/4 杯
盐和现磨黑胡椒　适量

1. 将鸡蛋去壳后切成小块，放入沙拉碗中，加入洋葱和莳萝。

2. 另取一只碗，倒入蛋黄酱、酸奶油和第戎芥末，搅拌均匀，倒入沙拉碗中。

3. 将各种食材轻轻摇匀，加入盐和黑胡椒调味，再次摇匀。即时享用口感最佳，也可密封冷藏保存。

可供 6 人享用。

野餐备忘录

充分准备是野餐成功的关键，备好餐点，带齐装备！在湖边欣赏日落美景，却找不到开瓶器，可是大煞风景。列出必需品清单，请记住，人们在户外通常会胃口大增。野餐时间也会比预计的要长，野餐队伍还可能会不断壮大。

♥桌布、餐巾和厨房纸
♥刀叉等餐具、餐盘和杯子
♥螺旋开瓶器和普通开瓶器
♥冰块（制作冷饮用）
♥保温瓶（制作热饮用）
♥锋利刀具
♥便携菜板或大餐盘
♥火柴
♥木炭（如有需要可携带）
♥密封容器
♥垃圾袋
♥抹刀
♥蜡烛或手电筒
♥急救包
♥防蚊液、隔离霜和防晒霜

请务必挑选非常新鲜且冷藏保存的鸡蛋制作法式酱汁和罂粟籽酱。

法国人对于食物表现出的欣赏、尊重、聪慧和兴趣，与他们对待绘画、文学、戏剧等艺术的态度一样。我们这些身处法国的异乡客尊重、欣赏这种态度，但同时也为法国人的墨守成规而叹息。他们甚至不允许减少一味食材，调味时也不能有丝毫偏差。相比之下，美国人更具创造性，愿意尝试不同的搭配，发明新的菜式，在厨房中创造出新鲜和趣味。

——爱丽丝·B. 托克勒斯

法式酱汁

这款酱汁出自一份美国家庭食谱，在杂货店即可买到。在这里，我们减少了糖的用量，使这款金黄色酱汁呈现出酸甜味，最适合搭配主厨沙拉或鲁宾三明治。

鸡蛋　2 个
红葡萄酒醋　1/2 杯
糖　1/3 杯
第戎芥末　1 大勺
盐　1/2 小勺
甜椒粉　1 杯
植物油　1 杯

1. 将鸡蛋、红葡萄酒醋、糖、第戎芥末、盐和甜椒粉倒入食品料理机中，搅打至糖完全溶化，大约需要 2 分钟。

2. 搅打过程中缓缓加入植物油，直至植物油与其他食材充分混合，试尝后根据需要调味。

3. 将做好的酱汁倒入密闭容器中冷藏。

可以做 2 杯酱汁。

罂粟籽酱

这款调味酱一直是我们喜爱的，特别适合搭配用菠菜、红洋葱圈、煮鸡蛋、培根碎和自制香蒜面包丁（见第 76 页）做的沙拉。

鸡蛋　1 个
糖　1/4 杯
第戎芥末　1 大勺
红葡萄酒醋　2/3 杯
盐　1/2 小勺
黄洋葱末（保留洋葱汁）　3 大勺
玉米油　2 杯
罂粟籽　3 大勺

1. 将鸡蛋、糖、第戎芥末、红葡萄酒醋、盐、洋葱末及洋葱汁倒入食品料理机中搅打 1 分钟。

2. 搅打过程中缓缓加入玉米油，直至玉米油与其他食材充分混合，试尝后根据需要调味。

3. 将酱汁倒入容器中，加入罂粟籽搅拌均匀，密封冷藏。

可以做 1 升罂粟籽酱。

海鲜沙拉

海鲜与蔬菜搭配，做成主食沙拉，味道鲜美，口感清爽。唇齿间既不缺乏韵味，也无单调之嫌。海鲜沙拉保留了食物原本的营养和美味，这也是我们所提倡的最佳烹饪方式之一。

海鲜沙拉佐奶油龙蒿芥末酱

这道沙拉可与任何海鲜搭配，肥美的螃蟹、章鱼、鱿鱼或贝类皆可，但最好不要超过三种，否则会略显杂乱。沙拉做好后即可享用，无须冷藏。如果要冷藏保存，需恢复至常温后再上桌。

盐　适量
鲜虾（去壳去虾线） 450 克
新鲜海湾扇贝（清洗干净） 450 克
熟龙虾肉（选用 1500 ～ 1800 克的龙虾） 250 克
嫩豌豆（新鲜或冷冻豌豆） 1 杯
青葱（斜切成 1 厘米长的段） 2 根
现磨黑胡椒　适量
奶油龙蒿芥末酱（见第 274 页） 1 杯
菠菜叶（洗净沥干，切碎） 2 杯

1. 将 4 升盐水煮沸，放入鲜虾，1 分钟后放入一些青葱。盐水即将再次沸腾时将锅中食材倒入滤网中，晾至常温。

2. 如选用冷冻龙虾，要先将其解冻，再去壳清理干净。留出一些大块龙虾肉（比如虾螯中的肉）用于点缀，将其余龙虾肉切成小块。

3. 留出 3 ～ 4 只虾和少许青葱用于点缀，把剩余的虾、青葱与龙虾肉一齐倒入沙拉碗中。

4. 在沙拉碗中加入豌豆，撒适量盐和黑胡椒调味，倒入奶油龙蒿芥末酱。将沙拉轻轻拌匀，可根据个人口味添加酱料。

5. 准备一个宽边浅碗，把菠菜碎摆在碗边，盛入海鲜沙拉，把预留的海鲜摆放在沙拉上，撒上青葱作为点缀。

6. 摆盘后即可上桌，可根据个人口味搭配不同的酱汁。

作为头盘可供 6 人享用，作为主菜可供 4 人享用。

奶油龙蒿芥末酱

这款风味极佳的酱汁选用生鸡蛋作为原料，请务必挑选非常新鲜且冷藏保存的鸡蛋。

鸡蛋　1 个
蛋黄　2 个
龙蒿芥末或第戎芥末　1/3 杯
龙蒿醋　1/4 杯
干龙蒿　1 小勺
盐和现磨黑胡椒　适量
特级初榨橄榄油　1 杯
植物油　1 杯

1. 将鸡蛋、蛋黄、芥末、龙蒿醋和干龙蒿倒入料理机中，加入盐和黑胡椒调味，搅打 1 分钟。

2. 搅打过程中缓缓倒入橄榄油和植物油，试尝一下味道然后再调味。

3. 将酱汁倒入容器中，密封冷藏。

可以做 3 杯酱汁。

海鲜沙拉午餐

新鲜树莓、草莓配
法式酸奶油

海鲜沙拉佐
奶油龙蒿芥末酱

生蚝佐珍珠洋葱沙司

碎麦沙拉

巧克力慕斯

黑核桃饼干

鲜虾葡萄莳萝沙拉

这道清新爽口的沙拉特别适合午餐享用。

盐　适量
鲜虾（去壳去虾线）　900 克
酸奶油　1 杯
蛋黄酱　1 杯
无籽青葡萄（洗净，沥干）　2 杯
新鲜莳萝末　1/2 杯
现磨黑胡椒　适量
生菜叶（用于盛放食物）　适量

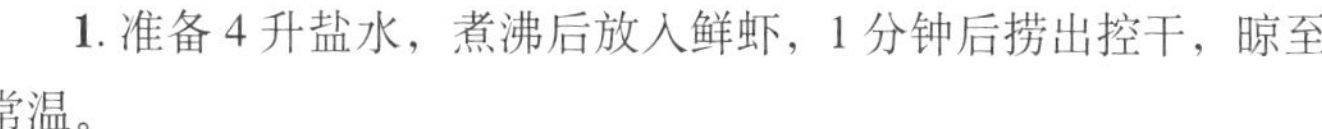

1. 准备4升盐水，煮沸后放入鲜虾，1分钟后捞出控干，晾至常温。

2. 将虾倒入沙拉碗中。

3. 混合酸奶油和蛋黄酱，搅拌均匀。

4. 将酱汁淋在虾上，轻轻摇匀。加入青葡萄、盐和黑胡椒，撒上莳萝末。摇匀后密封冷藏至少4小时。

5. 食用前可根据需要再调一下味。将沙拉盛放在生菜叶上，即可上桌。

作为主菜可供6人享用，作为头盘可供8人享用。

生活就像一片沙滩，让我们尽情玩耍吧。

——约翰·班克斯

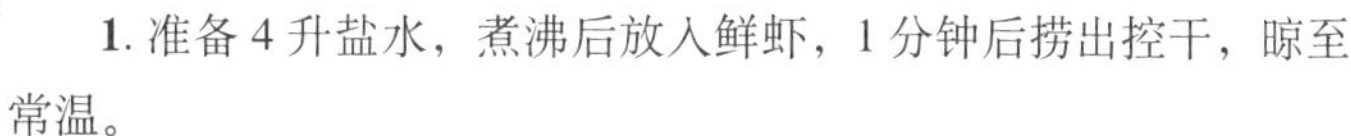

鲜虾洋蓟沙拉

盐　适量
鲜虾（去壳去虾线）　450克
西蓝花　2杯
罐装洋蓟芯（每罐250克，沥干）　2罐
青葱（斜切成1厘米长的段）　8根
雪利蛋黄酱（见第252页）　2杯
现磨黑胡椒　适量

1. 准备4升盐水，煮沸后放入鲜虾，1分钟后捞出控干，晾至常温。

2. 再准备适量盐水，煮沸后倒入西蓝花煮1分钟。捞出煮好的西蓝花，浸入冰水中，这样可以使西蓝花保持青翠的色泽。冷却后沥干水，备用。

3. 根据洋蓟芯的大小，将其切成两半或4等份，与鲜虾、西蓝花和青葱一起倒入沙拉碗中混合均匀。

4. 加入雪利蛋黄酱，轻轻摇匀，用盐和黑胡椒调味。密封冷藏保存。

可供6人享用。

绿叶蔬菜沙拉

法式混合沙拉菜、野苣、壬生菜、水菜、小白菜、塌菜、紫苏叶、油菜、茼蒿、马齿苋、蒲公英叶、红橡叶生菜、菜苔、苋菜、皱叶菊苣、芝麻菜、红叶生菜、红菊苣、冬马齿苋、波士顿生菜、散叶生菜、生菜苗、红芥菜、绿芥菜、豆苗、芽菜、甜菜、水芹、堇菜花和薰衣草，这些蔬菜的名字富有韵律，听起来令人心情舒畅。它们来自世界各地，在野外也常常可以看到。如今它们已经不再陌生，在大大小小的城市中，都能在市场上看到它们的身影。

鲜嫩爽口的绿叶蔬菜沙拉虽不是每日必备，但每周至少要在餐桌上出现一两次。比起其他烹饪方式，沙拉对食材的新鲜度和调味料的要求更高。为了找到新鲜可口的蔬菜，家庭大厨们不辞辛劳地耕耘自家菜园、搜寻当地农贸市场和食品专卖店。在厨房中，他们充满想象力，以无限的敬意料理这些蔬菜。简单可口的蔬菜沙拉已经成为美国人餐桌上的亮点。

绿叶蔬菜推荐

不同种类的绿叶蔬菜口感、风味和颜色各不相同，搭配其他夏季食材和油醋汁，可以用在各种场合。

绿叶蔬菜冲洗干净后一定要沥干水，再用厨房纸包好或放在密封容器中冷藏，以保持清脆的口感，食用前再取出。

芝麻菜：颜色翠绿，有浓郁的芝麻香味，带有微微的辛辣，适合搭配口感柔和微甜的蔬菜，单独食用也别具风味。佐以口感浓厚的油醋汁，加一些切成块的煮鸡蛋，摇匀后就是一道美味。

比利时菊苣：呈奶白色，质地脆嫩，搭配意大利熏火腿和红酒罗勒油醋汁，即是一道不可多得的头盘。

比布生菜：叶片小而紧实，柔软娇嫩，口感爽脆，带有甜味，最适合搭配味道清淡的油醋汁。

波士顿生菜（奶油生菜）：叶片柔软，呈淡绿色，味道温和。

菊苣：外形独特，口感爽脆，最适合与其他蔬菜搭配制作沙拉或主菜。

蒲公英叶：无论是野生的还是人工栽培的，是单独食用还是与其他蔬菜搭配，都不会削减它的酸爽风味。请挑选鲜嫩的蒲公英叶。

阔叶菊苣：淡黄色的叶片有一种令人愉快的辛辣味，能带来浓郁的风味。

茴香叶：剪下与茴芹味道相似的羽状嫩叶，放入绿叶蔬菜沙拉中，就是风味独特的调味料。

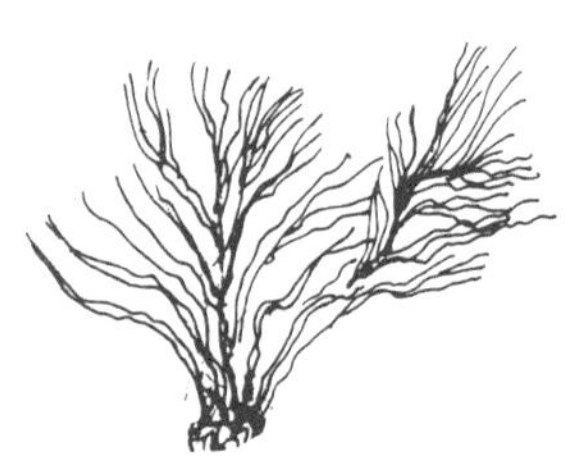

野苣：一种鲜美的秋冬季绿叶蔬菜，植株较小，适合与其他蔬菜搭配。

苦苣：菊苣家族中口感最柔和的一种，叶片细长卷曲，呈淡绿色，略带苦味。

卷心生菜（球生菜）：最常用的生菜，沙拉中的百搭品种。

松叶生菜：叶片卷曲，通体呈绿色或者叶片边缘带有红色，叶片非常柔软，鲜嫩的叶子尤其美味。

法式混合沙拉菜：由芝麻菜、细叶芹、蒲公英叶和橡叶生菜混合而成。

旱金莲叶：略加一两片很不错，口感辛辣，因为它是芥菜的近亲。

马齿苋：色泽柔和，口感酸爽。

红菊苣：呈现红宝石色泽的叶片略带苦味，可搭配其他绿叶蔬菜，佐以口感浓郁的油醋汁。

红叶生菜：叶片有皱边，颜色紫红，外形与口感俱佳，可与风味浓郁的蔬菜搭配。

绿叶蔬菜混搭

我们有一些经典的绿叶蔬菜沙拉组合，淋上油醋汁，轻轻摇匀，风味无限。6 人份大约需要用 1/3 ~ 1/2 杯油醋汁。酱汁应刚好沾裹住食材。

- ♥将西洋菜和比利时菊苣切成段，核桃仁对半分开，佐以核桃油醋汁（见第 283 页）。
- ♥新鲜芝麻菜和比布生菜，佐以蒜蓉酱（见第 268 页）。
- ♥长叶生菜（去除表层叶片）、西洋菜和菊苣，佐以红酒油醋汁。
- ♥比布生菜嫩叶，佐以蓝莓油醋汁（见第 178 页）。
- ♥鲜嫩菠菜叶、红生菜和去籽黄瓜片，佐以芝麻蛋黄酱（见第 177 页）。
- ♥比利时菊苣（将整叶分离）和白蘑菇片，佐以香槟醋红葱调味汁（见 282 页），用香葱做点缀。
- ♥波士顿生菜和旱金莲叶，佐以绿胡椒油醋汁（见第 282 页）。

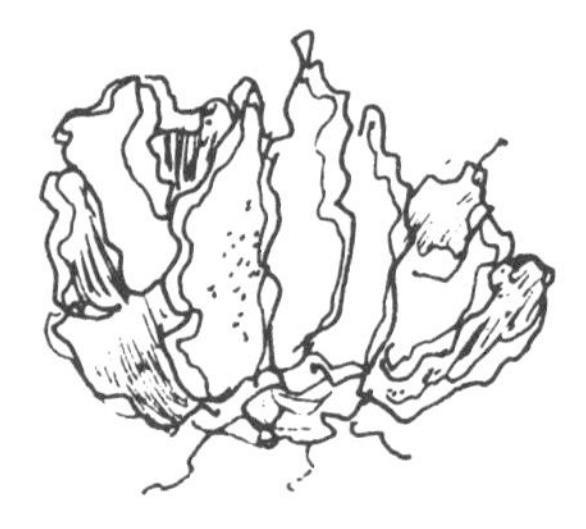

长叶生菜：口感脆嫩，适合搭配口感浓郁的油醋汁。

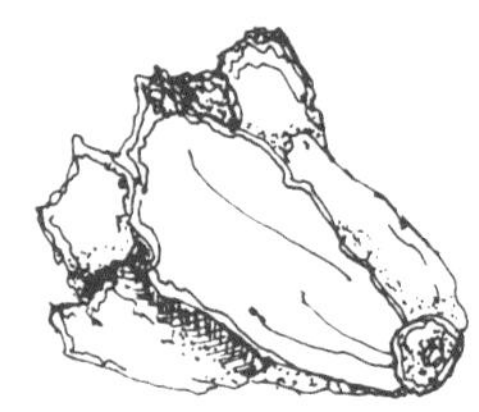

酢浆草：混合着类似柠檬的香气与淡淡的醋味。鲜绿的叶片口味辛辣，适合搭配其他口感柔和的绿叶蔬菜。

菠菜：叶片小而饱满，呈深绿色，略带皱褶，适合与培根和煮鸡蛋搭配，也可用于各种搭配组合中。

西洋菜：色泽深绿，口感辛辣，叶片形似苜蓿。可单独食用，也可与其他蔬菜搭配，增添色彩，平衡风味。

橄榄油

我们非常喜欢橄榄油，它是唯一一种由成熟水果果肉（而非种子或坚果）榨取的食用油，这也是它如此美味的原因。并非只有我们钟情于橄榄油，越来越多的厨师称，离开橄榄油，简直无法活下去。

如今，有橄榄树的地方就有橄榄油，西班牙、意大利、法国、葡萄牙、希腊、澳大利亚、非洲和南美洲、美国的加利福尼亚、新西兰、叙利亚、土耳其和以色列都盛产橄榄。橄榄与酿酒用的葡萄一样，需要温暖的气候和适宜的土壤，意大利和法国南部出产的橄榄油品质最优。与其他一切美好事物一样，随着橄榄树年龄的增长，橄榄的品质也不断提升，有趣的是，一棵橄榄树要生长 35 年才会结果。

意大利橄榄油极具盛名，带有青草或坚果的香气，以及类似胡椒的辛辣味，最好的橄榄油产自托斯卡纳、利古里亚和普利亚地区。来自法国普罗旺斯的橄榄油略带一丝辛辣，且果味更浓郁。西班牙加泰罗尼亚、加塔山区和安达卢西亚地区的橄榄油口感格外浓郁。希腊橄榄油口味清淡，但风味持久。现在美国加利福尼亚地区也出产优质橄榄油。不同产地的橄榄油各具风味。

特级初榨橄榄油：橄榄经第一次压榨制成。通常呈绿色，富含青橄榄的芬芳气息。采摘橄榄时间越晚，橄榄成熟度越高，橄榄油颜色也越深，但这样的橄榄油产量极少，因此价格昂贵。特级初榨橄榄油最适合制作沙拉，腌制蔬菜或搭配煮熟的蔬菜。

初榨橄榄油：同样用新鲜橄榄果实直接榨取，只不过是第二次压榨。口感微甜，散发着果实的芳香。

纯橄榄油：是初榨后将橄榄果肉溶解提纯的产物。

精制榨橄榄油：同样由橄榄果肉提纯制成，其中含有水分。适合一般烹调。

挑选橄榄油的基本原则就是“一分价钱一分货”，油的品质越好，做出的菜肴口感越佳。

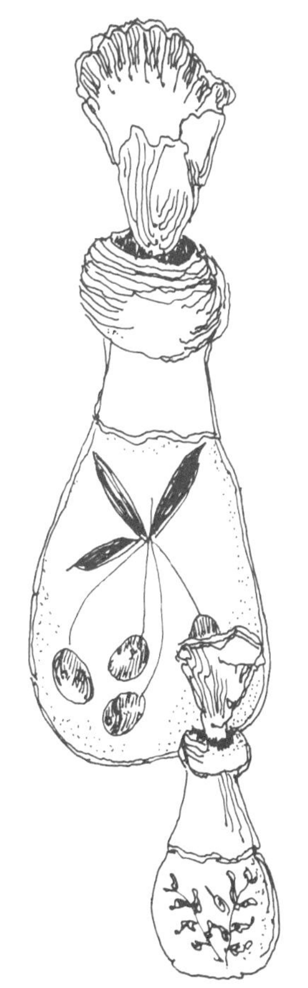

与挑选橄榄油同样重要的是保存它的方式。如果不小心保存，优质橄榄油也会走味变质。开启 2 周后，橄榄油应冷藏保存，尤其是在夏季。冷藏的橄榄油可能会变浑浊，但只要恢复常温就会重新变清澈。

其他食用油

许多菜籽和坚果都能榨出可口的食用油。

杏仁油、榛子油、开心果油、美洲山核桃油和松子油：这些食用油口感微甜，质地轻盈，富含坚果香气。尤其适合制作沙拉，或是替代黄油搭配蔬菜。

胡椒油：优质胡椒油不像葡萄籽油那般厚重，而且具有胡椒的辛辣香气。

核桃油：一种清淡可口的食用油。开启后应尽快食用，因为其新鲜口感稍纵即逝。须冷藏保存。

香草油和菌油：这些食用油通常是在橄榄油或葡萄籽油中添加了香草、蘑菇、松露等。我们喜欢在调制油醋汁和腌制食物时使用它们，有时也简单地将它们作为面包、煎蛋、鱼肉、生牛肉、熏肉或沙拉的调味汁。罗勒、柑橘类水果的表皮、龙蒿、月桂叶、鼠尾草、迷迭香、南瓜子、大蒜和胡椒……可从这些食材中选取一种或几种，用来调制香料油，丰富风味。

醋

醋由天然食材发酵加工而成，用酒、水果果肉或是谷物作为基础原料，酿造过程颇具诗意。

3000多年前，中国人就开始用米酒酿醋，后来罗马人对其进行了改良，加入薄荷水进行混合。

带着芥末籽征服法国第戎地区的恺撒大帝军队意外地推动了醋在当地的出现。当时，被征服的法国农民将发酵的罗马葡萄酒称为"酸酒"或"醋"。直到中世纪，加入香料调味后的醋才开始出现在法国人的餐桌上。

制作醋的基础原料多种多样，包括：雪利酒、香槟等酒类，苹果、梨、浆果等水果，以及麦芽等谷物，甚至是糖和蜂蜜。

现在，人们越来越重视饮食健康，关注食材和调味料的品质，天然发酵的醋也得到了前所未有的青睐。

蒸馏醋：玉米、黑麦、麦芽或大麦等谷物酿成酒后，经蒸馏就得到了蒸馏醋。它们有很强烈的酸味，最适合腌渍食物。

酒醋：这种醋直接由酒发酵而成，红葡萄酒、白葡萄酒、雪利酒或者香槟都可制成口感温和的醋（意大利黑香醋也是由葡萄酒酿成的）。各种酒醋以独特的方式为腌渍汁、沙拉和调味汁增添风味。有时也会加入香草调味。

香草醋

琥珀色的香草醋用途广泛，既可用来制作沙拉调味汁，又可在炖煮料理中帮助提味。准备一个小罐，放入新鲜香草，再倒入白葡萄酒醋或红葡萄酒醋，密封浸泡2周。如想加快速度，可先将醋微微加热。食用前，可根据个人习惯，将醋进行过滤。推荐组合：苹果醋与龙蒿，红葡萄酒醋与青罗勒或红罗勒，白葡萄酒醋与莳萝花、香葱花、柠檬皮、大蒜、牛至、薄荷、迷迭香或野生百里香。请多多尝试，乐趣无穷。

果醋：现代厨师喜欢用这种口感清爽的醋制作菜肴。树莓、蓝莓、黑莓、桃、柑橘、苹果、无花果和接骨木都可用于制作果醋，其中也可加入蔬菜，比如红辣椒和黄瓜。果醋会为菜肴带来独一无二的口感（有些人甚至会将果醋加入鸡尾酒中）。

香草醋：将香草浸泡在传统的醋中就成了香草醋。红罗勒或青罗勒、龙蒿、牛至、野生百里香、胡椒、薄荷、迷迭香、莳萝、细叶芹、香葱花和香薄荷，我们可以从中选择几种香草来调制香草醋，试着为烹调带来更多可能。

苹果醋：这种由苹果发酵而成的果醋口感温和，带有苹果的清香。

麦芽醋：英国人的最爱，由麦芽酒酿制而成，口感比酒醋更柔和。麦芽醋的风味很鲜明，适合淋在沙拉上或加入沙拉调味汁中，通常用来搭配鱼和薯条。

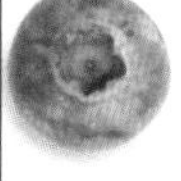

能否告诉我另一种可与畅快享用晚餐相媲美的乐趣，每日可以享受整整一小时。

——查尔斯·莫里斯·塔里兰德

树莓油醋汁

特级初榨橄榄油　1/2 杯
树莓醋　1/2 杯
盐　1/2 小勺
现磨黑胡椒　适量
法式酸奶油（见第 414 页）　1 大勺

将所有食材混合均匀即可。

可以做 1 杯油醋汁。

绿胡椒油醋汁

自制蛋黄酱（见第 413 页）　1 大勺
白葡萄酒香草醋　1/4 杯
绿胡椒碎　1/2 小勺
绿胡椒油　1/4 杯
新鲜欧芹末　2 大勺

将所有食材混合均匀即可。

可以做 1 杯油醋汁。

香槟醋红葱调味汁

香槟醋或白葡萄酒醋　1/3 杯
珍珠洋葱末　1 大勺
第戎芥末　2 小勺
糖　1 小勺
盐和现磨黑胡椒　适量
特级初榨橄榄油或葡萄籽油　1/2 杯

准备一个小碗，倒入香槟醋、珍珠洋葱末、第戎芥末、糖、盐和黑胡椒，混合均匀。缓缓倒入食用油，不停地搅拌，直至酱汁变得浓稠。根据个人口味适当调味后密封冷藏，注意冷藏保存不要超过 3 天。

可以做 3/4 杯调味汁。

芥末疑云

芥末走上我们的餐桌已有几个世纪之久。中国人早在 3000 年前就已经开始栽种芥菜。希腊名医希波克拉底对芥末的药用价值称赞不已，恺撒的征讨大军将芥末籽撒播到了法国第戎的山坡上，1780 年托马斯 · 杰斐逊将芥末带到了他的家乡蒙蒂塞洛。

将芥菜类蔬菜的种子晾干、研磨后与液体混合，比如香槟、牛奶、醋等，再加入盐、香料或香草等，直到各种食材充分融合、散发出诱人的气息，美式芥末酱就做好了。近年来，处理芥菜籽的方法越来越富有想象力，不断推陈出新的风味芥末成为世界上最受欢迎的调味料之一。

传统芥末随处可见，新口味的芥末则更烈、更辣、更甜，种类也更丰富。

芥末籽酱中含有芥末籽颗粒，可与火腿、腌牛肉、熏肉、冷盘搭配食用，也可用来腌制肉类。

第戎芥末由芥末籽去壳研磨后加入白葡萄酒、醋和香料加工而成。这种芥末质地细腻，既可用于烹调又可直接调味。“第戎芥末”是对产自法国第戎地区的芥末的统称，只有产自第戎的芥末才享此盛名。

辣芥末酱在英国和德国很流行，与烤牛肉、香肠或中式美食搭配十分默契。这种芥末酱做法简便，只需在现磨芥末中加入足量水、杜松子酒、伏特加、干葡萄酒、啤酒或牛奶搅拌至黏稠状，放置 1 小时后即可食用。小心不要被辣坏了！

甜芥末酱非常受欢迎，无论

是搭配火腿，还是搭配猪肉、鸡肉，都美味无比。先将120克现磨芥末与4杯苹果醋混合均匀，静置2～8小时（时间越长口感越好），然后加入蛋液（需鸡蛋2个）和1杯糖，倒进煮锅中，边煮边搅拌，直至酱汁变黏稠。做好的芥末酱需冷藏保存。

胡椒芥末酱是在芥末中添加绿胡椒或红胡椒做成的，最适合加入油醋汁或肉类酱汁中增添风味。

香草芥末酱由芥末与龙蒿、莳萝、罗勒等多种香草混合而成，通常还会加入少许蒜末，特别适合与油醋汁一起为禽肉调味。

水果芥末酱是在芥末中加入橙子、柠檬等水果或番茄做成的。

葡萄酒芥末酱是具有雪利酒、红葡萄酒和香槟风味的芥末酱。可以根据个人口味调制，请尽情发挥创造力。

请务必选用非常新鲜且冷藏保存的鸡蛋制作蒜蓉芥末调味汁。

雪利油醋汁

第戎芥末　1大勺
雪利酒醋　1/4杯
盐　1/4小勺
现磨黑胡椒　适量
特级初榨橄榄油　$1\frac{1}{2}$杯

1. 将第戎芥末和雪利酒醋混合均匀。
2. 加入盐和黑胡椒继续搅拌。
3. 缓缓倒入橄榄油，不停搅拌。
4. 根据个人口味调味，密封保存。

可以做$1\frac{3}{4}$杯雪利油醋汁。

核桃油醋汁

第戎芥末　2大勺
红葡萄酒醋　3大勺
核桃油　7大勺
新鲜欧芹末　1/3杯
盐和现磨黑胡椒　适量

将第戎芥末和红葡萄酒醋混合均匀，缓缓加入核桃油，不停搅拌。撒上欧芹，最后加入盐和黑胡椒调味。

可以做3/4杯核桃油醋汁。

蒜蓉芥末调味汁

鸡蛋　1个
第戎芥末　1/3杯
红葡萄酒醋　2/3杯
盐和现磨黑胡椒　适量
大蒜（去皮切末）　6瓣
特级初榨橄榄油　2杯

1. 将鸡蛋、第戎芥末和红葡萄酒醋倒入食品料理机中，加入盐和黑胡椒调味，搅打 1 分钟。

2. 搅打过程中加入蒜末，再缓缓倒入橄榄油。

3. 橄榄油与其他食材充分混合后，根据个人口味调味（调味汁蒜香浓郁）。

4. 将做好的调味汁倒入容器中，冷藏后食用。

可以做 5 杯蒜蓉芥末调味汁。

罗勒核桃油醋汁

这款油醋汁酸甜爽口，散发着罗勒的新鲜气息，特别适合夏季。可以搭配番茄，或是西葫芦和红洋葱，也可以尝试搭配我们的最爱——新鲜爽脆的四季豆，再点缀上核桃仁。

第戎芥末　1 大勺
红葡萄酒醋　1/3 杯
新鲜罗勒叶（简单切碎）　3/4 杯
盐和现磨黑胡椒　适量
特级初榨橄榄油　1 杯
核桃仁（切成粗粒）　1/2 杯

1. 将第戎芥末、红葡萄酒醋和罗勒叶倒入食品料理机中，加入盐和黑胡椒调味。搅打 1 分钟后，将食品料理机内壁上的食材刮下，继续搅打 30 秒。

2. 搅打过程中缓缓加入橄榄油，待油与其他食材完全混合后，加入核桃仁，稍加搅打即可。搅打好的核桃仁应均匀细碎，仍呈颗粒状（切勿搅打过度）。

3. 做好的油醋汁请密封冷藏。

可以做 $1\frac{1}{2}$ 杯酱汁。

如何制作沙拉

自制沙拉酱汁时，我们大可从容不迫，而不是心怀畏惧，只要参照沙拉酱汁配方平衡油和调味料的比例，一切都能轻松完成。按照本书中的配方反复实践，很快就能掌握诀窍。

酱汁调制好之后、拌入沙拉前后请细细品尝，这样才能逐渐对调味掌控自如。

做沙拉时需要记住以下三点：不要过度调味，酱汁不要淹没食材，请将蔬菜拌匀。我们常用木制沙拉碗盛放洗净控干的绿色蔬菜，在冰箱中大约冷藏 30 分钟后取出，滴上些许酱汁，轻轻摇匀，再滴上少许酱汁，再次摇匀，直至酱汁均匀沾裹在每片菜叶上。

乳酪和面包

手工乳酪

美味的乳酪如同美酒佳酿，手工制作而成的更是值得回味。手工乳酪在世界各地都拥有悠久的历史。一些富有激情的美国乳酪爱好者因为在美国本土找不到喜欢的乳酪，转而开始学习传统的乳酪制作技术。他们在乳酪制作间投入了大量精力。风味对于这些有机乳酪而言至关重要，有时它们还带有季节性特征，这反映了产地的环境特征和生产者的创造性。

负责任的乳酪进口商、经销商和制造商会将产品销往值得信赖的商店。这些商家注重乳酪的制作工艺，知道如何保存能使乳酪呈现最佳的口感，并且乐于与顾客分享心得。优秀的乳酪商铺通常位于高档食品店和乳酪专营店中，而且大多支持邮购或网购。

当然，乳酪的价格也反映了它们的品质。一旦品尝出手工乳酪和工厂流水线乳酪的区别，你的心灵和味蕾也将开始一段冒险之旅。一句有关乳酪的座右铭说得好：“如果闻起来糟糕，那么尝起来很可能就是美味，非常美味。”所以，释放你的冒险精神吧——选择在地道的餐厅品尝新奇的乳酪是个不错的想法。

在此推荐几款我们喜爱的乳酪。如果找不到推荐的某一种，可以向当地的乳酪商求助，寻找类似的产品。他们会给你一些建议。

蓝纹乳酪

传说一位牧羊女首先发现了这种蓝纹乳酪。她不小心将面包和乳酪落在了长满蓝绿色青霉的山洞里。当她几天后返回山洞时，发现乳酪遍布蓝纹，散发出浓郁的气味。如今，蓝纹乳酪已发展出许多种类，风味和特点也各不相同，包括戈贡佐拉乳酪（Gorgonzola）、斯蒂尔顿乳酪（Stilton）、梅泰戈乳酪（Maytag）和洛克福乳酪，它们的共同之处就是蓝绿色的大理石状纹理。

1. 什罗普郡蓝纹乳酪(Shropshire Blue)
2. 圣毛里·杰昆乳酪（St. Maure, Jacquin）
3. 克雷荣产艾代尔乳酪（Edel de Cleron）
4. 红鹰乳酪（Red Hawk）
5. 米莫雷特乳酪（Mimolette）
6. 布雷比斯产多姆乳酪(Tomme de Brebis)
7. 斯特拉维切欧乳酪(Stravecchio)
8. 洪堡雾乳酪（Humboldt Fog）

美国佛蒙特州青山农场的戈贡佐拉乳酪风味浓烈，质地柔软，令人难忘。如果喜欢英式口味，可以尝试一下寇斯顿巴瑟产的斯蒂尔顿乳酪。这是一种乳脂丰富、纹理细密的牛乳酪，采用传统凝乳酶历时4个月手工制作而成。美国马萨诸塞州伯克郡蓝纹乳酪由未经高温消毒的牛奶精制而成，保留了牛奶的原味，富含乳脂，有甜味且散发着蘑菇的味道，是美国最流行的蓝纹乳酪之一。历史悠久的经典蓝纹乳酪——洛克福乳酪产自法国同名地区，有机会的话一定要品尝一下手工乳酪制造商卡尔斯制作的洛克福乳酪，让这种风味浓郁、口感柔滑的绵羊乳酪在口中慢慢融化。萤火虫农场出产一种造型如金字塔的山羊乳酪——山顶蓝（Mountain Top Blue），乳酪内部充满了加入胡椒调味的蓝色霉菌，成熟期为5～8周。它口感丰富，具有奶油质感，带有细腻的蓝色霉菌的味道，非常吸引人。

山羊乳酪

20世纪80年代，山羊乳酪开始作为高级料理的配菜为人所知，现在已遍布大街小巷。下面介绍的几种山羊乳酪别具特色，有别于普通市售品。洪堡雾乳酪产自雾霭重重的北加利福尼亚，有淡淡的波浪形纹路，蓝霉菌为这种带有柠檬清香、奶油质感的乳酪带来了独特风味。印第安纳州的卡普里欧雷农场以出产奥巴侬乳酪（O’Banon）和沃巴什炮弹乳酪（Wabash Cannon-balls）闻名。

前者包裹着栗子叶，浸泡在肯塔基波本威士忌中；后者是一种单块重约30克、表面有蓬松灰粉的球形乳酪。著名的夏洛莉乳酪（Charollais）产自法国勃艮第，是一种带有坚果味道的柔软乳酪，其浓郁的口感最适合搭配脆皮面包。产自法国普瓦图地区、味道浓郁的沙比舒乳酪（Chabichou du Poitou）表面有白色褶皱，口感绵柔细致，入口即化。外形呈甜美心形的卢米埃尔乳酪（Lumiere）是一种半熟成乳酪，口感新鲜，

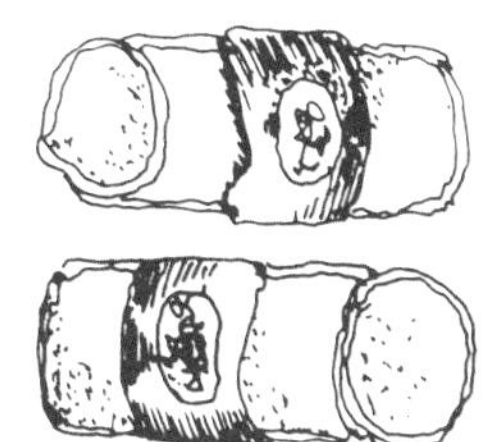

纯白色内芯中有细细的葡萄藤般的纹路。纽约的寇驰农场乳制品公司拥有全美最大的山羊牧群，是美国最早生产山羊乳酪的乳制品商，可以试试它出产的青胡椒金字塔乳酪（Green Peppeercorn Pyramid），带有成熟的奶油口感。

新鲜乳酪

新鲜乳酪是指尚未熟成的乳酪。它们口感柔滑，富有奶油质感，其中很多品种的口感令人想起牛奶或黄油，另一些则带有香草或大蒜的味道。偏远地区的农场制作好新鲜乳酪后，会立即将其空运或陆运至零售商店。

马苏里拉乳酪由水牛奶制成，湿润香滑，富含乳脂。新鲜很关键，这种意式乳酪应尽快食用。马斯卡伯尼乳酪（Mascarpone）口感柔滑浓郁，是做甜点的原料（制作提拉米苏的关键食材）。9 年前，加利福尼亚州南艾尔蒙特乳酪公司的所有者将神奇的吉欧亚乳酪（Gioia）配方从意大利引入美国，事实证明，所有付出都是值得的。路易斯安那州一家乳制品公司制作的费里西亚纳·那瓦特乳酪（Feliciana Nevat）呈半球形，是一种软质熟成格恩西奶牛奶和山羊奶混合乳酪，口感好像带有些许果味。罗比奥拉·拉·罗萨乳酪（Robiola la Rossa）风味独特，它由鲜牛奶和山羊奶混合制成，成形的乳酪要用樱桃叶包裹起来静待熟成。这种原产自意大利皮埃蒙特的混合乳酪质地醇厚，果香浓郁，具有黄油般的口感。最后再介绍一款经典乳酪——卡普里欧雷农场生产的极致三重乳酪（Fromage A Trois），它能让食客体验到山羊乳酪、罗勒酱、烤松仁和天然风干番茄的多重诱人滋味。

一切源于奶牛

我们有一个乳酪制造商朋友，她在华盛顿州拥有一家小规模乳制品公司，一直致力于生产美味的乳酪。她的公司生产各种诱人的山羊乳酪、奶牛乳酪和绵羊乳酪，一些拥有浸洗而成的乳酪皮，一些则被包裹在叶片中。我们特别喜欢一种被栗子叶包裹的格恩西乳酪（Guernsey），它可是我们乳酪柜中的主力。某天，突然买不到这种乳酪了。我们打电话给供应商，得知她的奶牛死了。

现在，她计划重新饲养一两头格恩西奶牛。我们讲这个故事的目的是想让大家知道手工乳酪的制造规模有多小，而要求又是多么苛刻。很多制造商刻意保持小型规模独立经营，以便能够随心所欲地做自己喜欢的事情，用心照料自己的动物，生产出优质产品。我们向他们的独立精神和美味乳酪致敬！

硬质乳酪

硬质乳酪包括切达乳酪、帕马森乳酪和瑞士乳酪等。制作硬质乳酪需待牛奶发酵，形成凝块，再挤压出乳清，使乳酪变得结实光滑。切达乳酪和曼彻格（Manchego）乳酪需要煮制发酵过的牛奶，制作高德乳酪（Gouda）、格鲁耶尔乳酪以及其他品种时则无须煮制。

翠谷乳制品公司出品的切达乳酪——宾夕法尼亚贵族乳酪（Pennsylvania Noble）呈淡黄色，乳酪皮天然生成，乳酪用有机牛奶小批量制成，口感类似传统英式切达乳酪。高达·波尔·卡斯乳酪（Gouda Boere Kaas）原产自荷兰，这种乳酪略带颗粒感，有坚果味，还有一丝咸奶油糖果的滋味。西班牙最著名的乳酪是埃尔托沃索的曼彻格乳酪，这种乳酪由拉曼恰地区的绵羊奶制成，储存 6 个月的乳酪质地特别坚实，口感温和甜美，带有坚果味。我们只要看到带有克拉维罗商标的帕马森乳酪，就会购入当作零食或用于烹调，因为没有哪种乳酪比在意大利皮埃蒙特山区存放了 5 年的帕马森乳酪味道更浓郁。费奥雷·撒多乳酪（Fiore Sardo）产自意大利撒丁岛、由绵羊奶制成，带有烟熏味，适合细嚼品尝，也是意大利面的最佳伴侣。

山地乳酪

山地乳酪是修道士馈赠的美味，他们有时间、耐心和保存食物的天生智慧。修道士们创造出多种口感相似的乳酪，它们大多质地柔软，口感类似黄油。

印第安纳州卡普里欧雷农场生产的修道院风格的圣弗朗西斯修士乳酪（Mont ST. Francis），是一种成熟的半硬质生山羊乳酪。精致诱人的图马洛多姆乳酪（Tumalo Tomme）来自俄勒冈州的杜松林农场，它是放在松木板上熟成的，因此带有木香，农场用苜蓿喂养山羊，乳酪的特别味道或许也与此有关。瑞士的“罗尔夫·比勒”格鲁耶尔乳酪要在山洞中存放16个月，才能完全熟成，这种乳酪带有坚果味，且隐隐散发出蘑菇的香甜味道。佛蒙特州蓟山农场生产的塔伦泰斯阿尔卑斯乳酪（Tarentaise Alpine）还原了法国阿尔卑斯山区的乳酪风味，是遵照法国萨瓦地区传统工艺制作的美味有机格鲁耶尔乳酪。这种乳酪色泽较淡，有颗粒感，是一种真正的“风土”乳酪，乳酪本身真实地反映了农场的土壤、气候和植被情况。甜草乳制品公司生产的圣泉乳酪（Holly Springs）是一种重约4.5千克的车轮形生山羊乳酪，口感较甜，散发着坚果气息，质地如奶油。

软质熟成乳酪

又被称为“粉衣”乳酪，是由外到内逐渐熟成的，布里乳酪和卡芒贝尔乳酪(Camembert)均为此种半软质乳酪。人们有意让这种乳酪的薄皮暴露在空气中或者在它上面撒上霉菌，使其从表皮向内逐渐成熟，外层留下丝绒般的白色“绒粉”，里层则呈现奶油质地。

老查塔姆牧羊公司生产的哈德逊谷卡芒贝尔乳酪(Hudson Valley Camembert）没有遵照传统工艺用牛奶制作，而是由绵羊奶和牛奶混合制成，口感较甜，带有牧草气息，最适合搭配冰镇白葡萄酒。库洛米尔斯乳酪（Coulommiers）色泽如打发的黄油，是布里乳酪的娇小近亲，通常被做成小而厚的圆饼形。这种乳酪不容易买到，但绝对值得品尝。瓦切蓝金山乳酪（Vacherin Mont d'Or）异常柔滑，需要直接用勺从存放它的雪松木盒中取食，这也是食用春季制作的乳酪的最佳方法。皮埃尔·罗伯特乳酪(Pierre Robert）是一种美味的三重奶油乳酪，它们被存放于山洞中逐渐成熟，直到拥有令布里亚-萨瓦兰乳酪(Brillat-Savarin)黯然失色的丰润黄油质感。甜山农场生产的绿山乳酪（Green Hill）充满农场中生长的三叶草、豇豆、小米和向日葵等植物的味道。这种乳酪表层白净，质地较紧实，具有黄油般的质感。佛蒙特州懒夫人农场出产的巴

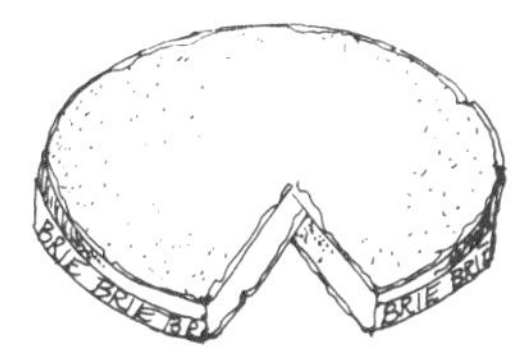

克山阳光乳酪（Buck Hill Sunshine）呈扁圆形，拥有近似布里乳酪的绵软口感，让人感受到浓郁柔滑的同时，又略带一点刺激。华盛顿的萨莉·杰克逊乳酪公司生产的栗子叶绵羊乳酪（Chèstnut Leaf Aged Sheep Cheese）是不容错过的美味，有机会一定要品尝下。这种半紧实生乳酪口感丰富且偏甜，外观也赏心悦目。如果有所谓的完美乳酪，那么必定是指康斯坦斯·布里斯乳酪（Constant Bliss）。佛蒙特州碧山农场生产的这种朴实的生牛乳酪紧实而富有奶油质感。有什么比用“夕乳”（指晚上挤的牛乳）特别制成的乳酪更富有诗意呢？尤其是这种“夕乳”还来自听着爵士乐和古典音乐产奶的奶牛。

洗皮乳酪

这种味道浓烈至“发臭”的乳酪通常具有难以置信的温和口感。为了帮助能够增强口感的霉菌生长，这种乳酪要在啤酒、盐水、白兰地、葡萄酒或以上的混合液中反复揉擦或浸洗，因此其表皮通常呈柔和的橙色。

产自法国勃艮第的艾帕歇斯（Epoisses）牛乳酪是真正的法式乳酪，味道浓郁，令人着迷，制作时要先后在盐水和白兰地中浸洗。美国康涅狄格州卡托·康纳尔农场生产的德斯帕拉多乳酪（Despearado），经过发酵梨浆和威廉梨“生命之水”白兰地的浸洗而成，这一家族企业也以出产高品质的盐水浸洗乳酪闻名。同为碧山农场生产的温纳梅尔（Winnemere）则是一种半软质乳酪。这种乳酪经过兰比克啤酒浸洗，用云杉树皮包裹，只在每年上半年出售。牛仔女郎乳品店的三重奶油乳酪红鹰（Red hawk）要经历6周的成熟期，因此具一种非常特别的口感。产自意大利伦巴第地区塔雷吉欧谷的维罗·阿里格尼·塔雷吉欧乳酪（Vero Arrigoni Taleggio）是一种略带臭味的半软质牛乳酪，这款细蓝纹乳酪在口中融化后，会带来蜜糖般胶黏的口感，是意大利最受欢迎的乳酪之一。

布里乳酪

只需花一点小心思，布里乳酪就能成为宴客佳品。

布里乳酪（重约 2.3 千克） 1 整块
干醋栗 1 杯
碎核桃仁 1 杯
新鲜莳萝末 1/2 杯
罂粟籽 1/2 杯
杏仁片 1 杯

1. 小心切去布里乳酪表皮，用刀背轻轻在乳酪表面划出十等分线。

2. 将 1/2 的干醋栗撒在其中 5 块乳酪上，轻轻按压使其嵌入乳酪表面，再撒上 1/2 的核桃仁、莳萝、罂粟籽和杏仁片，然后将这些点缀物轻轻压入乳酪中。将剩余的香草和坚果轻轻按压入另外 5 块乳酪中。

3. 将乳酪包裹好冷藏，冷藏时间不要超过 4 小时。上桌前在常温下静置 30 分钟。

可供 20 人享用。

布里乳酪千层派

千层面皮（见第 10 页） 12 片
融化的无盐黄油 450 克
未完全熟成的布里乳酪（重约 2.3 千克） 1 整块

1. 准备一个足够大的烤盘，抹上黄油防粘。

2. 在烤盘中叠放 5 张千层面皮，每一张表面都刷上黄油。将乳酪放在千层面皮上，将千层面皮边缘向上折起，包裹住乳酪。

3. 另取 6 张千层面皮覆盖住乳酪，每一张表面都要刷一层黄油，将千层面皮边缘折到乳酪底部。在布里乳酪千层派表面和四周刷上黄油。

4. 烤箱预热至 180℃。

5. 将最后 1 张千层面皮折成 2 厘米宽的长条，刷上黄油，卷成花朵状，放在布里乳酪千层派表面中心位置，再刷一层黄油。

6. 烘烤 20 ~ 30 分钟，直至乳酪千层派变为金黄色。上桌前静置 30 分钟。

可供 20 人享用。

剧院自助餐

去皮新鲜芦笋

紫甘蓝佐芝麻蛋黄酱

腌三文鱼佐莳萝芥末酱

布里乳酪千层派

荷兰豆、长叶生菜、
豌豆、芦笋和西洋菜
佐柠檬油醋汁

新鲜香草黄油

什锦面包和饼干

新鲜草莓

泡芙

香草冰激凌

巧克力圣代

如果希望客人流连忘返，就端上一份布里乳酪千层派吧。

布里乳酪舒芙蕾

这将是一顿奢华的早午餐，请搭配香槟和新鲜水果享用。

软化的无盐黄油　8 大勺
切片面包（切去面包边）　6 片
牛奶　$1\frac{1}{2}$ 杯
盐　1 小勺
塔巴斯科辣椒酱　少量
鸡蛋　3 个
布里乳酪（选用接近完全熟成的乳酪，去除表皮）　450 克

1. 烤箱预热至 180℃。准备一个容积为 1.5 升的舒芙蕾烤盘，内壁上抹适量黄油。

2. 切片面包单面抹上黄油，每片切成 3 块。取一只碗，放入牛奶、盐、塔巴斯科辣椒酱和鸡蛋，混合均匀。把布里乳酪切碎。

3. 将 1/2 的面包平铺放入烤盘中，抹了黄油的一面朝上，均匀地撒上 1/2 的布里乳酪。铺上剩余的面包，撒上乳酪。把调好的蛋奶液倒在面包上，常温下静置 30 分钟。

4. 放入烤箱，烘烤至表面膨胀、颜色金黄即可享用，需要 25 ~ 30 分钟。

可供 4 ~ 6 人享用。

布里乳酪的表皮能否食用？你是否对此有些疑问，其实它们可以食用，但你也可以根据个人喜好去除表皮，很多人都这么做。

烤巴侬乳酪

清爽的蔬菜沙拉搭配风味浓郁的山羊乳酪，将为一顿淳朴的法式正餐画上完美的句号。

融化的无盐黄油　6 大勺
巴侬乳酪（Banon cheese）或蒙哈榭乳酪　6 块（厚约 5 厘米）
混合胡椒（等量黑胡椒、白胡椒和绿胡椒混合而成）　1/2 杯

1. 烤箱预热至 180℃。

2. 将 3 大勺黄油涂抹在烤盘底部防粘，把乳酪放在烤盘中。

3. 用擀面杖将胡椒压碎，或用胡椒研磨器将其磨碎，均匀地撒在乳酪上。在每块乳酪上盛 1/2 大勺黄油。

4. 放入烤箱，烘烤 10 ~ 12 分钟。烤好之后请立即享用。

可供 6 人享用。

波特酒

在秋高气爽的日子，按照传统，请坐下来慢慢享用一杯波特酒、一点斯蒂尔顿乳酪和抹上无盐黄油的脆皮面包吧。

波特酒在美国的知名度不及欧洲。在欧洲，它是英国绅士的饮品，法国人也爱喝波特酒，我们希望能有更多人品尝到优质波特陈酿那令人陶醉的丰富口感。

波特酒是由葡萄酒在发酵过程中加入少许白兰地酿造而成的。这样做阻止了部分自然糖分转化为酒精，酿出来的酒带有类似水果的甜美味道，并且蕴藏着白兰地强烈的酒精气息。波特陈酿则由于时间的缘故流失了一些甜味。

餐后来一杯波特酒是英国人的习惯。主人会将酒壶递给坐在左边的人，由此依次传递下去。今天，围坐在一起品味波特酒和雪茄仍然是男士们的一项消遣。

波特酒通常作为餐后甜酒呈上，我们强烈建议各位尝试一下这种酒，或许它能带给你一种久违的愉悦。

乳酪是牛奶不朽的质变。

——克利夫顿·法迪曼

油浸山羊乳酪

特级初榨橄榄油　1 杯
月桂叶　2 片
黑胡椒（磨碎）　6 颗
干百里香　1 大勺
克罗汀乳酪（Crottin cheese）或其他小块硬质山羊乳酪　4 块
新鲜罗勒叶（简单切碎）　1 杯
大蒜（去皮，对半切开）　4 瓣
生菜叶（用于点缀）　适量

1. 把橄榄油、月桂叶、黑胡椒、百里香倒入小平底锅中，中火加热，不时搅动一下，直至香料油变热，大约需要 5 分钟。

2. 将乳酪平铺在耐热碗或餐盘中，撒上切碎的罗勒叶和蒜瓣，然后淋上热香料油。

3. 将乳酪晾至常温，密封冷藏至少 4 小时。（冷藏保存，最长可以保存 1 周。）

可供 4 人享用。

关于乳酪的学问

乳酪种类繁多，由于制作过程中的不可控因素，用传统方法制作的每块乳酪都是独一无二的。

奶源

一切都始于原料奶，原料奶的口感和品质影响着每一块乳酪。奶比任何我们熟悉的饮品都要内涵丰富，其独特的口感源于它们的生产环境。泽西奶牛产的奶口感丰富，拥有浓郁的黄油味，完全不同于瑞士褐牛或埃尔郡奶牛产的奶；口感单纯的水牛奶与口感浓厚的山羊或绵羊奶也截然不同。奶源的差异由此完整地呈现在了乳酪中。

与酒相似，原料奶也受到当地风土的影响。土壤中的矿物质含量影响着土地上的植被，食用了这些植被的动物所产的奶口感也不尽相同。

土壤同样也影响着乳酪生产者。如果土质比较坚硬，乳酪生产者通常会养山羊或绵羊，制作山羊乳酪或绵羊乳酪。如果草场丰美，则适合放牧奶牛，因此土壤肥沃的地区盛产牛奶乳酪。

季节

传统乳酪是一种季节性产物。某些种类的乳酪在某个季节会呈现最佳品质，而在其他季节则相反，甚至根本不可得。因此，冬季乳酪和春季乳酪的口感可能很不一样（一般来说，春秋两季的原料奶比较新鲜浓郁，夏冬两季次之）。

乳酪生产者

乳酪生产者的技术与他们的各种决定，深深地影响着乳酪的味道。无论是凝乳酶、发酵剂的选择，催熟技术的选用，还是最后的加工与存储——所有这些都体现着乳酪生产者的经验、智慧和奇思妙想，最终通过乳酪呈现出来。

购买和储存乳酪

请从有信誉的经销商处购买优质的乳酪。选购时不要不好意思，请多提问、试尝一下，大多数乳酪商对其产品都饱含感情，渴望与你分享。将挑选好的乳酪带回家，并在48小时内食用——因为乳酪会持续发酵，时间一长可能变质。

最好将乳酪存放在阴凉处，尽量保持恒温。放在地下室或冰箱储藏都是不错的选择。乳酪应当独立包装，在切面上覆盖一层涂有薄蜡的羊皮纸或乳酪纸，保持透气。食用前提前几小时将乳酪从冷藏室取出，使其呈现最佳状态。

享用乳酪

正餐中乳酪上桌的最佳时间，是品着葡萄酒一边聊天一边等待上菜的时候。我们喜欢每次至少提供3种乳酪，根据客人的人数，有时也会提供5～7种(一人份乳酪约55克)。

> 乳酪是一门因人而异的艺术。
>
> ——皮埃尔·安德鲁艾特，巴黎著名乳酪专家

丰富的乳酪可以搭配简餐，简单的乳酪适合搭配丰盛的菜肴。你可以尝试用各种乳酪进行搭配，使其在口感、质地和颜色方面与其他食物相得益彰。建议选择至少两种常见品种，例如布里乳酪或切达乳酪。也可做个垂直品鉴，选用不同品种的山羊乳酪、蓝纹乳酪或山地乳酪。

脆皮面包、佛卡夏面包和饼干都是乳酪的绝佳搭档。我们还喜欢搭配这些美味：杏仁、巴西核桃、榛子或核桃等坚果，苹果、桃子、葡萄或梨子等水果，酸辣酱、橄榄油、续随子、椰枣或无花果干等。葡萄酒可以平衡口感，搭配红葡萄酒时，我们会选择金粉黛尔、西拉、黑皮诺、巴巴莱斯科、内比奥罗或赤霞珠等；若要搭配白葡萄酒，我们会选择雷司令、白苏维浓、香槟、白皮诺、灰皮诺和维欧尼等。

最好吃的面包

每每经过街头巷尾的面包店，都会被空气中烤面包的香味吸引。这美好的味道令人不禁想起生命中那些温暖的时刻，想起老祖母正在开心地揉着面团，准备周末的晚餐，想起自己第一次笨手笨脚地做面包，想起小村庄中的石砌烤炉，想起琥珀色的麦浪……

以前，美式面包就是一种柔软湿黏的白面包，完全不同于欧洲那些轻巧蓬松的脆皮面包。大家渴望“真正的面包”的呼声推动了烘焙技术的发展，美味的面包出炉了。

有悟性的美食家们经过不断研究，终于找到了制作美味面包的诀窍。自此，改良后的配方一传十，十传百，烘焙师们纷纷做出了“货真价实的面包”，而且味道越做越好。带有发酵味的酸面包、营养丰富的粗裸麦面包、紧实的全麦面包，以及完美的法式长棍面包和法式圆面包……我们为这些面包感到骄傲，但它们仍然比不上自家烘焙的面包。香气四溢、热乎乎的面包，搭配有机黄油……没有比这更美味的了。

没有面包和美酒，就没有爱情。

——法国谚语

葡萄干粗裸麦面包

据传，这种独特的面包是由曼哈顿的一家受人尊敬的面包店发明的，现在配方广为流传。它也被称为“黑俄罗斯”，不仅美味，而且百搭。你可以试着搭配一片熟成的布里乳酪，或者用来做金枪鱼三明治、香软的法式吐司。下面这份食谱是为那些还没吃过葡萄干粗裸麦面包的人，以及怀念家乡美味的纽约客准备的。

温水（40℃～45℃） $1\frac{1}{2}$ 杯
糖蜜 1/2 杯
活性干酵母 1 大勺
速溶咖啡粉 1 大勺
盐 1 大勺
中筋黑麦粉 2 杯
无糖可可粉 $1\frac{1}{2}$ 大勺
全麦面粉 2 杯
未经漂白的高筋面粉或中筋面粉 2 杯
植物油 2 大勺
葡萄干 1 杯
玉米粉 3～4 大勺
冷水 1 大勺
蛋清 1 个

1. 用温水稀释糖蜜，倒入搅拌盆中，撒入干酵母，充分混合，静置 10 分钟，直至产生少量气泡。

2. 倒入速溶咖啡粉、盐和中筋黑麦粉拌匀。撒入可可粉，充分搅拌。最后加入全麦面粉和 1 杯高筋面粉，揉成有黏性的面团。

3. 取出面团，放在撒有面粉的砧板上，静置一会儿。其间把搅拌盆洗净并晾干。

4. 将剩余的高筋面粉撒在面团上，开始揉面。要让面粉彻底融入面团，揉成光滑、有弹性的球形（掺入黑麦粉的面团通常会有点发黏）。

5. 将植物油倒入搅拌盆，放入面团。翻动面团使其表面均匀沾上油，然后用毛巾盖好，放在一旁发酵，待面团膨胀至原来的 3 倍。这一过程需要 3～4 小时。

6. 在砧板上撒少量高筋面粉，把面团从盆中取出放在砧板上，擀成一个大长方形，撒上葡萄干。将面团卷起来，揉 5 分钟左右，使葡萄干分布均匀。把面团放回盆中盖好，再发酵约 2 小时，直到面团膨胀至原来的 2 倍。

7. 在烤盘中撒上 3～4 大勺玉米粉。取出面团，切成 3 份，揉圆放在烤盘上，留出足够间隔距离，盖上湿毛巾，再发酵 2 小时左右，直到面团膨胀至原来的 2 倍。

8. 烤箱预热至 190℃。

9. 准备一个小碗，倒入蛋清和 1 大勺冷水，搅打均匀。面团充分发酵后，把蛋清水刷在面团上。

10. 将烤盘放入烤箱中层，烤至面包变成深棕色、拍打底部时声音听起来有中空感即可，需要烘烤 25～35 分钟。将面包放在冷却架上晾至常温，切片享用或是包裹起来保存。

可以做 3 个面包。

过去只有贵族才能吃用白面粉做的面包。讽刺的是，现在我们却不再喜爱白面粉，而是热衷于选择颜色稍暗的粗加工混合面粉。

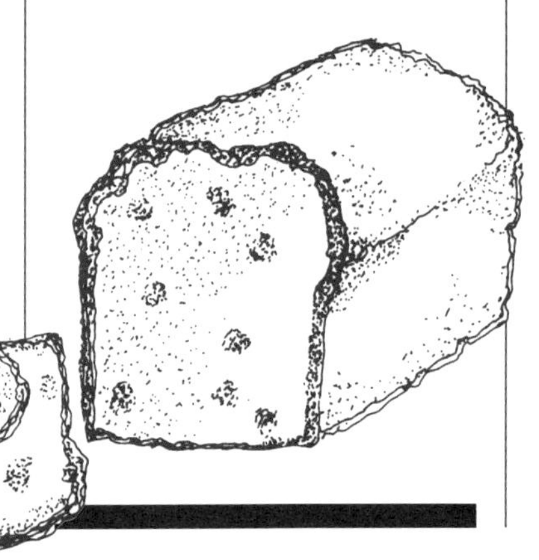

萨莫利纳面包

萨莫利纳面包以意大利杜兰小麦磨成的粗粒萨莫利纳面粉（semolina flour，也是做意大利面用的面粉）为原料，有着诱人的金黄色，蛋白质含量较高，美味可口。享用过意式大餐后，用这种面包蘸番茄酱作为收尾最好不过。

纯萨莫利纳面包比较硬，将萨莫利纳面粉与高筋面粉（或中筋面粉）等比例混合才能做出面包店出售的那种松脆轻盈、口味丰富的萨莫利纳面包。通常表面还会撒一些芝麻或罂粟籽作为点缀。

温水（40℃～45℃） 2 杯
活性干酵母 1 大勺
萨莫利纳面粉 3 杯
盐 1 大勺
未经漂白的高筋面粉（或未经漂白的中筋面粉） 2～3 杯
橄榄油 2 大勺
玉米粉 3～4 大勺
鸡蛋 1 个
芝麻（可选） 适量

1. 在搅拌盆中加入水和酵母，搅拌至酵母充分溶解，静置 10 分钟。

2. 加入萨莫利纳面粉和盐，搅拌均匀。

3. 加入 2 杯高筋面粉，混合成面团，取出面团放在撒有高筋面粉的操作台上，搅拌盆洗净晾干。

4. 开始揉面，如有需要可以将剩余的高筋面粉撒在面团上防粘。面团需揉到光滑有弹性，大约要 10 分钟。

5. 将面团揉成球形后放入搅拌盆中，倒入橄榄油，翻动面团，使其表面均匀沾裹上油。盖上湿毛巾，待面团膨胀至原来的 3 倍（面团膨胀的体积比这一过程所消耗的时间更重要，受温度影响，这一过程可能需要 2～3 小时。不要放在暖气附近人为加快发酵过程，这会导致面包发酸，耐心是一种美德）。

6. 将面团倒在撒有少许高筋面粉的砧板上，简单揉一下（5 分钟或更短时间），再将其放回盆中盖好，待其膨胀至原来的 2 倍。

7. 取出面团，切成 3 份，每份整形成 60 厘米长的条。准备一个烤盘，撒一层玉米粉，将面包坯摆进烤盘，注意留出足够间距。用湿毛巾盖好烤盘，发酵约 30 分钟，直到面包坯膨胀至接近原来的 2 倍。

8. 烤箱预热至 220℃。

9. 鸡蛋加水打匀，刷在面包坯表面，撒上芝麻，用刀在表面划上装饰性的割口。

露台野餐

马贝拉腌鸡肉

碎麦沙拉

布里乳酪

萨莫利纳面包

柠檬慕司

新鲜草莓

面包粉

专业的面包粉不是所有超市都有售，但绝对值得你用心搜寻一番，因为它能让面包的风味和组织呈现更佳状态。

10. 将烤盘放入烤箱中层的烤架上，把烤箱温度调低至 190℃。待面包表面烤成棕色、拍打底部时声音听起来有中空感即可，需要烤 30 ~ 40 分钟（为使面包底部更加松脆，可以在出炉前 5 ~ 10 分钟将面包从烤盘中取出，直接放在烤架上烘烤）。

11. 取出面包，放在冷却架上，晾凉后包起来。

可以做 3 条长面包。

面包与生命息息相关，它离不开时间的奉献、谷物的生长和自然的培育。

——莱昂内尔·普瓦拉纳

布里欧修面包

这个配方没有传统法式布里欧修面包的做法复杂，但同样能做出甜美可口、充满浓郁黄油香的面包。烘烤时可以在面包中放入烤肉或其他肉类，美味无比。当然，我们也可以做成传统的圆形布里欧修面包，出炉后抹上黄油趁热享用。

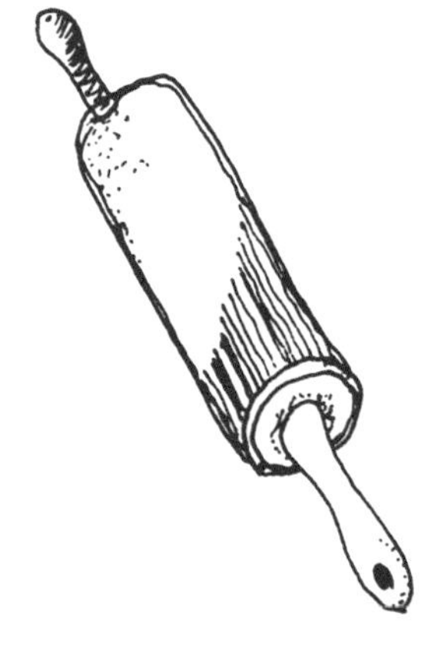

牛奶　2 杯

软化的无盐黄油（另备一些涂抹模具）　1 杯

糖　1/4 杯

活性干酵母　$1\frac{1}{2}$ 大勺

盐　2 小勺

鸡蛋　3 个

未经漂白的中筋面粉　8 杯

植物油　2 ~ 3 大勺

1. 将牛奶、黄油和糖倒入平底锅中煮沸，然后倒入搅拌盆中，晾至温热（40℃ ~ 45℃）。

2. 加入干酵母，搅拌均匀，静置 10 分钟后再加入盐搅拌。取一个小碗，将鸡蛋打散，倒入搅拌盆中。加入 7 杯中筋面粉，注意每加入 1 杯后都要搅拌均匀，最后搅拌成面团。在操作台上撒适量面粉，把面团放在台面上。将搅拌盆洗净晾干。

3. 在面团上撒适量中筋面粉，开始揉面。可根据需要添加中筋面粉，直到面团变得光滑有弹性，大约需要揉 10 分钟。

4. 在搅拌盆中倒入 2 ~ 3 大勺植物油，把揉好的面团放入盆中翻转几下，使其表面均匀沾裹上植物油。用湿毛巾盖住面团，待其膨胀至原来的 3 倍，大约需要 2 小时。

5. 取出面团，放在撒有面粉的操作台上，揉 2 分钟排气。把面团放回盆中，盖上毛巾，进行二次发酵，待其膨胀至原来的 2 倍。

6. 烤箱预热至 190℃。

7. 如果要做长条形吐司，需要用 2 个吐司模（13 厘米 ×22 厘米 ×8 厘米），模具内壁上抹一层黄油防粘。制作传统造型的布里欧修面包，要用麦芬模具或布里欧修专用模具。我们可以在面包中

对我们而言，布里欧修面包是面包界的开心果。

放入烤肉或其他食材。把整形好的面团放入模具中，移入烤盘，待其发酵至体积变成原来的 2 倍。

8. 把烤盘放入烤箱，烘烤至面包表面呈深棕色，需要烤 30 ~ 40 分钟（体积较小的面包用时相对较短）。烤好的面包敲击底部时声音听起来有中空感。取出烤盘，稍微晾一下再从模具中取出面包，晾至常温后包装好保存。

可以做 2 个吐司面包或 24 个直径 8 厘米的圆面包。

哈拉面包

新鲜出炉的面包散发着黄油和蜂蜜的味道，趁热享用美味无比。我们喜欢搭配法式烤肉一起吃。

牛奶　2 杯
软化的无盐黄油　8 大勺
糖　1/3 杯
活性干酵母　1 大勺加 1/4 小勺
鸡蛋　4 个
盐　2 小勺
未经漂白的中筋面粉　6 杯
玉米粉　1/3 杯
冷水　1 大勺
罂粟籽　适量

1. 将牛奶、6 大勺黄油和糖倒入平底锅中煮沸，然后倒入搅拌盆中，晾至温热（40℃ ~ 45℃）。

2. 牛奶液中加入干酵母后搅拌均匀，静置 10 分钟。

3. 取 3 个鸡蛋打散，与盐一起倒入搅拌盆中混合均匀。

4. 加入 5 杯面粉，注意每加入 1 杯后都要搅拌均匀，直至搅拌成有黏性的面团。在操作台上撒适量面粉，将面团放在台面上。将搅拌盆洗净晾干。

5. 在面团上撒些面粉，揉成光滑有弹性的面团。

6. 在搅拌盆内涂上剩余的 2 大勺黄油，将面团放入盆中，翻转几下，使其表面沾裹上黄油。用湿毛巾盖住面团，静置发酵，直至面团体积增大到原来的 3 倍，需要 1.5 ~ 2 小时。

7. 把发酵好的面团放在撒了面粉的操作台上，对半切开，再将每一块平均切成 3 小块。将小面团分别擀平，整形成 45 厘米长的条，每 3 条编成一条长辫，末端卷好固定。

8. 准备一个大烤盘，撒上玉米粉，把 2 条面包坯放入烤盘，留出足够的间距。用湿毛巾盖好面包坯进行最后发酵，使其体积增大到原来的 2 倍，大约需要 1 小时。

9. 烤箱预热至 175℃。

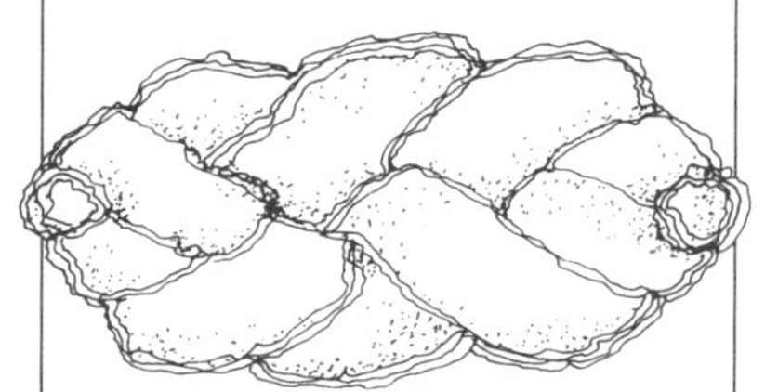

哈拉面包是犹太教在安息日食用的一种辫子形或麻花形面包。遵照传统，犹太家庭在安息日晚餐时要在桌子上摆放两条哈拉面包，象征着耶和华在西奈荒漠中，在第六日赐予了他们双倍的食物。

我就是喜欢在面包上抹点黄油。

——A.A. 米尔恩，《当我们年少时》

10. 将剩余的 1 个鸡蛋加 1 大勺水打匀，把蛋液均匀刷在面包坯表面，撒上罂粟籽。

11. 把烤盘放在烤箱中层，待面包烤成金棕色，敲击底部时声音有中空感即可出炉，需要 30 ~ 35 分钟。在冷却架上晾至常温后再包装。

可以做 2 个面包。

乡村玉米面包

典型的美国南部美食，赶快趁热抹上足量黄油和蜂蜜享用美味的面包吧。

黄油（软化后涂抹烤盘） 适量
精磨玉米粉 1 杯
未经漂白的中筋面粉 1 杯
糖 1/3 杯
泡打粉 $2\frac{1}{2}$ 小勺
盐 1/4 小勺
酪乳 1 杯
烤脆的小块培根 1 杯
融化的无盐黄油 6 大勺
鸡蛋（打匀） 1 个

1. 烤箱预热至 205℃。准备一个边长 24 厘米的正方形烤盘，在内壁上涂抹黄油防粘。

2. 将所有粉类原料倒入搅拌盆中混合均匀，然后加入酪乳、培根、融化的黄油和蛋液，搅拌均匀。

3. 将面糊倒入烤盘中，放进烤箱中层烘烤 25 分钟。当面包边缘变成浅棕色时，把小刀插入面包中，拔出后无面糊粘黏即可出炉。将面包切成 8 厘米见方的小块享用。

可以做 9 块小面包。

克拉克祖母的苏打面包

这道食谱是爱尔兰梅奥郡克拉克家族的地道馈赠，我们非常喜欢把它当作早餐或下午茶点。烤得香喷喷的面包抹上无盐黄油，真是美味极了。

早午餐

这款充满水果气息的苏打面包在烘烤和享用时都离不开黄油，它的美味令人无法抗拒。

软化的无盐黄油　6 大勺
未经漂白的中筋面粉　3 杯
盐　1 1/2 小勺
泡打粉　1 大勺
小苏打　1 小勺
糖　3/4 杯
干醋栗　1 1/2 杯
酪乳　1 3/4 杯
鸡蛋（打匀）　2 个
葛缕子　1 大勺

1. 准备一口直径 25 厘米的平底铸铁锅，内壁上涂抹 2 大勺黄油防粘，再垫一圈油纸。另取一口小锅，融化 2 大勺黄油备用。

2. 烤箱预热至 175℃。

3. 粉类原料过筛，混合均匀，加入醋栗，晃动醋栗使其表面包裹上粉类原料。

4. 将酪乳、蛋液和融化的黄油搅拌均匀，再加入粉类原料充分混合，可根据口味选择是否添加葛缕子。注意不要过度搅拌。

5. 把面糊盛入平底锅中，抹平。表面刷 2 大勺融化的黄油。

6. 把铸铁锅放入烤箱中层烘烤 60 分钟左右，直至面包表面变成棕色、组织蓬松。晾至不烫手后从铸铁锅中取出面包，放在冷却架上晾至常温，也可趁热享用。

可以做 1 个大面包或 6 小块面包。

香蕉面包

软化的无盐黄油（另备一些涂抹模具）　8 大勺
糖　3/4 杯
鸡蛋　2 个
未经漂白的中筋面粉　1 杯
小苏打　1 小勺
盐　1/2 小勺
全麦面粉　1 杯
成熟的香蕉（压碎）　3 根
香草精　1 小勺
核桃仁（切成粗粒）　1/2 杯

1. 准备一个 23 厘米 ×13 厘米 ×8 厘米的吐司模，内壁上抹黄油防粘。

2. 在黄油中加入糖打发，打发过程中逐个加入鸡蛋，加入一个后要充分打匀，然后再加入第二个。烤箱预热至 175℃。

3. 将中筋面粉、小苏打和盐过筛后混合，加入全麦面粉混合均匀，拌入打发的黄油中。

4. 加入香蕉泥、香草精和核桃仁，拌匀。

5. 将面糊倒入吐司模中，放在烤箱中层烘烤。将蛋糕探针插入面包中心部分，拔出时没有面糊粘黏即可出炉，需要烤 50 ~ 60 分钟。烤好的面包冷却 10 分钟后脱模，放在冷却架上彻底冷却。

可以做 1 条面包。

椰枣坚果面包

软化的无盐黄油（另备一些涂抹模具） 4 大勺
去核椰枣（切成小块） 1 杯
棕砂糖和白砂糖 各 1/4 杯
开水 3/4 杯
鸡蛋（打匀） 1 个
未经漂白的中筋面粉（过筛备用） 2 杯
泡打粉 2 小勺
盐 1/2 小勺
黑核桃仁（切成粗粒） 1/2 杯
香草精 1/2 小勺
朗姆酒 $1\frac{1}{2}$ 大勺

1. 烤箱预热至 175℃。准备一个 13 厘米 ×23 厘米 ×8 厘米的吐司模，内壁上抹黄油防粘。

2. 将其余黄油放入搅拌盆中，加入椰枣和两种糖。将开水倒入盆中，静置 7 分钟后搅拌均匀。

3. 黄油混合物冷却后，加入蛋液搅拌均匀。

4. 将面粉、泡打粉和盐过筛混合，倒入搅拌盆中，搅拌 30 秒。最后加入黑核桃仁、香草精和朗姆酒拌匀。

5. 将面糊倒入模具中，放在烤箱中层烘烤 45 ~ 50 分钟。

可以做 1 个面包。

我妈妈烤的面包是世界上最美味的面包！

——亨利·詹姆斯爵士，《过去的回忆》

香橙核桃面包

软化的无盐黄油（另备一些涂抹烤盘） 8 大勺
糖 3/4 杯
鸡蛋（蛋黄与蛋清分开备用） 2 个
橙子（切碎） 1 个
未经漂白的中筋面粉 $1\frac{1}{2}$ 杯
泡打粉 $1\frac{1}{2}$ 小勺
小苏打 1/4 小勺
盐 少许
新鲜橙汁 1/2 杯

水果黄油

水果黄油可以为面包增添特别的风味。我们喜欢在香橙核桃面包、香蕉面包或葡萄干杏干面包上抹一些香橙黄油。草莓黄油适合搭配香橙核桃面包、羊角面包、布里欧修面包或华夫饼。制作水果黄油的关键是将所有原料混合乳化，放入陶瓷罐中可冷藏存放几天，或冷冻保存几周，享用时要先让黄油恢复至常温。

抹上一点水果黄油，平凡的吐司也会变得无比美味。

♥香橙黄油：无盐黄油 8 大勺，橘皮果酱 1/3 杯，糖粉 1/2 小勺。橙子 1 个，取表皮做成橙皮碎。

♥草莓黄油：无盐黄油 8 大勺，草莓酱 1/3 杯，柠檬汁 1/2 小勺，糖粉 1/2 小勺。

山核桃仁（切成粗粒） 1 杯

香橙糖浆（见第 359 页） 适量

1. 烤箱预热至 175℃。准备一个 22 厘米 ×11 厘米的模具，内壁上抹黄油防粘。

2. 将黄油打发至奶油状，分次加入糖，用电动搅拌器打发至轻盈蓬松的状态。逐个加入蛋黄，再放入切碎的橙子，拌匀。

3. 将面粉、泡打粉、小苏打和盐过筛混合，与橙汁分次交替拌入黄油中，首先和最终加入的都应当是粉类原料。加入山核桃仁。

4. 将蛋清打发成稳定的蛋白霜，拌入面糊中。

5. 把面糊倒入模具中，放在烤箱中层烘烤 50 ~ 60 分钟。

6. 面包出炉后，将热的香橙糖浆淋在表面，连同模具一起放在冷却架上冷却。

可以做 1 个面包。

西葫芦面包

这款面包冷却后包好静置一晚，风味更佳。糖、辛香料和坚果让它的口味更近似蛋糕。

软化的无盐黄油（另备一些涂抹模具） $1\frac{1}{2}$ 大勺

鸡蛋 3 个

植物油 3/4 杯

糖 $1\frac{1}{2}$ 杯

香草精 1 小勺

西葫芦（带皮擦丝） 2 杯

未经漂白的中筋面粉 $2\frac{1}{2}$ 杯

小苏打 2 小勺

泡打粉 1 小勺

盐 1 小勺

肉桂粉和丁香粉 各 1 小勺

核桃仁（切成粗粒） 1 杯

1. 烤箱预热至 175℃。准备一个 23 厘米 ×13 厘米 ×8 厘米的吐司模，内壁上抹黄油防粘。

2. 将鸡蛋、植物油、糖和香草精混合，打发至浓稠状态，再放入擦成丝的西葫芦。

3. 混合粉类原料，筛入蛋液中，拌匀后加入核桃仁。

4. 将面糊倒入模具中，放在烤箱中层烘烤，用蛋糕探针插入面包中心部分，拔出后无面糊粘黏即可，大约要烤 1 小时 15 分钟。

5. 晾至不烫手后脱模，把面包放在冷却架上彻底冷却。

可以做 1 个面包。

蔓越莓面包

这款面包有着浓郁的黄油和水果香气。

软化的黄油（涂抹模具） 适量
未经漂白的中筋面粉 2 杯
糖 1/2 杯
泡打粉 1 大勺
盐 1/2 小勺
鲜橙汁 2/3 杯
鸡蛋（打匀） 2 个
融化的无盐黄油 3 大勺
核桃仁（切成粗粒） 1/2 杯
蔓越莓 $1\frac{1}{4}$ 杯
橙皮碎 2 小勺

1. 烤箱预热至 175℃。准备一个 20 厘米 ×11 厘米 ×8 厘米的吐司模，内壁上抹黄油防粘。

2. 准备一个搅拌盆，将面粉、糖、泡打粉和盐过筛混合。

3. 在粉类原料中倒入橙汁、蛋液和融化的黄油，混合均匀，但不可过度搅拌。加入核桃仁、蔓越莓和橙皮碎，拌匀。

4. 将面糊倒入模具中，放入烤箱中层烘烤。用小刀插入面包中心部分，拔出后没有面糊粘黏即可出炉，需要烘烤 45 ~ 50 分钟。

5. 冷却 10 分钟后脱模，把面包放在冷却架上晾至常温，包好静置 1 ~ 2 天再享用。

可以做 1 个面包。

葡萄干杏干面包

黄油或植物油（涂抹烤盘） 适量
开水 1 杯
杏干（切成小块） 3/4 杯
葡萄干 1/2 杯
糖 1/2 杯+3 大勺
植物油 1/3 杯
鸡蛋（打匀） 2 个
未经漂白的中筋面粉 $2\frac{1}{4}$ 杯
泡打粉 1 大勺
盐 1/2 小勺
牛奶 2/3 杯
麦麸 3/4 杯

香橙核桃面包、蔓越莓面包和椰枣坚果面包，光是这些名字就已经令人浮想联翩了。

1. 烤箱预热至 175℃。准备一个 23 厘米 ×13 厘米 ×8 厘米的吐司模，内壁上抹黄油防粘。

2. 用开水浸泡杏干和葡萄干，水量刚好没过水果干即可。静置 10 分钟，沥干水后加入 3 大勺糖搅拌均匀。

3. 将另外 1/2 杯糖与植物油充分混合，然后逐个加入鸡蛋，每加入一个后都要充分搅拌。将面粉、泡打粉和盐过筛混合，与牛奶、麦麸分次交替拌入蛋液中。加入果干，轻轻拌匀。

4. 将面糊倒入模具中，放入烤箱中层烘烤。用蛋糕探针插入面包中心部分，拔出后无面糊粘黏即可出炉，大约需要烤 1 小时。

5. 冷却 10 分钟后脱模，把面包放在冷却架上晾至常温。

可以做 1 个面包。

柠檬黑核桃面包

我们最爱的茶点面包，适合搭配无盐黄油享用。

软化的无盐黄油（另备一些涂抹烤盘） 1 杯
糖 $1\frac{1}{2}$ 杯
鸡蛋（蛋清和蛋黄分开备用） 4 个
新鲜柠檬汁 2/3 杯
柠檬皮碎 2 大勺
低筋面粉 3 杯
泡打粉 2 小勺
牛奶 1 杯
盐 少量
黑核桃仁（切成粗粒） 1 杯
水 1/4 杯

1. 烤箱预热至 175℃。准备 2 个 23 厘米 ×13 厘米 ×8 厘米的吐司模，内壁上抹 3 大勺黄油防粘。

2. 准备一个搅拌盆，黄油中加入 1 杯糖打发成奶油状，逐个加入蛋黄搅拌均匀，再倒入 1/3 杯柠檬汁和柠檬皮碎混合均匀。

3. 混合低筋面粉和泡打粉，取 1/3 拌入黄油中，再加入 1/2 牛奶和 1/3 面粉，拌匀后加入剩余的牛奶和面粉。注意不要过度搅拌。

4. 蛋清中加盐，打发成蛋白霜，拌入面糊中。加入黑核桃仁。

5. 把面糊倒入模具，放入烤箱中层烘烤。用蛋糕探针插入面包中心，拔出后没有面糊粘黏即可出炉，需要烤 45 ~ 50 分钟。

6. 待面包晾至不烫手后脱模，放在冷却架上彻底晾凉。

7. 混合剩余的 1/3 杯柠檬汁、水和 1/2 杯糖，煮开后再煮 2 分钟。

8. 把煮好的糖浆淋在面包上，完全冷却后包好保存。

可以做 2 个面包。

黑核桃

黑核桃广泛分布于北美大陆。

黑核桃树的树干表面有深棕色的纵向沟壑。它们通常能长到 4.5 ~ 10 米高，互生叶片边缘呈锯齿状，叶片上有锥形小点。果实为圆形，外壳坚实，有棕青色表皮。

甜饼干

饼干篮

每个人都有一种自己特别喜爱的饼干，无关年纪，这些饼干总能让我们表现出童稚的一面。有人喜欢口感香脆的，有人则喜欢松软的，而我们对饼干永远抱着口感越丰富越好的态度。对于我们而言，饰以缎带，装满各种饼干的小篮子就好似一份狂欢邀请！朋友来访时，无论是作为礼物放在自助餐桌上，还是摆在餐边柜上，都是不错的选择。要想让饼干篮看上去丰盛漂亮，可以将各式各样的饼干满满地摆放在一起。不过你不必每一次都做好几种饼干，下面的每份食谱都能独当一面，满足挑剔的嗜甜味蕾。

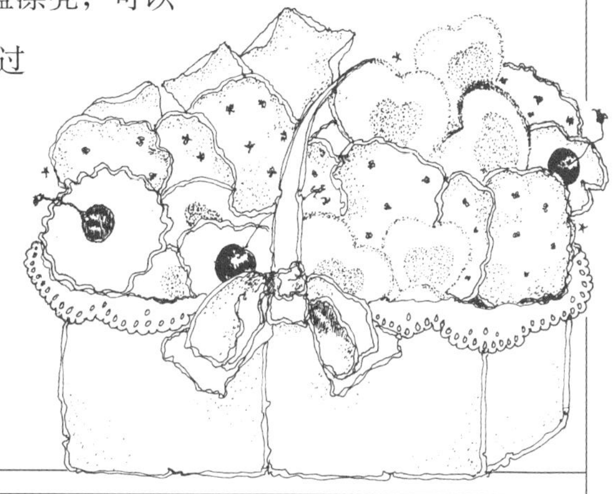

几乎每个人都有关于吃的小秘密。

——M. F. K. 费雪

山核桃方饼

油酥层

融化的黄油（用于涂抹烤盘） 适量

糖粉 2/3 杯

未漂白的中筋面粉 2 杯

软化的无盐黄油 225 克

山核桃糖霜

软化的无盐黄油 2/3 杯

蜂蜜 1/2 杯

高脂鲜奶油 3 大勺

棕砂糖 1/2 杯

山核桃仁（切成粗粒） $3^1/2$ 杯

1. 烤箱预热至 175℃。准备一个 23 厘米 ×30 厘米的烤盘，抹上黄油防粘。

2. 制作油酥层。将糖粉和面粉过筛混合，倒入黄油中，用刮板切拌或用料理机搅打成碎屑状，铺在烤盘中，轻轻拍平后烘烤至金黄色，约需 20 分钟。将烤盘取出。注意让烤箱保持加热状态。

3. 准备山核桃糖霜。将融化的黄油、蜂蜜、鲜奶油和棕砂糖混合均匀，加入山核桃仁搅拌，使其表层包裹上糖衣。把搅拌好的山核桃糖霜铺在油酥层上。

4. 把烤盘放回烤箱，烘烤 25 分钟。取出饼干，彻底冷却后切成小方块。

可以做 36 块山核桃方饼。

椰肉马卡龙

融化的黄油（用于涂抹烤盘） 适量
未漂白的中筋面粉 1/3 杯
碎椰肉 2 1/2 杯
盐 1/8 小勺
炼乳 2/3 杯
香草精 1 小勺

1. 烤箱预热至 175℃。准备一个饼干烤盘，抹上黄油防粘。

2. 将面粉、椰肉和盐混合均匀，倒入炼乳和香草精，搅拌成黏稠的面糊。

3. 将面糊小心地盛到烤盘上，每个马卡龙约需 1/4 杯面糊，注意，马卡龙之间要留出 3 厘米间距。烘烤至金黄色即可出炉，大约需要 20 分钟。马卡龙出炉后立即移至冷却架上冷却。

可以做 18 块马卡龙。

太妃饼干

小巧酥脆，巧克力味浓郁。

软化的无盐黄油（另备一些涂抹烤盘） 1 杯
棕砂糖 1 杯
蛋黄 1 颗
未漂白的中筋面粉 2 杯
香草精 1 小勺
半甜巧克力（切碎） 340 克
核桃仁或山核桃仁（切成粗粒） 1 杯

美食家仅靠奶油就能做出最可口的美食。

——奥利弗 · 希尔福德

1. 烤箱预热至 175℃。准备一个 23 厘米 ×30 厘米的烤盘，抹上黄油防粘。

2. 在黄油中加入糖，打发成奶油状，加入蛋黄，继续打发。

3. 将面粉筛入打发的黄油中，拌匀后加入香草精混合均匀。把搅拌好的饼干糊均匀地铺在烤盘中，烘烤 25 分钟左右，烤至金棕色即可出炉。

4. 端出烤盘，在饼干表面撒上巧克力，放回烤箱，烘烤 3 ~ 4 分钟。

5. 出炉后，把融化的巧克力均匀地抹在饼干表面，撒上核桃仁，彻底冷却后切成小块。

可以做 30 块太妃饼干。

黄油球

这种被称为“婚礼饼干”的甜点有多种做法。客观地说，这是我们尝过的最美妙的滋味。蜂蜜是美味的秘诀，但你也许并未意识到它的存在。将加入了蜂蜜的饼干烤至金黄色，它们会散发出类似坚果的香气。将它们放在密封罐中可以保存数周。

软化的无盐黄油（另备一些涂抹烤盘） 8 大勺
蜂蜜 3 大勺
未漂白的中筋面粉 1 杯
盐 1/2 小勺
香草精 1 大勺
山核桃仁（切成粗粒） 1 杯
糖粉 3/4 杯

1. 烤箱预热至 150℃。准备 2 个饼干烤盘，抹上黄油防粘。

2. 将黄油打发成奶油状，加入蜂蜜拌匀，然后逐量加入面粉、盐和香草精，混合均匀后撒入山核桃仁。用保鲜膜将面团包裹好，冷藏 1 小时。

3. 用手将面团分成小块，揉成球形。将小球放入烤盘，相互之间间隔 5 厘米，烘烤至金黄色，需要烤 35 ~ 40 分钟。

4. 从烤箱中取出烤盘，待黄油球冷却至不烫手时，放入糖粉中滚动，让其表面沾满糖粉。完全冷却后再滚一次糖粉。

可以做 36 颗黄油球。

林茨甜心

这些小甜点将在你的口中融化。

软化的无盐黄油　$1\frac{1}{2}$ 杯
糖粉　$1\frac{3}{4}$ 杯
鸡蛋　1 个
未漂白的中筋面粉（过筛备用）　2 杯
玉米淀粉　1 杯
核桃仁（切成粗粒）　2 杯
红莓酱　1/2 杯

1. 将黄油和 1 杯糖粉混合，打发成蓬松的羽毛状，加入打散的蛋液搅打均匀。

2. 面粉和玉米淀粉过筛，混合均匀，拌入打发的黄油中，再加入核桃仁搅拌成面团。

3. 将面团揉成球形，用油纸包裹好，冷藏 4 ～ 6 小时。

4. 把面团擀成 6 毫米厚的面片，用心形饼干切模切成小块，放在烤盘中。（如果你喜欢，可以用一个更小的饼干切模在 1/2 的心形饼干上再开一扇“窗”。）将切好的饼干坯冷藏 45 分钟。

5. 烤箱预热至 160℃。

6. 把饼干坯放入烤箱烘烤 10 ～ 15 分钟，表面呈均匀的金棕色时即可出炉，放在冷却架上冷却。

7. 饼干尚有余温时，在完整的饼干上抹 1/4 小勺红莓酱，再与之前开“窗”的饼干合在一起。

8. 将剩余的 3/4 杯糖粉倒入碗中，把饼干上下两面分别压入糖粉中，使表面沾裹上糖粉。

大约可以做 48 枚林茨甜心。

葡萄干燕麦曲奇

请按照第 321 页超大饼干的做法烤制这款饼干。

软化的无盐黄油（另备一些涂抹烤盘）　12 大勺
白砂糖　1/2 杯
棕砂糖　1 杯
鸡蛋　1 个
水　2 大勺
香草精　1 小勺
未漂白的中筋面粉　2/3 杯
肉桂粉　1 小勺

规矩就是明天有果酱，昨天有果酱，但今天绝不会有果酱。

——刘易斯·卡罗尔，《爱丽丝梦游仙境》

人人都爱的饼干：黄油球、林茨甜心和葡萄干燕麦曲奇。

盐　1/2 小勺
小苏打　1/2 小勺
快熟燕麦片　3 杯
葡萄干　1 杯

1. 烤箱预热至 175℃。准备 2 个饼干烤盘，抹上黄油防粘。

2. 在黄油中加入糖，打发成蓬松的羽毛状，加入打散的蛋液后继续打发，再加入水和香草精搅打均匀。

3. 将面粉、肉桂粉、盐和小苏打筛入打好的黄油中混合均匀，加入燕麦片和葡萄干，搅拌均匀。

4. 参考第 321 页超大饼干的做法把饼干分次盛入烤盘中，烤至饼干边缘松脆但中心处仍然柔软即可出炉，需要 15 ～ 17 分钟。将烤好的饼干移到冷却架上冷却。

可以做 25 ～ 30 块饼干。

黑核桃甜饼

一种与众不同的黄油饼干，黑核桃仁是亮点。

软化的无盐黄油　$1\frac{1}{2}$ 杯
糖　2/3 杯
鸡蛋　3 个
香草精　1/2 小勺
未漂白的中筋面粉　3 杯
盐　1/4 小勺
黑核桃仁（切成粗粒）　2/3 杯

1. 将黄油和糖混合后打发成蓬松的羽毛状。逐个加入鸡蛋，每加入一个后都要充分打匀，然后再加入下一个。放入香草精。

2. 将面粉和盐筛入打发的黄油中，混合均匀，整形成面团。

3. 用油纸把面团包好，冷藏 4 ～ 6 小时。取出面团，擀成 3 毫米厚的面片，再用直径 3 厘米的切模切成小块。把切好的饼干坯放在烤盘中，间距约 4 厘米，表面撒上黑核桃仁，冷藏 45 分钟。

4. 烤箱预热至 160℃。

5. 将饼干烘烤至均匀的浅棕色即可，大约需要 15 分钟，出炉后放在冷却架上冷却。

可以做 60 块饼干。

布朗尼

巧克力味浓郁，柔软可口，入口即化——还有什么比这更棒?

你必须吃燕麦，不然你将会精力耗尽。大家都知道这一点。

——凯·汤普森，《小艾来了》

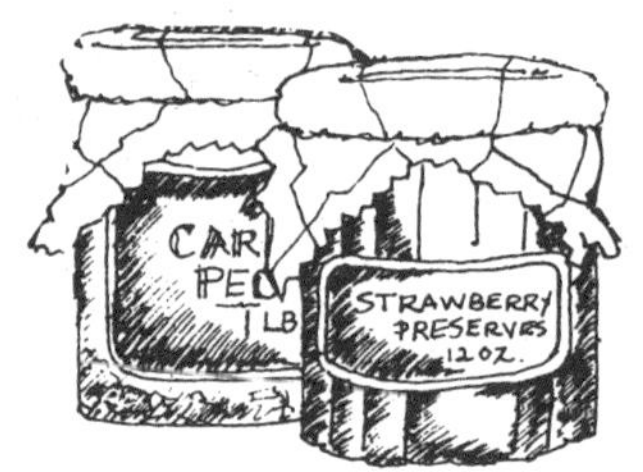

礼物

美国人有一个传统，就是将美食作为礼物赠送友人。这是来自心灵的特别问候，会唤起朋友间的美好回忆。它可以是系着缎带的自制面包或水果派，以及一份附赠食谱；也可以是一个怀旧的小篮子，其中放满了在自家厨房里手工制作的饼干、糖果、果酱或酸辣酱等。

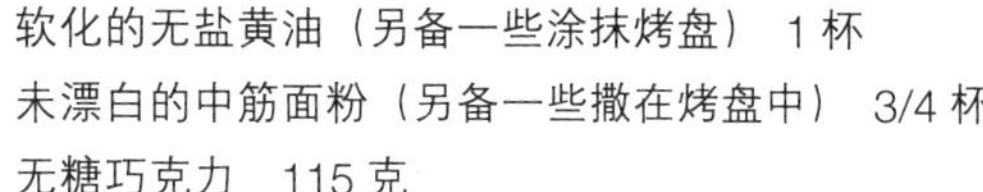

软化的无盐黄油（另备一些涂抹烤盘） 1 杯
未漂白的中筋面粉（另备一些撒在烤盘中） 3/4 杯
无糖巧克力 115 克
鸡蛋 4 个
糖 $1\frac{1}{2}$ 杯
香草精 1 小勺
核桃仁（切成粗粒） 2/3 杯

1. 烤箱预热至 175℃。准备一个 23 厘米 ×33 厘米的烤盘，内壁上抹黄油防粘。

2. 将黄油和巧克力用热水隔水融化，混合均匀。

3. 将鸡蛋和糖混合，搅拌至浅黄色，依次加入香草精、巧克力黄油混合物，搅拌均匀。

4. 筛入面粉，充分混合后加入核桃仁拌匀。

5. 把蛋糕糊倒入烤盘中，烘烤至中心部分凝固即可出炉，大约需要 25 分钟。注意不要烘烤过度。

6. 让布朗尼在烤盘中冷却 30 分钟，切块。

可以做 28 小块布朗尼。

烹调就像谈恋爱，必须全情投入。

——哈瑞特·范·霍恩

小甜饼

这些美味的小甜饼是咖啡的最佳伴侣。

油酥层

软化的无盐黄油（另备一些涂抹烤盘） 1 杯
棕砂糖 $1\frac{2}{3}$ 杯
未漂白的中筋面粉 $1\frac{2}{3}$ 杯

核桃仁糖霜

棕砂糖 1 杯
鸡蛋（打匀） 3 个
未漂白的中筋面粉 2 大勺
核桃仁（切成粗粒） 2 杯
碎椰肉 1 杯

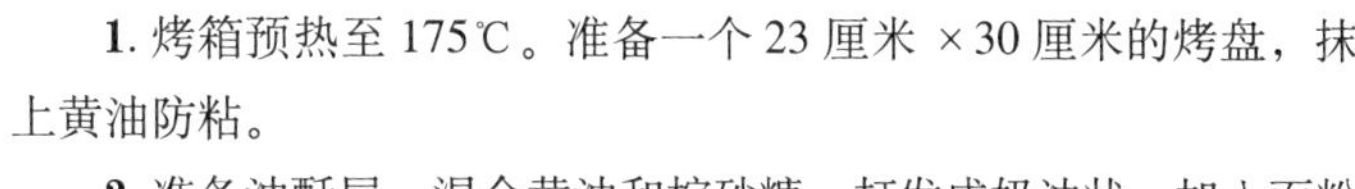

1. 烤箱预热至 175℃。准备一个 23 厘米 ×30 厘米的烤盘，抹上黄油防粘。

2. 准备油酥层。混合黄油和棕砂糖，打发成奶油状，加入面粉混合均匀后铺在烤盘中，烘烤 15 ~ 20 分钟出炉。

3. 准备核桃仁糖霜。混合糖和蛋液，加入 2 大勺面粉，搅拌均匀。拌入核桃仁和椰肉，均匀地倒在油酥层上。

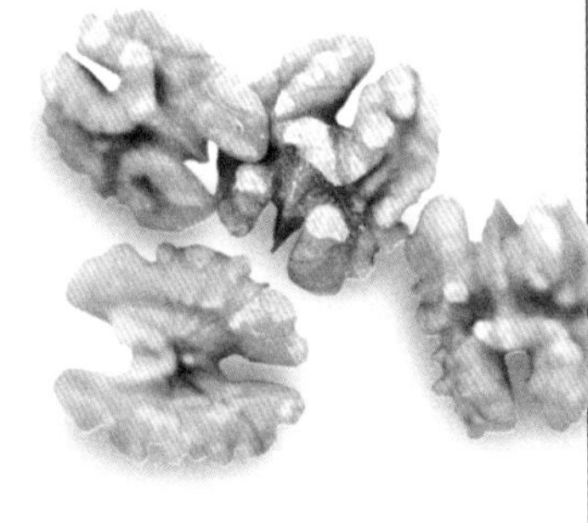

4. 放回烤箱烘烤 20 ~ 25 分钟，定型后即可出炉。将烤好的饼干放在烤盘中冷却，然后切成小块。

可以做 30 块小甜饼。

甜心酥饼

我们的又一最爱，四季皆宜，是情人节的必备甜点。

软化的无盐黄油　$1\frac{1}{2}$ 杯
糖粉　1 杯
未漂白的中筋面粉（筛好备用）　3 杯
盐　1/2 小勺
香草精　1/2 小勺
白砂糖　1/4 杯

1. 将黄油和糖粉混合后打发。

2. 面粉和盐过筛，充分混合，拌入打好的黄油中，再加入香草精，搅拌成面团。

3. 用油纸包好面团，冷藏 4 ～ 6 小时。

4. 将冷藏好的面团擀成 1.5 厘米厚的面片，用心形饼干切模整形，表面撒上白砂糖。把切好的饼干坯放在烤盘中，冷藏 45 分钟后再烘烤。

5. 烤箱预热至 160℃。

6. 将饼干烘烤至微微变色即可出炉，大约需要 20 分钟。刚烤好的饼干需放在冷却架上冷却。

可以做 20 块酥饼。

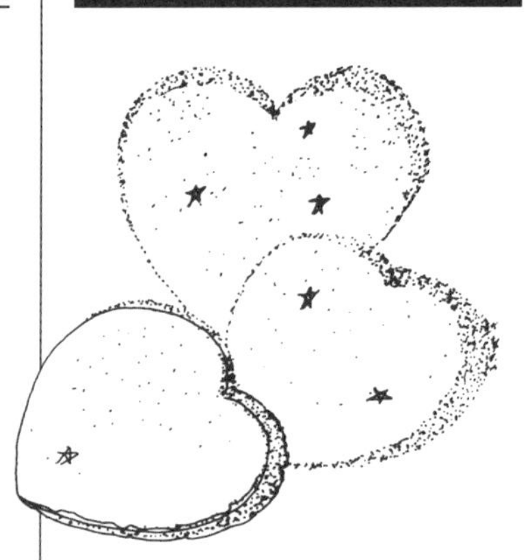

生命无常，先吃甜点。

——佚名

糖蜜软饼

这种甜而不腻、软而不黏，且略带辛香味的饼干非常受欢迎。别期望它们会很松脆，它们可不是姜饼。放在密封罐中能够保存一周，口感仍然湿润。

软化的无盐黄油　12 大勺
糖　1 杯
糖蜜　1/4 杯
鸡蛋　1 个
未漂白的中筋面粉　$1\frac{3}{4}$ 杯
丁香粉　1/2 小勺
姜粉　1/2 小勺
肉桂粉　1 小勺
盐　1/2 小勺
小苏打　1/2 小勺

1. 烤箱预热至 175℃。

超大饼干

巧克力曲奇饼是我们的最爱之一。我们也是当地第一家出售超大巧克力曲奇饼的店铺。这种饼干的做法十分简单，你可以用自己喜欢的食谱，也可以参考右栏中我们的获奖食谱。

饼干糊做好后，用勺盛到抹了黄油的烤盘中，用沾湿的手把面糊铺成直径约13厘米的圆饼，然后按照食谱中的说明烘烤。

新鲜出炉的饼干美味无比，令人难以抗拒。

2. 准备一个长柄锅，放入黄油小火融化，加入糖和糖蜜，混合均匀。把鸡蛋打散，倒入黄油中，充分打匀。

3. 将面粉、丁香粉、姜粉、肉桂粉、盐和小苏打过筛混合，加入黄油中搅拌成湿润的糊状。

4. 准备一张锡纸，铺在烤盘上，用勺子将饼干糊盛放到锡纸上，间距8厘米。饼干糊在烘烤过程中会延展开。

5. 烘烤8～10分钟，饼干颜色开始变深即可出炉，放在锡纸上冷却。

可以做24块糖蜜软饼。

巧克力曲奇饼

我们最爱的巧克力甜点。

软化的无盐黄油（另备一些涂抹烤盘） 1杯
棕砂糖 1杯
白砂糖 3/4杯
鸡蛋（打匀） 2个
香草精 1小勺
未漂白的中筋面粉 2杯
小苏打 1小勺
盐 1小勺
半甜巧克力（切碎） $1^{1}/_{2}$杯

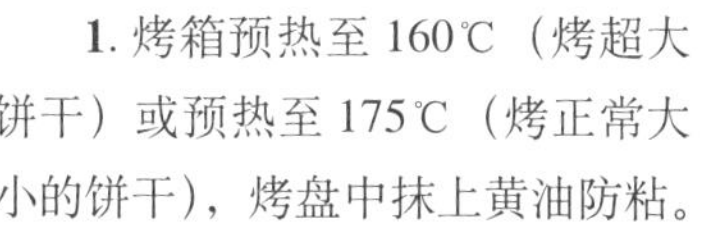

1. 烤箱预热至160℃（烤超大饼干）或预热至175℃（烤正常大小的饼干），烤盘中抹上黄油防粘。

2. 混合黄油和糖，打发后加入蛋液和香草精，搅拌均匀。

3. 将所有粉类原料筛入黄油中，混合均匀，加入巧克力碎。

4. 将饼干糊盛入准备好的烤盘中，参考超大饼干的做法整形（见左栏），放入烤箱中层烘烤15～17分钟；如果要做正常大小的饼干，烘烤8～10分钟即可。趁饼干中心处仍然较软时移出烤箱，放在烤盘中冷却5分钟，再移至冷却架上彻底晾凉。

可以做25块超大饼干（直径约13厘米）或80块正常大小的饼干。

更多口味：

♥加入1杯核桃仁。
♥加入1杯无盐花生。
♥加入1杯碎椰肉。
♥用1小勺薄荷精代替香草精。

苹果之于美国

“像苹果派一样具有美国特色”之所以成为美国人的习语，也许是因为苹果在美国人的生活中必不可少。在这里要感谢约翰·查普曼，他常被亲切地称为“苹果佬约翰尼”。他用了半个世纪的时间推动美国的苹果种植，比如亲自种植苹果树，向早期移民销售和捐赠苹果树。的确，美国人对苹果情有独钟。

今天，很多约翰尼栽培出的苹果品种重新显示出活力，在美国各地的果园茁壮成长。传统品种保护者和有机种植农户给予了这些苹果新生，为此我们十分感谢他们。我们对每种苹果细微的口感差异非常惊讶，每个人都有自己喜欢的口味。从世界各地发现的苹果种子赋予了传统品种新的生命——1821 年荷兰的 Ananas Reinette、1842 年英格兰的 Coe’s Golden Drop、1868 年阿肯色州的 Black Twig、17 世纪瑞士的 Api Etoile、1948 年日本的 Matsu、1920 年法国的 Nehou、1840 年马萨诸塞州的 Mother、1776 年法国的 Orleans Reinette、1600 年法国的 Lady 和 Christmas Apple、1700 年俄罗斯的 Duchess of Oldenburg 和 1613 年法国的 Court Pendu Plat——仅这些名字和年份就足以让我们感慨。

苹果

名称	成熟季节	颜色	口感/质感	生吃	制成派
Astrachan	7～8月	黄/青红	甜	好	好
Baldwin	10～1月	红/淡黄	柔和	一般	一般
Cortland	10～1月	绿/紫	柔和恬淡	优异	优异
Delicious, Red	9～6月	深红	甜、脆	优异	优异
Delicious, Golden	9～5月	黄	甜、较紧实	优异	优异
Empire	9～11月	红	甜、脆	优异	好
Gala	9～6月	黄/带红条	甜、较紧实	优异	非常好
Granny Smith	4～7月	绿	酸、脆	非常好	非常好
Gravenstein	7～9月	绿/带红条	酸、脆	好	好
Ida Red	10月	红	饱满	好	好
Jonathan	9～1月	亮红	酸、柔和、脆	非常好	非常好
Macoun	10～11月	暗红	酸、多汁、脆	优异	好
McIntosh	9～6月	红绿	微酸、柔和、多汁	优异	优异
Newtown Pippin	9～6月	红绿	微酸、紧实	非常好	优异
Northern Spy	10月	红	脆、酸	非常好	非常好
Rhode Island Greening	9～11月	绿	非常酸、紧实	差	优异
Rome Beauty	10～6月	红	酸、紧实、微干	好	非常好
Stayman-Winesap	10～3月	红	较紧实、甜、香	非常好	好
Winesap	10～6月	红	微酸、紧实、香	优异	好
Yellow Transparent	7～8月	黄	酸、软	差	优异
York Imperial	10～4月	青黄	柔和、紧实	一般	好

别和除我之外的任何人坐在苹果树下。

——安德鲁斯姐妹，1940

来自法国维伦纽夫洛特河畔的布夏夫人教会了我们制作复古苹果派。无论何时，只要开始烘烤这种馅饼，我们就会回忆起在布夏夫人家的厨房中度过的那个下午。她揉着面团，她的丈夫削着苹果。烤制苹果派时，大家喝着阿马尼亚克白兰地。现在，我们用千层面皮做馅饼外皮，成品同样美味。

苹果园

我们拥有一个占地不大的小型果园，用于栽种苹果树。春天，我们看着那些新抽的嫩芽慢慢长大，先是长成柔嫩的白色花簇，慢慢地就变成了小小的青苹果。秋天，挂满沉甸甸果实的枝条垂向地面，我们欣喜地将这些时刻记录下来。这让我们感到自己见证了历史，也成为历史的一部分。

复古苹果派

这种轻盈柔软、满是浓郁苹果味的馅饼流行于法国，馅料由苹果片和柑曼怡甜酒做成，最适合趁热搭配法式酸奶油享用。

千层面皮（新鲜或冷冻的均可） 12 张
软化的无盐黄油（另备一些涂抹烤盘） 2 杯
糖 1 杯
柑曼怡甜酒或卡尔瓦多斯苹果白兰地 6 大勺
酸甜味苹果（去皮去核，切成薄片） 6 个

1. 千层面皮盖上湿毛巾静置 10 分钟。小火加热长柄锅，将黄油融化。

2. 烤箱预热至 220℃。

3. 准备一个 35 厘米见方的烤盘，刷上黄油。取一张千层面皮放在烤盘中，其余的仍用毛巾盖好。在千层面皮表面刷上融化的黄油，撒 1 大勺糖，淋 1 小勺柑曼怡甜酒。重复这个步骤，将 6 张千层面皮整齐地叠放在一起。

4. 将这 6 张千层面皮移入一个直径约 15 厘米的圆形派盘中，把苹果片摆放在上面，然后刷上黄油，再撒适量糖，淋上柑曼怡甜酒。

5. 在苹果片上叠放 6 张千层面皮，前 5 张每一张上都要刷一层黄油，撒上糖，淋上柑曼怡甜酒，最上面一张只刷黄油即可。

6. 派坯切去四角，整形成直径约 20 厘米的圆形。将千层面皮边缘折起，轻轻捏合。

7. 把派盘放入烤箱中层，烘烤 30 ~ 40 分钟，苹果派表面呈金黄色即可出炉。在烘烤过程中，可以将锡纸轻轻覆盖在表面，以免烤焦。

8. 请趁热享用。

可供 4 ~ 6 人享用。

约翰尼苹果酱

为表敬意，这款新鲜美味的苹果酱就以传奇人物约翰尼的名字命名。无论冷热，它都一样美味，既可作为餐后甜点，也可搭配肉类和其他主菜。

水 $2\frac{1}{2}$ 杯
新鲜柠檬汁 4 大勺

酸甜味苹果　7 个
糖　1/2 杯
白葡萄酒　2/3 杯
红醋栗果胶　6 大勺
肉桂　2 支
柠檬碎　需要 2 个柠檬
核桃仁（切成粗粒，可选）　1/2 杯
葡萄干（可选）　1/3 杯

1. 将 1/2 的水和 1/2 的柠檬汁倒入碗中混合。

2. 苹果去皮去核，切成滚刀块，浸在柠檬水中防止变色。

3. 准备一个中型平底锅，锅底要厚一些，把剩余的水、柠檬汁、糖和白葡萄酒倒入锅中。烧开后调至小火保持沸腾状态，加入苹果块，半掩锅盖，煮至苹果变软。

4. 用漏勺将苹果块捞入碗中，在锅中加入红醋栗果胶和肉桂，中火煮沸，再调至小火保持沸腾状态，煮至糖浆量减少 1/3 即可。加入柠檬皮碎，搅拌均匀。

5. 把糖浆倒在苹果块上，可以根据个人喜好，加入核桃和葡萄干。可趁热享用，或密封冷藏保存。

可供 6 人享用。

肉桂焗苹果

可佐以烹制中产生的糖汁趁热享用，也可搭配法式酸奶油或略微打发的鲜奶油，它们将为这道焗苹果增色不少。

水　2 杯
棕砂糖　$2^1/_4$ 杯
肉桂粉　$1^1/_2$ 大勺
新鲜柠檬汁　$1^1/_2$ 大勺
酸甜味苹果（洗净，不要去皮）6 个
葡萄干　3/4 杯
山核桃仁（切成粗粒）　1/2 杯
柠檬皮碎　1 大勺
卡尔瓦多斯苹果白兰地　3 大勺
无盐黄油　3 大勺

1. 烤箱预热至 190℃。

2. 准备一个平底锅，将水、3/4 杯棕砂糖、1/2 大勺肉桂粉和柠檬汁倒入锅中，烧开后再煮 3 分钟。煮好的糖浆备用。

3. 苹果去核，要保持外形完整。

罐头

不同于其他原始的食物保存方法（如盐渍、冷藏、腌制、风干、烟熏），人类直到 19 世纪早期才发明了新的食物保存技术——制作罐头。

发明这种保存方法的人是尼古拉斯·弗朗斯瓦·阿佩特，巴黎的一位糖果商和酒商。1810 年，这一发明为他赢得了法国政府奖励的 12000 法郎。他的发明使得法国军队在远途行军中可以携带更多种类的食物，而不用担心变质。他本人则用这笔奖金修建了阿佩特之屋——世界上第一家生产罐装食品的工厂。

果肉果酱（preserves）：由高品质的水果制成，水果与糖（比制作普通果酱的用量少）一起长时间熬制成黏稠的糖浆，含有大块果肉。

果酱（jam）：通常由某一种水果制成，一般是将水果切碎或压碎后与糖（有时也使用蜂蜜）一起熬制成黏稠的酱。

果冻（jelly）：加了糖、呈凝胶状的水果汁，外观晶莹，口感软滑。

橘皮果酱（marmalades）：介于果冻和果酱之间，通常选用柑橘类水果制作，果粒和果皮悬浮在透明的果酱中。

坚果酱（conserves）：由水果、坚果和糖熬制而成。

酸辣酱（chutneys）：在果蔬中加入辛辣的或甜辣味食材，比如蜂蜜、糖、辛香料和醋等熬制而成，它完美地平衡了甜味与酸味。

趁热享用，肉桂焗苹果是家的味道。

果酱制品（fruit spreads）：由过滤或长时间熬制的水果果浆添加香料或甜味剂制作而成，一般用来涂抹吐司面包的就是这种果酱。

4. 将剩余的 $1^{1}/_{2}$ 杯棕砂糖、葡萄干、山核桃仁、柠檬皮碎和剩余的 1 大勺肉桂粉混合均匀，填入苹果中，填至距离顶部 5 毫米即处可。在馅料上倒入 1 小勺卡尔瓦多斯苹果白兰地，再放上 1/2 大勺黄油。

5. 准备一个 22 厘米 ×33 厘米的烤盘，放入苹果，表面淋上糖浆和剩余的卡尔瓦多斯苹果白兰地。

6. 烘烤 1 小时，待苹果变软即可出炉，烘烤过程中要反复在苹果上淋糖浆。

7. 苹果烤好后移到餐盘中。把烤盘里的糖浆倒入小锅中，烧开后再煮 5 分钟。糖浆稍微冷却后在每个苹果上淋 1 大勺，剩余的可作为蘸酱。

可供 6 人享用。

卡尔瓦多斯烩苹果

这道用白兰地调味的烩苹果适合搭配猪肉或火腿，也可卷入煎蛋卷或可丽饼中享用，同样美味。

苹果　6 个
软化的无盐黄油　8 大勺
棕砂糖　1/2 杯
卡尔瓦多斯苹果白兰地　2/3 杯

1. 苹果去核，可根据个人喜好选择是否去皮（我们喜欢保留果皮的质感，但去皮的苹果看上去更精致）。将苹果斜切成 0.5 厘米厚的片。

2. 准备一个平底锅，加入 2 大勺黄油，小火融化，铺入一层苹果片。调至中火，煎的过程中不时翻动，煎至苹果片颜色变深，大约需要 5 分钟，然后用漏勺将苹果片盛入碗中。按照此法将所有苹果片煎好。

3. 在锅里剩余的黄油中加入棕砂糖，调小火，搅拌至砂糖融化。加入卡尔瓦多斯苹果白兰地，煮开后再煮 5 分钟，不停搅拌。

4. 把苹果片倒入锅中，调小火，保持煮沸状态大约 5 分钟（注意不要煮过头）。将煮好的苹果放入热餐盘中，即可上桌。

可供 6 ～ 8 人享用。

卡尔瓦多斯苹果白兰地

法国北部海岸的城市以盛产苹果和卡尔瓦多斯苹果白兰地闻名。早在 16 世纪，人们就开始酿造这种烈性白兰地。这种白兰地劲头十足，酿造期通常比普通白兰地短，不过口感最佳的还是在橡木桶里存放了 12 年的陈酿。用于烹调时，这种酒能为食物增添一种特别的水果风味。在大多数食谱中，也可以用美式苹果白兰地（applejack）代替它。

葡萄干苹果蛋糕

软化的无盐黄油（另备一些涂抹模具）　1 杯
未漂白中筋面粉（另备一些撒在模具中）　3 杯
糖　2 杯
鸡蛋　2 个
苹果酱 *　2 杯
香草精　1 小勺
肉桂粉　1 小勺
肉豆蔻粉　1 小勺
小苏打　2 小勺
葡萄干　1 杯
柠檬香橙糖霜（见第 329 页）

1. 烤箱预热至 160℃。准备一个 25 厘米 ×25 厘米的正方形蛋糕模，内壁上抹适量黄油、撒一层面粉防粘。

2. 将黄油和糖混合，打发成蓬松的羽毛状。逐个加入鸡蛋，每加入一个后都要充分搅打均匀。放入苹果酱和香草精拌匀。

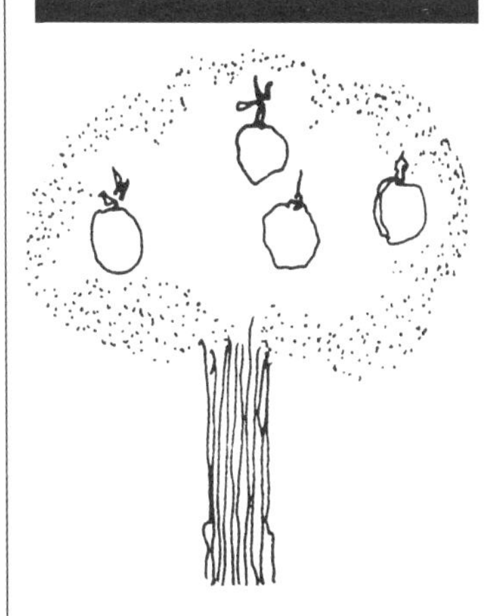

3. 混合面粉、肉桂粉、肉豆蔻粉和小苏打，筛入搅拌碗中，撒上葡萄干，轻轻拌匀。

4. 将蛋糕糊倒入模具中，放入烤箱中层烘烤。用蛋糕探针插入蛋糕中心部分，拔出后无面糊粘黏即可出炉，大约需要 1 小时 10 分钟。

5. 让蛋糕在模具中冷却 15 分钟，然后脱模、移至冷却架上彻底冷却。

6. 蛋糕冷却后淋上柠檬香橙糖霜做点缀。

可供 8 ～ 10 人享用。

* 可以用约翰尼苹果酱（见第 325 页），无须再加核桃和葡萄干。将做好的苹果酱打成细腻的糊状，2 杯即可。

柠檬香橙糖霜

糖粉 1 杯
肉桂粉 1/2 小勺
新鲜柠檬汁 $1\frac{1}{2}$ 大勺
新鲜橙汁 $1\frac{1}{2}$ 大勺

1. 准备一个小碗，将糖粉和肉桂粉过筛，混合均匀。
2. 加入果汁，搅拌至糖霜变得细腻柔滑，淋在冷却的蛋糕上。

可以装饰 1 个蛋糕。

出色的厨师需要单纯的头脑、慷慨的精神和一颗包容的心。

——保罗·高更

苹果核桃蛋糕

浓郁的果味、香脆的核桃，口感厚实湿润，十分诱人。

植物油（另备一些涂抹模具） $1\frac{1}{2}$ 杯
糖 2 杯
鸡蛋 3 个
未漂白的中筋面粉（过筛备用） 2 杯
丁香粉 1/8 小勺
肉桂粉 $1\frac{1}{4}$ 小勺
肉豆蔻衣粉 1/4 小勺
小苏打 1 小勺
盐 3/4 小勺
全麦面粉（过筛备用） 1 杯
核桃仁（切成粗粒） $1\frac{1}{4}$ 杯
苹果块（去皮去核） $3\frac{1}{4}$ 杯
卡尔瓦多斯苹果白兰地或美式苹果白兰地 3 大勺
苹果酒糖浆（见第 330 页）

1. 烤箱预热至160℃。准备一个直径为25厘米的圆形蛋糕模，内壁上刷一层植物油防粘。

2. 准备一个搅拌碗，将植物油和糖搅打成黏稠的不透明状，逐个加入鸡蛋，每加入一个后都要充分搅打。

3. 混合中筋面粉、丁香粉、肉桂粉、肉豆蔻衣粉、小苏打和盐，筛入全麦面粉中拌匀。将混合面粉倒入搅拌碗中，混合均匀。

4. 加入核桃仁、苹果块和卡尔瓦多斯苹果白兰地，搅拌均匀。

5. 将蛋糕糊倒入模具中，放入烤箱中层烘烤。用蛋糕探针插入蛋糕中心部分，拔出后无面糊粘黏即可出炉，大约需要1小时15分钟。

6. 让蛋糕静置10分钟，然后脱模，趁热淋上苹果酒糖浆，或者先将蛋糕切成片，再淋上苹果酒糖浆。

可以做1个直径25厘米的蛋糕。

苹果酒糖浆

软化的无盐黄油　4大勺
棕砂糖　2大勺
白砂糖　6大勺
卡尔瓦多斯苹果白兰地或美式苹果白兰地　3大勺
甜苹果酒　4大勺
新鲜橙汁　2大勺
高脂鲜奶油　2大勺

1. 准备一个小平底锅，小火融化黄油，同时加入两种糖。

2. 加入剩余食材，搅拌均匀，大火煮沸后转小火，再煮4分钟。

3. 关火，晾至温热时淋在热蛋糕上。

可以做1½杯苹果酒糖浆。

酸奶油苹果派

小小一块，回味无穷，可用鲜奶油或香草冰激凌做点缀。

派皮

未漂白的中筋面粉　2½杯
糖　5大勺
盐　3/4小勺
肉桂粉　3/4小勺
无盐黄油（冷藏备用）　6大勺
植物起酥油（冷藏备用）　6大勺
苹果酒糖浆或苹果汁（冷藏备用）　4～6大勺
黄油或起酥油（涂抹派盘）　适量

植树的人，不但爱己，也爱他人。

——英语谚语

馅料

酸甜味苹果　5 ~ 7 个
酸奶油　2/3 杯
糖　1/3 杯
鸡蛋（打匀）　1 个
盐　1/4 小勺
香草精　1 小勺
未漂白的中筋面粉　3 大勺

表面装饰

棕砂糖和糖　各 3 大勺
肉桂粉　1 小勺
核桃仁（切成粗粒）　1 杯

1. 准备派皮。将面粉、糖、盐和肉桂粉混合，筛入搅拌碗中，加入黄油和起酥油，用叉子或刮板切拌，与粉类混合成碎屑状。

2. 倒入适量苹果酒糖浆，轻轻整形成面团。包裹好，冷藏 2 小时。

3. 切下 1/3 的面团放入冰箱继续冷藏，另外 2/3 放在油纸上擀平。准备一个直径 23 厘米的派盘，内壁上抹黄油防粘，铺入面皮，去除多余部分。

4. 将烤箱预热至 175℃。

5. 准备馅料。苹果去皮去核，切成薄片，放入搅拌碗中。

6. 充分混合酸奶油、糖、鸡蛋、盐、香草和面粉，倒在苹果片上，轻轻摇一摇，使其均匀包裹住苹果片。用小勺将苹果片盛到铺好面皮的烤盘中。

7. 准备表面装饰。混合糖、肉桂粉和核桃仁，均匀地撒在苹果馅料上。

8. 取出冷藏的 1/3 面团，擀成直径 25 厘米的圆形，再切成 1 厘米宽的条，编成网格状，装饰在苹果派表面。

9. 将派盘放入烤箱中层，烘烤至果汁起泡，果肉变软即可，需要 55 ~ 65 分钟。如果表面颜色变深过快，可以盖上锡纸。

10. 趁热享用或晾至常温再享用。

可供 6 人享用。

百万富翁都爱吃烤苹果。

——罗纳德·弗班克

周日午餐

青胡椒鸡肝肉酱派

乡村核桃派

蔬菜千层派

酸黄瓜和腌野樱桃

马赛鱼汤

芝麻菜沙拉

艾伦苹果挞

艾伦苹果挞

诱人的焦糖苹果满满地铺在挞皮上，这是我们吃过的最美味的苹果挞。

大个儿酸甜味苹果（去皮去核，对半切开） 4个
糖 3/4杯
水 3大勺
软化的无盐黄油 2大勺
新鲜柠檬汁 1大勺
肉豆蔻粉 1小勺
卡尔瓦多斯苹果白兰地或美式苹果白兰地 2大勺
千层酥皮面团（见第409页） 450克

1. 参照水果糖浆（见第381页）的做法煮苹果，煮好后捞出直接放凉。

2. 准备一口直径25厘米的平底铸铁锅，把糖和水倒进锅中混合均匀。用中火将糖浆煮至金黄色，煮好后迅速把锅移开。

3. 将半个苹果放在盛有焦糖的铸铁锅中心，弧面朝下。再取6块苹果紧紧围绕其周围摆放。把最后半个苹果切成6块，插在间隙处，弧面朝上。

4. 用小平底锅将黄油融化，加入柠檬汁、肉豆蔻粉和卡尔瓦多斯苹果白兰地搅匀，淋在苹果上。

5. 烤箱预热至220℃。

6. 将千层酥皮面团擀成0.5厘米厚的片，切成直径30厘米的圆形。铺在苹果上，将面皮边缘向内卷2.5厘米，作为挞边。

7. 把铸铁锅放入烤箱（确保烤箱温度达到220℃，预热是成功的重要因素）。烘烤至挞皮表面呈金黄色，糖浆起泡即可，需要30～35分钟。如果上色过快，可以盖上一张锡纸。

8. 取出烤好的苹果挞，静置15分钟后倒扣在餐盘中，趁热享用或放至常温再享用。

可供8～10人享用。

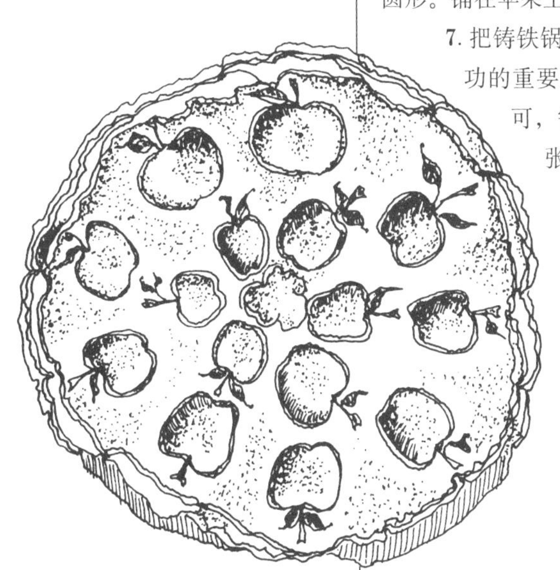

浆果季节

浆果季节总是很短暂，它们在市场上刚一露面，就会被浆果爱好者用水果篮带回家。草莓、树莓和黑莓精致娇嫩，蓝莓则较为皮实，易于保存。浆果应储存在阴凉通风的地方，最好不要放在冰箱里，这样容易发霉，如果必须冷藏保存，请不要预先清洗。不过，最好的保存方法还是尽快把新鲜浆果吃进肚子里。

浆果本身就已经非常美味，如果搭配法式酸奶油或打发的鲜奶油、佐以水果利口酒，更是别有一番风味。当然，你还可以尝试将多种浆果混搭在一起。现在是浆果季节，抓紧时间享用吧。

萨芭雍[①]

这道甜点有多种吃法，可以热食也可冷食，淋在浆果上更是美味。我们喜欢搭配蓝莓、树莓和草莓。

蛋黄　8个
糖　3/4杯
马莎拉白葡萄酒（Marsalla）　1/3杯

1. 准备一口煮锅，把水烧开。将所有食材倒入搅拌碗中混合均匀，隔水打发至体积膨胀为原来的2倍，质地浓稠。

2. 取出搅拌碗，继续搅打1分钟。

3. 将浆果盛入高脚杯中，淋上打发的面糊即可上桌，也可以冷藏后作为蘸酱。

草莓人见人爱。18世纪，法国人在智利发现了一种美味的大个儿浆果——智利野草莓，通过与北美小个儿野草莓杂交，才孕育出了今天的草莓。

① Zabaglione，一道充满酒香与蛋香的意式甜品，典型的宫廷风格。

出海野餐

冰激凌皇帝是独一无二的皇帝。

——华莱士·史蒂文斯

香槟萨芭雍

这款萨芭雍酒香浓郁，淋在应季浆果上，盛放在矮脚杯中享用美味无比。

蛋黄　4个
糖　1/3杯
香槟　3/4杯
樱桃白兰地　2大勺
浆果（任意选择）　4杯

1. 准备一口煮锅，加水煮沸。搅拌盆中放入蛋黄和糖，隔水打发。
2. 倒入香槟，继续搅打至蛋糊变为奶油状，大约需要10分钟。
3. 关火后，倒入樱桃白兰地搅拌均匀，淋在浆果上即可。

可以做$2\frac{1}{2}$杯萨芭雍，搭配4杯浆果，可供4～6人享用。

草莓冰激凌

手工自制冰激凌是美国人的传统休闲活动，在冰激凌中加入草莓果肉，回味无穷。

牛奶　$1\frac{1}{3}$杯
高脂鲜奶油　$2\frac{2}{3}$杯
香草荚（剖开）　1/2条
蛋黄　8个
糖　$1\frac{1}{4}$杯
草莓　2杯

1. 准备一口平底锅，将牛奶和高脂鲜奶油倒入锅中，再加入香草荚，煮至微微沸腾。调至小火煮5分钟，关火。
2. 将蛋黄和1杯糖混合，搅打至糖完全溶解，蛋糊柔滑。捞出牛奶液中的香草荚，盛1杯热牛奶液倒入蛋糊中搅拌均匀，再将混合了热牛奶液的蛋糊倒回锅中。
3. 把锅放回炉灶上，边小火煮边搅拌，直至牛奶蛋糊变浓稠，注意不要煮沸。将煮好的牛奶蛋糊过滤后晾凉，冷藏保存。
4. 草莓洗净沥干、去蒂，捣碎后加入剩余的糖拌匀，静置30分钟。
5. 将草莓酱倒入冷藏好的牛奶蛋糊中，盛入冰激凌模具里。参考模具使用说明冷冻。

可以做1.4升冰激凌。

帕芙洛娃

这款蛋糕的名字源自一位俄罗斯芭蕾舞演员，蛋糕师用这款美味的甜点来赞美她的美和她的舞蹈。

黄油（涂抹模具） 适量
面粉（撒在模具中） 适量
蛋清（常温） 4 个
盐 1/4 小勺
塔塔粉 1/4 小勺
细砂糖 1 杯
玉米淀粉 4 小勺
白葡萄酒醋 2 小勺

帕芙洛娃口感轻盈，外形优雅——恰似同名舞者安妮·帕芙洛娃（Anne Pavlova）。

草莓是一种夏季常见的水果。草莓的英文名“strawberry”源于一个古老的英文单词——“straw”（稻草），因为种植草莓时，要在地面覆盖一层稻草。

秋季聚会晚餐

西葫芦西洋菜汤

水果酿仔鸡

姜糖胡萝卜

香脆野米

帕芙洛娃

香草精　1 小勺
高脂鲜奶油（冷藏备用）　1 杯
草莓（切成薄片，撒上糖和柑曼怡甜酒）　2 ~ 3 杯

1. 烤箱预热至 135℃。准备一个活底蛋糕模，内壁上抹黄油、撒少许面粉防粘。

2. 蛋清中加入盐和塔塔粉，用电动搅拌器打发。分次加入糖，打发成能拉出直立尖角的蛋白霜。依次加入玉米淀粉、白醋和香草精，每加入一种原料后都要搅打均匀。

3. 把打发好的蛋白霜缓缓倒入模具中，使其中间低四周高。

4. 把模具放入烤箱，烘烤至蛋白霜外壳变硬，呈浅棕色，需要 1 小时 ~ 1 个半小时。此时，蛋糕内芯还像棉花糖一样柔软。晾至不烫手后脱模，移至餐盘中，彻底冷却。

5. 用鲜奶油和草莓加以点缀，即可享用。

可供 4 ~ 6 人享用。

草莓酥饼

我们已经做过无数次草莓酥饼，不过，自从希拉的好友——来自西雅图的萨莉慷慨地与我们分享了她的食谱后，我们的酥饼就变得更加美味了。现在，我们将它分享给你。

软化的无盐黄油（用于涂抹烤盘、刷在饼干表面）　适量
自发粉　2 杯
糖　$2^1/_2$ 大勺
盐　1/8 小勺
无盐黄油（冷藏备用）　8 大勺
牛奶　3/4 杯
高脂鲜奶油（冷藏备用，另备 $1^1/_2$ 杯用于裱花）　2 大勺
草莓（切片，用糖调味）　6 杯
草莓（选取大小均匀的草莓，用于点缀）　6 颗

1. 烤箱预热至 205℃。烤盘中涂抹黄油防粘。

2. 将面粉、糖和盐倒入搅拌碗中，混合均匀。

3. 加入 8 大勺黄油，用食品料理机或双手将黄油与粉类原料搓合成碎屑状。倒入牛奶，轻轻搅拌成柔软的面团。注意不要过度揉面。

4. 把面团分成 6 等份，放入烤盘，轻轻压成直径 7 ~ 9 厘米的圆饼，表面刷 2 大勺鲜奶油。

5. 将烤盘放入烤箱中层烘烤 15 ~ 20 分钟，烤至酥饼呈金黄色。

6. 将酥饼放在冷却架上冷却，表面刷上软化的黄油。装盘，铺上草莓片。将 $1^1/_2$ 杯冷藏的鲜奶油打发，抹在草莓片上，再点缀一颗完整的草莓，即可享用。

可以做 6 块酥饼。

草莓巧克力挞

浪漫的法式甜品，清爽可口又充满情调。

巧克力馅（做法见页面下方） 适量
烤好的甜挞皮（直径 23 厘米，见第 411 页） 1 份
草莓（洗净去蒂，控干） 4 杯
红醋栗糖浆（见第 421 页） 1/2 杯
新鲜薄荷 适量

1. 趁巧克力馅温热时倒在甜挞皮上，馅的厚度约为 3 毫米。
2. 把草莓尖朝上摆在巧克力馅上，从边缘处开始画圈摆满整个挞表面。
3. 小火加热红醋栗糖浆，待其变浓稠后趁热淋在草莓上。
4. 将草莓巧克力挞冷藏 2 小时。食用前从冰箱中取出，常温下静置 45 分钟后再享用。吃之前不要忘记点缀些新鲜薄荷。

可供 8 人享用。

巧克力馅

半甜巧克力（切碎） 1 杯
融化的无盐黄油 2 大勺
樱桃白兰地 3 大勺
糖粉 1/4 杯
水 1 大勺

1. 将巧克力放在碗中隔水加热融化。当温度达到 40℃时，放入融化的黄油和樱桃白兰地，快速搅拌至柔滑状态。
2. 加入糖粉和水，搅打至细腻柔滑。
3. 把碗取出，注意保持温度。

草莓的吃法

♥新鲜草莓切成小块点缀在焦糖布丁上。

♥将草莓片浸入红葡萄酒中，用高脚杯盛放，可根据个人喜好加一点蜂蜜。

♥用糖和柑曼怡甜酒拌草莓片，常温下静置几小时。可直接品尝，或搭配香草冰激凌享用。

♥完全成熟的甜草莓淋上新鲜橙汁调味，加些黑朗姆酒也同样美味。

上帝赠予人类最好吃的浆果就是草莓。

——威廉·巴特勒博士，1535 ~ 1618

制作无花果树莓挞的食材本身就很诱人。

树莓是我们最爱的浆果之一，同时它也是浆果中的上品。树莓产量不高且备受青睐，也难怪价格不菲。在树莓成熟季节需抓紧时间享用，直接吃或搭配鲜奶油，都相当美味！

无花果树莓挞

无花果（青色或紫色均可） 12 颗
樱桃白兰地 1/2 杯
烤好的甜挞皮（直径 23 厘米，见第 411 页）
卡仕达酱（见第 410 页） 1 杯
新鲜树莓 1 杯加 2 大勺
红醋栗糖浆（见第 421 页） 1/4 杯

1. 如果选用青无花果，应小心去皮，保持其完整；如果选择紫无花果，可以带皮纵向切开。把处理好的无花果放入碗中，倒入樱桃白兰地，密封冷藏 12 小时，并不时翻拌一下。

2. 将卡仕达酱倒在甜挞皮中。从樱桃白兰地中取出无花果，控干。如果选用青无花果，将其纵向切成 4 份，但不要彻底切开。将每颗无花果摆放成花瓣形，紧密摆放在卡仕达酱上。如果选用紫无花果，将切面朝下放在卡仕达酱上即可。在无花果的间隙中摆入树莓。

3. 加热红醋栗糖浆，刷在水果表面上，增添光泽。静置定型后即可享用。

可供 6 ～ 8 人享用。

树莓派

新鲜树莓　4 杯
糖　1 杯
黑加仑甜酒　1/3 杯
玉米淀粉　1/4 杯
新鲜柠檬汁　1 大勺
盐　少许
派皮面团（见第 411 页）　1 份
无盐黄油　2 大勺
柠檬　2 片

1. 烤箱预热至 220℃。

2. 将树莓和糖放入搅拌碗中摇匀。另准备一个小碗，倒入黑加仑甜酒和玉米淀粉，搅拌均匀。将黑加仑甜酒、柠檬汁淋在树莓上，撒少许盐。

3. 取 2/3 的派皮面团，擀平，铺在直径 23 厘米的派盘中。摆入浆果，点缀一些黄油，把柠檬片交叠摆放在中心位置。

4. 将剩余的面团擀成直径 25 厘米的圆形，切成 1 厘米宽的长条，在树莓派上编成网格状。去掉边缘处的多余部分，再将底层派皮的边缘卷到网格上，做成饰边。

5. 将树莓派放入烤箱中层烘烤 15 分钟，然后将烤箱温度调低至 175℃，再烤 30 ～ 40 分钟，派皮变成金黄色且馅料起泡即可出炉。

可供 6 ～ 8 人享用。

在杯中倒 1/3 树莓醋，加入冰块和一小勺糖，再来点苏打水，最后点缀以新鲜浆果和一枝薄荷。

——玛丽·兰道夫，
《弗吉尼亚家庭主妇》(1824)

树莓苏特恩甜酒

那是记忆中最闷热的一天，我们正在准备一次重要的晚宴，一切准备就绪，就差甜品了。我们犹豫着是继续忙碌完美收官，还是跑去沙滩放松一下，可剩下的时间只能选择其一。这时，冰箱里的一瓶苏特恩白葡萄酒赐予了我们灵感，于是创造出了这款简单却不失优雅的甜品。

苏特恩白葡萄酒（冷藏）　1 瓶
新鲜树莓　3 杯
法式酸奶油（见第 414 页）　1/2 杯
新鲜薄荷叶　少许

1. 将苏特恩白葡萄酒倒入搅拌碗中。

2. 用勺背将 1/2 的树莓压成泥，然后将树莓果泥倒入酒中搅拌均匀。密封冷藏4小时。

3. 将法式酸奶油放入小碗中，盛入2杯冷藏的苏特恩白葡萄酒，搅拌均匀后倒入冷藏好的树莓酒中。将做好的酒盛入事先冰好的汤碗或香槟酒杯中，用完整的树莓和薄荷叶做点缀。

可供4～6人享用。

西梅白兰地

在西梅表面扎些小孔，参照树莓甘露酒的做法用成熟西梅替代树莓进行酿造。每周搅拌一次，让白兰地充分发酵至少4个月。如果把握好时间，白兰地将在平安夜时达到最佳状态。酒中的西梅可用来点缀冰激凌，白兰地则适合围着壁炉享用。

树莓甘露酒

将甘露酒保存到圣诞节口味最佳，馈赠好友或自己享用都可以。

糖　2杯
新鲜树莓　$4\frac{1}{2}$杯
伏特加　950毫升

1. 准备一个容量为2.8升的带盖玻璃罐，先放入糖，再加入树莓和伏特加，加盖密封。

2. 把罐子放在阴凉处，每周打开搅拌一次，酿造2个月。

3. 用细孔筛将酒过滤进细颈玻璃瓶中，看起来十分诱人。

可以做1.4升甘露酒。

美国诗人罗伯特·弗罗斯特（Robert Frost）曾将这些晶莹剔透的蓝色果实称为“窃贼的幻想”。这些蓝色的果实就是蓝莓，我们感谢栽种者将它们培育成熟。蓝莓颗粒异常饱满，就像吟唱《蓝莓山》的法兹·多米诺（Fats Domino）一样受欢迎。

蓝莓柠檬挞

蓝莓也可用其他水果代替，比如无籽青提和无籽红提、桃子或煎苹果片配葡萄干等，尽情发挥你的想象力吧。

新鲜柠檬汁（6个柠檬）　1杯
柠檬皮碎　5大勺
融化的无盐黄油　8大勺
鸡蛋（打匀）　6个
砂糖　1杯
半熟甜挞皮（直径23厘米，见第411页）　1份
新鲜蓝莓（洗净）　$1\frac{1}{2}$杯
糖粉

1. 烤箱预热至205℃。

2. 混合柠檬汁、柠檬皮碎、融化的黄油，再加入蛋液和砂糖搅拌均匀，做成馅料。

3. 将馅料倒入半熟甜挞皮中，送入烤箱烤至金黄色即可出炉，大约需要 20 分钟。

4. 将蓝莓（或其他新鲜水果）摆放在湿热的馅料上，轻轻压实，冷却后撒上糖粉。

可供 8 人享用。

黑莓是一种带刺灌木，茎直立，花顶生，为五瓣白色，叶有 3 ~ 5 片，果实为黑色或暗紫色。如今，黑莓遍布美国各地。在西部地区，黑莓大多生长在高海拔的山区。

黑莓沙冰

这款沙冰酸爽可口，特别适合夏季享用，尤其是在你花费了整个下午在炎热的灌木丛中采摘完浆果之后。

成熟黑莓　$6\frac{2}{3}$ 杯
糖　1/2 杯
新鲜柠檬汁　需要 2 个柠檬
黑加仑甜酒　3/4 杯

1. 将所有食材倒入平底锅，中火加热。加热过程中不时搅拌，直至浆果破裂，大约需要 20 分钟。

2. 煮好的果汁稍微冷却一下，用细孔筛过滤，彻底冷却。

3. 准备一个金属浅盘，将冷却的果汁倒进盘中，放入冰箱冷冻。

4. 2 ~ 3 小时后，果汁处于半结冰状态，取出浅盘，将其盛入碗中，用电动搅拌器搅打均匀，然后倒回浅盘中，重新放进冰箱冷冻。

5. 冻好的沙冰很硬。食用前先放入冷藏室解冻 15 ~ 30 分钟，再分入餐盘中。

可供 6 人享用。

黑莓慕斯

这款甜点精致迷人，值得尝试。

无香料明胶　1 大勺
冷水　2 大勺
橙汁与橙皮碎　需要 1 个橙子
黑莓　$4\frac{1}{2}$ 杯
蛋黄　2 个
糖　1/2 杯
君度橙酒（Cointreau）　2 大勺
高脂鲜奶油　2 杯
猕猴桃（去皮切片）　适量
各种浆果　8 ~ 10 颗

无论何时才能结婚，我都会马上购买《美食家》杂志。

——诺拉 · 艾芙隆

将黑莓慕斯盛放在水晶高脚杯中品尝。

在美国，黑莓非常稀有。幸运的话，你也许能在自家院子里发现一丛黑莓。野生黑莓非常酸，而人工栽培的则好很多，它们都可以用来做优质果酱和水果派。一些人不喜欢黑莓中隐藏的较大的籽，不过这些籽可以种植出更多的黑莓。

1. 平底锅中倒入冷水，放入明胶浸泡 5 分钟。加入橙汁、橙皮碎和黑莓煮开，煮制过程中需不时搅拌一下。明胶煮化后冷却至常温。

2. 蛋黄中加入糖，搅打至颜色变浅，再加入君度橙酒继续搅打 1 分钟。

3. 准备一口煮锅，加水煮沸。将蛋黄糊边隔水加热边搅拌，蛋黄糊变热且变浓稠即可，冷却至常温。

4. 把蛋黄糊倒入黑莓汁中，搅拌至完全融合。高脂鲜奶油打至八分发后倒入黑莓蛋液中混合均匀。最后分装入高脚杯中，冷却后享用。

5. 每份慕斯点缀一颗浆果和几片猕猴桃即可。

可供 8 ~ 10 人享用。

慕斯魔咒

一顿大餐后，你是否还想再来一份甜品？此时，清爽柔软的慕斯无疑是首选。将慕斯盛放在冰好的高脚杯中，点缀以浆果、橙子或柠檬片、巧克力屑、薄荷，或者直接把慕斯盛放在漂亮干净的甜品盘中，搭配美味的饼干。你的客人一定会爱上这款优雅的餐后甜点。

青柠慕斯

轻盈爽口的青柠慕斯一直是非常受欢迎的甜点，尤其是和巧克力布朗尼搭配，双重美味，诱惑你的味蕾。你还可以尝试用新鲜黄柠檬或橙子制作慕斯，体验不同的口味。

无盐黄油　8 大勺
鸡蛋　5 个
糖　1 杯
新鲜青柠檬汁　需要 6 ～ 7 个青柠檬（约 3/4 杯）
青柠檬皮碎　需要 5 个青柠檬
高脂鲜奶油（冷藏备用）　2 杯

1. 准备一口煮锅，加水煮开后转小火，将黄油隔水加热融化。

2. 鸡蛋中加入糖，搅打至泡沫细腻轻盈。倒入融化的黄油中，边隔水加热边继续搅打，直至浓稠柔滑，大约需要 8 分钟。注意不要加热过度。

3. 在煮好的蛋奶液中放入青柠檬汁和青柠檬皮碎，搅拌均匀，冷却至常温。

4. 注意，这一步并非常规做法，但却非常关键：用电动搅拌器把冷藏的鲜奶油充分打发，注意不能搅打过度。

5. 将蛋奶液倒入打发的鲜奶油中，充分混合后分装好，冷藏至少 4 小时再享用。

可供 8 人享用。

食谱笔记

采集融雪后的第一丛紫罗兰，为翠绿的春天增添一抹温柔。在装有白葡萄酒的高脚杯中撒几瓣紫罗兰花瓣，或在慕斯上点缀几片紫罗兰叶片和花瓣，都足以令客人惊艳。将紫罗兰汁滴入白砂糖中，放置 2 天晾干，待其变脆，可用来点缀冰激凌、雪葩或巧克力蛋糕。

关于新鲜鸡蛋

选购新鲜优质鸡蛋后，需把鸡蛋擦干净冷藏，注意不要用水洗，更不要弄破蛋壳。如果要生食或是稍作加工即食，冷藏保存就显得尤为重要了。

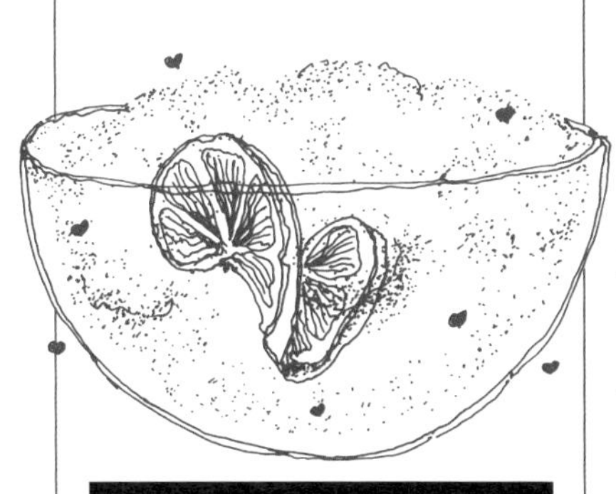

蜜桃慕斯

桃子（去皮去核，切成 4 块） 3 个
新鲜树莓 2/3 杯
蜜桃白兰地（Peach Brandy，另备一些用于点缀） 3 大勺
无香料明胶 1 大勺
新鲜柠檬汁 3 大勺
糖 1/3 杯
杏仁精 1/8 小勺
盐 少许
高脂鲜奶油（冷藏备用） 1/2 杯
蛋清 2 个

1. 混合桃子、树莓和白兰地，用食品料理机打成泥。

2. 平底锅中倒入柠檬汁，放入明胶浸泡 5 分钟，再加入打好的水果泥、糖、杏仁精和盐。将锅中食材煮沸，边煮边搅拌。煮好后倒入碗中，冷却至常温。

3. 将鲜奶油打至八分发，加入水果泥中搅拌均匀，冷藏 1 小时。

4. 把蛋清打发成柔软的蛋白霜。分两次加入水果泥中拌匀，注意不要留有结块。

5. 将做好的慕斯分装入甜点杯或餐碗中，冷藏 4 小时，上桌前淋一些蜜桃白兰地即可。

可供 4 人享用。

姜汁南瓜慕斯

鸡蛋 4 个
糖 7 大勺
无香料明胶 1 大勺
南瓜泥 $1\frac{1}{2}$ 杯
肉桂粉 3/4 小勺
姜粉 1/2 小勺
肉豆蔻粉 1/4 小勺
高脂鲜奶油（冷藏备用） 1 杯
姜糖粉 适量

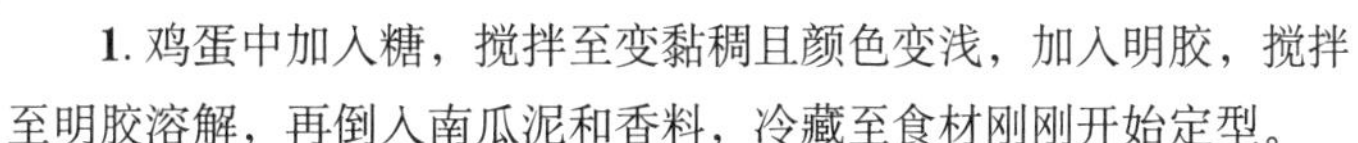

1. 鸡蛋中加入糖，搅拌至变黏稠且颜色变浅，加入明胶，搅拌至明胶溶解，再倒入南瓜泥和香料，冷藏至食材刚刚开始定型。

2. 将鲜奶油打至八分发，倒入南瓜泥中拌匀。准备 4 ~ 6 个甜点盘或一个大餐碗，倒入奶油南瓜泥。

3. 冷藏 4 小时，上桌前撒上姜糖粉。

可供 4 ~ 6 人享用。

草莓慕斯

草莓（另备一些完整草莓用于点缀） $5\frac{2}{3}$ 杯
新鲜柠檬汁　2 大勺
无香料明胶　1 大勺
开水　6 大勺
蛋黄　2 个
糖　2/3 杯
君度橙酒　2 大勺
高脂鲜奶油（冷藏备用）　2 杯

1. 将草莓、柠檬汁和明胶放入食品料理机中，打成柔滑的果泥，加入开水，快速搅拌，然后冷却至常温。

2. 蛋黄中加入糖，搅拌至浓稠且呈现淡黄色，加入君度橙酒，继续搅拌 1 分钟。准备一口煮锅，加水煮开，将蛋黄糊隔水加热，边加热边搅拌，蛋黄糊变热且变浓稠即可。取出后冷却至常温。

3. 将果泥和蛋黄糊混合均匀，冷藏至开始定型。

4. 鲜奶油打至八分发，轻轻拌入果泥中，然后分装入 8 ~ 10 个甜点杯中，冷藏至少 4 小时。上桌前用整颗草莓做点缀。

可供 8 ～ 10 人享用。

摩卡慕斯

糖　1/3 杯
意式浓缩咖啡或浓咖啡　6 大勺
半甜巧克力　170 克
低脂鲜奶油　4 大勺
蛋清　3 个
高脂鲜奶油（冷藏备用）　$1\frac{1}{2}$ 杯

1. 平底锅中倒入糖和咖啡，中火加热至糖融化，静置备用。

2. 准备一口煮锅，加水煮开，将巧克力隔水加热融化。加入低脂鲜奶油和咖啡糖浆，搅拌均匀，冷却备用。

3. 将蛋清打发成柔软的蛋白霜，加入 1/2 杯巧克力糖浆充分混合，再将其倒回剩余的巧克力糖浆中，轻轻翻拌均匀。把鲜奶油打至八分发，加入巧克力蛋白霜中拌匀。

4. 将搅拌好的慕斯糊盛入 8 个甜点杯中，冷藏 4 小时，即可享用。

可供 8 人享用。

3 款甜美慕斯：草莓慕斯、青柠慕斯和摩卡慕斯。

杏仁脆饼慕斯

无盐黄油　4 大勺
鸡蛋　5 个
糖　1 杯
无香料明胶　$1^1/_2$ 小勺
意式杏仁脆饼（压碎备用）　3/4 杯
杏仁利口酒（Aamaretto liqueur）　$1^1/_2$ 大勺
高脂鲜奶油（冷藏备用）　$1^1/_2$ 杯

1. 黄油隔水加热融化。鸡蛋中加入糖搅打均匀，加入明胶，再倒入融化的黄油中，边加热边搅拌至柔滑浓稠。

2. 6 ~ 8 分钟后停止加热，加入 1/2 杯意式杏仁脆饼和杏仁利口酒，混合均匀。冷却后放入冰箱冷藏，待蛋糊开始定型时取出。

3. 将鲜奶油打至八分发，倒入蛋糊中搅拌均匀。然后分装入 8 ~ 10 个甜点杯中，冷藏大约 4 小时。

4. 上桌前撒上剩余的意式杏仁脆饼做点缀。

可供 8 ～ 10 人享用。

饼干杯

酥脆的饼干杯最适合盛放心爱的慕斯或雪葩。

未漂白的中筋面粉　$1^1/_3$ 杯
糖粉　3/4 杯
蛋清（打匀）　3 个
蛋黄（打匀）　2 个
橙皮碎　1 小勺
君度橙酒　1 大勺
黄油（用于涂抹烤盘）　少量
大个儿橙子　1 个

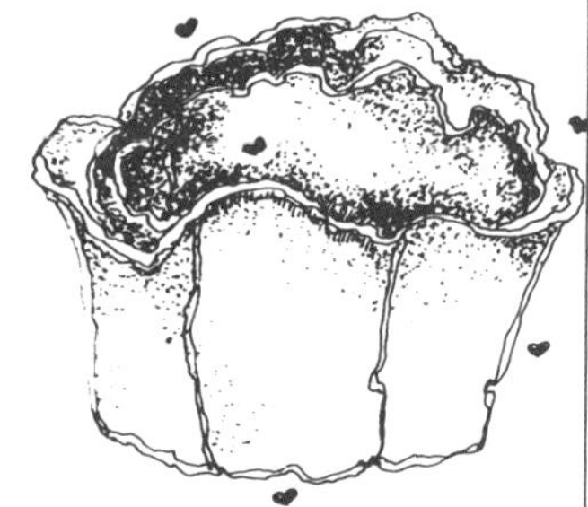

1. 烤箱预热至 175℃。将面粉和糖过筛混合，加入蛋清、蛋黄、橙皮碎和君度橙酒，混合均匀。做好的饼干糊静置 20 分钟。

2. 烤盘中涂抹黄油防粘，画出几个直径 13 厘米的圆（可用碟子辅助），注意圆和圆之间保持适当距离。用大勺在每个圆中央盛一勺饼干糊，将饼干糊在圆内抹平。

3. 将饼干烘烤至边缘颜色开始变深、中心部分依然柔软，大约需要 5 ~ 6 分钟。借助抹刀将饼干包裹在橙子上，做成杯子状，放在冷却架上冷却。

4. 烤盘冷却后擦净，抹上黄油，继续烤制饼干杯。

可以做 15 ~ 20 个饼干杯。

欧式自助餐

三文鱼慕斯配黑鱼子酱、
新鲜带枝莳萝

粗裸麦面包

招牌肉酱派

马贝拉腌鸡肉

蔬米沙拉佐
奶油龙蒿芥末酱

白灼芦笋

红酒油醋汁

煮鸡蛋

莳萝乳酪蛋糕

黑莓慕斯

青柠慕斯

饼干篮

完美巧克力

我们对巧克力情有独钟，因为它几乎拥有所有美好的特质——柔滑、甜美、醇厚、诱人。下面就让我们为同好者奉上几款美味的巧克力甜点。

巧克力慕斯

这款慕斯将鲜奶油、柑曼怡甜酒的香浓与黑巧克力和咖啡的微苦融合在一起，充满了神秘气息。

半甜巧克力（切碎） 680 克
意式浓缩咖啡 1/2 杯
柑曼怡甜酒 1/2 杯
蛋黄 4 个
高脂鲜奶油（冷藏备用） 2 杯
糖 1/4 杯
蛋清 8 个
盐 少许
香草精 1/2 小勺
糖渍玫瑰花蕾 适量

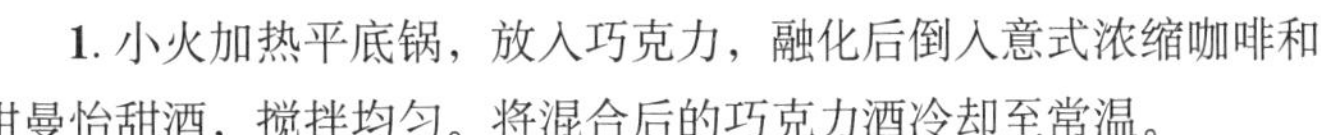

1. 小火加热平底锅，放入巧克力，融化后倒入意式浓缩咖啡和柑曼怡甜酒，搅拌均匀。将混合后的巧克力酒冷却至常温。

2. 逐个加入蛋黄，每加入一个后都要充分搅打，然后再加入下一个。

3. 取 1 杯鲜奶油，搅打至变浓稠，然后加入糖继续搅打，直至充分打发。蛋清中加入盐，打发成稳定的蛋白霜，倒入鲜奶油中拌匀。

4. 先将大约 1/3 的奶油蛋白霜加入巧克力酒中混合均匀，再将剩余的奶油蛋白霜全部拌入巧克力酒中，轻轻搅拌均匀后分装入 8 个甜点杯中，冷藏 2 小时。

5. 将剩余的 1 杯鲜奶油搅打至变浓稠，加入香草精打至八分发，点缀在每份慕斯上，最后用糖渍玫瑰花蕾做装饰。

可供 8 人享用。

夏季周六午餐

芦笋莳萝炖肉

海鲜沙拉佐
奶油龙蒿芥末酱

碎麦沙拉

巧克力慕斯

新鲜树莓

巧克力榛仁蛋糕

世上最美味的巧克力蛋糕。

鸡蛋（蛋清蛋黄分开备用） 4个
糖 1杯
无糖巧克力 115克
无盐黄油（另备一些涂抹模具） 3/4杯
低筋面粉（另备一些撒在模具中） 1杯加1大勺
盐 1/4小勺
榛子粉 3大勺
榛仁奶油霜（见第351页）
巧克力奶油酱 适量
榛仁（整颗，用于点缀） 8颗

1. 蛋黄中加入糖，搅打至变浓稠且颜色变浅。

2. 准备一口煮锅，加水煮开，混合巧克力和黄油，隔水加热融化，搅拌至柔滑状态。关火冷却。

3. 烤箱预热至175℃。准备一个直径20厘米的活底蛋糕模，内壁上抹黄油防粘，底部铺一层油纸，油纸上也涂抹些黄油，然后在蛋糕模内壁上撒少许面粉。

4. 把巧克力黄油与蛋黄糊混合均匀，再加入低筋面粉、盐和榛子粉拌匀。

5. 将蛋清打发成稳定的蛋白霜，轻轻拌入巧克力蛋糊中。

6. 把蛋糕糊倒入准备好的蛋糕模中，拿起蛋糕模轻轻敲击砧板，震出蛋糕糊中的大气泡。

榛子

一直以来，榛子都是欧洲甜点师最钟爱的坚果。榛子香气浓郁，既可以直接吃，也可以搭配巧克力等食材做成甜品。

购买榛子时请选择信誉好的旺铺，以确保榛子新鲜。如果要保存较长时间，需将榛子包好放入冰箱冷藏。榛子的坚硬外壳需要在烹调前去除。将烤箱预热至175℃，再将铺满榛子的烤盘放入烤箱烘烤10～15分钟，稍微晾一下，轻轻揉搓，便可去除内层薄皮。

7. 将蛋糕模放在烤箱中层，烤至蛋糕边缘定型但中心仍然柔软即可出炉，需要 35 ~ 40 分钟，蛋糕表面可能会有一些裂纹。把蛋糕模放在冷却架上，1 小时后脱模，冷却至常温。

8. 将冷却好的蛋糕倒扣进餐盘中，在表面和四周抹上榛子奶油霜，冷藏 30 分钟。

9. 从冰箱取出蛋糕，在表面和四周抹上热巧克力奶油酱，动作要迅速。

10. 将 8 颗榛仁点缀在蛋糕上，冷藏至少 1 小时再上桌。

可供 8 人享用。

榛仁奶油霜

榛仁　$1\frac{1}{4}$ 杯
玉米糖浆　5 大勺
白兰地　2 大勺
糖粉（过筛备用）　1 杯
软化的无盐黄油　4 大勺

1. 烤箱预热至 175℃。

2. 将榛仁放入烤箱中烘烤 10 ~ 15 分钟，取出后用厚布揉搓，去除褐色薄皮。

3. 把榛仁放入食品料理机中，搅打成糊状。

4. 将榛仁糊刮入碗中，加入玉米糖浆和白兰地拌匀，静置 20 分钟。榛仁糊也可以提前准备好冷藏保存，待其恢复至常温再使用。

5. 混合糖粉和黄油，打发后加入榛仁糊搅拌均匀。

可以装饰直径 20 厘米的蛋糕。

巧克力奶油酱

无盐黄油　4 大勺
半甜巧克力　115 克
高脂鲜奶油　3 大勺
糖粉（过筛备用）　2/3 杯
香草精　1 小勺

没有巧克力的生活简直难以想象。

1. 准备一口煮锅，加水煮沸，将黄油和巧克力隔水加热融化。

2. 取出巧克力黄油，加入鲜奶油，再筛入糖粉，加入香草精，混合均匀。做好的巧克力奶油酱应非常柔滑，需趁热使用。

可以装饰直径 20 厘米的蛋糕。

软心巧克力蛋糕

软化的无盐黄油（另备一些涂抹模具） 8 大勺
中筋面粉（过筛，另备一些撒在模具中） 2 杯加 2 大勺
开水 1 杯
无糖巧克力 85 克
香草精 1 小勺
糖 2 杯
鸡蛋（蛋清蛋黄分开备用） 2 个
小苏打 1 小勺
酸奶油 1/2 杯
泡打粉 1 小勺
巧克力糖霜（做法见页面下方）

1. 烤箱预热至 175℃。准备一个直径 25 厘米的蛋糕模，内壁上抹黄油、撒少许面粉，倒出多余浮粉。

2. 混合巧克力和黄油，倒入开水，静置待其融化。加入香草精和糖搅拌均匀，再逐个加入蛋黄，每加入一个后都要充分搅打，然后再加入下一个。

3. 加入小苏打和酸奶油，搅打均匀。

4. 将面粉和泡打粉过筛混合，加入巧克力蛋糊中拌匀。

5. 将蛋清打发成柔软的蛋白霜。取 1/4 打发好的蛋白霜，加入巧克力面糊中，拌匀后再加入剩余的蛋白霜，混合均匀。

6. 将蛋糕糊倒入模具中，放在烤箱中层烘烤，烤至蛋糕边缘与模具分离，用蛋糕探针插入蛋糕中心部分，拔出后无面糊粘黏即可出炉，需要 40 ~ 50 分钟。烤好的蛋糕冷却 10 分钟，脱模，彻底冷却后抹上糖霜。

可供 12 人享用。

巧克力糖霜

无盐黄油 2 大勺
半甜巧克力（切碎） 3/4 杯
高脂鲜奶油 6 大勺
糖粉（过筛备用） 1¼ 杯
香草精 1 小勺

将所有食材放入平底锅中，小火加热，搅拌至顺滑。稍微冷却后可根据实际情况加入更多的糖，使其保持一定的黏稠度。趁糖霜仍温热时抹在蛋糕上。

可以装饰 1 个蛋糕。

鸡尾酒会餐单

什锦葡萄乳酪沙拉（布里乳酪、布里亚-萨瓦兰乳酪和宝诗龙乳酪，搭配红葡萄、青葡萄和紫葡萄）

核桃仁

林茨挞

软心巧克力蛋糕

肉桂咖啡

永远挚爱的巧克力

丝滑香醇的巧克力令人着迷。世界各地的巧克力商店和手工巧克力作坊不断涌现，各种美食俱乐部、社团和食谱都在赞美巧克力的营养价值和美妙味道。你需要做的就是不断尝试，挑选出自己的最爱，这才是最重要的。

我们尤其钟爱黑巧克力，并且越浓越好。我们常常挑选可可含量为 62% ~ 65% 的黑巧克力制

作甜品，有时也会选择可可含量高达72%、80%，甚至90%的巧克力。我们喜欢将可可含量达到70%～80%的黑巧克力直接放入口中品尝（如果够胆量，甚至可以直接尝试可可含量为99%的黑巧克力）。可可含量越高，巧克力味越浓。我们最喜欢来自欧洲的法芙娜（Valrhona）和百乐嘉利宝（Barry Callebaut），来自美国旧金山的沙芬·博格（Scharffen Berger）和吉塔德（Guittard），以及来自委内瑞拉的埃尔雷（El Rey）。我们同样喜欢手工精制的法国黛堡嘉莱（Debauve & Gallais）、柯氏（Michel Cluizel）和巧克力之屋（Maison du Chocolate），美国纽约的雅克·托雷斯（Jacques Torres）和旧金山的迈克尔·雷奇提（Michael Recchiutti）。

在商店里，来自美国、瑞士、法国、德国和荷兰的苦甜巧克力、半甜巧克力、白巧克力和牛奶巧克力琳琅满目。品尝过所有的巧克力之后，你才会找到自己的最爱。

苦甜巧克力蛋糕

软化的无盐黄油（另备一些涂抹模具） 2杯
白砂糖（另备一些撒在模具中） 2杯
苦甜巧克力（可可含量尽可能高一些） 340克
冷水 3大勺
鸡蛋（蛋清蛋黄分开备用） 12个
未漂白的中筋面粉（过筛备用） 1杯
糖粉 适量

1. 烤箱预热至160℃。准备一个直径25厘米的活底蛋糕模，内壁上抹黄油、撒适量白砂糖防粘。倒出蛋糕模中多余的糖。

2. 将巧克力掰成小块，盛在小碗中，加入冷水，放入沸水中隔水加热融化。其间不停搅拌，直至巧克力溶液变柔滑。取出后稍微冷却一下。

3. 蛋黄中加入白砂糖，搅打至变浓稠、颜色变浅。提起打蛋器，蛋糊应呈丝带状流下。将蛋糊倒入温热的巧克力溶液中搅拌均匀，加入软化的黄油继续搅拌，再拌入筛好的面粉。

4. 将蛋清打发成稳定的蛋白霜，加入1大勺面糊混合均匀，然后全部倒回面糊中，轻轻拌匀。注意不要搅拌过度，以免消泡。

5. 将巧克力蛋糕糊倒入模具中，大约八分满，放入烤箱中层烘烤1小时20分钟，用蛋糕探针插入蛋糕中心部分，拔出后无面糊粘黏即可出炉。放在冷却架上晾15分钟，脱模，彻底冷却后冷藏保存。

6. 在餐盘中铺好装饰用的蛋糕垫纸，放入蛋糕，再撒上糖粉作为点缀，即可享用。

可以做1个直径25厘米的蛋糕。

糖衣巧克力梨

这是一款非常优雅的甜点。

水果糖浆（见第 381 页） 适量
梨 6 个
杏干（切成小块） 1/3 杯
葡萄干 1/3 杯
黑核桃仁（切成粗粒） 1/3 杯
巧克力油（做法见页面下方） 适量
杏干和整块核桃仁（用于点缀） 适量

1. 准备水果糖浆，小火煮 10 分钟。

2. 梨去皮，从底部挖出梨核，保留果蒂。挖出的梨核备用。

3. 将梨竖直放入水果糖浆的糖浆中煮软，大约需要 12 分钟。让梨浸在糖浆中冷却。

4. 把切碎的杏干和葡萄干放入一个小碗中，倒入 1 杯热糖浆，静置 1 小时。

5. 将梨沥干，擦干表面水分，同时沥干干果，加入黑核桃仁。将干果填入梨中，梨核切下 1 厘米，塞回梨中。将梨直立在烤盘中，彼此之间保持适当距离。

6. 用勺慢慢地将巧克力油淋在每个梨上，覆盖住整个梨身且厚度适当。巧克力油彻底凝固即可，大约需要 45 分钟。

7. 将梨放入餐盘中即可上桌。

可供 6 人享用。

巧克力油

半甜巧克力（切碎） 285 克
固体植物起酥油 3 大勺

将巧克力和起酥油倒入不锈钢碗中，再放入沸水中隔水加热融化，搅拌至柔滑状态。稍微冷却后即可使用。

可以做 6 个糖衣巧克力梨。

巧克力水果串

草莓、树莓、樱桃、甜橙、香蕉、苹果和梨裹上些许巧克力溶液，将会变得更加美味，而且做法十分简单。

准备好各种水果，挑选你最喜爱的巧克力——黑巧克力、牛奶巧克力或白巧克力。我们更偏爱黑巧克力。将准备好的巧克力掰碎（225 克巧克力适合搭配 12 ～ 14 颗大草莓）。将其中 2/3 隔水加热融化，然后加入剩余的 1/3 巧克力，混合均匀（这样做是为了冷却巧克力溶液，使它更适合作为水果蘸酱）。准备水果时，让巧克力溶液冷却 10 ～ 15 分钟。

保留水果的茎叶，并确保水果表面干燥。用牙签插好水果块，放入巧克力溶液中，包裹上巧克力糖衣（蘸水果的速度要快，这样巧克力糖衣不会太厚）。将水果放在铺了锡纸或油纸的烤盘中，静置晾干。注意务必将水果串放置在凉爽干燥处。建议当天吃完。

巧克力泡芙

软化的无盐黄油（另备一些涂抹烤盘） 4 大勺
水 2/3 杯
糖 1 大勺
盐 1/2 小勺
未漂白的中筋面粉（过筛备用） 1 杯
鸡蛋 4 个
香草或咖啡冰激凌 475 毫升
巧克力酱（做法见页面下方） 适量
高脂鲜奶油（冷藏备用） 1 杯

1. 烤箱预热至 230℃，烤盘中抹适量黄油防粘。

2. 将水、黄油、糖和盐放入平底锅中，煮开后关火，立即倒入面粉搅拌均匀，稍微冷却一下。

3. 逐个加入鸡蛋，每次加一个，搅打均匀后再加入下一个，搅拌成光滑有弹性的面糊。

4. 把面糊装入裱花袋，在烤盘上挤成茶勺大小的小球，放入烤箱中层烘烤 5 分钟。将烤箱温度调低至 175℃，烘烤约 15 分钟，直至泡芙表面呈金黄色，取出后放在烤架上冷却。

5. 上桌前，将泡芙顶部切下，放在一旁，填入香草或咖啡冰激凌，再将切下的顶部组合回原处，把所有泡芙摆放在大餐盘中。

6. 淋上热巧克力酱，点缀上打发的鲜奶油，即可享用。

可供 4 ~ 6 人享用。

泡芙是一种柔软的油酥点心，通常会填充上冰激凌，淋上巧克力酱。它是我们所知道的最简单又美味的甜点之一。

根据个人喜好，可以在泡芙中填入冰激凌后，冷藏 1 ~ 2 小时再享用。

巧克力酱

用这种醇厚、浓郁、柔滑的巧克力酱搭配冰激凌，有意想不到的好味道。

无糖巧克力 115 克
无盐黄油 3 大勺
水 2/3 杯
糖 1 2/3 杯
玉米糖浆 6 大勺
朗姆酒 1 大勺

1. 将巧克力和黄油放入平底锅中，小火加热融化，同时将水煮开。巧克力和黄油融化后，加入开水，搅拌均匀。

2. 加入糖和玉米糖浆，混合均匀。开大火，搅拌至巧克力酱开始冒气泡。注意控制火候，使巧克力酱保持微微冒泡的状态约 9 分钟，其间不要搅拌。

俄式早午餐

柠檬伏特加

俄式薄饼佐酸奶油鱼子酱

苏格兰三文鱼

粗裸麦面包

巧克力草莓串

3. 关火，移开平底锅，冷却 15 分钟，倒入朗姆酒搅拌均匀。趁热将巧克力酱淋在冰激凌或奶油泡芙上即可。

可以做 $2^1/_2$ 杯巧克力酱。

巧克力花生酥

棕砂糖　3/4 杯
糖粉　450 克
软化的无盐黄油　8 大勺
花生酱　2 杯
无盐花生　1 杯
半甜巧克力（切碎）　350 克
软化的无盐黄油　1 大勺

1. 将前 5 种食材混合均匀，放入烤盘（25 厘米 ×38 厘米，深约 2.5 厘米）中，用擀面杖将表面擀平。

2. 在煮锅中加水煮开，将巧克力和黄油隔水加热融化。将融化的巧克力黄油抹在 1 上。

3. 冷却 15 ~ 20 分钟，切成小方块，冷却后即可享用。

可以做 50 块巧克力花生酥。

松露巧克力

高脂鲜奶油　1/4 杯
柑曼怡甜酒 *　2 大勺
德国甜巧克力（切碎备用）　170 克
软化的无盐黄油　4 大勺
无糖可可粉　适量

1. 将鲜奶油倒入小锅，中火煮沸，直至鲜奶油减少至 2 大勺，大约需要煮 5 分钟。将锅移开，加入柑曼怡甜酒和巧克力，搅拌均匀，用小火继续加热，直至巧克力融化。

2. 加入黄油搅拌，待巧克力溶液变柔滑后倒入浅碗中，冷藏 40 分钟，稍稍凝固即可。

3. 用小勺将巧克力做成直径 2 厘米的小球，放入无糖可可粉中滚一下。

4. 密封冷藏。享用前先在常温下静置 30 分钟回温。

可以做 24 颗松露巧克力。

* 可用黑朗姆酒、干邑白兰地、甘露咖啡利口酒（Kahlúa）、树莓酒或意大利杏仁利口酒代替柑曼怡甜酒。

食谱笔记

聚会上餐的形式多种多样，下面为大家提供 3 种形式作为参考：

♥侍者上餐：以开胃小食为美妙的夜晚拉开序幕，最后上甜点和咖啡，中间过程可尽情发挥想象。

♥半自助：侍者用托盘端上开胃小食，而主菜和沙拉以自助形式提供，最后根据情况选择提供咖啡和甜点。

♥自助：在不同房间提供不同的自助吧，不仅能够制造惊喜感，更能增进客人的互动。

“要花多长时间才能瘦下来？”小熊维尼不安地问道。

——A. A. 米尔恩，《小熊维尼》

新鲜出炉的美味

把蛋糕、挞或派放在窗台上冷却的景象，是我们童年的记忆。虽然我们对烘焙的喜好在不断改变，但有一点一直没有改变，我们始终坚持着制作时的高标准——蛋糕细腻绵软，水果派外皮酥脆、馅料丰富，水果挞和点心都像照片一样完美。

主教蛋糕

这款蛋糕终结了我们对真正口感湿润的磅蛋糕的追寻，搭配一勺甜而不腻的雪葩尤其美味。

无盐黄油（另备一些涂抹模具） 1 杯
未漂白的中筋面粉（另备一些撒在模具中） 2 杯
糖 2 杯
新鲜柠檬汁 1 大勺
香草精 1 小勺
鸡蛋 5 个

1. 烤箱预热至 175℃。准备一个直径 25 厘米的邦特蛋糕模，模具内抹黄油、撒少许面粉防粘。

2. 将黄油搅打成奶油状，分次加入糖，打发成蓬松的羽毛状。

3. 将面粉筛入黄油中，搅拌至无干粉即可。

4. 倒入柠檬汁和香草精，拌匀。逐个加入鸡蛋，每加入一个之后都要搅拌均匀，再加入下一个。

5. 将蛋糕糊倒入模具中，烘烤约 1 小时。用蛋糕探针插入蛋糕中心部分，拔出后无面糊粘黏即可出炉（烘烤 30 分钟后，用锡纸盖住蛋糕）。

6. 出炉后放在冷却架上冷却 20 分钟，脱模后彻底冷却。

可供 8 ～ 10 人享用。

丹麦早午餐

柠檬三文鱼

莳萝芥末酱

酸奶油莳萝腌鲱鱼

洛克福乳酪甜菜核桃沙拉

薄荷黄瓜沙拉

法式肉酱派

苏打饼和黑麦面包佐无盐黄油

香橙蛋糕

丹麦蓝纹乳酪和哈瓦帝乳酪

香橙蛋糕

软化的无盐黄油（另备一些涂抹模具） 8 大勺
糖 3/4 杯
鸡蛋（蛋清蛋黄分离备用） 2 个
橙皮碎 需要 2 个橙子
未漂白的中筋面粉 $1\frac{1}{2}$ 杯
泡打粉 $1\frac{1}{2}$ 小勺
小苏打 1/4 小勺
盐 1/4 小勺
新鲜橙汁 1/2 杯
香橙糖浆（做法见页面下方） 适量

1. 烤箱预热至 175℃。准备一个直径 25 厘米的邦特蛋糕模，内壁上抹黄油防粘。

2. 将黄油打发成奶油状，分次加入糖，打发成蓬松的羽毛状。逐个加入蛋黄，然后加入橙皮碎搅拌均匀。

3. 混合面粉、泡打粉、小苏打和盐，过筛，与橙汁分次交替加入蛋糊中混合均匀。

4. 把蛋清打发成柔软的蛋白霜，倒入蛋黄糊中充分混合。

5. 将蛋糕糊倒入模具中，烘烤 30 ～ 35 分钟。待蛋糕边缘与模具分离，用蛋糕探针插入蛋糕中心部分，拔出后无面糊粘黏即可出炉。

6. 晾 10 分钟后脱模，放在冷却架上，淋上热香橙糖浆，完全冷却后即可上桌。

可供 8 ～ 10 人享用。

香橙糖浆

新鲜橙汁 1/4 杯
糖 1/4 杯

将橙汁和糖倒入锅中，煮 5 分钟，其间不停搅拌，直至呈糖浆状。将锅移开，趁热淋在蛋糕上。

可以做 1 个香橙蛋糕。

香橙罂粟籽邦特蛋糕

软化的无盐黄油（另备一些涂抹模具） 8 大勺
糖 $1^1/2$ 杯
鸡蛋 4 个
未漂白的中筋面粉 2 杯
泡打粉 $2^1/2$ 小勺
盐 1/2 小勺
牛奶 3/4 杯
罂粟籽 1/2 杯
香草精 1 小勺
橙皮碎 需要 2 个橙子
香橙糖浆（见第 359 页） 2 份

1. 烤箱预热至 160℃。准备一个直径 25 厘米的邦特蛋糕模，内壁抹上黄油防粘。

2. 黄油中加入糖，打发成蓬松的羽毛状。逐个加入鸡蛋，每次加入一个，搅打均匀后再加入下一个。

3. 将面粉、泡打粉和盐混合过筛，与牛奶分次交替加入到黄油中，每加入一部分原料后都要搅拌均匀。

4. 放入罂粟籽、香草精和橙皮碎，拌匀。将蛋糕糊倒入模具中。

5. 把模具放入烤箱中层烘烤 50 ~ 60 分钟，直至蛋糕边缘与模具分离，用探针插入蛋糕中心部分，拔出后无面糊粘黏即可出炉。冷却 30 分钟后脱模，放在冷却架上。

6. 用牙签在蛋糕表面每隔 3 厘米扎一个小孔，将香橙糖浆均匀地倒在蛋糕上，趁热搭配冰激凌享用。

可供 12 人享用。

柠檬蛋糕

软化的无盐黄油（另备一些涂抹模具） 1 杯
糖 2 杯
鸡蛋 3 个
未漂白的中筋面粉（过筛备用） 3 杯
小苏打 1/2 小勺
盐 1/2 小勺
酪乳 1 杯
柠檬皮碎 2 大勺
新鲜柠檬汁 2 大勺
柠檬糖霜（见第 362 页） 适量

食谱笔记

你可以尝试在不同寻常的地方用餐，比如客厅或壁炉前，令人舒适的户外，用花布、绿植、鲜花和烛光装点一新的地下室，车库或台球室。

如果你恰巧拥有一个漂亮的厨房，还可以尝试邀请客人一起动手准备晚餐，将其作为非正式聚会的餐吧。

完美下午茶——一杯英式早餐茶配一块温热的香橙罂粟籽邦特蛋糕。

1. 烤箱预热至160℃。准备一个直径25厘米的戚风蛋糕模，内壁上抹黄油防粘。

2. 黄油中加入糖，打发成蓬松的羽毛状，逐个加入鸡蛋，每次加入一个，混合均匀后再加入下一个。

3. 将面粉、小苏打、盐混合过筛，与酪乳分次交替加入到打发的黄油中，确保最初和最后添加的均为粉类原料。加入柠檬皮碎和柠檬汁，拌匀。

4. 将蛋糕糊倒入模具中，放入烤箱中层烘烤。待蛋糕边缘与模具分离，用蛋糕探针插入中心部分，拔出后无面糊粘黏即可出炉，大约需要1小时5分钟。

5. 冷却10分钟后脱模，趁热淋上柠檬糖霜。

可供8～10人享用。

柠檬糖霜

糖粉 450克
软化的无盐黄油 8大勺
柠檬皮碎 3大勺
新鲜柠檬汁 1/2杯

黄油中加入糖，搅打成奶油状，再加入柠檬皮碎和柠檬汁混合均匀，淋在热蛋糕上。

可以装饰1个蛋糕。

栗子蛋糕

软化的黄油（涂抹模具） 适量
未漂白的中筋面粉（另备一些撒在模具中） $2\frac{1}{2}$杯
糖 2杯
鸡蛋 4个
植物油 1杯
干白葡萄酒 1杯
盐 1/2小勺
泡打粉 $2\frac{1}{4}$小勺
香草精 1小勺
热巧克力奶油酱（见第351页） 适量
甜栗子泥 3/4杯
糖渍栗子（用于点缀，可选） 适量

1. 烤箱预热至175℃。准备一个直径23厘米的模具，内壁上抹黄油、撒入面粉防粘。

2. 混合蛋液和糖，用电动搅拌器中速搅打30秒，依次加入植

不能光看外表，尝尝才知道。

——詹姆斯·瑟伯

栗子蛋糕口感轻盈湿润，是我们最爱的一款磅蛋糕。

物油、干白葡萄酒、中筋面粉、盐、泡打粉和香草精，搅打 1 分钟。

3. 将蛋糕糊倒入模具中，放在烤箱中层烘烤 30 分钟。待蛋糕边缘与模具分离，用蛋糕探针插入中心部分，拔出后无面糊粘黏即可出炉。

4. 5 分钟后脱模，放在冷却架上冷却至少 2 小时。

5. 将蛋糕横向切分成两片，将第一片蛋糕摆放在餐盘中，涂抹上热巧克力奶油酱；叠放上另一片蛋糕，涂抹栗子泥，再将剩余的巧克力奶油酱涂抹在蛋糕周围。将糖渍栗子摆放在蛋糕上作为点缀。冷藏 45 分钟后享用。

可供 8 人享用。

香蕉蛋糕

软化的无盐黄油（另备一些涂抹模具） 1/2 杯
未漂白中筋面粉（另备一些撒在模具中） 2 杯
细砂糖 1 杯
鸡蛋（蛋清蛋黄分离备用） 3 个
香蕉泥 1 杯
泡打粉 1 小勺
小苏打 1 小勺
盐 1/2 小勺
酪乳 1/2 杯
香草精 1 小勺
奶油乳酪糖霜（见第 365 页） 适量
香蕉（切片备用） $1\frac{1}{2}$ 根或 2 根
核桃仁（切成粗粒） $1\frac{1}{2}$ 杯
糖粉 适量

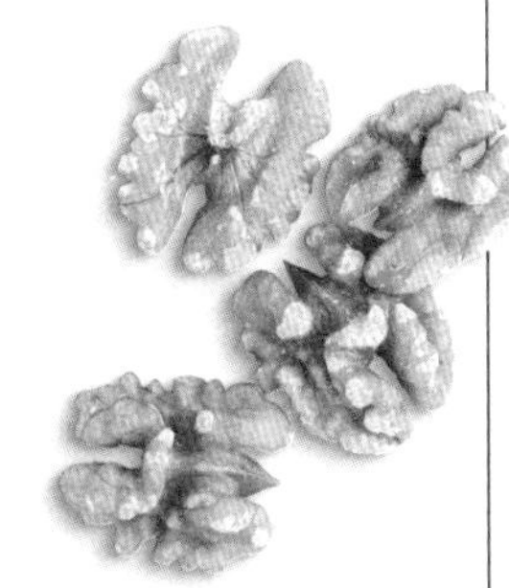

1. 烤箱预热至 175℃。准备 1 个直径 23 厘米的蛋糕模，内壁上抹黄油、撒入面粉防粘。

2. 混合黄油和砂糖，打发成奶油状，加入蛋黄，搅打均匀，再加入香蕉泥。

3. 混合面粉、泡打粉、小苏打和盐，筛入打发的黄油中，搅拌均匀，再加入酪乳和香草精。将蛋清打发成柔软的蛋白霜，拌入面糊中。

4. 将蛋糕糊倒入烤盘中，放入烤箱中层烘烤 25 ~ 30 分钟。用蛋糕探针插入中心部分，拔出后无面糊粘黏即可出炉。冷却 10 分钟后脱模，放在冷却架上晾 2 小时。

5. 把蛋糕横向切分成两片，将第一片蛋糕放在餐盘中，抹上奶油乳酪糖霜，摆一层香蕉片，然后叠放上另一片蛋糕，抹上奶油乳酪糖霜，摆一层香蕉片。

6. 用手将核桃仁压入蛋糕侧面，最后在蛋糕表面撒些糖粉做点缀。

可供 8 人享用。

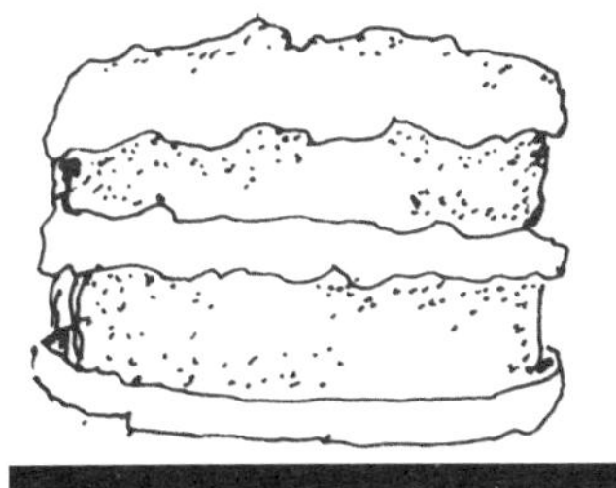

胡萝卜蛋糕

我们的美食店刚开业时，希拉的妈妈每天开车从位于康涅狄格州的家中将她最拿手的胡萝卜蛋糕送到曼哈顿的店里。很快这款蛋糕就成了店里的招牌蛋糕，或许它也会成为你的最爱。

软化的黄油（涂抹模具） 适量
未漂白的中筋面粉 3 杯
糖 3 杯
盐 1 小勺
泡打粉 1 大勺
肉桂粉 1 大勺
玉米油 $1^1/2$ 杯
大个儿鸡蛋（打匀） 4 个
香草精 1 大勺
核桃仁（切成粗粒） $1^1/2$ 杯
碎椰肉 $1^1/2$ 杯
熟胡萝卜泥 $1^1/3$ 杯
菠萝（切小块，沥干） 3/4 杯
奶油乳酪糖霜（做法见页面下方） 适量

1. 烤箱预热至 175℃。准备 2 个直径 23 厘米的活底蛋糕模。

2. 将粉类原料筛入搅拌碗中，依次加入玉米油、蛋液和香草精，搅拌均匀，再加入核桃仁、椰肉、胡萝卜泥和菠萝。

3. 将蛋糕糊倒入模具中，放入烤箱中层烘烤。烤至蛋糕边缘与模具分离，用蛋糕探针插入中心部分，拔出后无面糊粘黏即可出炉，大约需要 50 分钟。

4. 脱模后放在冷却架上冷却 3 小时，涂抹奶油乳酪糖霜。

可供 10 ～ 12 人享用。

奶油乳酪糖霜

奶油乳酪（常温） 225 克
软化的无盐黄油 6 大勺
糖粉 3 杯
香草精 1 小勺
新鲜柠檬榨汁 需要 1/2 个柠檬

1. 将奶油乳酪和黄油混合，搅拌成奶油状。

2. 筛入糖粉，搅拌至完全融合。

3. 加入香草精搅拌均匀，可根据个人口味添加柠檬汁。

以上食材可以装饰 1 个双层蛋糕。

蜜桃蛋糕

蛋糕
软化的无盐黄油（另备一些涂抹铸铁锅） 4 大勺
糖 1/4 杯
鸡蛋 1 个
未漂白的中筋面粉 1 杯
泡打粉 $1^1/_2$ 小勺
盐 1/2 小勺
牛奶 1/4 杯
桃子（去皮切片） 3 个

表面装饰
糖 1/2 杯
肉桂粉 1/2 小勺
肉豆蔻粉 1/4 小勺
无盐黄油 4 大勺
高脂鲜奶油（用于点缀） 适量

1. 烤箱预热至 175℃。准备一个直径 23 厘米的平底铸铁锅。

2. 制作蛋糕。混合黄油和糖，打发成蓬松的羽毛状，加入鸡蛋搅打均匀。

3. 将粉类原料过筛混合，取 1/2 拌入打发的黄油中，再倒入一半牛奶搅拌均匀。重复这一操作，将所有食材拌匀。

4. 把蛋糕糊倒入准备好的铸铁锅中，把桃片摆放在蛋糕糊上，放入烤箱烘烤 25 分钟。

5. 将表面装饰食材倒入小碗中拌匀，蛋糕烘烤 25 分钟后打开烤箱，迅速倒在桃片上。

6. 关上烤箱，继续烘烤至蛋糕定型，蛋糕边缘与锅壁分离，约需 8 分钟。请趁热搭配打发的鲜奶油享用。

可供 8 人享用。

椰子蛋糕

蛋糕坯（做法见第 362 页栗子蛋糕，切分成 2 片）
酸奶油 2 杯
香草精 1 小勺
椰肉（切碎） 5 杯
糖粉 1 杯

1. 参考栗子蛋糕的做法前 4 步制作蛋糕坯。混合酸奶油、香草精和椰肉，加入糖粉拌匀，做成椰子奶油。

劳动节野餐

蔬菜沙拉佐普罗旺斯橄榄酱和蒜蓉蛋黄酱

冷烤小牛肉

洛克福乳酪甜菜核桃沙拉

法式面包配黄油

蜜桃蛋糕

香草冰激凌

意式浓缩冰咖啡

2. 将一片切分好的蛋糕放在餐盘中，抹上 1/2 的椰子奶油，再放上一片蛋糕，抹上剩余的椰子奶油。蛋糕侧面无须涂抹奶油。

可供 8 人享用。

没有在茶被发现之前出生，实在是幸运。

——西德尼 · 史密斯

林茨派

软化的无盐黄油　1 杯加 4 大勺
砂糖　1 杯
柠檬皮碎　$1\frac{1}{2}$ 小勺
鸡蛋　2 个
未漂白的中筋面粉　$1\frac{1}{4}$ 杯
肉桂粉　1/2 小勺
丁香粉　1/4 小勺
盐　1/4 小勺
杏仁粉　$1\frac{1}{4}$ 杯
树莓果酱　2/3 杯
糖粉　适量

1. 烤箱预热至 160℃。

2. 混合黄油和糖，打发成羽毛状，加入柠檬皮碎和鸡蛋，打匀。

3. 将面粉、肉桂粉、丁香粉和盐过筛混合，与杏仁粉一起加入打发的黄油中，搅拌成团。

4. 准备一个直径 23 厘米的活底派盘。取 1/2 的面团擀开，铺在派盘中，抹上果酱。

5. 将剩余的面团装入裱花袋中，在派皮边缘挤一圈饰边，最后在表面画出网格。

6. 将派盘放入烤箱中层，烘烤 50 分钟。待派皮呈现均匀的焦黄色、果酱起泡即可出炉。表面筛一些糖粉，冷食或热食皆可。

可供 6 ～ 8 人享用。

山核桃派

山核桃金黄酥脆，香香甜甜，散发出旧时南方的味道。

派皮面团（见第 411 页）　1 份
鸡蛋　4 个
棕砂糖　1 杯
玉米糖浆　3/4 杯
盐　1/2 小勺
融化的无盐黄油　1/4 杯
香草精　1 小勺
山核桃仁（切成粗粒）　2 杯
山核桃仁（对半分开）1/3 杯

1. 烤箱预热至205℃。准备一个直径23厘米的派盘，将派皮面团擀平，铺入派盘中。

2. 将鸡蛋搅打均匀，加入棕砂糖、玉米糖浆、盐、融化的黄油和香草精，混合均匀。

3. 把切碎的山核桃仁撒在派皮上，倒入调好的蛋液。将对半分开的山核桃仁依次摆放在馅料与派皮相接处，作为点缀。

4. 把烤盘放入烤箱中层烘烤10分钟，然后将温度调低至160℃，再烤25～30分钟。馅料凝结后，用餐刀插入派的中心，拔出后无粘黏物即可出炉。

5. 将派盘端出烤箱，冷却至常温。

可供8人享用。

南瓜派

留点肚子给这款经典的南瓜派吧。

鸡蛋 3个
白砂糖 1/3杯
棕砂糖 1/3杯
南瓜泥 2杯
姜粉 1小勺
肉桂粉 $1\frac{1}{2}$小勺
丁香粉 1/2小勺
多香果粉 1/2小勺
小豆蔻粉 1/4小勺
盐 少许
高脂鲜奶油 3/4杯
半脂奶油 3/4杯
派皮面团（见第411页） 1/2份
山核桃仁（对半分开，用于点缀） 适量

1. 烤箱预热至230℃。

2. 将鸡蛋与两种糖混合打发，倒入南瓜泥、辛香料和盐混合均匀，再加入高脂鲜奶油和半脂奶油搅拌均匀，作为馅料。

3. 准备一个直径23厘米的派盘，把派皮面团擀平，铺入派盘中，边缘裁切整齐，倒入馅料。

4. 放入烤箱烘烤8分钟后，将温度调低至160℃，再烘烤40～45分钟。馅料凝结后，用餐刀插入派的中心部分，拔出后无粘黏物即可出炉。

5. 将山核桃仁沿南瓜派边缘摆放一圈，轻轻压入馅料中，再用5块山核桃仁在南瓜派的中心摆成花朵造型。彻底冷却后即可享用。

可供6人享用。

餐后咖啡

特别的晚宴后可以来点不同寻常的咖啡，不妨尝试一下这些美味组合。

♥甘露咖啡：将28克甘露咖啡利口酒加入一杯香浓的咖啡中，再点缀以鲜奶油和橙皮碎。

♥杏仁咖啡：将28克意大利杏仁利口酒加入一杯热咖啡中，再点缀以鲜奶油和烤杏仁片。

♥白兰地咖啡：在热咖啡中加入2大勺糖和28克白兰地，再拌入1小勺无盐黄油，最后点缀一根肉桂。

我宁愿见到热心的错误，而不是冷淡的聪明。

——阿纳托尔·法朗士

南瓜派完美地呈现了秋天的味道。

古典柠檬派

这款柠檬派甚至比记忆中奶奶做的更美味。

派皮面团（见第 411 页） 1 份
牛奶 $1\frac{1}{4}$ 杯
糖 $1\frac{1}{8}$ 杯
玉米淀粉 3 大勺
蛋黄（打匀） 3 个
新鲜柠檬汁 需要 3 个柠檬
柠檬皮碎 需要 2 个柠檬
香草精 1 小勺
柠檬皮果酱 1 杯
猕猴桃（去皮切薄片） 3 个

1. 烤箱预热至 160℃。准备一个直径 23 厘米的派盘，把派皮面团擀平，铺入派盘中，边缘裁切整齐。

2. 锅中加水煮沸，将牛奶隔水加热，放入糖和玉米淀粉，混合均匀。加入蛋黄，边搅拌边加热 3 分钟。倒入柠檬汁、柠檬皮碎和香草精，充分混合。

3. 把蛋奶液倒入派皮中，放入烤箱中层烘烤大约 25 分钟。

4. 让烤好的派冷却 10 分钟。小火融化柠檬皮果酱，在派的表面刷上薄薄的一层。把猕猴桃片满满地摆在派表面，再刷一层柠檬皮果酱，彻底冷却后即可享用。

可供 6 ～ 8 人享用。

丰收挞

无核西梅 1 杯
杏干 1 杯
去皮苹果（切小块） 1 杯
金色葡萄干 1/2 杯
糖 1/3 杯
核桃仁（对半分开） 1/2 杯
融化的无盐黄油 4 大勺
柑曼怡甜酒 2/3 杯
甜挞皮面团（见第 411 页） 2 份
鸡蛋（打匀） 1 个

放风筝野餐

核桃乡村肉酱派

尼斯沙拉

腌山羊乳酪

法式面包配酸辣黄油

古典柠檬派

新鲜草莓

在我看来，苹果就应该嘎嘣脆，梨则应该让人无声地咀嚼。

——爱德华·邦亚德，《甜点解剖学》

1. 烤箱预热至 175℃。

2. 将西梅、杏干、苹果和葡萄干放入平底锅中，倒入正好没过食材的水，中火煮 20 分钟。沥干水，切碎备用。

3. 将水果和果干倒回锅中，加入糖、核桃仁、融化的黄油和柑曼怡甜酒，煮 5 分钟，不时搅拌。煮好后冷却至常温。

4. 取 1 份甜挞皮面团擀平，铺在直径 23 厘米的挞盘中，修整边缘。把馅料倒入挞皮中，九分满即可。

5. 把另一份甜挞皮面团擀成直径 27 厘米的圆形，切成宽 1 厘米的长条，在馅料上编成网格状，边缘裁切整齐。将底层挞皮向上拉，与上层捏合，表面刷一层蛋液。

6. 将挞盘放入烤箱，烘烤 30 ～ 35 分钟，挞表面变为金黄色、馅料起泡即可出炉。热食或冷食皆宜。

可供 6 ～ 8 人享用。

杏仁挞

挞皮

未漂白的中筋面粉（过筛备用） 3/4 杯
糖 1 大勺
无盐黄油（冷藏备用） 5 大勺
香草精 1/2 小勺
水 2 ～ 3 小勺

馅料

糖 1/2 杯
杏果酱 3 大勺
杏仁片 3/4 杯
高脂鲜奶油 1/2 杯
意大利杏仁利口酒 2 大勺
盐 1/4 小勺

1. 准备挞皮。将面粉和糖混合均匀，加入黄油，用刮板快速切拌或用双手搓成碎屑状。加入香草精和 2 小勺水，用叉子搅拌成团

（可根据需要再加些水，每次滴入少许）。注意不要过度搅拌。

2. 准备一个直径 20 厘米的活底挞盘，将面团擀平，铺在挞盘中，冷藏 45 分钟。

3. 烤箱预热至 205℃。

4. 取出冷藏好的挞皮，在表面铺一张锡纸，撒上干豆子增加压力，防止挞皮在烘烤过程中过度膨胀。将挞盘放入烤箱底层烘烤 8 分钟。倒出豆子，拿去锡纸，再烤 5 分钟，出炉。

5. 制作馅料。将糖和杏果酱混合均匀，加入其余馅料食材，充分混合后倒入挞皮中。

6. 放入烤箱中层烘烤 25 ~ 30 分钟，挞表面变成金黄色即可出炉。冷却后享用。

可供 10 ~ 12 人享用。

风车水果挞

猕猴桃　4 个
卡仕达酱（见第 410 页）　1 1/2 杯
烤好的甜挞皮（见第 411 页）　1 份
树莓　2 1/5 杯
草莓（洗净去蒂，纵向切开）　2 1/5 杯
热红醋栗糖浆（见第 421 页）　1/4 杯

1. 猕猴桃去皮，切成薄片。

2. 将卡仕达酱倒在挞皮上。

3. 画出 6 个扇形区域，每块区域摆放不同的水果。先摆树莓，接着是草莓（切面朝下），然后是猕猴桃片。按照这一顺序将水果摆好。

4. 表面刷一层红醋栗糖浆。最好在 2 ~ 3 小时内享用。

可供 8 ~ 10 人享用。

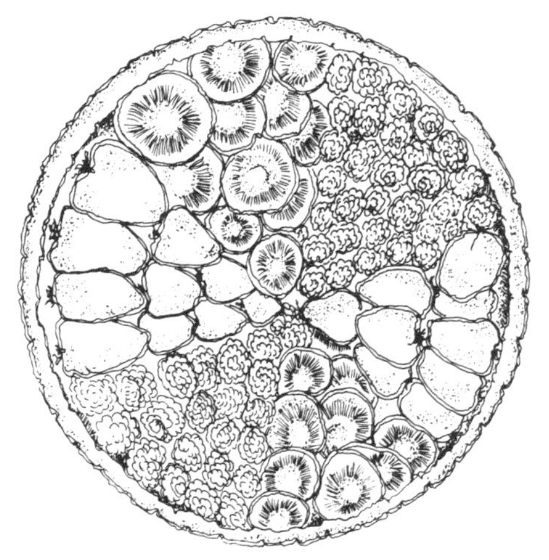

也许他行事更优雅，而我更自然。

——威廉·莎士比亚，
《第十二夜》

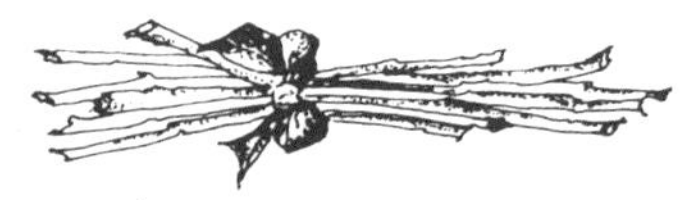

治愈系甜品

甜点可以慰藉灵魂。当我们感觉到成人世界出现戾气，或是在飘雨的周六期盼着在壁炉前度过温暖午后时光的时候，就会渴望这些甜点。这些甜点适合用小勺品尝，每一种都能唤起美好回忆。

厨房无疑应该是家中最有治愈力量、最舒适的空间。

——伊丽莎白·戴维

面包布丁

这道表层酥脆，内芯软糯的甜点是我童年的最爱。感谢新奥尔良Bon Ton餐厅的阿尔兹娜·皮尔斯提供的食谱，我们又在此基础上做了些改良。

吃剩的法式面包　1块
牛奶　950毫升
软化的无盐黄油（另备一些涂抹烤盘）　10大勺
鸡蛋　4个
细砂糖　$1^1/_2$杯
香草精　2大勺
葡萄干　1杯
糖粉　1杯
威士忌　1/4杯

1. 将面包掰成小块，放入碗中。倒入牛奶，静置1小时。

2. 将烤箱预热至160℃。准备一个13厘米×33厘米×5厘米的烤盘，内壁上涂抹1～2大勺黄油。

3. 再准备一个碗，打入3个鸡蛋，放入细砂糖和香草精搅打均匀，倒入面包碗中，加入葡萄干混合均匀。

4. 将布丁液倒入准备好的烤盘，放入烤箱中层烘烤约1小时10分钟。布丁凝结定型、表面呈焦黄色即可出炉，自然冷却至常温。

5. 制作酱汁。准备一口煮锅，加水煮沸。将8大勺黄油和糖粉放在搅拌碗中混合，隔水加热，搅拌至糖粉融化、黄油变烫。关火，把剩余的1个鸡蛋打散，倒入黄油中，搅拌均匀。取出搅拌碗后继续搅拌，冷却至常温，加入威士忌调味。

6. 预热烤箱。食用前，将布丁切成小方块，分装入耐热餐盘中。将餐盘分批摆放在烤盘上。在布丁表面淋适量酱汁，放入烤箱顶层，烘烤至酱汁起泡即可出炉。

可供 8 ~ 10 人享用。

今日时代

回首往事，我们总是想起罗素·贝克（Russell Boker）在 1980 年 5 月 30 日的《纽约时报》上发表的专栏文章。在这篇名为《高如大象的眼睛》（Elephant's Eye High）的文章中，作者写道："伙计们，你们是否怀念过去的那些时光？那些同事间以'伙计'，而不是'先生''老板''懒鬼'和'笨蛋'相称的日子？那些口头禅是'我发誓'和'生活真是太美好了'的日子？还记得口中念叨着让你别去城里的爷爷——他坐在哪吗？他坐在摇椅里。还记得摇椅放在哪吗？放在前廊。你没有摇椅对吗？我打赌，你也没有前廊。"

好吧，我们多么渴望——坐在前廊的摇椅中欣赏夕阳，享受着空气中飘来的金银花香，吹着口哨走在乡间小路上——不过，再想想我们现在拥有的一切。请珍重过去，珍惜当下！

醇厚香甜的焦糖布丁总是显得非常特别。

焦糖布丁

这款布丁一直是我们美食店里最受欢迎的甜点，它能为晚宴画上完美的句号，抚慰人心。

高脂鲜奶油 $2\frac{1}{3}$ 杯
牛奶 2/3 杯
糖 1/4 杯
鸡蛋 3 个
蛋黄 3 个
香草精 1 小勺
棕砂糖 3/4 杯

1. 烤箱预热至 150℃。

2. 将鲜奶油、牛奶和糖倒入长柄锅中，加热至接近沸腾。准备一个碗，将鸡蛋和蛋黄搅打均匀。

3. 将热牛奶缓缓倒入蛋液中，边倒边搅拌，然后再倒回锅中。中火加热，用木勺不时搅拌一下，直至蛋奶糊变浓稠，需要煮 3 ~ 4 分钟。关火，倒入香草精，搅拌均匀。

4. 将布丁液倒入 6 个烤碗中，然后摆在一个大烤盘里，放入烤箱中层。在烤盘中倒入热水，直至与烤碗中的布丁液等高。

5. 烘烤至布丁中心部分定型，需要 35 ~ 45 分钟。将烤好的布丁端出烤盘，冷却后密封冷藏。

6. 预热烤箱。

7. 将棕砂糖均匀地撒在布丁表面，摆放在烤盘中，放入烤箱顶层，尽量接近加热管。布丁表面的棕砂糖融化、颜色变深即可出炉，约需 1 分半钟。取出烤盘，冷却后享用。

可以做 6 人份。

酥皮黄桃馅饼

一款能够唤起夏季回忆的甜点，最适合在一个突如其来的凉爽日子，结束海边漫步后品尝。

可选用黄桃或白桃，或是两者各半。杏仁精用于提味。

桃子（去皮切片） 4 杯
糖 2/3 杯加 3 大勺
柠檬皮碎 1 小勺
新鲜柠檬汁 1 大勺
杏仁精 1/4 小勺
未漂白的中筋面粉 $1\frac{1}{2}$ 杯
泡打粉 1 大勺
盐 1/2 小勺
植物起酥油 1/3 杯
鸡蛋（打匀） 1 个
牛奶 1/4 杯
高脂鲜奶油（冷藏备用） 1 杯
蜜桃白兰地或蜜桃甘露酒 3 ～ 4 大勺

1. 烤箱预热至 205℃。准备一个容积为 2 升的烤盘，内壁上抹一层黄油。

2. 将桃片摆在烤盘中，撒上 2/3 杯糖、柠檬皮碎、柠檬汁和杏仁精。

3. 放入烤箱，烘烤 20 分钟。

4. 将面粉、1 大勺糖、泡打粉和盐筛入搅拌碗中，放入起酥油，混合成碎屑状即可。加入蛋液和牛奶搅拌均匀。

5. 取出烤盘，迅速将面糊倒在桃片上面，撒上剩余的 2 大勺糖。把烤盘放回烤箱烘烤 15 ～ 20 分钟，表面呈金黄色即可出炉。

6. 在鲜奶油中加入蜜桃白兰地调味，打至八分发。

7. 趁热搭配打发的鲜奶油享用。

可供 4 ～ 6 人享用。

我还记得他教我堆起白砂糖，将桃子在里面蘸一下，再放进嘴里。

——玛丽 · 麦卡锡

姜饼蛋糕

热乎乎、香喷喷，但又不会太甜，姜饼蛋糕很好地诠释了食物的慰藉力量。

黄油（用于涂抹烤盘） 适量
未漂白的中筋面粉（另备一些撒在烤盘中） 1 2/3 杯
小苏打 1 1/4 小勺
姜粉 1 1/2 小勺
肉桂粉 3/4 小勺
盐 3/4 小勺
鸡蛋（打匀） 1 个
糖 1/2 杯
糖蜜 1/2 杯
开水 1/2 杯
植物油 1/2 杯
柠檬糖霜（做法见页面下方） 适量

1. 烤箱预热至 175℃。准备一个边长 23 厘米的正方形烤盘，内壁上抹黄油、撒入面粉防粘。

2. 将粉类原料筛入搅拌碗中，加入蛋液、糖和糖蜜，搅拌均匀。

3. 把开水和油倒入面糊中，搅拌至顺滑，做成蛋糕糊。

4. 将蛋糕糊倒入烤盘中，放入烤箱中层烘烤 35 ~ 40 分钟，待蛋糕变得富有弹性且边缘与烤盘分离即可出炉。

5. 趁热淋上柠檬糖霜，连同烤盘一起放在冷却架上冷却。

可供 12 人享用。

如果在这世上我只剩 1 便士，你只需拿着它去买姜饼。

——威廉·莎士比亚，《空爱一场》

柠檬糖霜

糖粉 2/3 杯
新鲜柠檬汁 3 大勺

将糖粉筛入碗中，倒入柠檬汁，搅拌均匀。

可以做 1 个姜饼蛋糕。

卡布奇诺冰激凌

这款冰激凌的口味比意式浓缩咖啡冰激凌更柔和。

浓咖啡（至少部分选用意式浓缩咖啡冲泡） 3 杯
半脂奶油 1 杯
糖 1 杯

1. 将所有食材倒入长柄锅中，中火加热，其间不停搅拌，煮至即将沸腾、糖彻底溶解。

2. 咖啡混合液冷却至常温后，倒入一个边长 20 厘米的正方形蛋糕模中，放入冰箱冷冻。

3. 由于含糖量相对较低，3 ~ 6 小时才能冻好。上桌前在冷藏室中放置 30 分钟，可以让冰激凌变得松软一些。

可以做 1 升冰激凌，供 6 人享用。

柠檬冰激凌

新鲜柠檬汁（过滤备用） 2 杯
水 2 杯
糖 2 杯

1. 准备一个小长柄锅，将柠檬汁和水倒入锅中，加入糖搅拌均匀。

2. 中火加热，不停搅拌，直至柠檬汁煮沸。将锅移开，冷却至常温。

3. 将煮好的柠檬汁倒入一个边长 20 厘米的正方形蛋糕模中，放入冰箱冷冻。

4. 冰箱的功率不同，冰激凌需冷冻 3 ~ 6 小时。由于含糖量较高，冰激凌软硬适中，可直接上桌。

可以做 1 升冰激凌，供 6 人享用。

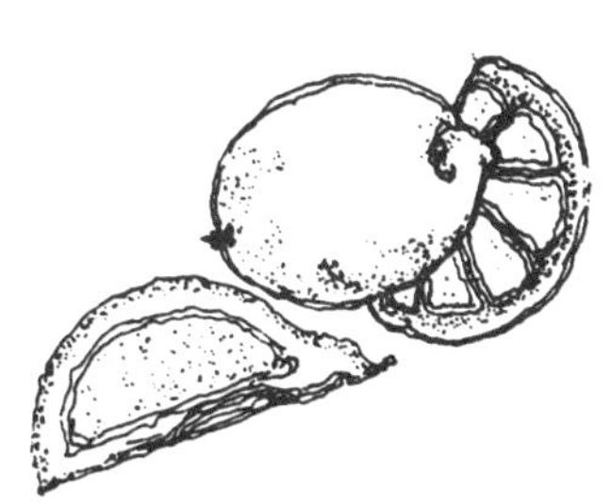

夏季泳池晚餐

芦笋佐芝麻蛋黄酱、香草酱或蒜泥蛋黄酱

希腊羔羊肉茄子沙拉

番茄罗勒烩意大利面

芝麻菜沙拉佐油醋汁

粗裸麦面包

金巴利香橙冰激凌、柠檬冰激凌、卡布奇诺冰激凌

金巴利香橙冰激凌

这款冰激凌散发着意大利开胃酒金巴利（Campari）的独特风味，是一款适合午后享用的清爽甜品。

新鲜橙汁（过滤备用） 3 杯
金巴利酒 1 杯
新鲜柠檬汁 需要 1 个柠檬
糖 1 杯

1. 将所有食材放入长柄锅中，中火加热，其间不停搅拌，直至混合果汁即将沸腾、糖完全溶解。

2. 将混合果汁冷却至常温，倒入一个边长 20 厘米的正方形蛋糕模中，放入冰箱冷冻。

3. 由于含糖量相对较低，需要 3 ~ 6 小时才能冻好。上桌前在冷藏室放置 30 分钟，软化一下。

可以做 1 升冰激凌，供 6 人享用。

椰枣坚果布丁

按照传统，这道温暖人心的椰枣坚果布丁是冬季假日家庭晚餐的首选甜点。

软化的无盐黄油（另备一些涂抹烤盘） 8 大勺
糖 1 杯
鸡蛋（打匀） 2 个
牛奶 1 杯
未漂白的中筋面粉 $1\frac{1}{2}$ 大勺
泡打粉 $1\frac{1}{2}$ 小勺
去核椰枣（切成粗粒） 1 杯
核桃仁（切成粗粒） 1 杯
高脂鲜奶油（冷藏备用） 1 杯

1. 烤箱预热至 160℃。准备一个 23 厘米 ×33 厘米 ×5 厘米的玻璃或陶瓷烤盘，内壁上抹一层黄油。

2. 将黄油盛入搅拌碗中，一边搅打一边加入糖，打发成蓬松的羽毛状。

3. 在黄油中加入鸡蛋、牛奶、面粉和泡打粉，搅拌均匀，再倒入椰枣和核桃仁，充分混合。

布丁好坏，一尝便知。

——塞万提斯，《堂吉诃德》

4. 将面糊倒入烤盘，放入烤箱中层烘烤 50 ~ 60 分钟，定型后即可出炉。

5. 晾至温热，搭配一勺打至八分发的鲜奶油，即可上桌。

可供 8 人享用。

水果糖浆

这道甜品风味独特，爽口诱人，冷藏可保存 3 ~ 4 天。水果在糖浆中煮过之后，平添了独特的风味和口感，可以为紧张的烹调过程减压。冷藏 3~4 天后，这些清爽诱人的水果随时都可以上桌。

糖　1 1/2 杯
肉桂　1 枝
丁香　6 颗
香草荚　1/2 条
柠檬皮（切成细丝）　需要 1 个柠檬
喜欢的水果　450 克

1. 在小锅中倒入 1 升水，加入糖、肉桂、丁香、香草荚和柠檬皮丝。

2. 小火慢煮 10 分钟。

3. 加入你喜欢的水果（苹果和梨去皮去核，切成 4 等份；桃和杏整颗炖煮，冷却后去皮），煮至沸腾，慢炖 12 分钟，水果变软即可。注意不要炖煮过度。

4. 关火，让水果浸在糖浆中冷却。

5. 冷却后即可享用，连同糖浆一起冷藏口味更佳。

可供 4 人享用。

更多口味：

♥炖梨时，可用博若莱或仙粉黛等果味红葡萄酒与水各一半代替纯水。煮好后可直接用小碗盛装享用，也可撒上意式杏仁饼碎，加入少许糖浆享用。

♥炖煮杏或桃时，可用干白葡萄酒与水各一半代替纯水。享用时淋上树莓酱，点缀以整颗树莓和鲜薄荷。

♥用苹果酒代替水熬制糖浆。将少许葡萄干放在黑朗姆酒中浸泡 1 小时，苹果放入糖浆中煮好后，趁热加入葡萄干，再撒上山核桃仁。

♥很多法国大厨喜欢在熬制糖浆时加入 6 ~ 10 颗黑胡椒来提味，增添辛辣感，你也可以尝试一下。

压轴戏——餐后酒

餐后酒在美国备受推崇，由于口味独特，渣酿白兰地——干邑、雅文邑、水果白兰地或生命之水（一种无色透明的水果白兰地），正在渐渐取代水果利口酒，成为流行之选。

原液	水果	产地	说明
雅文邑（Armagnac）	圣爱米伦、梅里叶、匹格普勒葡萄	法国热尔省和朗德省	酒龄不同，雅文邑的颜色在琥珀色与棕色之间变化。在橡木桶中储存5年及以上的酒酒体更润滑，口感更丰富。
苹果白兰地（Applejack）	苹果	美国	美国人的最爱，丰富度略逊于卡尔瓦多斯苹果白兰地。
加利福尼亚白兰地（California Brandy）	汤普森无籽葡萄	美国加利福尼亚州	这种色泽稍浅的白兰地与欧洲产白兰地相比稍显逊色，但仍值得品尝，且非常适合烹调。
卡尔瓦多斯苹果白兰地（Calvados）	苹果	法国诺曼底	色泽丰富，充满苹果的清爽香气，口感随酒龄增长而越发丰富。
干邑（Cognac）	圣爱米伦、白福尔和哥伦巴葡萄	法国	干邑是一种白兰地，但并非所有白兰地都称为干邑。只有在干邑地区陈酿而成的白兰地才称为干邑。这种散发着橡木桶香气的酒绝对物有所值。
格拉巴（Grappa）	葡萄果渣	意大利皮埃蒙特大区和弗留利	葡萄酒制作过程中的副产品，口感浓烈刺激。
草莓白兰地（Fraise）	草莓	法国	一款不太甜的生命之水，充满水果的香甜味道。
树莓白兰地（Framboise）	树莓	法国	每瓶酒由18千克树莓酿造而成，充分体现了树莓的味道和口感。
勃艮第渣酿白兰地（Marc de Bourgogne）	葡萄果渣	法国勃艮第	同样是葡萄酒酿造过程中的副产品，口感较粗犷，在法国广受乡村人民喜爱。
米拉贝尔（Mirabelle）	黄李	法国洛林和阿尔萨斯地区	澄澈柔和，一款适合细细品尝的白兰地。
香梨白兰地（Pear Brandy）或西洋梨白兰地（Poire Williams）	威廉梨	法国、瑞士和德国	一款充满梨香、口感丰富的生命之水。

新早午餐时代

睡到自然醒

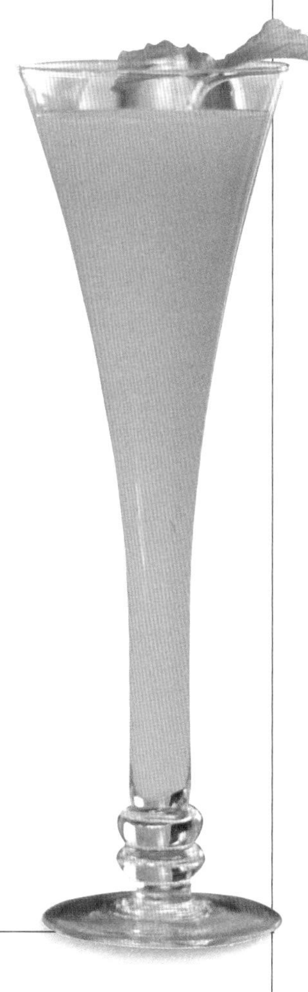

早午餐已经成为很多人最爱的一种轻松度周末的方式。你可以选择睡个懒觉、晨跑，或是步行去教堂做礼拜、出门去取厚厚一叠周日的报纸，抑或是看场足球赛，听场音乐会……早午餐正是为这样一个不设限的周末准备的。

参加早午餐的人数没有限制，气氛应随意轻松，食物要简单精致。自助餐形式来去自由，室内或室外皆可。无论是招待 2 个人，还是 20 个人，早午餐都应当轻松闲适，不必赶时间，就让这一天顺其自然地流淌而过吧。请为你的客人准备足够的餐巾纸。

做一道完美的煎蛋卷

最简单的菜往往最难做，这的确是事实，我们的体会是在做煎蛋卷时，一定会伴随着不必要的手忙脚乱。其实，做煎蛋卷无非就是鸡蛋、黄油，加上一些身体动作。馅料和装饰可以为成品增色，却不能掩饰搅打过度、加热时间过长或造型失败的问题。换言之，一切从鸡蛋开始，以技术结束。一旦你煎出了完美的金黄色椭圆形煎蛋卷，其他问题也就迎刃而解了。

一百个厨师有一百种做法，经历过一两次失败后，你就能找到属于自己的方法。我们的建议是每天做一份煎蛋卷，就像达·芬奇画鸡蛋一样，要做出完美的煎蛋卷也离不开练习。总有那么一天，时间控制、手腕动作和第六感的微妙组合将成就完美的煎蛋卷。我们会在此提供我们所知道的实用做法。

煎锅

做煎蛋卷的煎锅充满玄机。许多厨师对煎锅的种类和重量有特别的要求，一些厨师要求锅必须由钢、铸铁或铝制成，或是必须要有不粘涂层。我们所熟知的一些专业厨师甚至坚持认为做煎蛋卷的锅不能用水洗。

然而根据我们的经验，煎锅大小是唯一的关键因素。煎 1 人份的煎蛋卷，需要用 2 ~ 3 个鸡蛋，我们推荐使用直径

13 ～ 15 厘米的煎锅。锅太小，成品通常较厚且过嫩；锅太大，成品过薄且容易煎过头。

至于煎锅的材质，并没有太多限制，我们曾经在野炊时，用厚重的黑色平底铸铁煎锅成功地做过煎蛋卷。24 厘米的法式平底煎锅和百货商场常见的廉价不粘平底煎锅也曾成功地帮助我们做出完美的煎蛋卷。我们会根据需要先冲洗煎锅，只要小心避免损坏涂层，不时地抹油养护，避免煎锅生锈，其余的就顺其自然了。

鸡蛋

尽量选用最新鲜的鸡蛋。如果能用刚产下的蛋，一定不要犹豫。但是，居住在城市中的人常常依赖于附近的大型超市，固定摊拉上标有日期的鸡蛋是一种新鲜的保证。

首先，将鸡蛋打入小碗中。根据经验，冷藏的鸡蛋不容易煎过头，常温鸡蛋可以煎出松软的口感，可以根据个人口味选择。撒上一点盐，用餐叉搅打蛋液，注意不要搅打过度，只要将蛋清和蛋黄打散即可，这样做出的煎蛋卷将呈现出自然的花纹，而混合均匀的蛋液做出的煎蛋卷不够松软。最后，撒点黑胡椒即可。

烤培根成功法则

将厚培根片放在铺好锡纸的烤盘上（锡纸会令清洗烤盘变得轻而易举），放入 175℃的烤箱烘烤 6 分钟，翻面后，继续烘烤 2 ～ 3 分钟。没有油花四溅，培根一样可以喷香诱人。

煎蛋卷技巧

1. 将煎锅放在火上。准备一大勺软化的黄油、一把餐叉、打好的蛋液和餐盘。

2. 调中火，放入黄油。从现在开始最好熟记食谱，否则接下来看食谱将比煎蛋卷花费更多时间。黄油逐渐融化，开始起泡，然后油泡逐渐消失，这时就要准备倒入蛋液了。

3. 将蛋液一次全部倒入锅中，一只手握住锅柄，一只手拿起餐叉，用餐叉轻轻搅动蛋液，其间注意控制火候。

4. 蛋液底部开始凝结时，用餐叉托起蛋饼，让未成形的蛋液流到底部。感觉快煎好时，关火，根据个人口味将馅料放在蛋饼上。

5. 现在掌心向上握住锅柄，端起锅，将煎锅一端倾斜悬放于餐盘边上。与此同时用餐叉顺着较高一侧的蛋饼边缘卷起。这样就可以同时完成卷蛋卷和盛盘的工作了。

质地黏稠的馅料和酱汁最好在蛋卷成型后再加入。在煎蛋卷顶部切一个短且深的小口，用勺加入馅料或酱汁，再在表面淋一些即可。

6. 煎蛋卷显得不够漂亮也没关系，因为味道还是一样可口，而且熟能生巧。我们喜欢借用大厨的一招——将餐巾纸放在卷好的煎蛋卷上，用双手手掌轻轻将其压成经典的椭圆形。这样也可以吸去多余黄油。稍加点缀即可享用。

煎蛋卷馅料

创意无限，煎蛋卷馅料也可以即兴创作。煎蛋卷填充的馅料要足，但也不可过度。3个鸡蛋做的煎蛋卷搭配1/4 ~ 1/3杯馅料即可。下面为你推荐几种我们喜欢的馅料。

♥苹果切达乳酪煎蛋卷：将酸甜味的苹果去皮切丁，放在黄油中炒至金黄色，与切成丁的佛蒙特乳酪或口感浓郁的切达乳酪一起加入煎蛋卷中。

♥奶油蘑菇煎蛋卷：准备好煎蛋卷，在顶部切一个小且深的口，再填入奶油蘑菇汤（见第209页）。

♥普罗旺斯蔬菜浓汤煎蛋卷：将热腾腾的普罗旺斯蔬菜浓汤（见第202页）填入煎蛋卷中。

♥祖母煎蛋卷：将烤好的培根和炒好的土豆甜洋葱丁加入煎蛋卷中，点缀以欧芹。

♥里科塔乳酪番茄煎蛋卷：将里科塔乳酪与罗勒、蒜蓉、帕马森乳酪碎混合均匀，卷入煎蛋卷中，表面淋上番茄浓酱（见第232页）。

♥香肠蔬菜炖肉煎蛋卷：一款适合晚餐食用的美味煎蛋卷，将法式烩香肠（见第163页）加入煎蛋卷中，享用前撒上帕马森乳酪碎。

♥诺曼底煎蛋卷：将卡尔瓦多斯烩苹果（见第328页）加入煎蛋卷中，再淋上法式酸奶油（见第414页）。

♥西洋菜煎蛋卷：将新鲜西洋菜用热黄油炒一下，盛出后卷入煎蛋卷中。

♥家常煎蛋卷：将烤好的培根、切达乳酪末和生菠菜嫩叶混合加入煎蛋卷中。煎蛋的热度能将菠菜叶热透，同时又保留了新鲜的口感。

♥西南部风味煎蛋卷：将切片的牛油果、牛油果沙拉酱或牛油果蘸料（见第26页）放在煎蛋卷上，加上一勺萨尔萨辣酱卷好。

♥宴会煎蛋卷：将煎好的培根、番茄丁、红洋葱丁、烤火腿丁和红柿子椒丁混合加入煎蛋卷中。表面淋少许酸奶油，再撒上香葱末。

♥熟食店风味煎蛋卷：将番茄丁和萨拉米香肠卷入煎蛋卷中。

♥春季煎蛋卷：要准备一顿精致的早午餐，只需在煎蛋卷中加入烤番茄丁和2厘米长的煮芦笋或烤芦笋，表面再撒些现磨的马苏里拉乳酪即可。

♥果酱煎蛋卷：上桌前加一勺你最喜欢的果酱和一勺新鲜里科塔乳酪。

丹麦玛丽可以为慵懒的一天提提神。

丹麦玛丽

这款散发着阿夸维特酒气息的雪葩是夏季早午餐的完美开始。

番茄汁 2 杯
阿夸维特酒 180 毫升
新鲜柠檬汁 1/2 杯
蛋清 2 个
盐 1 小勺
现磨黑胡椒 适量
新鲜莳萝 适量

阿夸维特酒

阿夸维特酒（Aquavit）由谷物或土豆酿造而成，散发着香草和香料种子（通常为葛缕子、小茴香或莳萝籽）的气息。像杜松子酒一样，它是一种口感丰富的烈酒，冷藏饮用口感最佳。它通常盛放在小玻璃杯中，摆放在大杯冰啤酒旁（喝完一杯这种烈酒，人们通常会再大口喝点啤酒）。

可丽饼馅料

- 将苹果、核桃仁和葡萄干用黄油简单翻炒，撒上肉桂粉和糖，滴入柠檬汁。
- 普罗旺斯蔬菜浓汤（见第 202 页）配香肠。
- 咖喱蘑菇：将蘑菇和洋葱用黄油简单翻炒，撒入咖喱粉调味，再加入高脂鲜奶油烹煮至变浓稠。
- 山羊乳酪配蜂蜜：将口感温和的山羊乳酪抹在可丽饼上，可根据个人喜好撒点核桃仁，卷起可丽饼，放入烤箱低温加热，再淋上蜂蜜。
- 果酱可丽饼：根据个人喜好卷入果酱，表面均匀筛上糖粉。
- 在可丽饼上放上热的辣味牛肉（见第 158 页），撒上现磨切达乳酪碎、香葱末和黑橄榄丁，卷好后放入 175℃的烤箱中烘烤至起泡。

我是一个怀着对清晨的赞颂享用早餐的人。

——松尾芭蕉，日本诗圣

1. 将除莳萝外的所有食材放入食品料理机中，打匀后适当调味。

2. 将混合好的食材倒入方格形制冰盘或冷冻格中，至少冷冻一晚。

3. 如果时间允许，完全冻硬后再取出，用食品料理机搅打成沙冰状，继续冷冻。

4. 享用时盛入高脚酒杯中，点缀以新鲜莳萝。

可供 4 人享用。

* 也可用伏特加代替阿夸维特酒制作这款雪葩，点缀以新鲜罗勒叶。

荞麦可丽饼

牛奶　$2\frac{1}{2}$ 杯
无盐黄油（切碎备用）　4 大勺
荞麦粉（过筛备用）1 杯
未漂白的中筋面粉（筛好备用）　1 杯
盐　1/4 小勺
鸡蛋　4 个
植物油　适量

1. 将牛奶和黄油倒入平底锅中，小火加热至黄油融化后关火，静置冷却。

2. 把两种面粉倒入食品料理机中，加入盐，迅速搅打混合。

3. 搅打过程中，倒入牛奶黄油、蛋液，搅打成均匀的面糊，静置 30 分钟。

4. 准备一个直径 18 厘米的可丽饼煎锅，用浸透植物油的厨房纸涂抹锅底。中火加热至冒烟后倒入 1/4 杯面糊，迅速转动煎锅，使面糊均匀覆盖住锅底（可丽饼上也许会有几个小孔，这是正常现象）。煎 3 ~ 4 分钟，饼底变为金黄即可翻面，再煎 2 ~ 3 分钟，然后倒在厨房纸上，冷却后盛入餐盘中。重复上面的步骤，将剩余的面糊煎成可丽饼。注意，如果面糊太黏稠，可适当再加点牛奶。每煎好一张可丽饼后，需在锅底重新抹好油再继续煎制。

5. 可丽饼冷却后即可享用。也可在每张可丽饼之间垫上油纸，冷藏或冷冻保存。

可以做 16 张直径 18 厘米的可丽饼。

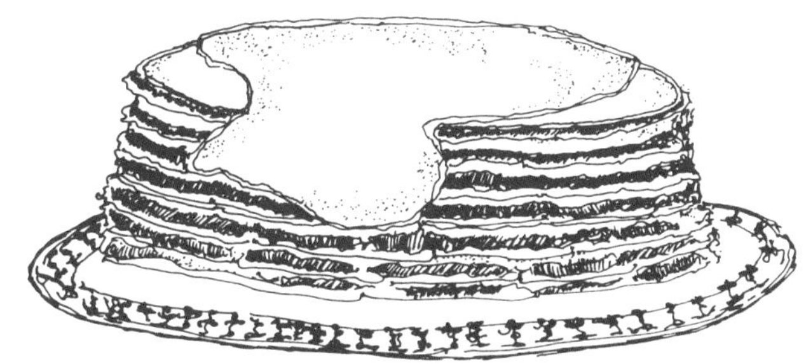

俾斯麦煎饼

以前，当我们在刘易斯夫妇位于美国纽约州长岛地区的度假屋中开始周日时光时，这道清爽美味的煎饼是我们的首选。20 年前，我们的朋友罗宾的妈妈在芝加哥卢普区历史悠久的俾斯麦酒店学会了制作这道煎饼。我们也迅速掌握了这项手艺，每周都会做一次。

软化的无盐黄油　8 大勺
牛奶　1/2 杯
未漂白的中筋面粉　1/2 杯
鸡蛋　2 个
新鲜柠檬汁　适量
糖粉　适量

1. 烤箱预热至 245℃。

2. 准备一个耐热厚煎锅，加入黄油，放入烤箱中。

3. 其间，将牛奶、面粉和鸡蛋搅拌成面糊。

4. 黄油融化后，倒入面糊，烘烤 12 分钟，待其颜色变深、柔软膨松即可出炉，盛入餐盘中。

5. 将煎锅中融化的黄油淋在煎饼上，挤少许柠檬汁，再将煎饼卷成松松的卷，撒上糖粉即可享用。

更多口味：

♥撒上黄糖。
♥搭配水果或枫糖浆。
♥抹上喜欢的果酱或加入新鲜浆果。
♥淋少许柑曼怡甜酒。
♥卷入栗子奶油。
♥烤 4 分钟后，放入一根香肠继续烤熟。

纽约周日早午餐

丹麦玛丽

腌三文鱼

奶油乳酪

百吉饼或英式松饼

俾斯麦煎饼

橙汁

咖啡

新鲜浆果

什锦乳酪

我曾经尝试与妻子共进早餐，但这差点毁了我们的婚姻。
——温斯顿·丘吉尔

黑森林可丽饼千层蛋糕

这款口感丰富、外形优雅精致的蛋糕非常适合早午餐时享用。提前准备好原料，几分钟就可以完成。准备好法式酸奶油，随意享用吧。

法式基础白酱（见第 415 页） 2 杯
格鲁耶尔乳酪（磨碎备用） $1^1/_2$ 杯
现磨黑胡椒 适量
荞麦可丽饼（见第 389 页） 16 张
黑森林火腿片（摆成圆形） 30 片
软化的无盐黄油 8 大勺
法式酸奶油（见第 414 页） 230 克

1. 烤箱预热至 205℃。

2. 小火加热法式基础白酱，加入乳酪后搅拌均匀，用黑胡椒调味。

3. 准备一个可用烤箱加热的圆盘，根据可丽饼的大小在盘中抹上 4 大勺法式基础白酱，放入一张可丽饼，再盖上 2 片火腿，抹少许黄油。按照上面的步骤叠放可丽饼、火腿、黄油，直至用完所有的可丽饼，最上面一张可丽饼表面不用抹黄油。

4. 将剩余的法式基础白酱均匀地倒在可丽饼上，烘烤至表面上色、酱料起泡，约需要 20 分钟。将做好的千层蛋糕切成 6 份，搭配法式酸奶油享用。

可供 6 人享用。

蓝莓果醋烩鸡肝

甜中带酸的果醋和口感浓郁的鸡肝完美结合，既可搭配烤土豆作为早午餐，也可搭配野米作为晚餐享用。

软化的无盐黄油 4 大勺
青葱（保留葱叶，洗净切碎） 4 根
未漂白的中筋面粉 1 杯
姜粉、肉豆蔻衣粉、多香果粉、肉豆蔻粉和丁香粉 少许
盐和现磨黑胡椒 适量
鸡肝（对半切开，清理干净后沥干水） 450 克

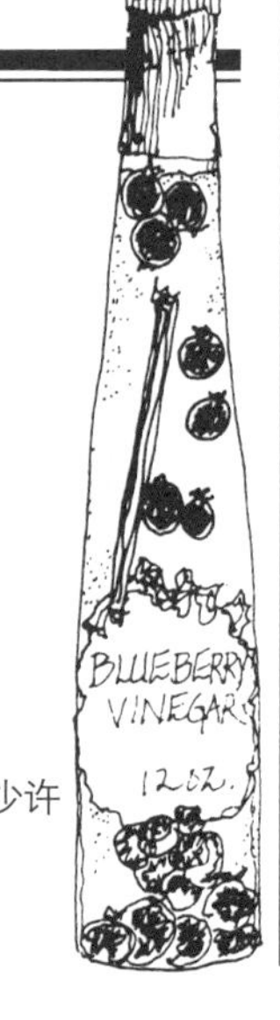

我们精心安排，
我们辛苦准备——
是为了什么？
月球之旅？
不，不，不。
只是为了起床时恰好能闻到咖啡、培根和鸡蛋的香味。
多么难得！
一旦实现——
那将是多么美妙的时刻，
多么温暖的早晨，
多么令人高兴。

——J. B. 普莱斯特里

静水流深

每个人都有自己偏爱的水——纯净水、气泡水、冰镇水或常温水。水可以用来调淡鸡尾酒，调制气泡酒，稀释果汁，或直接加入柑橘类水果、浆果饮用。请尽情畅饮吧！

英式烧烤早餐

新鲜杏梅露

饼干、面包配果肉果酱、橘皮果酱和无盐黄油

熏三文鱼佐苹果山葵蛋黄酱

烤火腿配焦糖杏子

蓝莓果醋烩鸡肝

丹麦培根

煮蛋、蒸蛋、煎蛋、炒蛋或烤蛋

美式咖啡

英式早餐茶

热巧克力

蓝莓醋（见第 145 页） 1/3 杯
法式酸奶油（见第 414 页）或高脂鲜奶油 1/3 杯
新鲜蓝莓 1/2 杯

1. 将黄油放入平底锅中小火融化，加入青葱煸炒 5 分钟。静置备用。

2. 将面粉、香料、盐和黑胡椒倒入保鲜袋中摇匀，然后放入鸡肝摇一摇，使其均匀沾裹上粉类原料。将鸡肝取出，掸落多余粉类原料。

3. 将盛有青葱的平底锅重新放到火上，中火加热后放入鸡肝翻炒，直至鸡肝变色、稍微变硬，大约需要 5 分钟。盛出鸡肝并保温。

4. 在平底锅中倒入蓝莓醋，大火加热，撇去浮沫，熬煮至只剩 1 勺的量。

5. 边倒入法式酸奶油边搅拌，保持沸腾状态 1 分钟。把蓝莓倒入酱汁中加热 2 ～ 3 分钟，注意不要煮过头。

6. 将鸡肝摆在餐盘中，淋上酱汁，即可享用。

可以做 4 人份的开胃菜或 2 ～ 3 人份的主菜。

安吉咖啡蛋糕①

活性干酵母 1大勺
温热的牛奶（40℃～45℃） 1杯
白砂糖 3大勺
未漂白的中筋面粉 4杯
盐 1小勺
植物起酥油 $1^1/4$杯
鸡蛋（全蛋） 2个
鸡蛋（蛋清蛋黄分开） 1个
软化的无盐黄油（另备一些涂抹烤盘） 2杯
棕砂糖 2杯
山核桃仁（切成粗粒） 2杯
椰枣（切碎） 3杯
肉桂粉 1大勺
糖粉 $2^1/4$杯
温热的蜂蜜 2大勺
新鲜柠檬汁（需要2～3个柠檬） 1/2杯

1. 准备一个小碗，将干酵母溶解于热牛奶中，加入细砂糖搅拌，静置10分钟。

2. 将面粉和盐筛入搅拌碗中混合，加入植物起酥油，切拌混合成碎屑状，加入牛奶搅拌均匀。将2个全蛋和1个蛋黄打匀，慢慢倒入搅拌碗中，将各种食材混合成面团。用毛巾盖好，静置约3小时，待其发酵至原来的3倍大。

3. 准备3个23厘米×33厘米的蛋糕卷烤盘，内壁上抹黄油防粘。将发酵好的面团分成3份，其中1份擀成长方形面皮，与烤盘等长，宽度相当于烤盘的3倍。将面皮正中部分铺在烤盘中。

4. 分出1/3份黄油备用。将另外2/3的黄油分成3份，从其中一份中取1/2涂抹在面皮正中部分。在抹好黄油的面皮上均匀地撒上1/3杯黄糖、1/3杯山核桃仁、1/2杯椰枣和1/2小勺肉桂粉。把面皮上面1/3的部分向下折，覆盖住正中部分。再次涂抹黄油，撒上黄糖、山核桃仁和椰枣，将下面1/3的面皮向上折。按照以上方法处理剩余的2份面团。将裹好配料的面团静置2.5～3小时。

5. 烤箱预热至205℃。

6. 将剩余的黄油、1杯糖粉、蛋清和温热的蜂蜜混合均匀。分别在3份面团上切几道装饰性小口，表面均匀地刷上蜂蜜黄油混合液。

7. 将烤盘放在烤箱中层烘烤25～30分钟，直至蛋糕变为棕色、柔软膨松，晾至常温。

安吉咖啡蛋糕是位卡拉马祖市的好邻居送给我们的礼物，我们在此将它的做法转赠给你们。看起来要花费一天的时间制作，但事实并非如此，而且你会发现所有辛苦都是值得的。因为一次能烤出3个蛋糕，可以享用一个，将其中一个送给友人，最后一个留给户外早午餐。

双人早午餐

两个人的早午餐可以更浪漫一些，不妨试着一起在壁炉前、露台上或公园中悠闲享用，甚至还可以把早午餐连同自己一起带回床上。无论采用何种方式对待这迟到的一餐，下面这些建议都能为你们增添乐趣。

- ♥将鸡蛋打入黄油中小火翻炒，加入现磨黑胡椒调味，最后在炒好的鸡蛋上点缀些许黑鱼子酱，就成了一道特别的早餐。
- ♥好的一天从香槟、新鲜树莓配奶油、羊角面包配黄油、布里乳酪、任意做法的鸡蛋，以及一杯拿铁开始。
- ♥在冰箱里存放一些新鲜橙汁、伏特加、苏格兰三文鱼、香葱奶油乳酪、鲜柠檬和百吉饼，可随时取用。如果还想来一杯热咖啡，当然得先起床。真是抱歉！

①咖啡蛋糕中并无咖啡。Coffee Cake通常指在早餐和工作中休息时间配咖啡的点心。

住客

平时不在一个屋檐下生活的主人和住客将要共度周末时光或是整整一周，怎样才是最好的相处之道？好主人懂得主随客便，而好住客懂得白天自娱自乐，晚上愉悦大家。

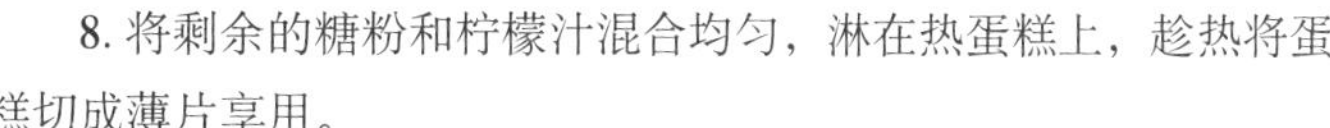

8. 将剩余的糖粉和柠檬汁混合均匀，淋在热蛋糕上，趁热将蛋糕切成薄片享用。

9. 咖啡蛋糕还可以用锡纸包裹起来冷藏。食用前重新加热即可。

可以做 3 个 23 厘米 ×33 厘米的蛋糕。

朱莉酸奶油咖啡蛋糕

复古万岁！这款优雅考究的蛋糕不仅适合早午餐聚会，也是搭配午后咖啡和一本好书的完美选择。尽管做这款蛋糕需要早早起床准备，但当它新鲜出炉时，你会发现所做的一切都是值得的。

软化的无盐黄油（另备一些涂抹模具） 1 杯
未漂白的中筋面粉（另备一些铺在撒模具中） 2 杯
糖 $2\frac{1}{2}$ 杯
鸡蛋（打匀） 2 个
酸奶油 2 杯
香草精 1 大勺
泡打粉 1 大勺
盐 1/4 小勺
山核桃仁（切成粗粒） $1\frac{1}{2}$ 杯
肉桂粉 1 大勺

1. 烤箱预热至 175℃。准备一个直径为 25 厘米的邦特蛋糕模，内壁上抹黄油、撒入面粉防粘。

2. 黄油中加入 2 杯糖，打发成奶油状，加入蛋液，混合均匀，然后放入酸奶油和香草精。

3. 面粉、泡打粉和盐过筛，混合均匀。

4. 将粉类原料加入打发好的黄油中，搅拌至看不到干粉。注意不要过度搅拌。

5. 将剩余的 1/2 杯糖与山核桃仁、肉桂粉混合。

6. 将 1/2 的蛋糕糊倒入模具中，撒上 1/2 的山核桃馅料，再倒入剩余的蛋糕糊，撒上另外 1/2 的山核桃馅料。

7. 把蛋糕放入烤箱中层烘烤 50 ~ 55 分钟，用蛋糕探针插入中心部分，拔出后无面糊粘黏即可出炉。静置 20 ~ 30 分钟，倒扣脱膜，温热时享用。

可供 10 人享用。

黑果沙拉

黑樱桃（去核） 1 杯
黑葡萄 1 杯
蓝莓或黑加仑 1/2 杯
棕砂糖 1/3 杯
新鲜柠檬汁 需要 1 个柠檬
酸奶油 1 杯
新鲜带枝薄荷 适量

1. 混合所有水果，撒上棕砂糖，倒入柠檬汁，静置 2 小时。
2. 将水果捞出，分盛到 4 个球形酒杯中。
3. 把酸奶油倒入腌渍水果的碗中，搅拌均匀。
4. 将酸奶油淋在水果上，用薄荷枝做点缀，即可享用。

可供 4 人享用。

*更多口味：*我们也喜欢用青葡萄、猕猴桃和青苹果，或是几种葡萄混合做这道沙拉。

薄荷水果沙拉

这是一道为夏季量身定制的清凉沙拉，也可以根据个人喜好用其他当季水果替换食谱中的一些食材。

草莓 550 毫升
猕猴桃 3 个
甜瓜（中等大小） 1 个
白兰瓜（中等大小） 1 个
新鲜薄荷叶 适量
新鲜橙汁 1/2 杯
新鲜柠檬汁 1/4 杯
糖 3 大勺

1. 草莓洗净控干，去蒂。
2. 猕猴桃去皮，切片，留 1 片用于点缀。
3. 用挖球器挖出甜瓜球和白兰瓜球。
4. 混合各种水果。
5. 薄荷叶带茎切碎，撒在水果上。
6. 将橙汁、柠檬汁和糖混合均匀，淋在水果上，轻轻摇匀。
7. 将猕猴桃片装饰在沙拉上，再点缀以薄荷叶，冷藏 2 ~ 3 小时后享用。

可供 12 人享用。

水果沙拉

做水果沙拉其实并不需要食谱，基本上任何新鲜当季水果都能令人心情雀跃。根据水果甜度和个人喜好，可以加少许糖、蜂蜜、一点柠檬汁、细细切碎的薄荷或者利口酒。

如果需要，可以在上桌时加入甜味调味料。过早加入的话，糖会使水果中的天然果汁析出，让水果变得软塌塌的。

♥猕猴桃去皮后切成薄片，与草莓混合，浸泡在红酒中。享用时佐以浸泡过水果的红酒。

♥将 3 种蜜瓜与橙汁、柠檬汁混合，撒上大量切碎的新鲜薄荷。

♥混合无籽青葡萄、蓝莓和白兰瓜，淋上黑朗姆酒，加些新鲜橙皮碎。

♥在切块的葡萄柚中加入蜂蜜、青柠檬汁和切碎的新鲜薄荷叶，摇匀后享用。

大面包三明治

这种特别的三明治日渐成为各种聚餐中的保留菜式——无论是早午餐、野餐还是夜宵，大面包三明治都可以用来轻松招待来宾，成为自助餐桌上的一道风景。它方便美味，易于摆放，在室内或室外都能分享。

你可以自己烤面包，如果时间紧张，也可以到面包房购买。大面包的长和宽应在 30 ～ 36 厘米之间，高至少 10 厘米，方形或圆形均可。用各种口味的面包都能做出美味的大面包三明治。

面包盒

把大个儿法式黄油面包挖空，放入造型可爱的迷你三明治，可以摆在餐桌中心。

用带锯齿的餐刀切下面包顶部，保留备用。掏空面包芯，注意保持面包外壳完整，掏出的面包芯可留作他用。

用擀面杖把三明治面包片擀平，用饼干切模造型。根据个人喜好夹入馅料、果酱或风味黄油，做成迷你三明治摆放在面包盒中。将面包顶盖上，包裹好冷藏保存，随时可以上桌。

大面包

温水（40℃ ~45℃） 4 杯
糖蜜 2 大勺
活性干酵母 2 大勺
未漂白的中筋面粉（可多备一些） 11 ～ 12 杯
盐 $2^{1}/_{2}$ 大勺
橄榄油 3 大勺
玉米粉（撒在烤盘中） 适量

1. 准备一个大号搅拌碗，倒入温水与糖蜜，搅拌均匀。撒入活性干酵母，溶解后静置 10 分钟。

2. 逐杯倒入面粉，每加入 1 杯面粉后都要搅拌均匀。加入 5 杯面粉后撒入盐，拌匀，再逐杯加入 5 杯面粉，混合成面团。

3. 砧板上撒适量面粉，将面团移到砧板上。把搅拌碗洗净、晾干。

4. 从剩余的 1 杯面粉中取适量，撒在面团上，开始揉面，这时的面团很黏。边揉面边根据需要加入面粉，揉至面团不再粘手和砧板。面团很大，大约需要揉 15 分钟，直至面团光滑且富有弹性。

5. 将橄榄油倒入搅拌碗中，放入面团，使其表面沾裹上一层橄榄油。用毛巾盖住面团，待其发酵至原来的 3 倍大，大约需要 1.5 ～ 3 小时。注意，重点在于面团的体积而非发酵时间。

6. 将发好的面团放在撒有面粉的砧板上，轻轻揉 5 分钟排气。

懂得欣赏三明治的人太少了。

——詹姆斯·布莱德

面团揉成球形后放回搅拌碗中，盖上毛巾，让其发酵至体积变成原来的 2 倍。

7. 把面团放到砧板上，整形成椭圆形，然后放入撒有玉米粉的烤盘中，盖上湿毛巾，待其发酵至体积变成原来的 2 倍，大约需要 1 小时。

8. 烤箱预热至 230℃。

9. 在面包上薄薄地筛一层面粉，再用锋利的小刀在表面划一个浅十字。把面包放入烤箱中层，烘烤 15 分钟。将温度调低至 190℃，再烤 30 分钟，面包颜色变深且敲击底部时发出的声音有中空感即可出炉。

腌茄子

无论是作为大面包三明治的馅料、拌入沙拉中，还是作为开胃头盘，这道菜都一样美味可口。

茄子（去蒂洗净） 450 克
粗盐 1 大勺
特级初榨橄榄油 2 杯
红色干辣椒 2 个
大蒜（去皮切末） 2 瓣
红葡萄酒醋 1/4 杯
干牛至 2 大勺
干罗勒 1 大勺

1. 茄子切成 6 毫米厚的片，放在滤网中，撒上盐，静置 1 小时～1 个半小时后控水。

2. 制作调味汁。将 1 杯橄榄油、辣椒、蒜、醋、牛至和罗勒混合均匀。

3. 茄子控水后，用厨房纸将茄子表面擦干，摆放在烤盘中。

4. 准备一口不粘锅，加入橄榄油，开中火将茄子煎至两面金黄，每一面煎 3～4 分钟。分 4 次倒入橄榄油与茄子，每次加入 1/4 杯橄榄油。盛出后放在厨房纸上吸去多余油脂。

5. 煎好的茄子放入带盖容器中，倒入调味汁，盖上盖子冷却至常温，冷藏一晚。

6. 食用前 1 小时从冰箱中取出，恢复至常温。

可供 4 人享用，也可以做 1 个大面包三明治的配料。

大面包三明治

大面包（见第 397 页） 1 个
青柿子椒（去蒂去籽，切丝） 3 个
红柿子椒（去蒂去籽，切丝） 4 个
橄榄油 2 大勺
意式甜香肠（纵向对半切开） 6 根
意式热香肠（纵向对半切开） 6 根
盐（另备一些用于调味） 1/4 小勺
现磨黑胡椒（另备一些用于调味） 1/2 小勺
黑橄榄（去核切片） 1 杯
欧芹末 5 大勺
干牛至 适量
蒜蓉凤尾鱼酱（见第 257 页）
意大利熏火腿 16 片
樱桃番茄（对半切开） 10 颗
乳酪片 8 片
芝麻菜（去茎，洗净晾干） 2 杯
里科塔乳酪 1 杯
现磨罗马诺乳酪 1/4 杯
腌茄子（见第 399 页）

1. 将面包水平切成 2 厘米厚的片。

2. 锅中倒入 2 大勺橄榄油加热，放入柿子椒、甜香肠和热香肠，炒至上色，加入盐和黑胡椒调味。将香肠和柿子椒盛出，铺在最底层的面包片上，撒上黑橄榄、2 大勺欧芹末和干牛至。在第二层面包片上滴上少许食用油，然后叠放整齐。

3. 在第二层面包上淋适量蒜蓉凤尾鱼酱，再叠放上意大利熏火腿、樱桃番茄、乳酪片和芝麻菜，撒上盐、黑胡椒、干牛至、1 大勺欧芹末，用油醋汁调味。盖上第三层面包片。

4. 准备一个小碗，将里科塔乳酪、罗马诺乳酪、2 大勺欧芹末、1/2 小勺黑胡椒、1/4 小勺盐混合均匀，抹在第三层面包上，再摆上腌茄子，淋少许腌茄子中的调味汁。最后盖上第四层面包片。

5. 用保鲜膜包好三明治，用 2 个饼干烤盘夹住，顶部压上重物，冷藏 3 小时。

6. 上桌前，将三明治放在砧板上，用带锯齿的刀切块。

可供 10 ~ 12 人享用。

自助三明治

懒洋洋的早午餐才是最美味的。悠闲地吃到午后，随意自在。搭配柠檬水、冰葡萄酒或啤酒，再拌一份沙拉。剩下的就是任由时光流逝了。

♥将抹上凤尾鱼蛋黄酱（见第 413 页）的烤小牛排放在粗裸麦面包片上，再加少许续随子，做成开放式三明治。

♥用粗裸麦面包片卷入切片的烤牛里脊（见第 118 页）、等量洛克福乳酪和奶油乳酪，还有带枝西洋菜，做成三明治卷。

♥将乡村牛肝肉酱派配核桃（见第 34 页）抹在法式小面包上，再放上一片青苹果和少许布里乳酪。

♥把凤尾鱼黄油（见第 145 页）涂抹在粗裸麦面包片上，再放上水萝卜片和西洋菜。

♥将鞑靼牛肉（见第 30 页）和红洋葱片叠放在粗裸麦面包上，撒上黑胡椒调味。

♥将抹上酸辣黄油（见第 145 页）的生牛肉逐层摆放在粗裸麦面包片上，撒上切碎的新鲜欧芹。

♥将熟虾仁和等量软化的黄油打成泥，加盐、黑胡椒和柠檬汁调味，抹在全麦面包片上，再点缀一片樱桃番茄。

♥在莳萝鸡蛋沙拉（见第 270 页）上摆上芦笋尖。

♥将熏红鱼子酱、洋葱、柠檬汁、奶油乳酪和莳萝充分混合，抹在粗裸麦面包片上。

♥将切片的鸡胸肉、龙蒿蛋黄酱、核桃和西洋菜摆放在粗裸麦面包片上。

♥将蘸有番茄罗勒蛋黄酱（见第 413 页）的龙虾和芝麻菜摆放在白面包片上。

♥将山核桃奶油乳酪（见第 421 页）抹在香蕉面包（见第 305 页）上。

早午餐饮品

早午餐饮品种类繁多，可以根据个人喜好和口味随意选择。你可以从一杯养生饮品开始，小口啜饮，享受从灿烂午后到夕阳西下的美好时光。

弗吉尼亚 狩猎早餐

血腥玛丽

烤火腿配焦糖杏子

英式焗豆

乡村珍珠洋葱配蔬菜沙拉

蜂蜜饼干

新鲜小苹果、黑樱桃配弗吉尼亚高达乳酪和布里亚－萨瓦兰乳酪

乡村玉米面包

血腥玛丽

血腥玛丽已经成为美国人的周末醒睡酒，既可用阿夸维特酒代替伏特加，也可加入炖肉的清汤，再点缀以新鲜罗勒、莳萝、牛至或黑胡椒粒。以传统方法冷藏饮用口感怡人，作为热饮盛放在马克杯中，站在山巅饮用也同样令人陶醉。

番茄汁　950 毫升
新鲜柠檬汁　1/2 杯
山葵酱　2 大勺
现磨黑胡椒　适量
英国辣酱油　适量
塔巴斯科辣椒酱　适量
伏特加　$1\frac{1}{2}$ 杯
罗勒叶（切碎）　适量

1. 将除伏特加和罗勒之外的食材倒入长柄锅中，中火加热，煮 5 ～ 6 分钟后冷却备用。

2. 将伏特加倒入一个加冰的红酒高脚杯或细长玻璃杯中，然后加入第 1 步煮好的混合番茄汁，搅拌均匀，点缀上罗勒叶。冷藏后饮用。

可供 6 ～ 8 人享用。

更多口味：

♥墨西哥风味：用龙舌兰酒替换伏特加。
♥得克萨斯州风味：加入 2 大勺烧烤酱。
♥亚洲风味：加入酱油和鲜姜末。
♥海洋风味：用罐装蛤蜊番茄汁代替纯番茄汁。

黑桑格利亚酒

黑色水果（选用樱桃、黑莓和黑葡萄） $1^1/_2$ 杯
柠檬皮 整颗柠檬削皮
热浓黑茶 1/2 杯
干红葡萄酒 1 瓶
冰苏打水 适量

1. 准备一个 2.5 升的容器，放入水果和柠檬皮。
2. 倒入茶和足量的酒，没过水果。将剩余的酒冷藏。享用前，将剩余的酒倒入容器中，搅拌均匀，加入冰块和苏打水即可。

可供 4 ~ 6 人享用。

白桑格利亚酒

干白葡萄酒 1 瓶
猕猴桃（去皮切片） 2 个
梨（切片） 1 个
无籽青葡萄 1 杯
细砂糖 2 大勺
卡尔瓦多斯苹果白兰地或雅文邑 2 大勺
君度橙酒 3 大勺
苏打水 $1^1/_2$ 杯
带枝薄荷或鲜花 适量

1. 将干白葡萄酒倒入大玻璃容器中，加入猕猴桃、梨、葡萄、糖、卡尔瓦多斯苹果白兰地和君度橙酒，密封冷藏 4 ~ 5 小时。
2. 享用前先充分搅拌，再加入苏打水，然后倒入加冰的高脚玻璃杯中，点缀以带枝薄荷或鲜花。

可供 6 人享用。

鲜果代基里酒

新鲜水果搭配白朗姆酒，让你随时都能享受海岛风情。

香草冰激凌或果味冰激凌
白朗姆酒
新鲜草莓、树莓、蓝莓或其他水果（另备一些用于点缀）
带枝新鲜薄荷

将冰激凌、白朗姆酒和水果放入食品料理机中充分搅拌，然后倒入加冰的玻璃杯中，再用水果和带枝薄荷做点缀即可。

啤酒

人们最迷恋的还是啤酒。“去喝上一杯吧！”是大家的口头禅。如果自大学球赛后，你就没再喝过啤酒，那么是时候开怀畅饮一下了。是不是有时特别想来一杯冰镇啤酒？至少我们的一群英国朋友就是这样。

尽管麦芽啤酒、烈性啤酒、淡啤酒不断推陈出新，但啤酒爱好者通常还是会根据品牌点酒。招待客人时，周到的主人一般会提供 3 种啤酒——淡啤酒、本地产精品啤酒和知名进口啤酒。我们曾参加过啤酒品酒会，会上提供了十几种啤酒，可以看出花费不菲。在一些社交聚会上，啤酒已经取代了葡萄酒。无论提供哪种啤酒，事先将啤酒和酒杯冷藏都是非常重要的。由此看来，要取悦啤酒爱好者也不是什么难事。

桑格利亚酒是一种源于西班牙的混合型微酒精饮品，主要以葡萄酒做基酒，加入时令水果浸泡，再加入柠檬汽水、朗姆酒或白兰地等勾兑而成。果香浓郁的白桑格利亚酒总能给人带来惊喜。

香槟鸡尾酒

香槟让我们百喝不厌。每一瓶香槟都承载着美好的回忆——一次难忘的聚会、周日惬意的晨跑或是午夜浩瀚的星空。一定要用郁金香酒杯或香槟酒杯盛装这款鸡尾酒，这样，美丽诱人的气泡才会持久绽放。

干邑　30 毫升
柑曼怡甜酒　15 毫升
冰香槟　180 毫升
树莓　3 颗

将干邑和柑曼怡甜酒倒入酒杯中，再加入香槟，点缀以树莓即可。

1 人份。

皇家基尔

树莓白兰地　60 毫升
黑加仑甜酒　1 瓶
冰香槟

将树莓白兰地和黑加仑甜酒倒入高脚杯中，混合均匀。以香槟为基酒，将一小咖啡勺混合酒加入一杯香槟中，杯中的香槟将呈现出淡粉色。这款鸡尾酒可作为开胃酒享用。

含羞草

冰香槟
新鲜橙汁
新鲜薄荷叶（用于点缀）

在每个酒杯中倒入 2/3 的香槟作为基酒，再加入橙汁，最后点缀上薄荷叶即可享用。

早上一杯香槟

没有什么比以香槟开启新的一天更完美的了！如果有人问“什么时候适合喝香槟？”我会告诉他：“任何时候！”慵懒的早晨、明媚的午后或是晚餐宴席皆可。

香槟的甜度越来越低，因为人们早已厌烦了腻人的甜型香槟。年份香槟拥有独特的馥郁香气，但我们也找到一些来自法国的口感怡人的无年份香槟，以及美国加利福尼亚、长岛、俄勒冈和密歇根的古法酿造的起泡酒，现在它们已经成为我们每日的杯中之物——无论何时兴起，都可以负担得起。

香槟种类

无年份香槟：采用不同年份的葡萄酒调配而成。

年份香槟：由单一年份采收的葡萄酿造而成，且仅在最好的年份才会出产，通常十年中仅酿造一两次。

顶级佳酿香槟（Tête de cuvée）：为行家准备的上乘之选。

白中白香槟（Blanc de blancs）：特选纯白葡萄（霞多丽），而非由黑葡萄（黑皮诺）和白葡萄混合酿造而成。

粉红香槟：通过延长浸皮时间来让酒体呈现出淡淡的桃红色。

咖啡

咖啡早已风靡美国，这要从20世纪60年代旧金山一家名为皮茨（Peets）的咖啡馆说起。当地的知识分子和文化人士经常光顾这家小店，这股风潮接着向北刮到西雅图，随后又征服了东海岸。咖啡爱好者的热情极具感染力，今天每一个咖啡爱好者都有其最钟爱的一款。如今，制作诱人咖啡的秘诀已经人尽皆知——拥有优质新鲜的咖啡豆。说着容易，做起来并不简单。在这里要感谢那些兢兢业业的种植者、进口商、烘焙商和咖啡师，是他们对咖啡的热爱成就了优质的咖啡。

咖啡早期种植于哥斯达黎加、巴西、危地马拉、秘鲁、埃塞俄比亚、墨西哥、卢旺达、苏门答腊、新几内亚、哥伦比亚等国家。这些国家拥有适合种植优质咖啡豆的自然环境，而且人工成本不高。咖啡烘焙商不惜重金从进口商或种植者手中收购最好的青咖啡豆。咖啡烘焙是一种接近于艺术的工艺，它能释放出咖啡生豆内的芳香和风味，但过度烘焙的咖啡豆有一种炭化的苦味。咖啡豆烘好之后，咖啡烘焙商会将它们尽快送往经销商处，以保证新鲜度。

新鲜度也是咖啡制作的关键。应购买新鲜烘烤的咖啡豆，冷藏保存，烹煮前现磨，这样咖啡的醇香才不会散失。用冷水烹煮，然后美美地享用这浓香四溢的鲜煮咖啡吧。

冲咖啡

> 奶奶喜欢很热很热很热的咖啡。
>
> ——凯·汤普森，《小艾来了》

将现磨咖啡放入咖啡滤网中，将水烧开，缓缓冲下。将滤网移开，就可尽情享用一杯纯正的手冲咖啡了。

咖啡粉与水的比例是制作完美咖啡的关键，我们遵循以下原则。

普通咖啡：2大勺咖啡粉加180毫升开水。

特浓咖啡：2大勺咖啡粉加120毫升开水。

还有一种冲咖啡的方法——使用法压壶。让咖啡粉在沸水中浸泡4～5分钟，然后压下滤网即可享用。大个儿法压壶可以做10～12杯咖啡，招待客人时更方便。

要制作意式浓缩咖啡最好使用意式咖啡机，佐以柠檬汁和方糖享用。

咖啡种类

下面的介绍也许能帮助你挑选到最适合的咖啡豆。

哥伦比亚咖啡：口感丰富。单独饮用或与其他咖啡豆混合饮用均可。

哥斯达黎加咖啡：口感极佳。

法式或意式烘烤咖啡：真正的浓缩咖啡，咖啡豆颜色乌黑。

夏威夷科纳咖啡：口感柔和，醇香浓郁。

综合咖啡：试饮一次，再做判断。

牙买加蓝山和牙买加高山咖啡：两种完美的顶级醇香咖啡，蓝山极其稀少，高山也不多见。两种咖啡略带甜味，口感浓郁芬芳。

爪哇摩卡咖啡：爪哇咖啡与摩卡咖啡的完美结合。

波多黎各咖啡：非常优质的咖啡。

维也纳烘烤咖啡：口感温和的浓缩咖啡，比法式或意式烘烤咖啡味淡。

欧洲风情

拿铁：鲜煮特浓法式烘烤咖啡与等量热牛奶碰撞的完美结合。

卡布奇诺：充满意大利风味的咖啡，无须使用卡布奇诺咖啡机，只要将热牛奶倒入食品料理机中搅打1分钟，打出丰富泡沫，再将等量鲜煮特浓意式烘烤咖啡与牛奶混合，撒上巧克力刨花和肉桂粉即可。

请来杯茶

在中国的传说中，早在5000年前，神农氏就发现了茶。一天，神农氏在大树下生火煮水，一些树叶飘落在锅中，神农氏好奇地尝了一口，只觉回味香醇甘甜，让人非常享受，茶由此诞生。但在随后的几个世纪中，只有在中国贵族的茶典仪式中才饮用茶。

17世纪末，葡萄牙和荷兰商人将茶引入欧洲，不久，英国成为世界茶叶交易的中心。现在，中国、日本、斯里兰卡、印度尼西亚、非洲、印度以及新近加入的阿根廷，出产数千种茶叶。

茶和葡萄酒经常被拿来做比较，茶的质量也会受到土壤、海拔、气候等自然环境，以及采摘、烘焙、筛拣等加工过程的影响，由此同一种茶树可能产出千百种不同口感的茶。请尽量挑选手工采摘的外形完整的茶（很多英国茶和茶包都是用机器加工的碎茶）。根据采摘后茶叶的发酵程度，可分为白茶、绿茶、乌龙茶和黑茶几个基本类型。下面就介绍几种我们最喜欢的茶。

中国

白茶：属于微发酵茶，由嫩叶制成，咖啡因含量低，口感温和、丰富、香甜，适合搭配精致食物享用。白牡丹、银针和有机雪芽都是其中的佳品。白茶的价格通常很高。

绿茶：由嫩茶叶制成。经典绿茶种类繁多，龙井和黄山是两种品质较高的绿茶。中国的先哲相信，绿茶能带来长寿和智慧。

乌龙：半发酵茶，发酵程度介于绿茶与黑茶之间。口感丰富，带有烘烤的余味，铁观音就散发着烤栗子的味道。被称为“茶中香槟”的台湾冻顶乌龙和东方美人则带有幽微的野花和蜜桃香味。

黑茶：在中国称为红茶，是一种高度氧化的茶叶。云南红茶是一种口感浓郁的烟熏茶，余味微辣。被誉为“中国勃艮第”的祁门红茶则具有类似巧克力、甘蔗、松树和红酒混合的复杂口感。正山小种红茶也是一种口感浓郁、带有烟熏味的茶。

花茶：由单纯的鲜花或鲜花茶叶搭配制成。茉莉花茶是最常见的一种花茶。

日本

日本主要出产绿茶。我们喜欢玉露，它由经过挑选的初摘嫩叶制成，口感醇香。煎茶是一种在日本很常见的绿茶。茎茶是由初绽新叶混合嫩枝制成，茶的口感也因此更为丰富，略带烘烤味道。

印度

大吉岭红茶：生长在高海拔地区，海拔越高，茶的品质越好。茶汤呈琥珀色，有杏仁和杏的香气，单宁酸含量较高。

尼尔吉里红茶：产自独立茶园的优质茶叶。

阿萨姆红茶：口感丰富，在全世界享有盛誉。

基础篇

法式油酥皮

未漂白的中筋面粉　$1^1/_2$ 杯
盐　1/2 小勺
糖　少许
无盐黄油（冷藏备用）　$5^1/_2$ 大勺
植物起酥油（冷藏备用）　3 大勺
冰水　1/4 杯

1. 将面粉、盐和糖倒入搅拌碗中，加入黄油和起酥油，用刮板切拌混合成碎屑状。

2. 洒入足量冰水，用餐叉搅拌成面团。

3. 将面团放在砧板上，用手掌根部揉面，将面团揉成球形，包裹好冷藏至少 2 小时。

4. 取出面团，放在撒好面粉的砧板上。用擀面杖敲打面团，反复几次，使其变软。把面团擀成 3 毫米厚的面片，也可根据需要调整厚度。

5. 将面片放入派盘中，注意要自然放入，不要用力拉扯。轻轻按压，使其贴合派盘，修掉多余边角。冷藏 30 分钟。

6. 烤箱预热至 205℃。

7. 取出派盘，用餐叉在派皮底部和侧边扎一些小孔。在派皮上铺一张锡纸或油纸，放入豆子或生米来增加压力，防止派皮在烘烤过程中过度膨胀。烘烤 10 分钟，派皮刚开始变色即可。

8. 从烤箱中取出派皮，倒出用以增重的豆子或生米，冷却至常温。这时的派皮还是半成品，加入馅料后再次烘烤，可用来制作苹果派。

9. 如要做水果派，需要去掉锡纸继续烘烤至派皮变得金黄酥脆，大约要烘烤 25 分钟。彻底冷却后再加入馅料。

可以做一个直径 28 厘米的派皮或 5 ～ 6 个迷你派皮。

泡芙

水　1/2 杯
软化的无盐黄油（另备一些用于涂抹烤盘）　4 大勺
盐　1/2 小勺
未漂白的中筋面粉（过筛备用）　1/2 杯
鸡蛋　3 个

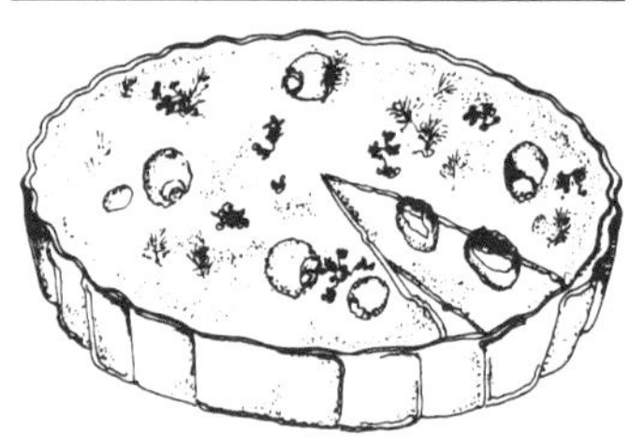

法式咸派

法式咸派是一款经典基础点心。没有什么比法式咸派的制作过程更令人舒心了。如果你家冰箱里有一块法式油酥皮面团、一些鸡蛋、高脂鲜奶油或半脂奶油，便可即兴创作。珍珠洋葱烩蘑菇，加入雪利酒或波特酒调味，再加入现磨瑞士乳酪，就变成了美味的法式咸派馅料。洋葱、意式蒜味香肠或辣香肠也可作为美味可口的馅料。另外，还可以尝试蟹肉配嫩炒青柿子椒，黑橄榄、切达乳酪配熟鸡肉，黄油炒香葱（可根据个人喜好选择是否加入现磨乳酪），少许火腿或培根配新鲜香草，也可再来一点意式香肠……法式咸派馅料的口味无穷无尽，会为你的餐桌带来无限活力。

做一个直径 25 厘米的法式咸派（我们认为这是最佳尺寸），需要 2 ～ 3 杯馅料。将 3 个鸡蛋和 $1^1/_2$ 杯高脂鲜奶油或半脂奶油混合均匀，再加入盐、肉豆蔻粉和新鲜黑胡椒调味。如果需要，还可在填好馅料的法式咸派表面撒上些乳酪。

1. 将水、黄油和盐倒入小长柄锅中，煮沸。

2. 移开锅，立即倒入面粉，搅拌均匀，继续用中火加热。其间不停搅拌，直至面糊与锅壁分离、成团状。

3. 关火后冷却至常温，加入 1 个打散的鸡蛋，搅拌均匀后再加入一个，快速搅拌。

4. 烤箱预热至 205℃。在烤盘中抹少许黄油防粘。

5. 用小勺将面糊盛入烤盘中，或者用裱花袋将面糊挤成想要的造型。

6. 将剩余的 1 个鸡蛋打散，把蛋液刷在面糊表面。将烤盘放入烤箱中层，温度调低至 190℃，烘烤 20 分钟。泡芙变得蓬松、金黄即可出炉。

7. 取出泡芙。用小刀在每个泡芙侧面切一个小口，这样可以释放出内部的热气，让外皮保持酥脆。将泡芙放在冷却架上彻底冷却后，再添加馅料。

可以做 25 个泡芙球或手指泡芙。

料理越简单的食材，越能看出厨师的技艺是否精湛。

——女伯爵

千层酥皮

未漂白的中筋面粉　4 杯
盐　2 小勺
冰水　1 ~ $1^1/_4$ 杯
无盐黄油（冷藏备用）　$1^1/_2$ 杯

1. 用量杯称量面粉，取 $3^1/_2$ 杯倒入搅拌碗中，剩余的 1/2 杯冷藏备用。

2. 将盐溶解于 1 杯冰水中，然后将冰水缓缓倒入面粉中，边倒边搅拌。搅拌碗中没有干粉、面粉基本成团时，停止加水。把面团放到砧板上，揉成球状。此时面团较粗糙，不必揉至光滑，以免形成面筋。用保鲜膜包好面团，放入冰箱冷藏 1 小时或更长时间，让面团松弛一下。

3. 在砧板上撒少许面粉，取出面团，擀成 30 厘米 ×30 厘米的正方形，静置松弛。

4. 从冰箱中取出黄油，用擀面杖敲打使其变软，撒上冷藏的 1/2 杯面粉。用擀面杖压碎黄油，再用手掌根部按揉，直至黄油软化，与面粉充分融合。速度要快，避免黄油融化（揉面前，为避免手掌过热，可以将手在冷水中浸泡 1 分钟，然后擦干）。将黄油面团整形成长方形。

5. 将正方形面片对折。把长方形黄油片放在折叠后的面片的正中，将面片两侧分别向中间折叠，完全覆盖住黄油片，捏紧接合处和四边。在砧板上撒少许面粉，将面饼封口朝下放在案板上，慢慢擀成长方形。像折信纸一样，沿着长方形面饼的长边折起 1/3，盖在中间，再从另一侧同样折起 1/3，盖在之前折起的 1/3 上，叠成 3 层。

6. 把面饼旋转 90 度，将其再次擀成 50 厘米 ×60 厘米的长方形，使用之前折信纸的方法叠成 3 层。马上包裹好面饼，冷藏松弛至少 1 小时。

7. 取出面饼，如果面饼太硬，静置大约 10 分钟后再擀，否则面饼可能会裂开。在砧板上撒少许面粉，把面饼擀成 50 厘米 ×60 厘米的长方形。重复折叠 2 次，这时已经完成了 4 次折叠。包裹好面饼冷藏松弛至少 1 小时。

8. 重复第 7 步。一共完成 6 次折叠，然后就可以整形烘烤了。当然也可重新包好，冷藏或冷冻保存。

可以做 900 克千层酥皮。

卡仕达酱

牛奶　2 杯
糖　1/2 杯
未漂白的中筋面粉　1/4 杯
蛋黄　2 个
软化的无盐黄油　1 大勺
香草精　2 小勺

1. 用平底锅加热牛奶。

2. 将糖和面粉筛入不锈钢搅拌碗中，混合均匀。

3. 捞出牛奶表面的奶皮，慢慢倒入面粉中，不断搅拌。将搅拌碗移至盛有热水的平底锅中，边隔水加热边搅拌，直至蛋奶糊薄薄地挂在勺背上，约需 10 分钟。

4. 加入蛋黄，继续搅拌约 10 分钟，蛋奶糊变浓稠、可以包覆住勺背时取出搅拌碗。

5. 加入黄油和香草精，搅拌均匀。用保鲜膜覆盖好，防止形成奶皮。冷藏保存。

可以做 $2^1/_2$ 杯卡仕达酱。

关于千层酥皮

千层酥皮是法式甜点中的一种基础原料，看似只是黄油和面团的多层折叠混合，但这正是其神奇之处，这种做法可以使面团膨胀、分层，成品体积可膨胀至原来的 5 ～ 10 倍。做好的千层酥皮轻盈松脆，充满黄油质感。

千层酥皮有很多传统用法。它可以做成大小不一的外皮，包入可口的馅料，或者做成美味的主菜和精致的甜点，此外，千层酥皮也是做拿破仑蛋糕的基础原料。将其切成精致的造型，就成了高级料理中的装饰。简而言之，这是一种妙用多多的基础食材。

不过，在很多人看来，千层酥皮不易制作。其实，千层酥皮的制作过程中确实有一些小技巧，做法看起来或许有些复杂，但只要按步骤操作成功并不难，成品绝对会令人眼前一亮。在制作中，千层酥皮需要冷藏数小时，这时你可以做做运动。真正的操作时间总计不超过 1 小时，而且可以分 2 天完成。做好后放在冰箱中，使用时取出即可。

动手前，最好先想象一下成品的效果。首先，要用面粉和水做一个面团。短时间松弛后，将其擀开，包裹住一块黄油饼，再次擀开、折叠，如此重复 5 次。经过反复折叠，在烘烤过程中，面团就会膨胀分层，但如果控制不当，面团可能会变硬。千层酥皮面团每次折叠后都需要冷藏，让面团充分松弛。冷藏也可以防止黄油融化。冷藏放松面团至少需要 1 小时，此时将考验你的时间管理能力。

现在，购买现成的冷冻千层酥皮也很方便，但我们认为还是有必要了解一下如何自己制作。购买现成的冷冻千层酥皮能节省很多时间，当然前提是找到值得信任的品牌。购买前请仔细阅读成分表，不含面粉、黄油、盐或水的千层酥皮会令人失望（我们甚至见过一些完全不含黄油的品牌）。找到品质可靠的千层酥皮后，按照包装上的说明解冻即可使用。

派皮

未漂白的中筋面粉　$2^1/2$ 杯
糖　2 小勺
盐　1 小勺
无盐黄油（冷藏备用）　8 大勺
植物起酥油（冷藏备用）　6 大勺
冰水　5 ~ 6 大勺

1. 将面粉、糖和盐筛入搅拌碗中，加入冷藏的黄油和起酥油，快速切拌成碎屑状。

2. 洒入冰水，一次加入 2 ~ 3 大勺，用餐叉搅拌成团。将面团放在砧板上，用手掌根部揉面。揉成球形后用油纸包好，冷藏 2 小时。

3. 取出面团。如要制作单层派，请准备一个直径 23 厘米的派盘，取 1/2 的面团，按压成 6 毫米厚的圆形，将剩余面团包好冷藏或冷冻；如要制作双层派，同样准备一个直径 23 厘米的派盘，取 1/2 的面团按压平整，铺在派盘中，另外 1/2 的面团按压成圆片，盖在馅料上。

4. 烤箱预热至 220℃，准备预烤。

5. 在派皮上盖一张锡纸，放入豆子或生米增加压力，防止派皮在烘烤过程中过度膨胀。烘烤 8 分钟，然后倒出豆子或生米，去掉锡纸。用餐叉在派皮底部扎出小孔，重新放入烤箱中烤至金黄色，需要 10 ~ 13 分钟。

可以做一个直径 23 厘米的双层派，或 2 个直径 23 厘米的单层派。

甜挞皮

未漂白的中筋面粉　$1^2/3$ 杯
细砂糖　1/4 杯
盐　1/2 小勺
无盐黄油（冷藏备用）　10 大勺
蛋黄　2 个
香草精　1 小勺
冷水　2 小勺

1. 将面粉、糖和盐筛入搅拌碗中，再加入切成小块的黄油，用

手快速搓合成碎屑状。注意，要用手指搓合，因为手掌的温度会使面团变热。

2. 混合蛋黄、香草精和水，搅拌均匀，倒入黄油面粉中，用餐叉搅拌成面团。注意，这一过程要快，30 ～ 45 秒完成。

3. 将面团放在砧板上，用手掌根部揉面，将面团揉成球形，用油纸包好冷藏 2 ～ 3 小时。

4. 将面团放在 2 张油纸之间，按压成一个面积比烤盘大一些的圆片。动作要快。

5. 准备一个直径 20 ～ 23 厘米的活底挞盘，放入面片，轻轻按压，使其边缘与挞盘紧密贴合。将超出挞盘边缘的部分切掉，密封冷藏。

6. 烤箱预热至 220℃。

7. 在挞皮上铺一张锡纸，倒入豆子或生米来增加压力，烘烤 8 分钟。出炉后倒出豆子，取下锡纸，用餐叉在挞皮底部扎些小孔。如果要制作半成品挞皮，需放回烤箱再烘烤 3 ～ 4 分钟。如果要将挞皮完全烤好，需烤至挞皮边缘颜色焦黄，大约再烤 8 ～ 10 分钟。

可以做 1 个直径 20 ～ 23 厘米的挞皮。

甜挞皮冷却后，即可加入馅料。

自制蛋黄酱

美味百搭，制作方便。注意，要选用新鲜的鸡蛋。

蛋黄　2 个
蛋清　1 个
第戎芥末　1 大勺
盐　少许
现磨黑胡椒　适量
新鲜柠檬汁　1/4 杯
特级初榨橄榄油　2 杯

1. 将蛋黄、蛋清、第戎芥末、盐、现磨黑胡椒和 1/2 的柠檬汁放入食品料理机中，搅打 1 分钟。

2. 搅打过程中，慢慢加入橄榄油。

3. 试尝一下，根据个人喜好调味。加入剩余的柠檬汁，搅拌均匀后密封冷藏。蛋黄酱可冷藏保存至少 5 天。使用前需先让其恢复至常温。

可以做 3 杯蛋黄酱。

风味蛋黄酱

将自制蛋黄酱搭配其他食材放入料理机中，就可以做出各式各样美味的调味酱。没有做不到，只有想不到。

下面是我们最爱的配方。

♥凤尾鱼蛋黄酱：自制蛋黄酱 1 杯，凤尾鱼酱 1 大勺。

♥酸辣蛋黄酱：自制蛋黄酱 1 杯，芒果酸辣酱 1/4 杯。

♥香菜蛋黄酱：自制蛋黄酱 1 杯，青柠檬汁少许，新鲜香菜 1 杯。香菜洗净，控干水。

♥蒜蓉蛋黄酱：自制蛋黄酱 1 杯，添加了乳酪的蒜蓉酱 1/2 杯（见第 99 页）。

♥番茄罗勒蛋黄酱：自制蛋黄酱 1 杯，番茄酱 1 大勺，新鲜罗勒末 3 大勺。罗勒洗净后控干水，切碎。加入塔巴斯科辣椒酱、盐和现磨黑胡椒调味。

♥柠檬薄荷酸奶蛋黄酱：自制蛋黄酱 1 杯，原味酸奶 1/2 杯，新鲜薄荷叶 1 杯。薄荷叶需洗净，控干水后切碎。新鲜柠檬汁 1 ～ 2 大勺（最后加入，搅拌均匀）。

♥苹果山葵蛋黄酱：自制蛋黄酱 1 杯；酸甜味苹果 3/4 个（带皮），苹果应选用中等大小的，去核，切成薄片（再将薄片对半切开）；黄洋葱末 $1\frac{1}{2}$ 大勺；山葵酱 1/4 杯，洗净滤干；鲜柠檬汁 1 大勺，白胡椒少许，新鲜莳萝末 1/4 杯（可选）。

法式酸奶油

高脂鲜奶油（未经巴氏杀菌） 1杯
酸奶油 1杯

1. 将高脂鲜奶油和酸奶油搅拌均匀，用保鲜膜密封，放在厨房或其他温暖的地方静置一晚，待其变浓稠即可。天气较冷时，可能需要静置24小时。

2. 密封冷藏至少4小时，法式酸奶油将迅速变浓稠。奶油的酸味在冷藏期间将愈加浓郁。

可以做2杯酸奶油。

法式酸奶油

随着不断发酵，这种考究的奶油将散发出越来越浓郁的味道。在水果甜点和新鲜浆果上加一勺，微酸的味道无比美味。将其加入各种酱汁中，可以带来更为丰富的口感。法式酸奶油可以随意加热而不会出现油水分离，因此比普通酸奶油的用途更广泛。可在黄油炒时蔬中淋上几勺法式酸奶油调味，也可在沙拉调味酱中加入些许法式酸奶油，增加风味。法式酸奶油可冷藏保存至少2周，是厨房中的常备调味酱。

荷兰酱

蛋黄 3个
新鲜柠檬汁（可根据需要增减） 1大勺
盐 少许
融化的无盐黄油 1杯
白胡椒 适量

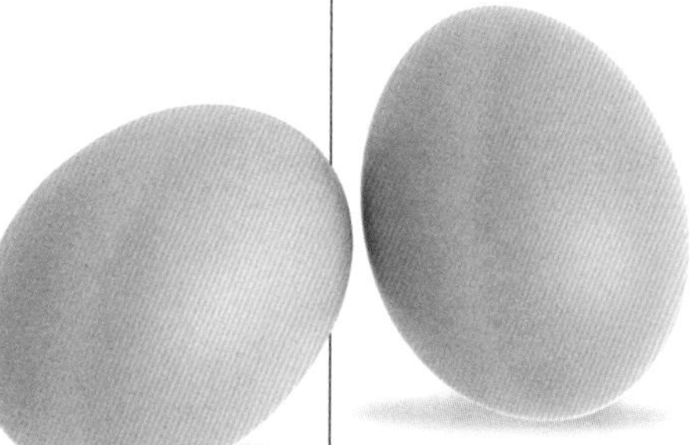

1. 在小长柄锅中倒入蛋黄和柠檬汁，搅打均匀，加入少许盐，继续搅打至蛋液呈黏稠的奶油状。

2. 小火加热，同时不断搅拌，当蛋液变浓稠，用刮刀搅拌时可以看到锅底即可关火。

3. 加入融化的黄油，不停搅拌。

4. 加入白胡椒，根据需要还可再加入1～2大勺柠檬汁。热酱汁需密封储藏在温暖的地方至少30分钟。

可以做$1\frac{1}{2}$杯荷兰酱。

法式伯那西酱汁

雪利酒醋让这款以黄油为主要原料的酱汁更加美味，适合搭配牛肉、羊肉或其他肉类。

食谱笔记

筹备聚会时，邀请客人的数量要在力所能及的范围内，不要轻易尝试从未试做过的菜品。

邀请客人时——无论是通过信件、电话或电子邮件——要注意细节，让客人知道聚会的开始时间，聚会的类型，应当穿着什么样的衣服，将要提供的食物，其他客人的基本情况，以及聚会可能持续的时间。没有什么比期待着一次餐桌聚会却只能吃乳酪和坚果更令人沮丧的了。提前规划好细节，让客人预先了解，大家会更从容，享受到更多乐趣。

真正的生活源于细微的变化。

——列夫·托尔斯泰

雪利酒醋或白葡萄酒醋　1/2 杯
干白苦艾酒　1/4 杯
珍珠洋葱末　1 大勺
干龙蒿　1/2 小勺
盐　少许
蛋黄　3 个
融化的无盐黄油　1 杯

1. 将醋、干白苦艾酒、珍珠洋葱末、干龙蒿和盐放入平底锅中，中火加热。煮开后，调小火，煮至酱汁浓缩为几勺的量，冷却至常温。

2. 将酱汁过滤到另一个小平底锅中，加入蛋黄，搅打成黏稠的奶油状。

3. 小火加热，同时不断搅拌，酱汁开始变浓稠、用木铲搅拌时可以看到锅底即可。

4. 关火，加入融化的黄油，不停搅拌。

5. 试尝一下，根据个人喜好调味。根据需要可再加几滴醋。酱汁密封后需放置于温暖的地方约 30 分钟。

可以做 $1\frac{1}{2}$ 杯酱汁。

法式基础白酱

无盐黄油　4 大勺
未漂白的中筋面粉　6 大勺
牛奶　2 杯
盐　适量
现磨黑胡椒　适量
肉豆蔻粉　适量

1. 准备一个平底锅，放入黄油小火融化，撒入面粉，翻炒大约 5 分钟。注意不要炒焦。

2. 其间，煮沸牛奶。牛奶沸腾后，立即倒入黄油炒面粉。趁牛奶仍在沸腾状态，用电动搅拌器快速搅打。

3. 酱汁不再冒泡时，重新中火加热至沸腾，不停搅拌，约需 5 分钟。加入盐、黑胡椒和肉豆蔻粉调味。将煮好的白酱倒入容器中，既可趁热享用，也可密封冷藏。

可以做 2 杯白酱。

* 要想做比较稀的白酱，可将黄油和中筋面粉用量分别调整为 3 大勺和 1/4 杯，牛奶用量不变。

牛肉高汤

带肉牛骨（牛胫骨或脊骨） 1800 克
小牛蹄（洗净切开）* 1 个
植物油 1/3 杯
黄洋葱丁 4 杯
韭葱（仅用葱白，洗净切片） 2 根
去皮胡萝卜丁 3 杯
欧洲防风根（去皮切丁） 2 根小的或 1 根中等大小的
干百里香 $1\frac{1}{2}$ 大勺
月桂叶 4 片
大蒜 6 瓣
黑胡椒 12 颗
欧芹 6 枝
盐 1 大勺
番茄酱 180 克
水 适量

1. 烤箱预热至 205℃。

2. 将牛骨和小牛蹄平铺在烤盘中，烘烤 1 个半小时，烤至牛肉变为深棕色。注意，烘烤过程中需不时翻动食材，必要时倒出流到烤盘中的油脂。

3. 准备一口大锅，倒入植物油加热，放入洋葱、韭葱、胡萝卜和欧洲防风根，大火翻炒至食材上色。

4. 将烤好的牛骨和牛蹄连同其他调味食材一起倒入蔬菜锅中。

5. 在烤盘中倒入 1 杯水，放入烤箱高火加热，刮下粘在烤盘底部和四边的食材，然后倒入锅中，加入更多水，直至没过食材 5 厘米，中火加热。高汤煮沸后，撇去浮沫，调小火，半掩锅盖，保持沸腾状态，煮 4 个小时，再次撇去浮沫。

6. 过滤高汤，冷藏或冷冻保存。使用前，先刮去上层浮油。

可以做 1.9 ～ 2.8 升高汤。

* 如果买不到小牛蹄，可以让肉食店推荐其他合适的食材。

鸡肉高汤

自制鸡肉高汤是一种不可或缺的基础汤料，其鲜美的口感完全超越了罐装鸡汤。如果是在几日内使用，可冷藏保存，不过冷冻保存效果最佳。

烧烤大会

现在，我们随时都能享受烧烤的快乐。用炭火烤熟的食物无比美味，如果能将肉类和鱼类用调味酱或酸辣酱预先腌制一下，就更棒了。

掌握传统的烧烤技巧并非难事，但要注意细节。记住，一定要有耐心。越有耐心，菜品越鲜嫩多汁。

♥木炭铺放面积要大一些。

♥燃烧 30 ～ 45 分钟后，木炭才能达到里层红热，外层包覆炭灰的状态，这时才适合烧烤。

♥果木（桃木、苹果木、樱桃木、梨木、杏木、橘木）、橡木、枫木、山核桃木和松树枝都可用于烧烤，并且能够增添风味。为了达到最佳效果，烧火前应先将柴在水中浸泡片刻，这样才不会产生明火。我们也可以用新鲜或干杜松子，以及肉桂、丁香、肉豆蔻和橙皮、柠檬皮等香料制造烟熏效果。将一把新鲜香草撒在木炭上，会带来诱人的风味。

♥腌制可以增添风味，同时也能令肉质更软嫩。

♥腌渍汁中加入橄榄油能避免肉类粘在烧烤架上。如果没有预先腌制，可先在肉类表面刷一层橄榄油再放在烤架上。

♥我们喜欢将食物预先烹调一下之后再烧烤。这样可以避免其在长时间烧烤过程中变干，同时又保留了户外烧烤独有的香味和诱人口感。这种方法尤其适用于鸡肉、排骨和大块烤肉。

每个清晨都从快速吃光炉灶上的食物开始——这才叫烹调。

——费尔南·普安

植物油　1/4 杯
鸡脖和鸡架　1800 克
黄洋葱丁　4 杯
去皮胡萝卜丁　2 杯
欧芹　一小把
罐装鸡汤　2.5 升
水　适量
干百里香　1 大勺
月桂叶　4 片

1. 准备一口大锅，倒入油，中火加热至快要冒烟。用厨房纸擦干鸡脖和鸡架表面的水分，放入锅中，翻炒至颜色焦黄。

2. 加入洋葱丁和胡萝卜丁，炒至蔬菜变色、变软。

3. 加入其他食材，倒入没过食材的水，水深约 5 厘米，煮开。炖煮约 15 分钟，撇去浮沫，调至小火，盖上锅盖，煮 2 小时，再次撇去浮沫。

4. 将鸡汤晾至常温，过滤后倒入碗中。可用勺背按压蔬菜和鸡架，以便充分提取食材的味道。

5. 密封冷藏一晚，使用前撇去上层浮油，之后可将高汤密封冷冻保存。

可以做 3.5 升高汤。

鱼肉高汤

软化的无盐黄油　4 大勺
去皮胡萝卜丁　3/4 杯
黄洋葱丁　2 杯
芹菜丁　1 杯
蘑菇丁　1 杯
水　10 杯
干白葡萄酒　2 杯
盐　少许
白胡椒　12 颗
欧芹　6 枝
月桂叶　1 片
干百里香　1 小勺
白肉鱼的鱼骨和鱼头（比如比目鱼或鲽目鱼，6 ~ 7 条，去除内脏和鱼鳃）*

1. 准备一口约 4.5 升的汤锅，放入黄油加热融化，加入胡萝卜、洋葱、芹菜和蘑菇煸炒，加盖小火焖至蔬菜变软、变色。

2. 放入其他食材，加入足量水，没过食材，慢火煮开。半掩锅盖，调到小火继续炖煮 30 分钟，注意时间不要太长。

3. 关火，高汤冷却后过滤。

4. 试尝一下，如果味道不够浓郁，可倒回锅中再煮 15 ~ 20 分钟。

5. 密封冷藏。使用或冷冻前，撇去浮油。

可以做 2.3 ~ 3.5 升高汤。

* 购买鱼骨时，请告诉鱼贩你要用来做高汤。

番茄酱

特级初榨橄榄油　1/2 杯
黄洋葱末　3 杯
胡萝卜（去皮，切末）　2 根
罐装樱桃番茄　1.6 升
干罗勒　1 大勺
干百里香　1 小勺
盐　1 小勺
辣椒粉　1/8 小勺
月桂叶　1 片
新鲜欧芹末　1 杯
大蒜（去皮切末）　4 瓣
意大利黑香醋或其他口味温和的醋　1 大勺

1. 小火加热橄榄油，倒入洋葱和胡萝卜，简单翻炒后加盖焖至蔬菜变软。

2. 加入番茄、罗勒、百里香、盐、辣椒粉和月桂叶，中火翻炒，焖至番茄变软。

3. 挑出月桂叶，将番茄等蔬菜盛入食品料理机中，搅打成泥。

4. 将番茄泥倒回锅中，中火加热，加入欧芹末和蒜末，煮 5 分钟。

5. 试尝一下，如果感觉酱汁味道不够浓郁，可以加一些意大利黑香醋。可立即享用，也可冷却至常温后密封冷藏、冷冻保存。

可以做 1.9 升番茄酱。

如果说有什么事情能搅乱我的好脾气，那就是我丈夫的一个坏习惯。他总是带一些不速之客来吃早餐、午餐、晚餐或茶点。我比任何人都好客，但我不喜欢突然袭击。请事先让我知道。

——《女士家庭指南》，1851

这种番茄酱简单易做，快捷省时，口感鲜美。因为使用的是罐装番茄，因此不受季节限制。可在冰箱中常备一些，做意式千层面、帕尔马乳酪焗茄子或意大利面时使用。还可根据个人口味，加入海鲜、罐装金枪鱼，或煮蔬菜（每3杯番茄酱加入1杯蔬菜），搭配方法多种多样。

辣味番茄酱

新鲜番茄经过长时间炖煮，散发出清香。这道番茄酱中加入了大量辣椒，我们常常用它搭配意式土豆饺子，或者做意式千层面和意式乳酪茄子时使用。

特级初榨橄榄油　1/2 杯
黄洋葱末　2 杯
成熟番茄（去皮去籽）　1800 克
罐装番茄酱　180 毫升
新鲜罗勒末　2 大勺
干牛至　1/2 小勺
盐　1 小勺
现磨黑胡椒　1 大勺
水　4 杯
大蒜（去皮切末）　5 瓣
新鲜欧芹末　1/2 杯

1. 在大锅中倒入橄榄油，小火加热，放入洋葱，简单翻炒后加盖焖至洋葱变软、上色。

2. 放入番茄、番茄酱、罗勒、牛至、盐和黑胡椒，烹煮10分钟，不时搅拌一下。

3. 加水，慢火炖煮3小时。

4. 加入蒜末和欧芹末，继续煮5分钟。

5. 试尝调味后可立即享用，也可冷却至常温后再密封冷藏、冷冻保存。

可以做2.8升番茄酱。

藏红花饭

参照欧芹饭的做法，煮水的过程中加入适量藏红花，黄油用量减半，不用加欧芹。还可以加入少许新鲜或冷冻的豌豆。

欧芹饭

我们偏爱本地产的长粒米，你也可以选用自己喜欢的大米，按照包装袋上的说明烹煮。

水或鸡肉高汤（见第416页）　4 杯
长粒米　2 杯
盐　1 大勺
无盐黄油（切成8块）　8 大勺
新鲜欧芹末　$1\frac{1}{2}$ 杯

1. 将水或高汤煮沸，加入米和盐搅拌均匀，再次煮沸后调至小火，盖上锅盖，焖煮 25 分钟。

2. 加入黄油和欧芹末（注意不要搅拌）后盖上锅盖。关火，静置 5 分钟。

3. 揭开锅盖，用餐叉翻动米饭，使其与黄油和欧芹末混合均匀，即可享用。

可以做 6 杯米饭，供 6 ～ 8 人享用。

坚果野米饭

野米　230 克
鸡肉高汤（见第 416 页）或水　$5\frac{1}{2}$ 杯
山核桃仁（对半分开）　1 杯
黄葡萄干　1 杯
橙皮碎　需要 1 个大橙子
新鲜薄荷（切碎）　1/4 杯
青葱（洗净切片）　4 根
特级初榨橄榄油　1/4 杯
新鲜橙汁　1/3 杯
盐　$1\frac{1}{2}$ 小勺
现磨黑胡椒　适量

1. 将野米洗净，沥干。

2. 将野米倒入中等大小的平底锅中，加入高汤或水，迅速煮沸。调至小火，保持微微沸腾状态，煮 45 分钟。煮至 30 分钟时查看一下，不要煮得过软。煮好后滤干水，将野米倒入碗中。

3. 加入剩余食材，拌匀，根据个人喜好调味后静置 2 小时，让食材风味充分融合。晾至常温享用。

可供 6 人享用。

鹰嘴豆泥芝麻酱

这种由鹰嘴豆和芝麻做成的中东风味酱料可用作蘸酱搭配热口袋面包享用，也可与冷食午餐和开胃菜搭配。

野米

野米是北美最著名的本土谷物之一，它生长在明尼苏达和威斯康辛的浅河、沼泽及低洼水道中。北美土著称其为“menonin”，他们经常划着独木舟沿幽静的水路采摘野米。

野米呈细长的圆柱形，颜色介于棕色和黑色之间，质地近似坚果，富有嚼劲。最优质的野米外形细长，颜色深。俗话说“没有比野米更天然的野生谷物了”，我们非常赞同这种说法。由于价格不菲（而且一直看涨），我们常选择用小麦和其他谷物与野米搭配，但其实我们更喜欢单独使用这种特别的米。

万能醋

下面是一些醋的有趣用法。

♥小苏打中倒入1大勺醋，淋在巧克力蛋糕上，可为其增添风味。

♥如果某些食物太甜，可加入1大勺苹果醋。

♥用醋腌渍肉类，可使肉变嫩。

♥煮鸡蛋时加入1大勺白醋，可使蛋白不变形。

♥煮洋蓟和红色蔬菜时加点醋，蔬菜不易褪色。

♥烹调时加点醋，可以减少食盐的用量。

♥在晒伤的皮肤上抹点醋，可以消除刺痛感。

明天将是生命中最重要的事情，它在午夜时分飘然而至，它的到来无比精彩，我们将它放在手中，期待自己已经从昨天学到些什么。

——约翰·韦恩

罐装鹰嘴豆（滤干水） 4杯
中东风味芝麻酱 1/2杯
温水 1/3杯
特级初榨橄榄油 1/3杯
新鲜柠檬汁 需要2～3个柠檬
大蒜（去皮） 4瓣
盐 $1\frac{1}{2}$小勺
孜然粉 2小勺
现磨黑胡椒 适量

1. 将鹰嘴豆、芝麻酱、温水、橄榄油和柠檬汁（取1个柠檬榨汁）放入料理机中，搅打成柔滑的奶油状，中间暂停1～2次，用刮刀刮下内壁上的酱料。

2. 加入大蒜、盐、孜然粉和黑胡椒后搅打混合，试尝一下，可再加一些柠檬汁调味。将酱料盛入容器中密封冷藏。

可以做1升鹰嘴豆泥芝麻酱。

山核桃奶油乳酪

山核桃仁 1/2杯
常温奶油乳酪 240毫升

1. 用食品料理机将山核桃仁打碎。

2. 加入奶油乳酪，搅打至柔滑状态。用橡胶刮刀盛入容器中，密封冷藏保存。

可以做1杯山核桃奶油乳酪。

红醋栗糖浆

红醋栗果胶 3大勺
樱桃白兰地 1大勺

中火加热红醋栗果胶和樱桃白兰地，搅拌至柔滑状态。趁热刷在食物表面可以增加光泽度。

可以做1/4杯红醋栗糖浆。

图书在版编目(CIP)数据

慢煮一道菜 / (美)朱莉·罗索,(美)希拉·卢金斯著;陈冰,尹楠译. -- 海口:南海出版公司,2017.6

ISBN 978-7-5442-8769-2

Ⅰ.①慢… Ⅱ.①朱… ②希… ③陈… ④尹… Ⅲ.①西式菜肴-菜谱 Ⅳ.①TS972.188

中国版本图书馆CIP数据核字(2017)第056745号

著作权合同登记号 图字:30-2016-054

慢煮一道菜

〔美〕朱莉·罗索 希拉·卢金斯 著
陈冰 尹楠 译

出　版 南海出版公司 (0898)66568511
　　　 海口市海秀中路51号星华大厦五楼 邮编 570206
发　行 新经典发行有限公司
　　　 电话(010)68423599 邮箱 editor@readinglife.com
经　销 新华书店

责任编辑 秦 薇
特邀编辑 牟 璐 武 嘉
装帧设计 李照祥
内文制作 博远文化

印　刷 山东鸿君杰文化发展有限公司
开　本 787毫米×1092毫米 1/16
印　张 27
字　数 450千
版　次 2017年6月第1版
　　　 2017年6月第1次印刷
书　号 ISBN 978-7-5442-8769-2
定　价 168.00元